21世纪全国高职高专土建立体化系列规划教材

新编建筑工程制图

主　编　方筱松
副主编　乔艳丽　彭霞锋　张艳芬
主　审　叶海青

内容简介

工程图是工程界的技术语言，在绘制过程中要遵守统一的标准和规定。本书根据最新发布执行的《房屋建筑制图统一标准》(GB/T 50001—2010)，《总图制图标准》(GB/T 50103—2010)，《建筑制图标准》(GB/ T 50104—2010)，《建筑结构制图标准》(GB/T 50105—2010)，《混凝土结构施工图平面整体表示方法制图规则和构造详图》(11G101—1、11G101—2、11G101—3)编写，系统地讲述了建筑工程制图的组成及主要内容，包括建筑工程制图原理，制图基础知识，建筑施工图、结构施工图、建筑装饰施工图的组成、作图和识图等基本知识。

本书以岗位需求为导向，以职业能力培养为目标编制。书中附有大量工程案例，并设计了知识链接、特别提示及应用案例等模块，同时，还编写了与本书配套使用的习题集供读者练习。通过对本书的学习，读者可以了解建筑工程制图理论，掌握建筑工程图的画法技能，具备绘制和识读建筑工程图的能力。

本书可作为高职高专院校建筑工程、建筑设计、建筑装饰、环境与艺术设计、工程造价、物业管理等土建类相关专业的教材，也可供工程技术人员参考和自学使用。

图书在版编目(CIP)数据

新编建筑工程制图/方筱松主编. —北京：北京大学出版社，2012.8

(21 世纪全国高职高专土建立体化系列规划教材)

ISBN 978-7-301-21140-3

Ⅰ. ①新… Ⅱ. ①方… Ⅲ. ①建筑制图—高等职业教育—教材 Ⅳ. ①TU204

中国版本图书馆 CIP 数据核字(2012)第 193936 号

书　　名：新编建筑工程制图

著作责任者：方筱松　主编

策 划 编 辑：赖　青　杨星璐

责 任 编 辑：杨星璐

标 准 书 号：ISBN 978-7-301-21140-3/TU・0265

出　版　者：北京大学出版社

地　　址：北京市海淀区成府路 205 号　100871

网　　址：http://www.pup.cn　http://www.pup6.cn

电　　话：邮购部 62752015　发行部 62750672　编辑部 62750667　出版部 62754962

电 子 邮 箱：pup_6@163.com

印　刷　者：北京富生印刷厂

发　行　者：北京大学出版社

经　销　者：新华书店

787 毫米×1092 毫米　16 开本　16.25 印张　378 千字

2012 年 8 月第 1 版　　2014 年 8 月第 2 次印刷

定　　价：30.00 元

北大版·高职高专土建系列规划教材

专家编审指导委员会

北大版·高职高专土建系列规划教材
专家编审指导委员会专业分委会

前　言

本书为北京大学出版社《21世纪全国高职高专土建立体化系列规划教材》之一。为适应21世纪高等职业技术教育发展需要，培养建筑工程技术应用型人才，我们结合2010年发布的《房屋建筑制图统一标准》(GB/T 50001—2010)，《总图制图标准》(GB/T 50103—2010)，《建筑制图标准》(GB/T 50104—2010),《建筑结构制图标准》(GB/T 50105—2010)编写了本书。

本书内容共分10章，主要讲述了建筑工程制图的组成及主要内容，包括建筑工程制图原理，制图基础知识，建筑施工图、结构施工图、建筑装饰施工图的组成、作图、识图等基本知识。

本书内容可按照54学时和90学时两种方式来安排。推荐学时分配：总学时为54学时，可安排一个学期完成，第1～6章20学时，第7～10章34学时；总学时为90学时，可安排上下两个学期完成，上学期完成第1～6章45学时，下学期完成第7～10章45学时。教师可根据不同的使用专业灵活安排学时，课堂重点讲解每章主要知识模块，进行施工图绘制和施工图识读训练，章节中的知识链接、应用案例及习题集的习题可安排学生课后阅读和练习。

本书具有以下特色：

(1) 依据2011年国家最新实施的制图规范和《混凝土结构施工图平面整体表示方法制图规则和构造详图》(简称“11G101图集”)编写，及时将新规范增修内容融入全书。

(2) 突破了已有相关教材的知识框架，注重理论与实践相结合，注重学生岗位技能学习和训练。例如，在施工图的绘制与识读讲述中，选用一套完整别墅施工图案例贯穿建筑施工图、结构施工图、装饰施工图始终，连贯性强；图纸的选择贴近实际工程项目，实践性更强。通过学习，读者能够循序渐进地、系统地掌握整套施工图纸的内容，了解其前后次序、交叉关系及主次关系。

(3) 加入装饰施工图的绘制与识读内容，适用面更加广泛。

(4) 编写组成员具有多年企业经历和教学经验，在编写过程中更注重企业岗位需求，语言通俗易懂。

(5) 以特别提示和知识链接的形式，突出强调了制图过程中容易出现的问题，以及制图的小窍门和小技巧。

(6) 为锻炼制图的动手能力，配套编写了《新编建筑工程制图习题集》，设计了多种类型的理论题和实训题供读者练习。

本书由方筱松担任主编，乔艳丽、彭霞锋、张艳芬担任副主编，叶海青担任主审，原中山雅居乐房地产开发有限公司范向前高工参与了本书的策划与指导工作。具体编写分工如下：方筱松编写第 1 章和第 10 章，乔艳丽编写第 2～5 章，彭霞锋编写第 6～8 章，张艳芬编写第 9 章，刘映才参与编写及网络课程筹备，陈全益参与书中图样绘制，全书由方筱松负责统稿。本书在编写过程中得到广东科学技术职业学院建筑工程与艺术设计学院师生的大力支持和帮助，书中案例得到各位企业朋友的广泛支持，编写过程中得到家人的关心和支持，在此一并表示感谢！

本书在编写过程中，参考和引用了国内外大量文献和资料，未在书中一一注明，在此谨向有关资料的作者表示衷心的感谢。由于编者水平有限，本书难免存在不足和疏漏之处，敬请各位读者批评指正。

编者

2012 年 6 月

目 录

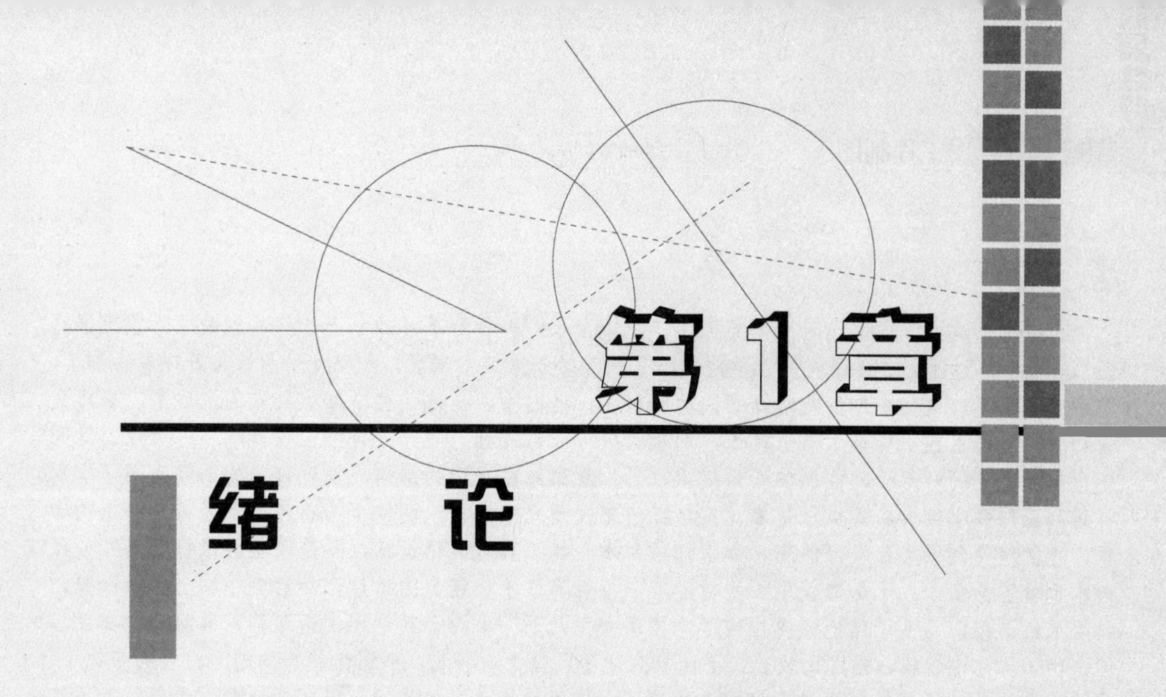

第1章 绪论

学习目标

通过本章的学习，了解我国现行的建筑制图标准，了解建筑工程制图的原理，了解建筑工程制图在建筑工程上的应用，了解本课程的教学任务和达到的目标，掌握正确的学习方法和相应的岗位技能，为后续课程和今后的工作打下良好的基础。

学习要求

能力目标	知识要点	权重
了解本课程的教学任务和目标	本课程性质、课程设计思路、课程目标、课程内容和要求，本课程的教学任务和达到的目标	50%
掌握正确的学习方法和相应的岗位技能	空间几何与建筑工程制图的关系；建筑工程图纸的绘制及识读能力	50%

引例

相传有一次，鲁班上山时，无意抓了一把山上长的一种野草，却一下子将手划破了。鲁班很奇怪，一根小草为什么这样锋利？于是他摘下了一片叶子来细心观察，发现叶子两边长着许多小细齿，用手轻轻一摸，这些小细齿非常锋利。他明白了，他的手就是被这些小细齿划破的。后来，鲁班又看到一条大蝗虫在一株草上啃吃叶子，两颗大板牙非常锋利，一开一合，很快就吃下一大片。这同样引起了鲁班的好奇心，他抓住一只蝗虫，仔细观察蝗虫牙齿的结构，发现蝗虫的两颗大板牙上同样排列着许多小细齿，蝗虫正是靠这些小细齿来咬断草叶的。这两件事给鲁班留下了极其深刻的印象，也使他受到很大启发。他想，如果把砍伐木头的工具做成锯齿状，不是同样会很锋利吗？砍伐树木也就容易多了。于是他就用大毛竹做成一条带有许多小锯齿的竹片，然后到小树上去做试验，结果果然不错，几下子就把树皮拉破了，再用力拉几下，小树干就划出一道深沟，鲁班非常高兴。但是由于竹片比较软，强度比较差，不能长久使用，拉了一会儿，小锯齿就有的断了，有的变钝了，需要更换竹片。这样就影响了砍伐树木的速度，使用竹片太多也是一个很大的浪费。看来竹片不宜作为制作锯齿的材料，应该寻找一种强度、硬度都比较高的材料来代替它，这时鲁班想到了铁片。于是请铁匠帮助制作带有小锯齿的铁片。鲁班和徒弟各拉一端，在一棵树上拉了起来，只见他俩一来一往，不一会儿就把树锯断了，又快又省力，锯就这样发明了。

知识链接

我国现行的建筑制图标准于 2010 年 08 月 18 日发布，2011 年 03 月 01 日起实施，是住房和城乡建设部、质监总局会同有关部门共同对《房屋建筑制图统一标准》等 6 项标准进行修订，批准《房屋建筑制图统一标准》(GB/T 50001—2010)，《总图制图标准》(GB/T 50103—2010)，《建筑制图标准》(GB/T 50104—2010),《建筑结构制图标准》(GB/T 50105—2010)，《建筑给水排水制图标准》(GB/T 50106—2010)和《暖通空调制图标准》(GB/T 50114—2010)为中华人民共和国建筑制图国家标准。

1.1 课程性质

建筑工程图被喻为“建筑工程界的语言”。它是表达和交流技术思想的重要工具，有理论，又有实践，是工程技术人员具备的基本岗位技能。建筑工程图是建筑工程技术管理与施工的一项重要技术文件，同时还是一种国际性语言，各国建筑工程技术领域皆以建筑工程图作为平台来进行技术交流、研讨、招标、投标、合同签订等活动。因此，凡是在建筑工程行业从业的技术人员都离不开建筑工程图，只有具备熟练绘制和阅读本专业图的能力，才能更好地从事工程技术工作。因此，本课程是建筑工程等专业的一门必修的技术基础课。本课程是一门技能较强的课程，它研究绘制和阅读建筑工程图的理论和方法，培养学生绘制和阅读建筑工程图的基本能力，培养和发展学生的空间思维及创新能力，为学生学习后续专业课程(例如，建筑工程设计、建筑施工技术、建筑工程计量与计价等)、完成课程设计和毕业设计打下必要的基础。

1.2 设计思路

根据建筑工程技术领域和施工员、质检员、资料员、检验员、监理员、造价员等岗位的技能要求，参照国家制图员职业资格标准，以工作过程为导向，会同企业技术人员，按照职业岗位的识绘图能力要求安排教学内容，设计教学实训项目；开展项目模块教学，所有实训项目取材于实际工作岗位的任务，变教学过程为工作过程，变被动学习为带任务工作；打造理论与实践一体化的课堂教学环境，融“教、学、做”为一体；启发学生通过观察周边建筑物来思考建筑形体的各种表达方法，积极利用学生的生活经验，引导学生观察、实践、收集资料，主动探索、突出创新和实践能力的培养。

1.3 课程目标

本课程培养学生绘制和阅读工程图的能力，培养和发展学生的空间想象和分析能力，提高其从图学角度分析问题、解决问题的能力以及强化其工程设计的理念，培养认真负责的工作态度和严谨细致的工作作风，使学生具备胜任建筑施工和管理岗位的识图绘图能力，适应学生职业生涯发展的需要。

1.3.1 知识目标

(1) 了解我国现行的建筑制图标准(2010 版)，培养学生独立查阅和使用国家标准规范的能力。

(2) 学习投影法，掌握正投影的基本理论和用正投影法绘制图样的方法。

(3) 正确使用绘图仪器和工具，掌握利用工具和徒手绘制图样的技巧和能力。

(4) 培养绘制和阅读工程图的能力，了解有关专业图纸的内容和表达特点。

(5) 熟悉全套建筑工程图中的建筑、结构、装饰图的图样编排顺序和图样内容，了解建筑工程图的配套专业图纸。

1.3.2 技能目标

(1) 培养和发展空间思维、创新能力。

(2) 具备根据具体情况选择合适图样表达的能力。

(3) 具有独立查找标准、图集，获取技术信息的能力。

(4) 绘制和阅读建筑工程图中的建筑、结构、装饰图样的图样编排顺序和图样内容，熟悉配套专业图纸种类。

1.3.3 素质目标

(1) 初步了解建筑行业环境。

(2) 培养严谨求实、有序工作、善于交流、吃苦耐劳的职业素质。

(3) 具有较强的图样表达、人际沟通、团队合作能力。

1.4 课程内容和要求

1.4.1 课程内容

本课程内容分为上、下两个部分。

上半部分课程的主要内容是正投影原理和几何形体表述。教学的主要目的是使学生初步了解画法几何是建筑制图的基础，它运用正投影原理在平面上正确地图示空间的几何元素和几何形体。通过教学培养学生的空间思维和创新能力，建立三维形体与二维图形间的对应关系；初步了解几何形体与建筑工程图样的关系。

下半部分课程的主要内容是工程图样绘制基本知识，依据《房屋建筑制图统一标准》(GB 50001—2010)等国家标准教学建筑施工图、结构施工图及结构施工图平面整体表达方法、建筑装饰施工图等建筑工程图表达方法。通过学生生活中对建筑形体特点的认识，组织简单房屋建筑的测绘，课堂上运用案例教学让学生了解建筑工程图的特点和种类；要求学生通过尺规画法临摹施工图典型图样，掌握绘制和阅读建筑工程图的岗位能力，培养严谨求实、有序工作、善于交流、吃苦耐劳、团队合作的职业素质。

1.4.2 学习要求

本课程是建筑设计、建筑工程、建筑装饰、环境艺术、工程造价、物业管理等专业的一门必修的技术基础课。本课程是一门理论和技能较强的课程。学习时应注意以下几点。

(1) 投影原理是基础，扎实掌握其原理和方法，正确图示空间形体的投影图及其两者的关系。

(2) 学习中养成经常翻阅国家制图标准，遵守制图规范的自觉性，规范制图，不断提高查阅运用国家标准的能力。

(3) 掌握形体分析方法、线面分析方法，通过临摹典型样图，多看多想多分析，提高独立绘图阅读能力，培养岗位能力。

(4) 自觉完成课堂课后作业，增加动手机会，逐渐提高绘图速度、准确度和图面效果。

(5) 图样是工程语言，在施工过程中图样精准能为现场工程技术人员提供优质信息，能为工人师傅保质保量完成生产工作提供条件。因此，学习上要培养耐心细致的习惯，树立严谨认真的工作态度。

(6) 投影理论一环扣一环，前面学不扎实后面会越学越糊涂，所以，要养成主动学习，提前预习，带着问题学习，课堂积极参与的学习态度去学习本课程，另外多看、多练、多分析很重要，平时多看图样，多提问，稳扎稳打，由浅入深，循序渐进。

第 2 章

正投影的基本知识

学习目标

通过本章的学习，了解熟悉投影概念、分类、方法；掌握正投影的特性；掌握各种位置点、线、面的投影特性和作图方法。

学习要求

能力目标	知识要点	权重
熟悉投影的概念、方法和分类	投影的方法、形成	10%
掌握正投影的特性	正投影的特点	20%
(1) 掌握点的投影规律，投影体系的形成 (2) 掌握两点间位置及重影点可见性的判别	三面投影体系的建立；点的投影作图方法	30%
(1) 掌握各种位置直线的投影特点 (2) 掌握直线上点的投影特点 (3) 掌握两直线平行、相交、交叉时的投影特性及判别	各种位置直线的投影特点；两直线相对位置的判断	20%
掌握各种位置平面的投影特点	各种位置平面的投影特点及判断	20%

引例

建筑工程中，图样是工程设计人员、施工人员交流的“语言”。图纸上的图样是平面的、二维的，而现实中不论是高楼大厦还是简单房屋都是立体的、三维的，如何用平面的图样去完整、准确而又最简易地表达这些立体的建筑物呢，这就是投影图。

在日常生活中，我们常常看到物体在光线的照射下产生影子的现象，这些影子很好地勾勒出了人或物的轮廓特点，我们可以利用这一现象加上一定的规则来实现准确、全面地表达形体的形状和大小的特点。

2.1 投影的概念

工程图样的基本要求是能在一个平面上准确地表达形体的几何形状大小，建筑工程中所使用的图样是根据投影的方法绘制的。投影原理和投影方法是绘图、识图的基础。

2.1.1 投影的形成

物体在光线的照射下会产生影子，影子反映出物体的外面轮廓特点，这就是投影现象。投影法就是根据这一现象，经过科学的抽象，假设光线能够透过物体，而将物体的各个顶点和棱线在平面上投射影像的方法。投影法是在平面上表达空间物体的基本方法，是绘制工程图样的基础。根据投影法所得到的图形称为投影图。我们称光线为投射线(投射方向)，地面或墙面为投影面，影子为物体在投影面上的投影。如图 2.1 所示，设过空间一点 A，作与投射方向 S 平行的投射线，它和所设投影面 H 相交，交点 a 为空间点 A 在该投影面上的投影。

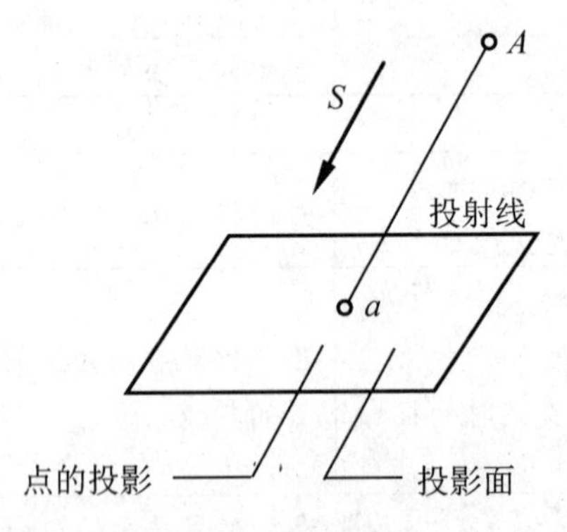

图 2.1 投射线、投影面与投影

产生投影必须具备：投射线、投影面和形体，三者缺一不可，称为投影三要素。

特别提示

当投射方向和投影面确定后，点 A 在投影面上的投影是唯一的。

2.1.2 投影法的分类

投影法根据投射中心与投影面距离的远近，有中心投影法和平行投影法两种。

1．中心投影法

当投射中心距离投影面有限远时，所有投射线从同一投射中心出发(如同灯光照射物体)的投影方法，称为中心投影法。按中心投影法做出的投影称为中心投影。

如图2.2所示，设S为投射中心，平面$\triangle ABC$在投影面H上的中心投影为$\triangle abc$。用中心投影法得到的物体的投影大小与物体的位置有关。在投影中心与投影面不变的情况下，当物体靠近或远离投影面时，它的投影就会变大或变小，且一般不能反映物体的实际尺寸大小，即度量性差。这种投影法能反映物体在视觉上近大远小的效果，立体感强，主要应用于绘制建筑物富有逼真感的立体图，也称透视图。因此，在一般的工程图样中，不采用中心投影法。

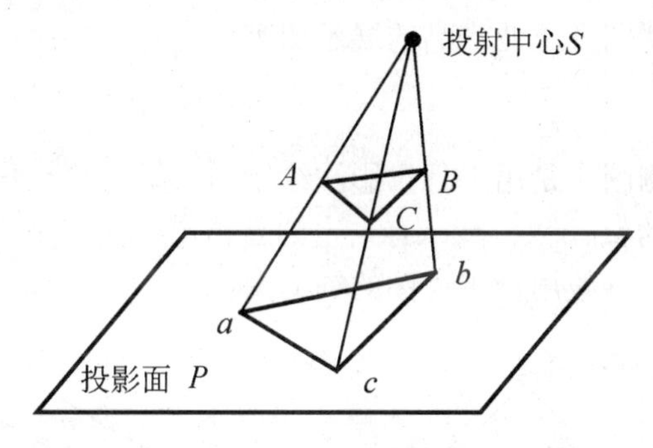

图2.2 中心投影法

2．平行投影法

当投射中心距离投影面无限远时，所有投射线变的互相平行(如同太阳照射物体)的投影方法，称为平行投影法。在平行投影法中，当平行移动物体时，它投影的形状和大小都不会改变。平行投影法主要用于绘制工程图样。平行投影法按投影方向与投影面是否垂直，可分为斜投影法(图2.3(a))和正投影法(图2.3(b))。

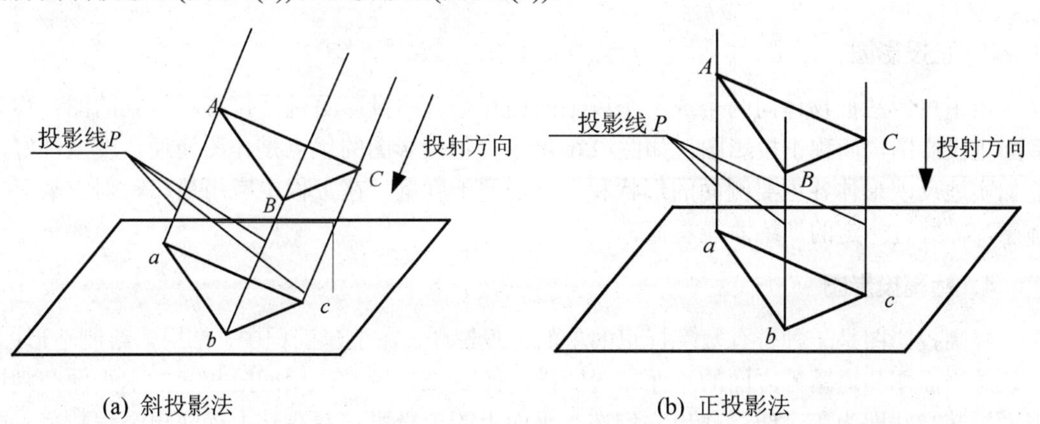

(a) 斜投影法

(b) 正投影法

图2.3 平行投影法

投射线垂直于投影面产生的平行投影称为正投影，投射线与投影面倾斜所产生的平行投影称为斜投影。正投影法能在投影面上较“真实”地表达空间物体的大小和形状，且作图简便，度量性好，工程图样多采用正投影法绘制。利用正投影法绘制的工程图样，称为正投影图。由于工程图样多为正投影图，所以凡是不做特别说明的均指正投影条件下形成的投影图。

2.1.3 工程上常用的投影图

在建筑工程中，由于表达的目的和被表达对象的特征不同，需要采用不同的投影图，常用的投影图有以下 4 种。

1. 透视投影图

透视投影图简称透视图，它是用中心投影法绘制的，如图 2.4 所示。透视图的优点是比较符合视觉规律、图形逼真、立体感强，缺点是一般不能直接度量，绘制过程也较复杂，常用于建筑物的效果表现图及工业产品的展示图等。

2. 轴测投影图

轴测投影图简称轴测图，是用平行投影法绘制的，如图 2.5 所示。轴测图的优点是直观性强，能反映出形体的长、宽、高，有一定的立体感，缺点是不能反映物体各表面的准确形状，作图方法复杂，一般用做工程图的辅助图样。

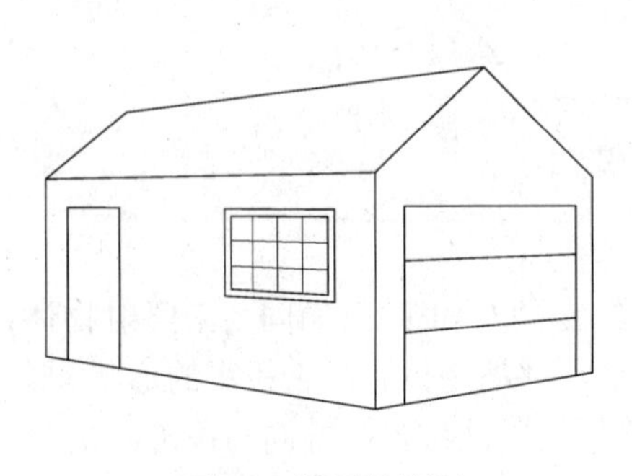

图 2.4 透视投影图

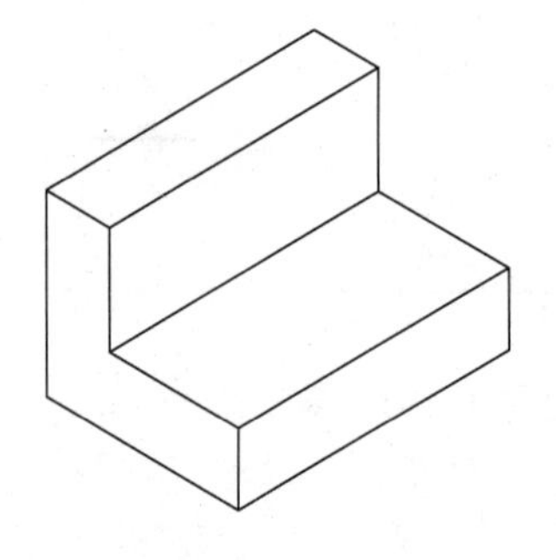

图 2.5 轴测投影图

3. 正投影图

用正投影法把物体向两个或两个以上的相互垂直的投影面进行投影所得到的图样称为多面正投影图，简称正投影图，如图 2.6 所示。正投影图的优点是作图简便、度量性好，能如实地反映形体各主要侧面的形状和大小，便于度量。在工程中应用最广，但它缺乏立体感，需经过一定的训练才能看懂。

4. 标高投影图

标高投影图是一种带有数字标记的单面正投影图。在土建工程中，常用来绘制地形图、建筑总平面图和道路等方面的平面布置图样。如图 2.7 所示，用间隔相等的水平面截割地形面，其交线即为等高线，作出它们在水平面上的正投影，并在其上标注出高程数字，即为标高投影图，从而表达出该处的地形情况。

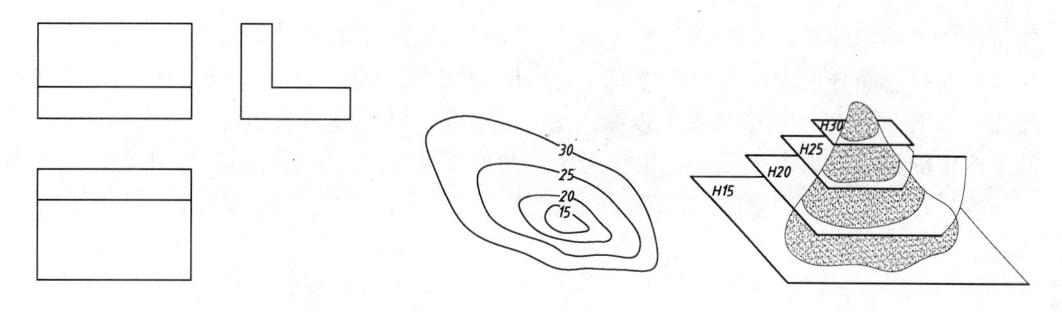

图 2.6 多面正投影图

图 2.7 标高投影图

2.2 三面投影图

当形体向某一投影面做投影时，只能反映出该面的形状特点及尺寸大小，而其他各面的特征并不能表现出来。如图 2.8 所示，图中两个形状并不完全相同的形体，在投影面上的投影却完全一样。所以仅用一个方向上的投影是不能完全反映出形体的真实形状和所有尺寸的。

作为施工依据的图样，应能反映出形体各部分的形状及大小，所以需将形体置于多面投影系中。在现实中，一般用互相垂直的 3 个方向的投影即可把形体的大小及形状完整地表达出来，这便是三面投影图。

三面投影图是将形体放在 3 个相互垂直的投影面之间，用投影的方法分别向 3 个投影面作投影，由此可得到形体在 3 个方向上的投影图。这样便可完整地表达出形体正面、侧面、顶面的形状及大小，如图 2.9 所示。

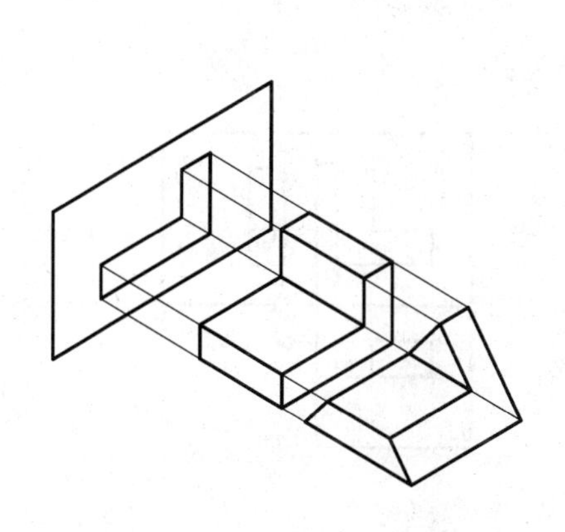

图 2.8 物体的一面投影图

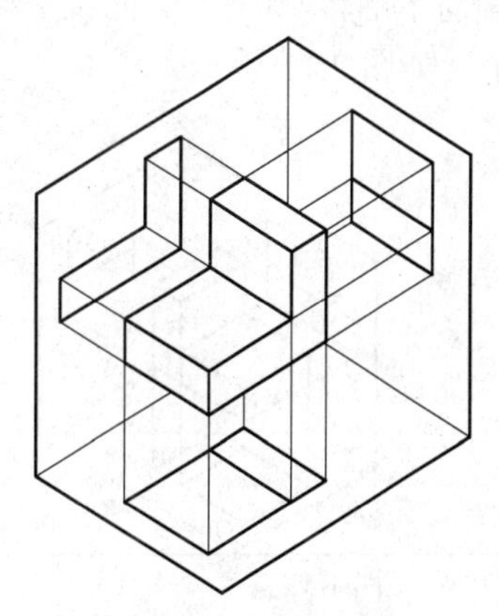

图 2.9 物体的三面投影图

2.2.1 三面投影体系

三面投影体系由互相垂直的三面和三轴组成。在三面投影体系中，3 个两两相互垂直的轴构成了投影轴系，三轴分别为 X 轴、Y 轴和 Z 轴，三轴的交点为原点 O；三个两两互相垂直的投影面分别为：水平投影面，用字母 H 表示，简称 H 面，物体在 H 面上产生的投影称为 H 面投影，也称为水平投影；正立投影面，用字母 V 表示，简称 V 面，物体在 V 面上产生的投影称为 V 面投影，也称为正立面投影；侧立投影面，用字母 W 表示，简称 W 面，物体在 W 面上产生的投影称为 W 面投影，也称为侧立面投影，如图 2.10 所示。

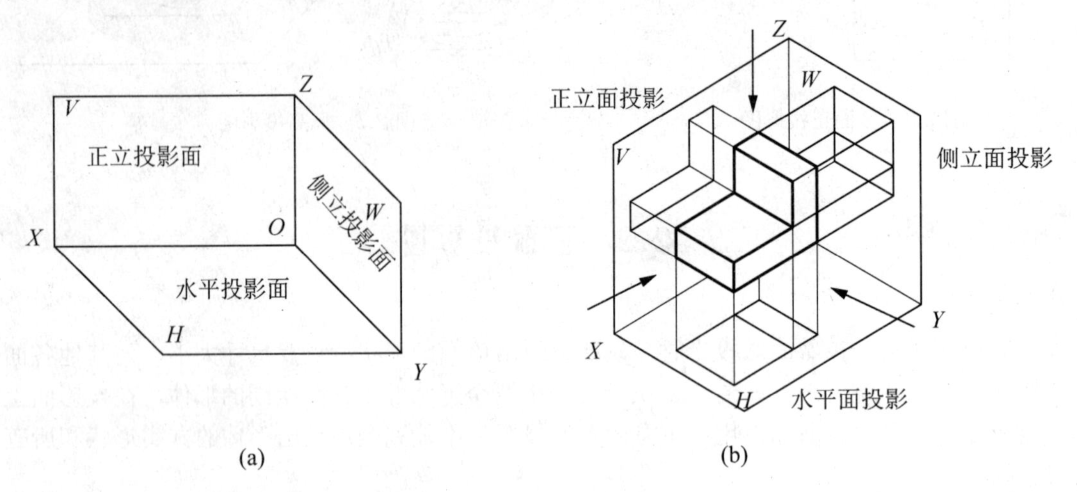

图 2.10　物体的三面投影

2.2.2　三面投影图的形成

在工程图样中，为了把空间 3 个投影面上所得到的投影画在一个平面上，需将三个相互垂直的投影面依一定规律展开，使其成为一个平面。展开过程是：令 V 面保持不动，H 面绕 X 轴向下翻转 90°，W 面绕 Z 轴向右翻转 90°，这样 H 面、W 面与 V 面就在同一个平面上了，如图 2.11 所示。

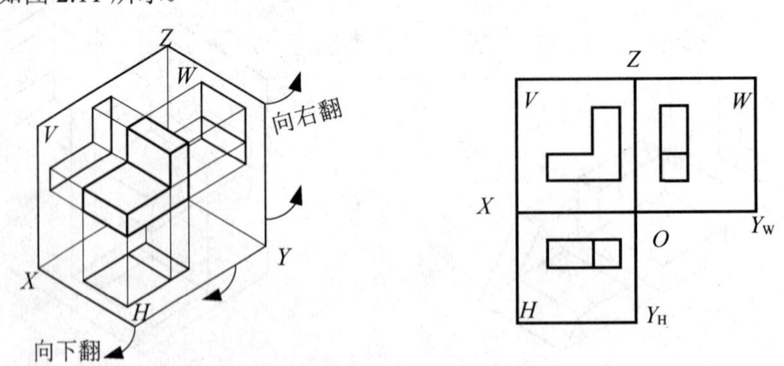

图 2.11　三面投影图的展开

三个投影面展开后，原 OX、OZ 轴的位置不变。原 OY 轴则分为两条，在 H 面上的用 OY_H 表示，它与 Z 轴成一直线；在 W 面上的用 OY_W 表示，它与 X 轴成一直线。

展开后的三面正投影位置是：H 投影面在 V 投影面的正下方；W 投影面在 V 投影面的正右方。按照这种位置布置投影图时，在图纸上可以不标注投影面、投影轴和投影图的名称。

由于投影面是我们设想的，并无固定的大小边界范围，而投影图与投影面的大小无关，所以作图时也可以不画出投影面的边界，在工程图样中投影轴一般也不画出来。但在初学投影作图时，为了更好地理解各面投影间的对应关系，最好将投影轴用细实线画出。

2.2.3 三面投影图的形成

三面投影图可以完整地反映形体的形状及大小，三个面上的投影分别表达了同一形体不同表面的特征，*V* 面投影(正立面投影)反映了形体的正面形状；*H* 面投影(水平面投影)反映了形体水平面的形状，*W* 面投影(侧立面投影)反映了形体的侧面形状。所以 3 个投影图间既有区别又互相关联。

1. 度量关系

形体的特征尺寸主要是长、宽、高 3 个方向的尺寸。在三面投影体系中，将平行于 *X* 轴方向的尺寸定义为长度尺寸；平行于 *Y* 轴方向的尺寸定义为宽度尺寸；平行于 *Z* 轴方向的尺寸定义为高度尺寸。由此可见，*V* 面投影(正立面投影)反映了形体的长度与高度尺寸；*H* 面投影(水平面投影)反映了形体长度及宽度尺寸，*W* 面投影(侧立面投影)反映了形体的高度及宽度。把 3 个投影图联系起来看，就可以得出这 3 个投影之间的相互关系，即 *V* 面投影和 *H* 面投影“长相等”、*V* 面投影和 *W* 面投影“高相等”、*H* 面投影和 *W* 面投影“宽相等”，即三面投影规律：“长对正、高平齐、宽相等”。

2. 位置关系

描述形体各部分间的方位关系通常有：上、下、左、右、前、后 6 个方向。由投影图可以看出，沿着 *X* 轴能看出形体左右的相对方位；沿着 *Y* 轴看出形体前后的相对方位；沿着 *Z* 轴方向能看出形体上下的相对方位。

每个投影图各反映其中 4 个方向的情况，即 *V* 面投影图反映形体的上、下和左、右的情况；*H* 面投影图反映形体的左、右和前、后的情况；*W* 面投影图反映形体的上、下和前、后的情况，如图 2.12 所示。

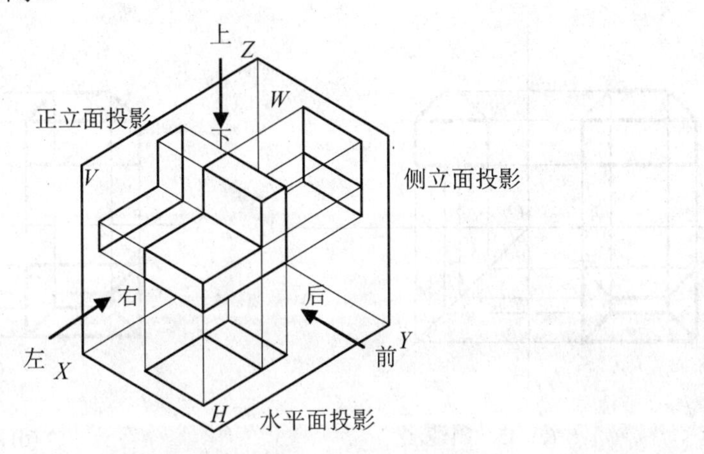

图 2.12 投影图和物体的位置对应关系

特别提示

用三面投影图可以完整表达形体的形状及尺寸，有的简单形体(如正多棱柱，球等)，只需用两个投影图甚至一个投影图就能完全表达形体特征。

熟练掌握在投影图上识别形体各方向的形状大小及对应方向，有利于建立空间思维，对识图将有很大的帮助。

2.2.4　三面投影图的作图方法及步骤

绘制三面正投影图时，一般先绘制 *V* 面投影图(正立面投影)和 *H* 面投影图(水平面投影)，然后再绘 *W* 面投影图(侧立面投影)。熟练地掌握形体的三面投影图的画法是绘制和识读工程图样的重要基础。下面是绘制三面投影图的具体方法和步骤。

(1) 在图纸上先画出水平和垂直十字相交线，以作为图中的投影轴，如图 2.13(a)所示。

(2) 根据形体在投影体系中的放置位置，先画出能够反映形体特征的某一面投影图(此处以 *V* 面为例)，如图 2.13(b)所示。

(3) 根据投影关系，按“长对正” 的投影规律，画出 *H* 面投影图；按“高平齐”、“宽相等”的投影规律，把 *V* 面投影图中涉及高度的各相应部位用水平线拉向 *W* 投影面；用过原点 *O* 作 45° 斜线或以原点 *O* 为圆心作圆弧的方法，得到引线在 *W* 投影面上与“等高”水平线的交点，连接关联点而得到 *W* 面投影图，如图 2.13(c)、图 2.13(d)所示。

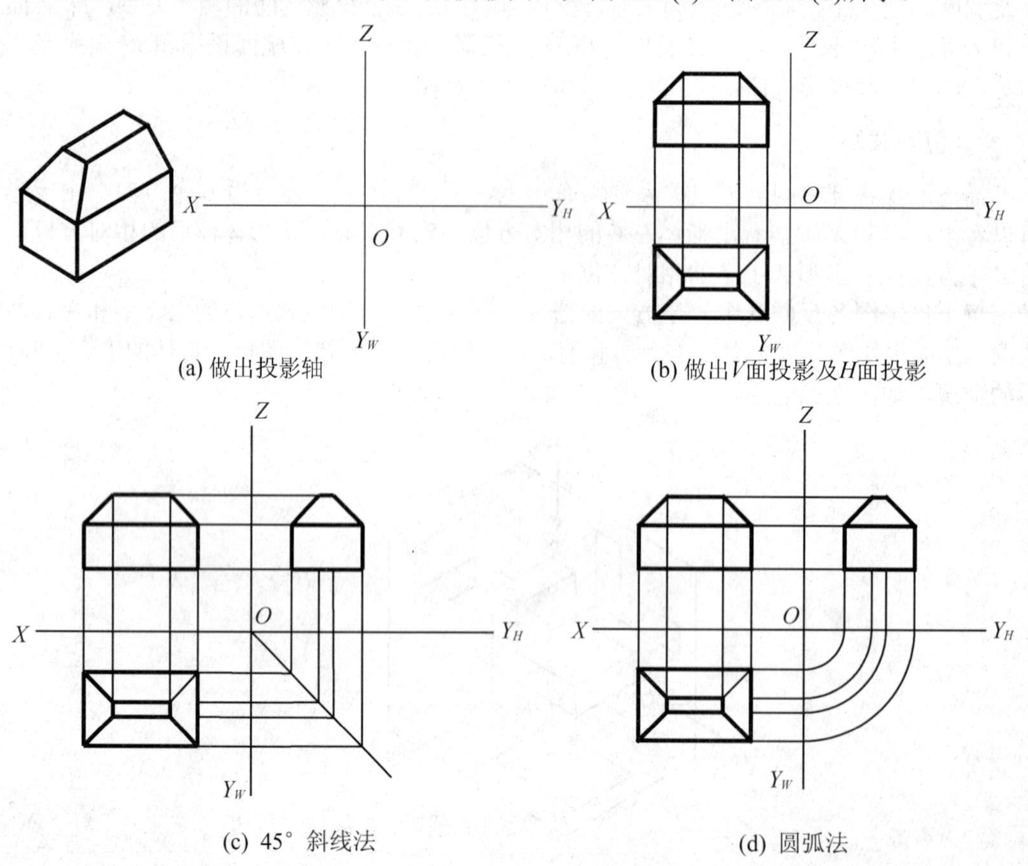

图 2.13　两坡屋面房屋的三面投影图的作法

特别提示

由于在绘图时只要求各投影图之间的“长、宽、高”关系正确，因此图形与轴线之间的距离可以灵活安排。在实际工程图中不画出投影轴，各投影图位置也可以灵活安排，有时各投影图还可以不画在同一张图纸上。

2.3 点的投影

建筑物可以看作一个形体，它是由一系列的平面构成的，而平面由线组成，线又由点构成。因此，点是构成线、面、体的基本元素，掌握点的投影知识是学习线、面、体的投影的基础。

2.3.1 点的投影

1. 点的三面投影

将空间点 A 置于三面投影体系中，分别向 V、H、W 三个投影面作正投影，如图 2.14(a)所示。

A 点到 H 面上的投影，以 a 表示，称为点 A 的 H 面投影，即水平面投影；

A 点到 V 面上的投影，以 a' 表示，称为点 A 的 V 面投影，即正立面投影；

A 点到 W 面上的投影，以 a'' 表示，称为点 A 的 W 面投影，即侧立面投影。

将三面投影体系展开，如图 2.14(b)所示，便得到点 A 的投影图。

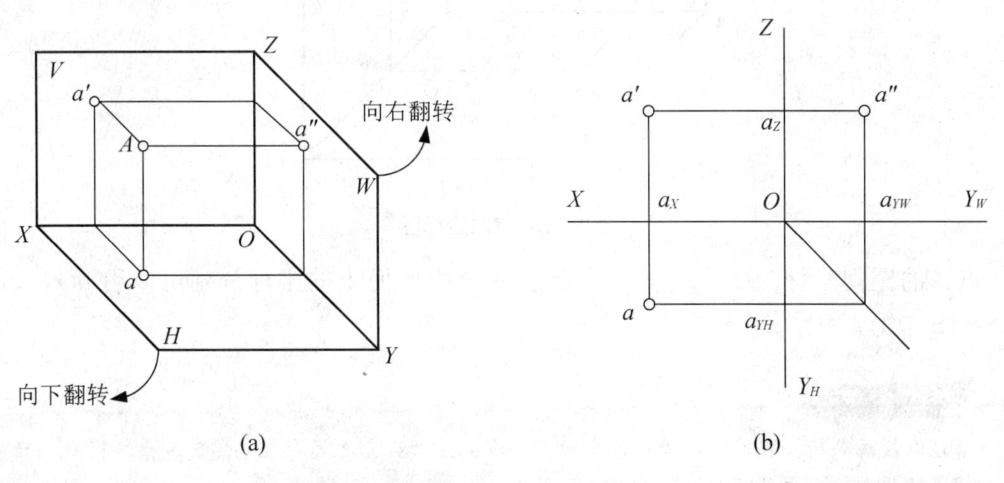

图 2.14　点的三面投影

特别提示

通常我们用大写字母表示空间的点或平面，空间的面一般用 P、Q、R 表示，相应的小写字母表示其水平投影，小写字母加一撇表示其正面投影，小写字母加两撇表示其侧面投影。

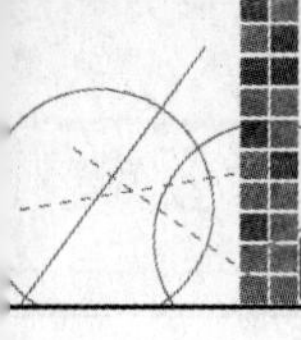

2．点的投影分析

在展开图中，将点的相邻投影用细实线相连，图中 aa'、$a'a''$ 称为投影连线。aa'、$a'a''$分别与投影轴 OX、OZ 交于 a_X、a_Z。水平面投影 a 与侧立面投影 a''的连接，需借助 45°辅助线，如图 2.14(b)所示。从图中可以看出以下几点。

(1) 点 A 的 V 面投影和 H 面投影的连线垂直于 OX 轴，即 $a'a''\perp OX$;

(2) 点 A 的 V 面投影和 W 面投影的连线垂直于 OZ 轴，即 $a'a''\perp OZ$;

(3) 点 A 的 H 面投影到 OX 轴的距离等于点 A 的 W 面投影到 OZ 轴的距离，即 $aa_X= a''a_Z$。

3．点的投影与坐标的关系

空间点的位置可以由点的三个方位(X 轴、Y 轴、Z 轴)坐标来定义。在三面投影体系中，我们也可以将各投影轴看作空间的直角坐标轴系。O 点为坐标原点，X、Y、Z 三个投影轴为坐标轴，H、V、W 为三个坐标平面。则空间点 A 到三个投影面的距离就是点 A 的三个坐标值，即：

点 A 到 W 面的距离为 x 坐标($A\,a''= a'a_Z=a\,a_Y=x$ 坐标);

点 A 到 V 面的距离为 y 坐标($A\,a'= a''a_Z=a\,a_X=y$ 坐标);

点 A 到 H 面的距离为 z 坐标($A\,a= a'a_X= a''a_Y=z$ 坐标);

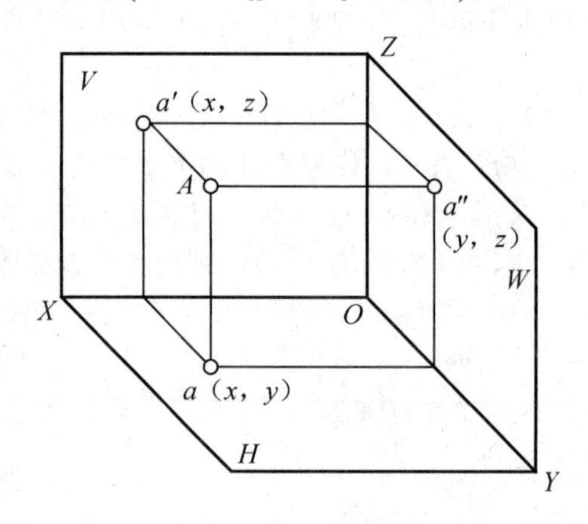

图 2.15　点的坐标图

点 A 的空间坐标为(x，y，z)，点 A 在 3 个投影面上的坐标分别可以用 a(x，y)，a'(x，z)，a''(y，z)表达，如图 2.15 所示。

特别提示

通过以投影分析，我们可以看出，空间同一点的三面投影之间存在一定的联系，因此，只要有空间点的两面投影，就可以得到其第三面投影。

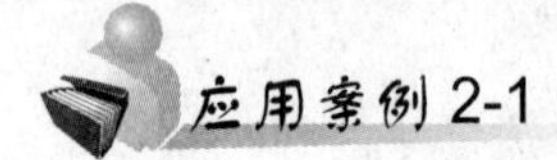

应用案例 2-1

已知空间点 A 的 H 面与 V 面投影如图 2.16(a)所示，求作其 W 面投影。

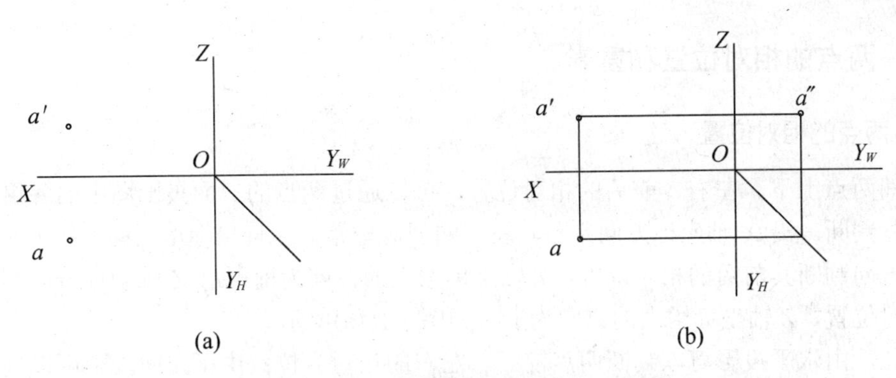

图 2.16　已知点的两面投影求作第三面投影

分析与作图:

根据点的投影关系，点的 V 面投影到 OX 轴的距离与点的 W 面投影到 OY_W 距离相等；点的水平投影到 OX 轴的距离与点的侧面投影到 OZ 轴的距离相等；由此，可以根据点的正面与水平投影，作出点的侧面投影。作图步骤如下。

(1) 过 O 点作 45° 辅助线。

(2) 过 a' 作 $a'a'' \perp OZ$ 轴，过 a 作直线平行于 OX 轴，与 45° 辅助线相交后，从交点作平行于 OZ 轴的直线，交 $a'a''$ 于 a'' 点。

(3) a'' 点即为空间点 A 的侧面投影。

应用案例 2-2

空间点 A 的坐标为(25，15，20)，求作它的三面投影图。

分析与作图:

根据点的投影与坐标的关系可以知道，点的正面投影由 x、z 坐标确定；点的水平面投影由 x、y 坐标确定，点的侧面投影由 y、z 坐标确定。因此，我们可以根据 3 个坐标值做出点的三面投影。作图步骤如下。

(1) 根据 x=25，y=15，z=20，分别在 X、Y、Z 轴上定出 a_X、a_Y、a_Z。

(2) 过 a_X、a_Y、a_Z 作各投影轴的垂线，在水平投影面上的交点 a 即为水平投影，在正投影面上的交点 a' 为其正面投影，在侧投影面上的交点 a'' 即为侧立面投影，如图 2.17 所示。

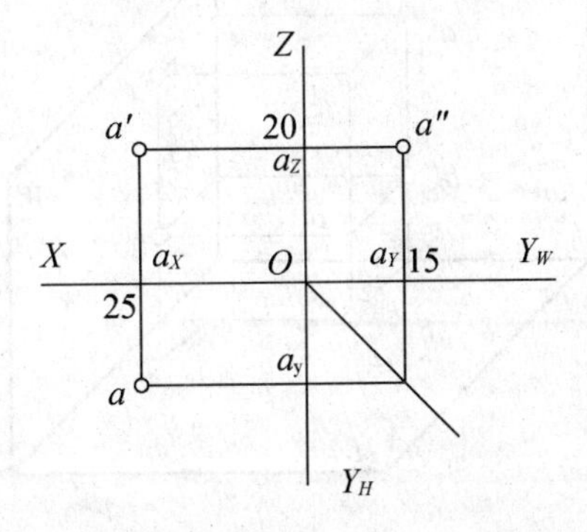

图 2.17　根据点的坐标作投影图

2.3.2 两点的相对位置和重影点

1. 两点的相对位置

空间两点上下、左右、前后的相对位置，可以通过两点的三面投影图中的各组同名投影来进行判断。沿 X 轴坐标方向判断其左右的相对位置，X 轴坐标增大的方向为左；沿 Y 轴坐标方向判断其前后的相对位置，Y 轴坐标增大的方向为前；沿 Z 轴坐标方向判断其上下的相对位置，Z 轴坐标增大的方向为上，如图 2.18(a)所示。

因此，由水平投影可以判断两点前后、左右的相对方位；由正立面投影可以判断两点上下、左右的相对方位；由侧立面投影可以判断两点前后、上下的相对方位。如图 2.18(b)所示，空间点 B 在点 A 的上方，右侧，前边。

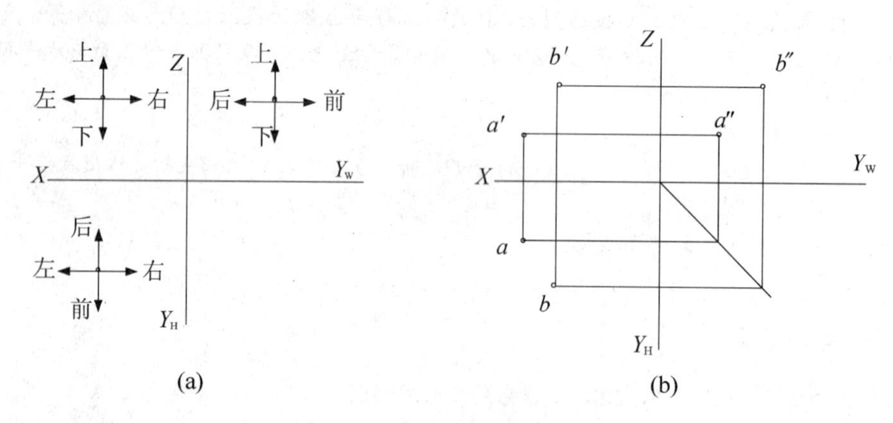

图 2.18 两点的相对位置

2. 重影点及投影可见性判断

如果两点位于某一投影面的同一投射线上，此时，两点在该投影面上的投影重合为一点，这两个点称为该投影面上的重影点。如图 2.19 所示，A、B 为 H 面上的重影点。

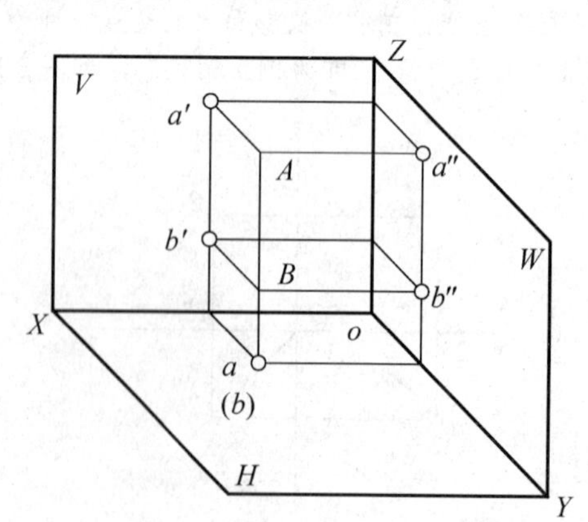

图 2.19 重影点及投影可见性

沿投射方向看重影点，必有一点被另一点所遮挡，即一点可见，一点不可见。在投影图的标注中，重影点中可见点的投影标注在前，不可见点的投影标注加括号写在其后。一般来说，若两点为水平投影面上的重影点，则上面的点可见，下面的点不可见； 若两点为正投影面上的重影点，则前面的点可以，后面的点不可见；若两点为侧投影面上的重影点，则左边的点可见，则右边的点不可见。如图 2.19 所示，空间点 *A*、*B* 为水平面上的重影点，点 *A* 在点 *B* 的正上方。

2.4 直线的投影

空间两点确定一条直线，故要获得直线的投影，只需作出已知直线上两个点的投影，再将两点的同名投影相连即可。

2.4.1 各种位置直线的投影特性

根据直线与 3 个投影面的相对位置不同，直线可分为投影面的平行线、投影面的垂直线及投影面的倾斜线 3 种位置。投影面的平行线、投影面的垂直线称为特殊位置直线；投影面的倾斜线称为一般位置直线。

1. 投影面平行线

当空间直线平行于某一个投影面，倾斜于其他两个投影面时，称为投影面的平行线。根据其平行的投影面不同有以下几种线。

水平线——平行于 *H* 面，倾斜于 *V* 面及 *W* 面的直线。

正平线——平行于 *V* 面，倾斜于 *H* 面及 *W* 面的直线。

侧平线——平行于 *W* 面，倾斜于 *H* 面及 *V* 面的直线。

投影面平行线的投影图及投影特性见表 2-1。

表 2-1 投影面平行线的投影特性

名称	水平线	正平线	侧平线
立体图	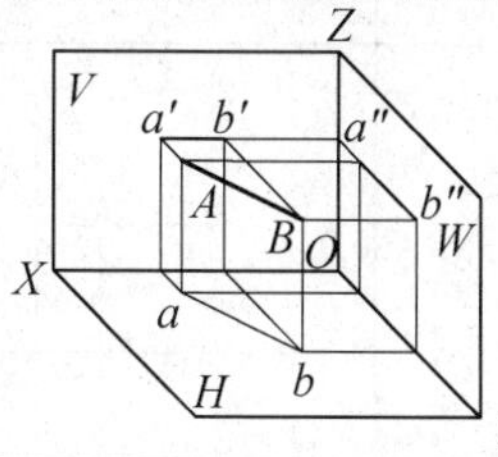	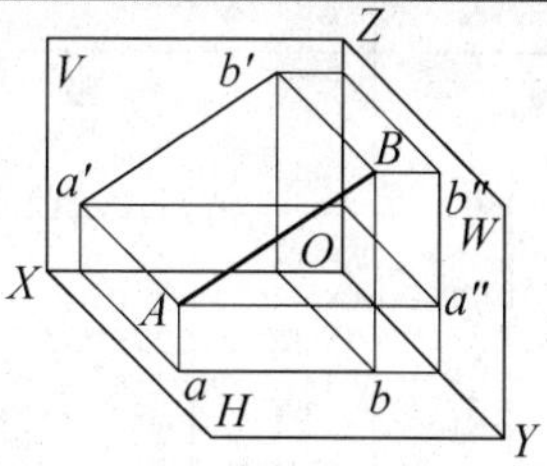	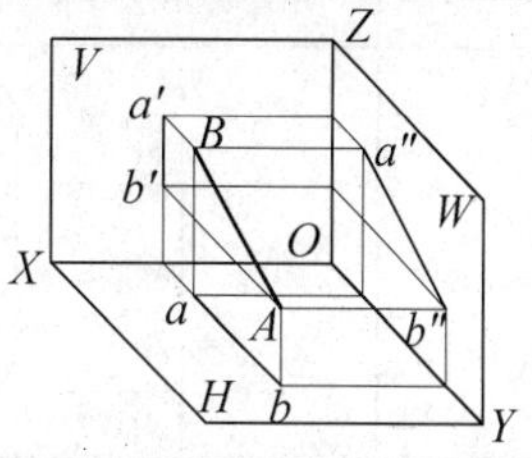
投影图	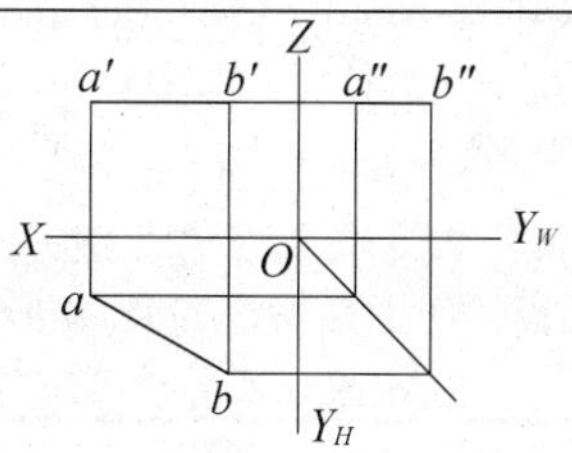	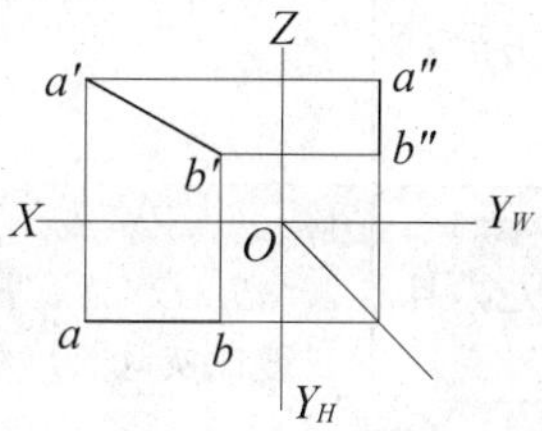	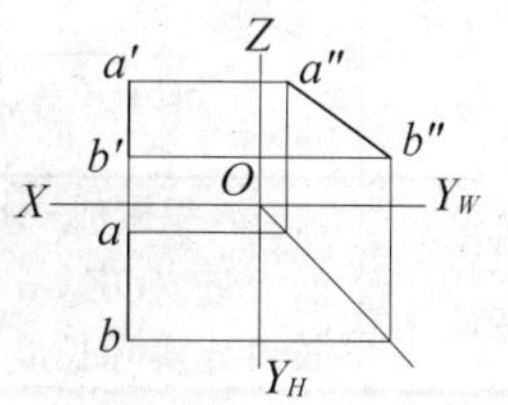

续表

名称	水平线	正平线	侧平线
投影特性	1. ab 反映实长和实际倾斜程度 2. $a'b'$ // OX，$a''b''$ // OY_W，且长度比实际长度短	1. $a'b'$反映实长和实际倾斜程度 2. ab // OX，$a''b''$ // OZ，且长度比实际长度短	1. $a''b''$反映实长和实际倾斜程度 2. $a'b'$ // OZ，ab // OY_H，且长度比实际长度短

特别提示

- 平行位置直线在其平行的投影面上的投影反映它的实长及相对其他两个投影面的倾斜角度。
- 其他两面投影分别平行于相应的投影轴。

2．投影面垂直线

当空间直线与某一个投影面垂直，平行于其他两个投影面时，称为投影面的垂直线。根据其垂直的投影面不同有以下几种线。

铅垂线——垂直于 H 面，平行于 V 面及 W 面的直线。

正垂线——垂直于 V 面，平行于 H 面及 W 面的直线。

侧垂线——垂直于 W 面，平行于 H 面及 V 面的直线。

投影面垂直线的投影图及投影特性见表 2-2。

表 2-2　投影面垂直线的投影特性

名称	铅垂线	正垂线	侧垂线
立体图	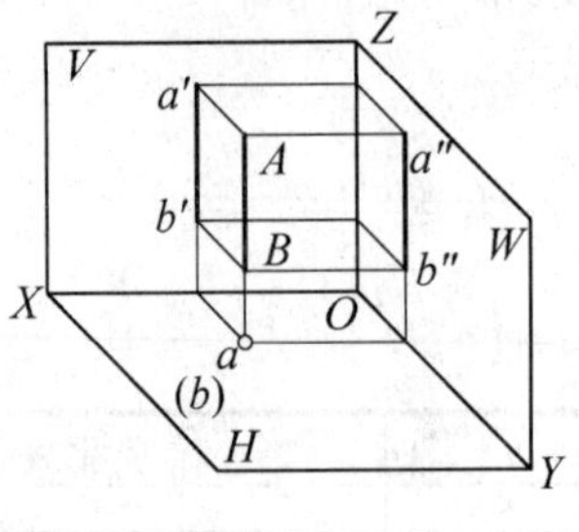 V Z a′ A a″ b′ B b″ W X O a (b) H Y	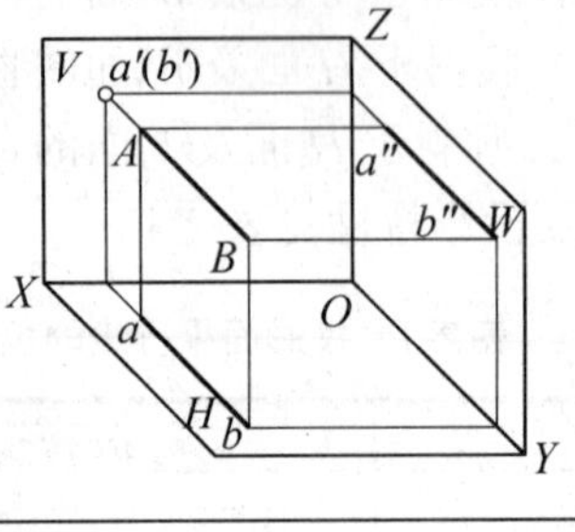 V a′(b′) Z A a″ b″ W B X O a H b Y	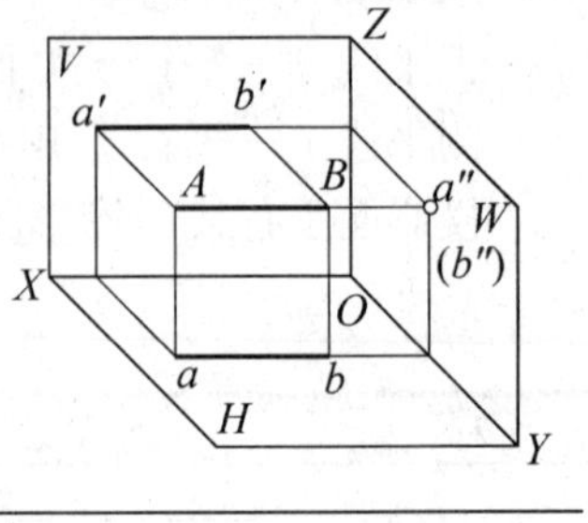 V Z a′ b′ A B a″ W (b″) X O a b H Y
投影图	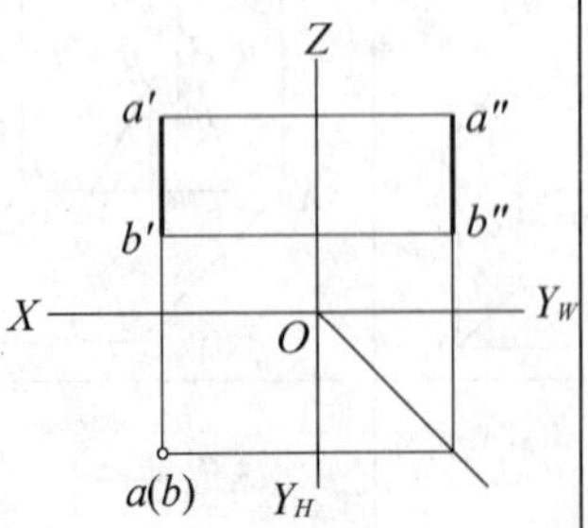 Z a′ a″ b′ b″ X Y_W O a(b) Y_H	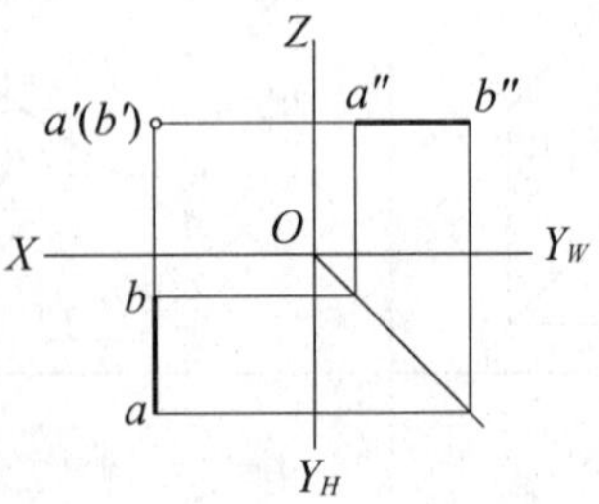 Z a″ b″ a′(b′) O X Y_W b a Y_H	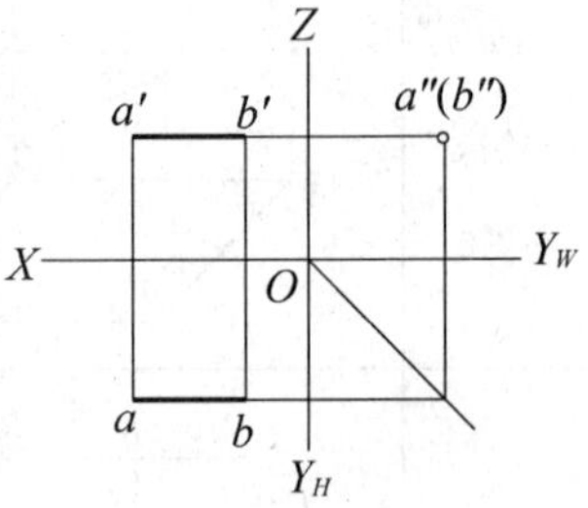 Z a′ b′ a″(b″) X Y_W O a b Y_H
投影特性	1. ab 积聚成一点 2. $a'b'$ // OZ，$a''b''$ // OZ，且长度比实际长度短	1. $a'b'$ 积聚成一点 2. ab // OY_H，$a''b''$ // OY_W，且长度比实际长度短	1. $a''b''$积聚成一点 2. $a'b'$ // OX，ab // OX，且长度比实际长度短

- 垂直位置直线在其垂直的投影面上的投影积聚为一个点。
- 其他两面投影分别垂直于与相应的投影轴。

3. 一般位置直线

对 3 个投影面都倾斜的直线，称为一般位置直线。一般位置直线在各投影面上的投影都不反映实长，且与各投影轴倾斜。一般位置直线的投影如图 2.20 所示。

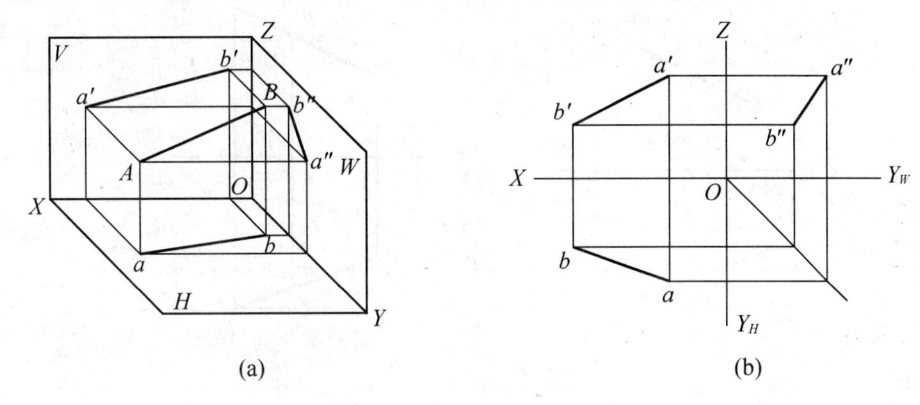

图 2.20 一般位置直线的投影

2.4.2 直线上的点

直线上的点具有从属性和定比性的特点。

(1) 从属性。直线上的点，其投影必定在直线的同名投影上。反之也成立，即如果一个点的三面投影都在某一直线的同名投影上，则这个点一定是该直线上的点。这就是直线上的点的投影的从属性。由此可以判断一个点是否在直线上，图 2.21 中的点 C 是直线 AB 上的点，而点 D 不是直线 AB 上的点。

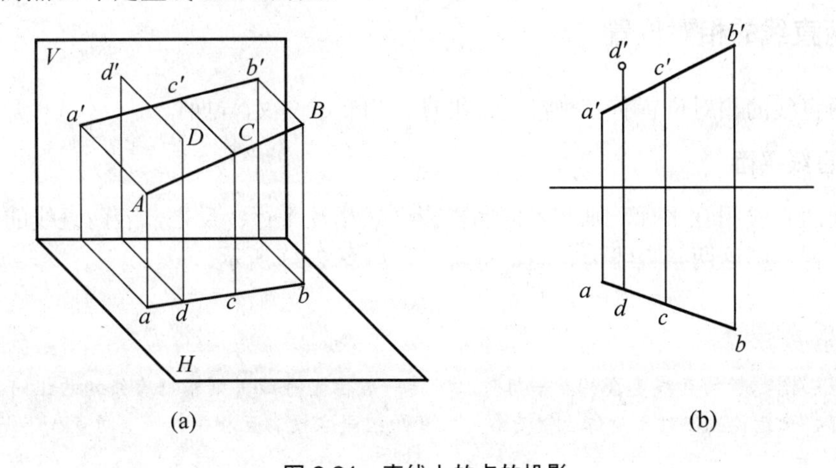

图 2.21 直线上的点的投影

(2) 定比性。直线上的点分空间线段所成的比例，等于该点的投影分该线段同名投影的比例，这一特性称为定比性。如图 2.21(a)所示，线段 AB 上的点 C 分 AB 成 AC、CB 两段，则有 $AB:BC=ab:bc=a'b':b'c'$。

应用案例 2-3

如图 2.22(a)所示，已知空间直线 AB 的正面及水平投影，点 M 是直线 AB 上的点，且点 M 将 AB 分成 $AM:MB=3:2$ 的比例，作出点 M 的正面及水平的投影。

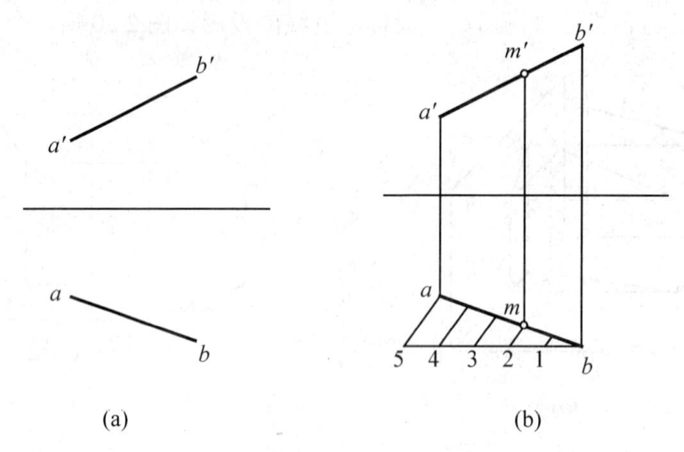

2.22　求直线 AB 上点的投影

分析与作图：

已知点 M 在直线 AB 上，且 $AM:MB=3:2$，所以根据定比性可以作出点 M 的投影。作图步骤如下。

(1) 过 b 点引一条射线，并将其 5 等分。

(2) 连接 $5a$，过 2 点作 $5a$ 的平行线，交 ab 于点 m。

(3) 由 m 向上作垂直于 OX 轴的投影连线，交 $a'b'$于点 m'。

(4) m、m'即为所求，如图 2.22(b)所示。

2.4.3　两直线的相对位置

空间两直线的相对位置有三种情况：平行、相交、交叉(异面)。

1. 两直线平行

若空间两直线相互平行，则其各同名投影必然相互平行；反之，若两直线的各同名投影均相互平行，则这两条直线为空间平行直线，如图 2.23 所示。

特别提示

根据投影图判断两直线是否相互平行时，若是一般位置直线，则根据直线的两组同名投影是否平行即可得出结论。但对于特殊位置直线，只有两组同名投影互相平行，空间直线不一定平行，如图 2.24 所示。

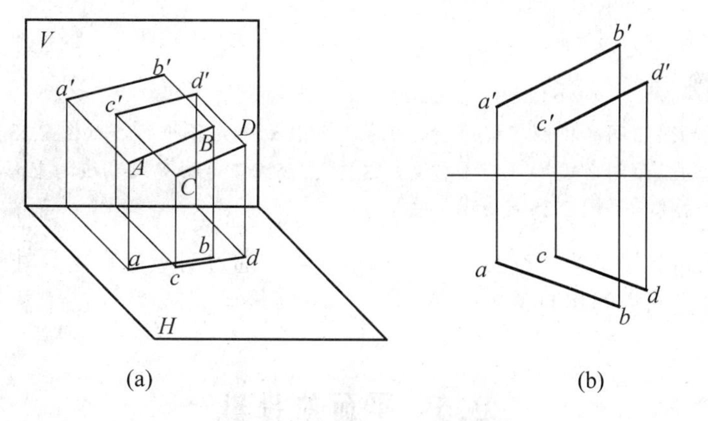

图 2.23　两平行直线的投影

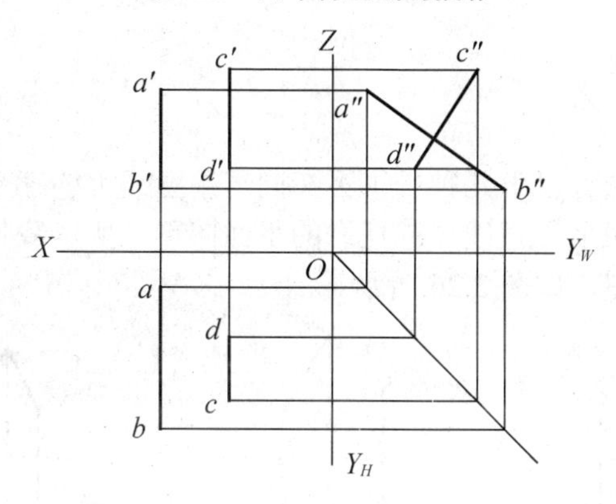

图 2.24　两面投影平行的直线投影

2．两直线相交

若空间两直线相交，则它们的同名投影也必然相交，交点 K 是两直线的共有点，点 K 的投影符合直线上点的投影规律，即具有从属性和定比性，如图 2.25 所示。

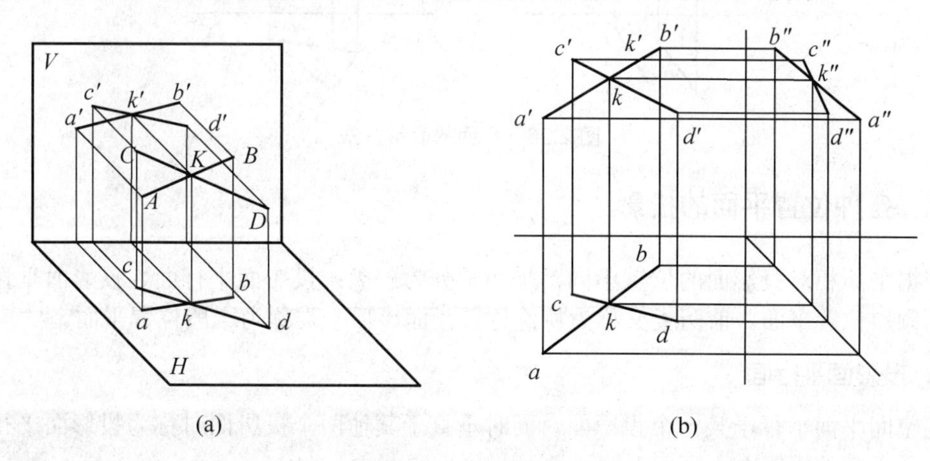

图 2.25　两直线相交

3．两直线交叉

空间两直线即不平行也不相交时，称为交叉。

两交叉直线的两组同名投影可能平行，但第三组投影一定不平行，如图 2.23 所示。

两交叉直线的三面同名投影可能都相交，这些“交点”是两交叉直线的重影点，它们的投影不符合点的投影规律，如图 2.25 所示。

两交叉直线同名投影的“交点”是一对重影点，通过对重影点可见性的判别，可以帮助我们判断两直线的空间相对位置。

2.5 平面的投影

2.5.1 平面的表示方法

确定空间平面的方法有以下几种：①不在同一条直线上的三个点；②直线及直线外一点；③相交两直线；④两平行直线；⑤任意的平面图形。所以我们可以利用点及直线的投影知识作出平面的投影图，如图 2.26 所示。

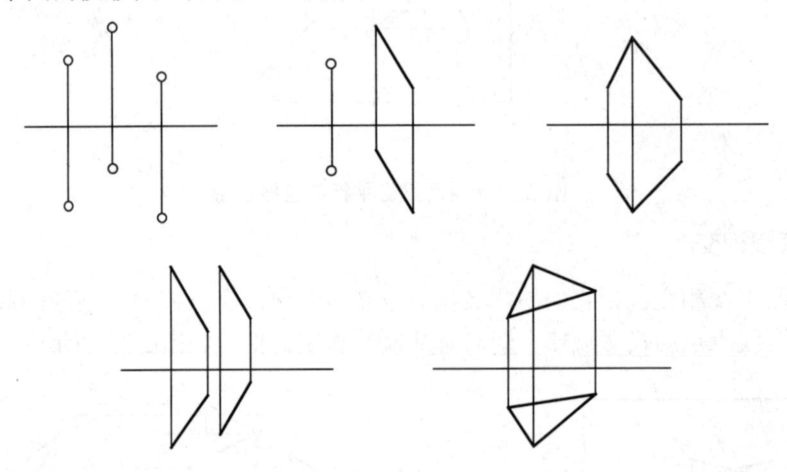

图 2.26 平面的表示方法

2.5.2 各种位置平面的投影

根据平面相对投影面的位置不同，平面可分为三类：投影面平行面、投影面垂直面和投影面倾斜位置平面。前两类又称为特殊位置平面，后一类称为一般位置平面。

1. 投影面平行面

当空间平面平行于某一个投影面，同时垂直于其他两个投影面时称为投影面平行面。根据其所平行的投影面不同，有以下 3 种投影面平行面。

正平面——平行于 V 面，垂直于 H 面和 W 面。

水平面——平行于 H 面，垂直于 V 面和 W 面。

侧平面——平行于 W 面，垂直于 H 面和 V 面。

投影面平行面的投影特性见表2-3。

表2-3 投影面平行面的投影特性

名称	正平面	水平面	侧平面
立体图	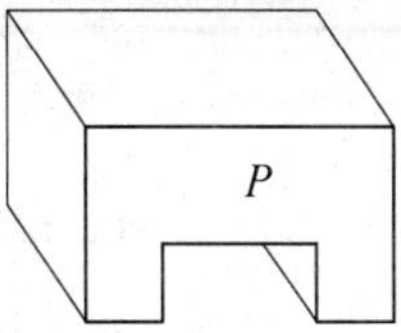 P	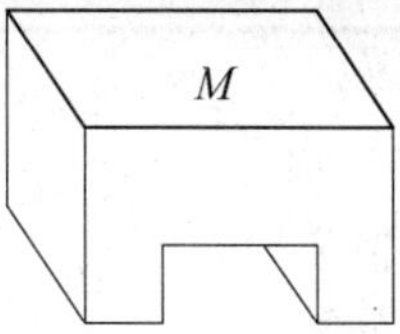 M	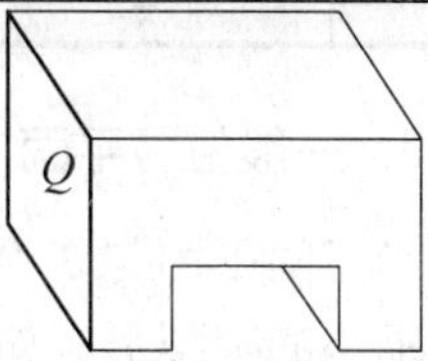 Q
投影图	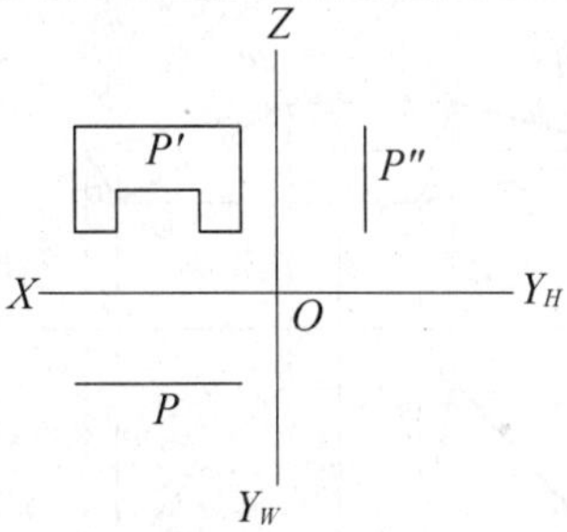 Z, P′, P″, X, O, Y_H, P, Y_W	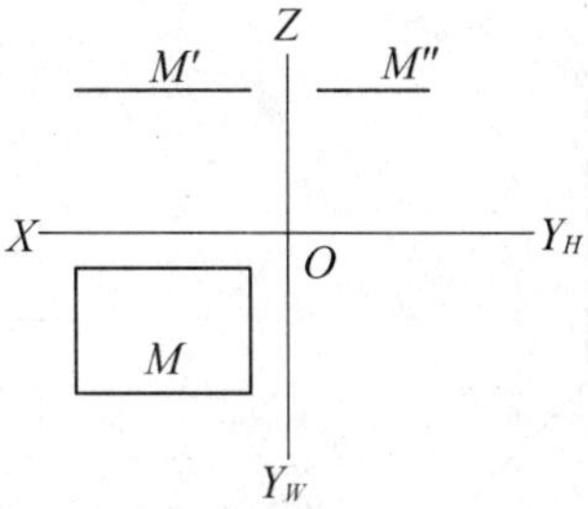 Z, M′, M″, X, O, Y_H, M, Y_W	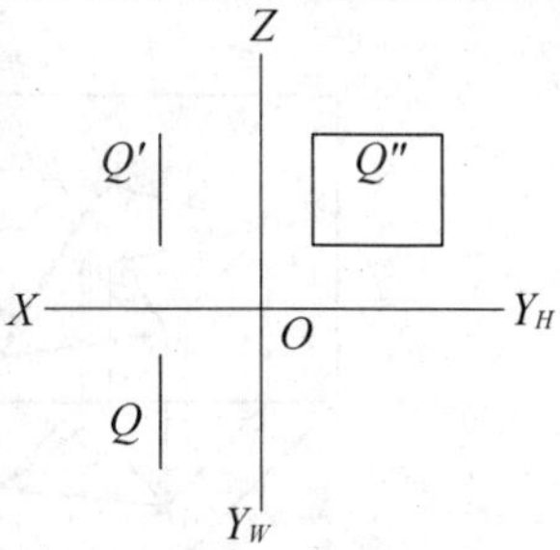 Z, Q′, Q″, X, O, Y_H, Q, Y_W
投影特性	1. *V*面投影反映实形 2. 其余两面投影积聚成直线，且分别平行相应的投影轴	1. *H*面投影反映实形 2. 其余两面投影积聚成直线，且分别平行相应的投影轴	1. *W*面投影反映实形 2. 其余两面投影积聚成直线，且分别平行相应的投影轴

2. 投影面垂直面

当空间平面垂直于某一个投影面，与其他两个投影面都倾斜时称为投影面垂直面。根据其所垂直的投影面不同，有以下3种投影面垂直面。

正垂面——垂直于*V*面，与*H*面和*W*面倾斜。

铅垂面——垂直于*H*面，与*V*面和*W*面倾斜。

侧垂面——垂直于*W*面，与*H*面和*V*面倾斜。

投影面垂直面的投影特性见表2-4。

表2-4 投影面垂直面的投影特性

名称	正垂面	铅垂面	侧垂面
立体图	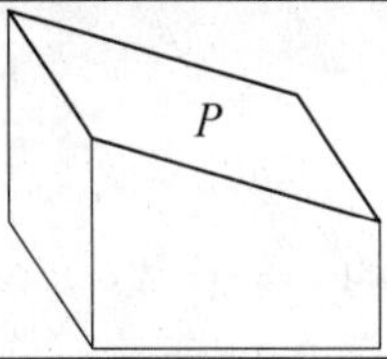 P	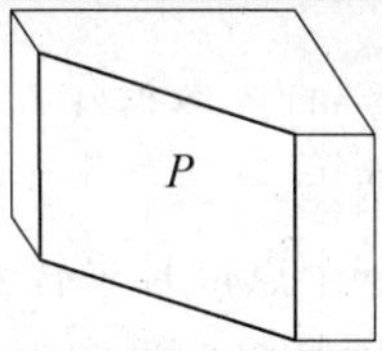 P	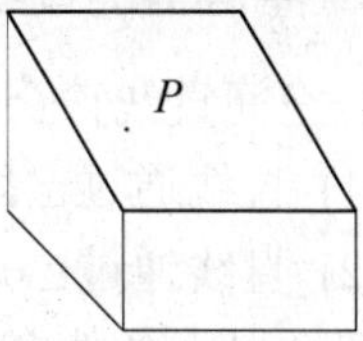 P
投影图	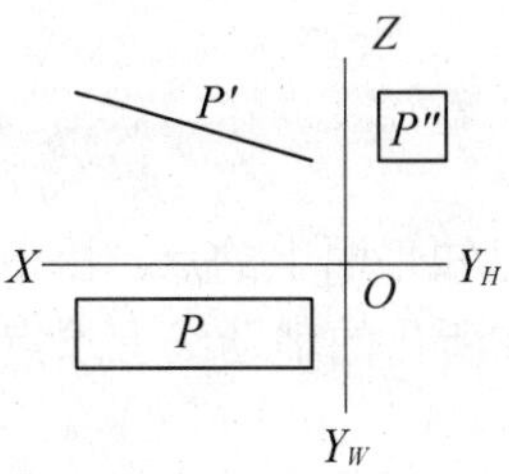 Z, P′, P″, X, O, Y_H, P, Y_W	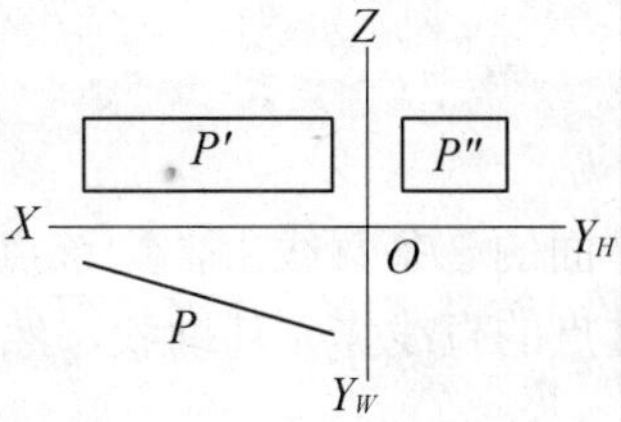 Z, P′, P″, X, O, Y_H, P, Y_W	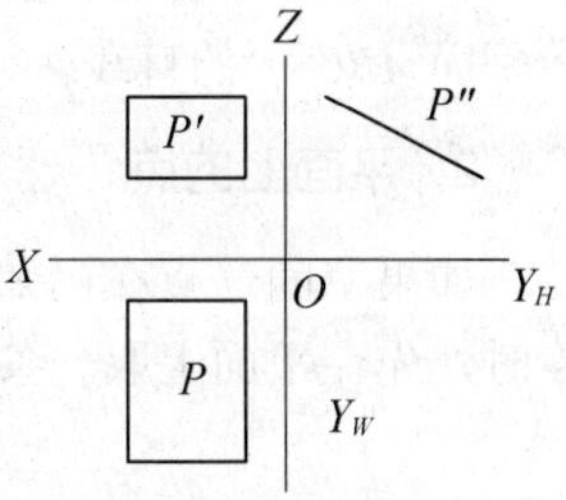 Z, P′, P″, X, O, Y_H, P, Y_W

续表

名称	正垂面	铅垂面	侧垂面
投影特性	1．*V* 面投影积聚成一条直线 2．其余两面投影为面积缩小的类似形	1．*H* 面投影积聚成一条直线 2．其余两面投影为面积缩小的类似形	1．*W* 面投影积聚成一条直线 2．其余两面投影为面积缩小的类似形

3．一般位置平面

当空间平面与 3 个投影面都倾斜时，称为一般位置平面。一般位置平面的三面投影是面积缩小的类似形，如图 2.27 所示。

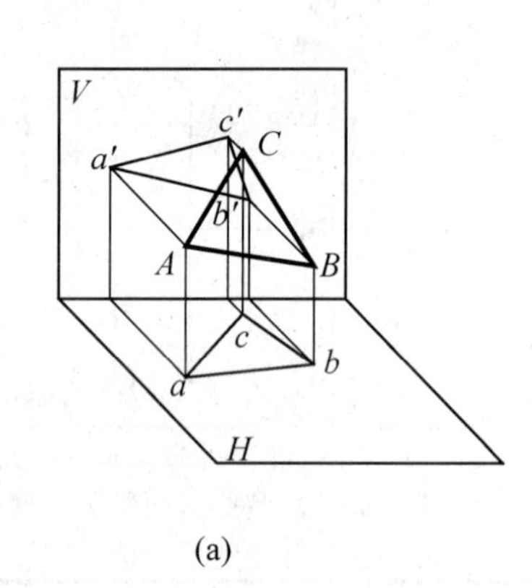

(a)

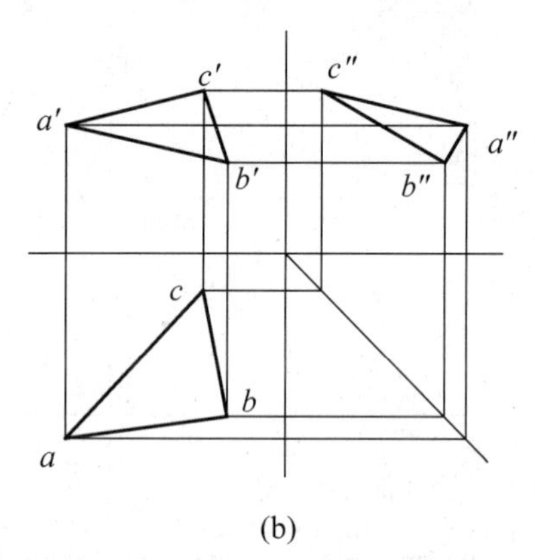

(b)

图 2.27　一般位置平面投影

特别提示

根据不同位置平面的投影特点分析，其投影特性可以总结如下。

(1) 空间平面垂直于投影面时，它在该投影面的投影积聚为一条直线——积聚性。

(2) 空间平面平行于投影面时，它在该投影面的投影反映平面实形——实形性。

(3) 空间平面倾斜于投影面时，它在该投影面的投影为面积缩小的类似图形——类似性。

2.5.3　平面上的直线和点

1．平面上的直线

当空间直线符合以下条件之一时，该直线在已知平面上。

(1) 直线通过已知平面上的两点。

(2) 直线通过已知平面上的一个点，且平行于该平面上的一条直线。

符合以上条件之一的直线，就是已知平面上的直线，如图 2.28 所示，直线 *MN*、*BQ* 即为平面 *ABC* 上的直线。

2．平面上的点

如果空间一点在已知平面的一条直线上，则该点是已知平面上的点。因此在平面上找点时，先在平面上取一条过点的直线作为辅助线，然后在所作的辅助线上求点。

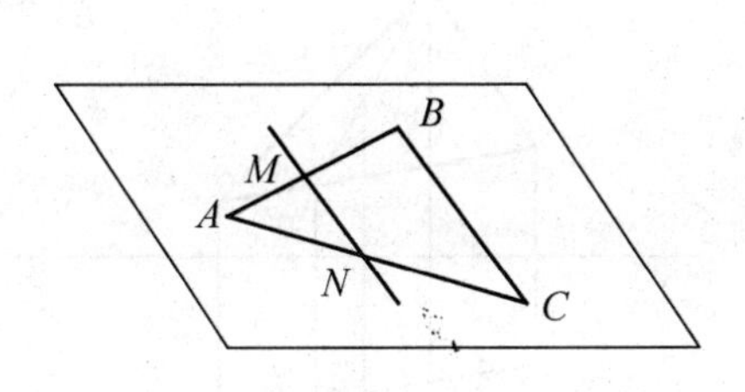

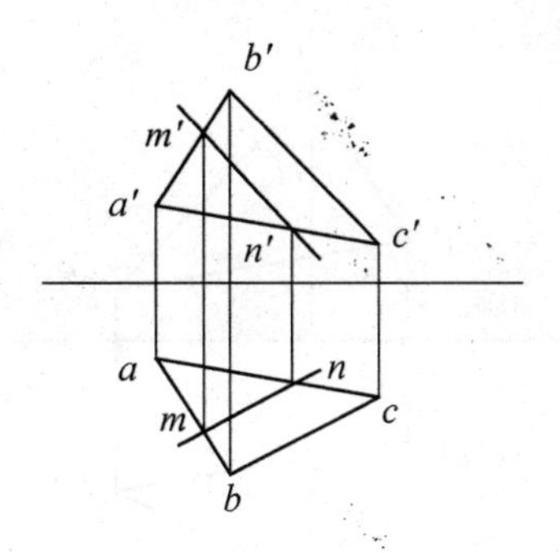

(a)

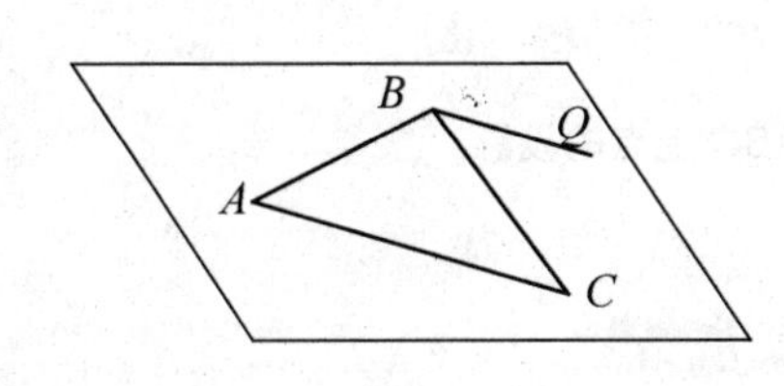

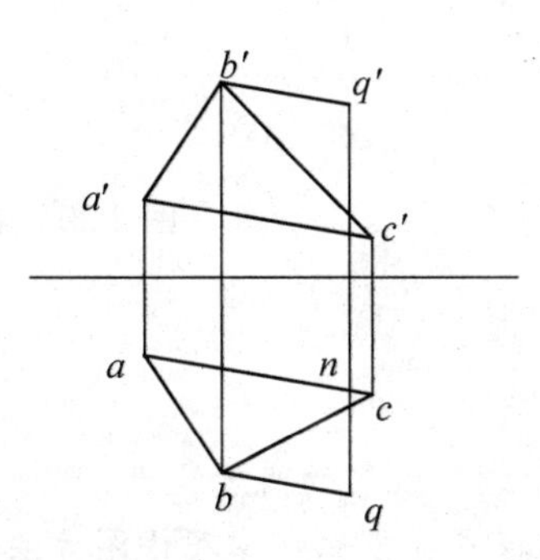

(b)

图 2.28 平面上的直线

特别提示

在平面上点与直线的作图，可以解决以下问题。

(1) 判别已知点、线是否属于已知平面。

(2) 完成已知平面上的点和直线的投影。

(3) 完成多边形的投影。

应用案例 2-4

如图 2.29(a)所示，已知空间平面 *ABC* 的正面及水平投影，点 *M* 是平面 *ABC* 上的点，作出点 *M* 的水平的投影。

分析与作图：

作图步骤如下。

(1) 连接 *b′m′*并延长交 *a′c′*于点 *d′*。

(2) 由 *d′*作投影线交 *ac* 于点 *d*，连接 *db*。

(3) 由 *m′*作投影线与 *db* 交于 *m*。

(4) *m* 即为所求，如图 2.29(b)所示。

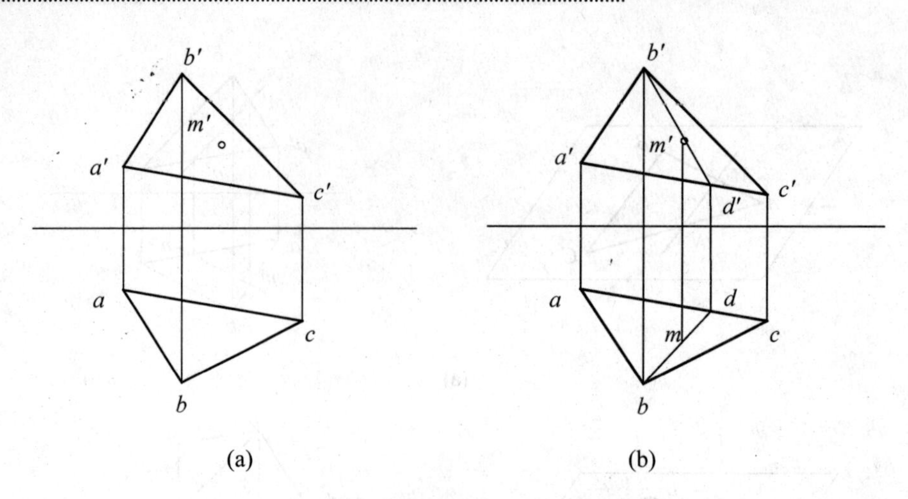

图 2.29 求平面 *ABC* 上点的投影

本章小结

本章介绍了投影的概念及点、线、平面的投影特性与作图方法，主要包括以下内容。

(1) 掌握点的投影规律及作图方法，点的坐标与投影的关系，两点相对位置的判断。

(2) 各种位置直线的投影特性、作图方法及两直线相对位置的判断。

(3) 各种位置直线的投影特性、作图方法及平面上取点与直线的方法。

点、线、面是组成形体的基本几何，掌握点、线、面的投影规律对于培养空间想象能力、提高分析问题的能力有不可替代的作用。

第 3 章

立体的投影

学习目标

通过本章的学习，熟悉各种基本体的投影特性，掌握立体截切后的形状特点及作图方法。

学习要求

能力目标	知识要点	权重
(1) 了解基本体的分类 (2) 掌握各种基本体的形体特征及作图方法 (3) 掌握基本体表面取点的作图方法 (4) 基本体的识读	基本体的投影	60%
(1) 掌握立体表面上截交线的基本特性 (2) 掌握立体表面上各种截交线的作图方法	切割体的投影	40%

引例

现实生活中，各种建筑物形态各异、风格万千，建筑设计师们通过建筑形体表达着自己的各种思想与理念，带给人们视觉上美的享受与震撼，居的方便与舒适。可无论建筑体承载了怎样的思想与灵感，就形态而言，或曲或直，或柔和或硬朗，或流畅或突兀，都是利用基本体的形变或堆砌或切割等方式形成的。因此，要掌握建筑形体的表达，首先要来学习基本体的表达方法。

3.1 平面立体的投影

空间形体是由各种表面组成的，按形体表面性质不同，可分为平面立体和曲面立体。若几何形体的表面都是由平面围成的，这样的形体便称为平面立体；而若几何形体的表面是由曲面或者平面和曲面围成的，这样的立体称为曲面立体。

常见的平面立体有棱柱、棱锥等基本体，它们的投影是表达形体的基础。

在立体的投影中，可见的形体轮廓线用实线表达，不可见的形体轮廓线用虚线表达，以区分可见与不可见的表面。

3.1.1 棱柱体的投影

1. 棱柱体的几何特性

棱柱体是由一对形状大小相同、相互平行的多边形底面(或端面)及若干平行四边形侧面(或棱面)所围成的。两相邻棱面的交线称为棱线，棱柱体所有的棱线相互平行。侧面为矩形的棱柱为直棱柱，底面为正多边形的直棱柱称为正棱柱，如图 3.1(a)、图 3.1(b)、图 3.1(c)所示。

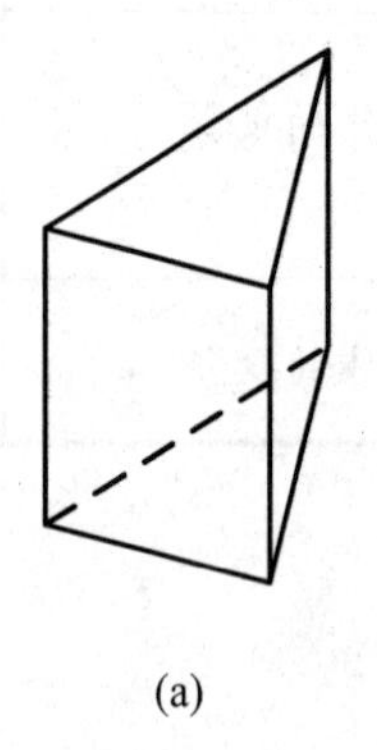

(a)

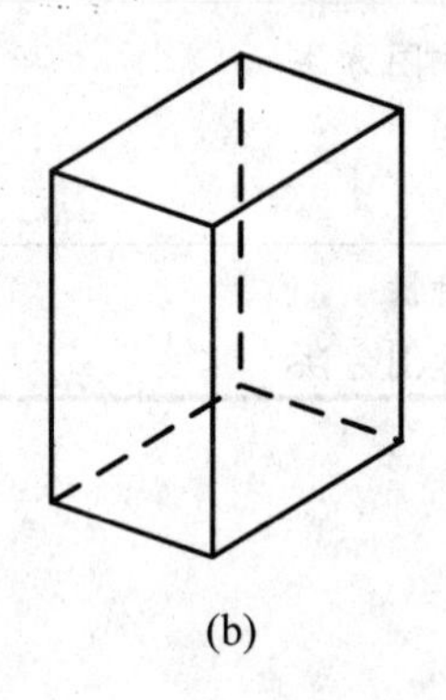

(b)

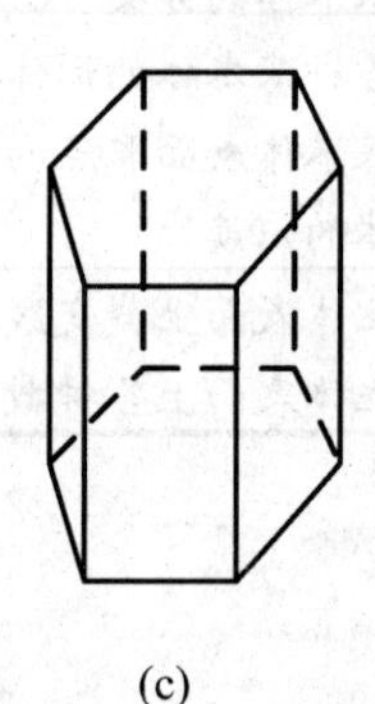

(c)

图 3.1 平面立体

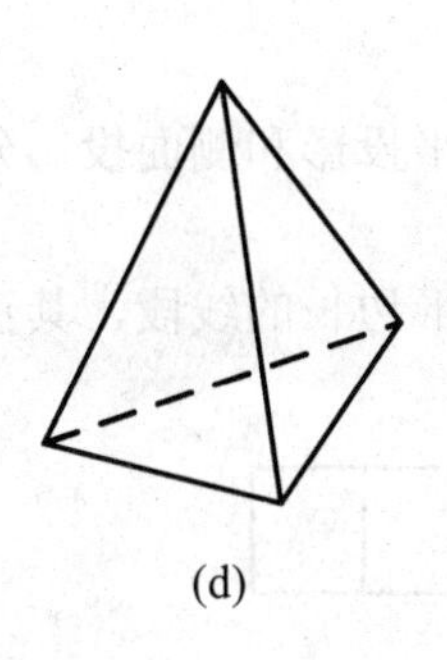
(d)

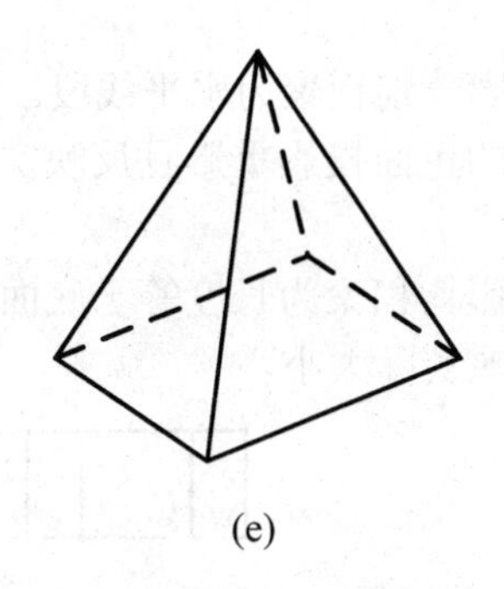
(e)

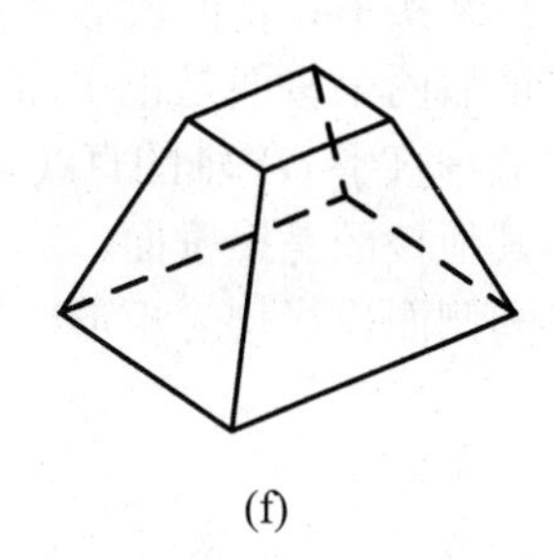
(f)

图 3.1　平面立体(续)

工程中常见的棱柱体有三棱柱、五棱柱、六棱柱等，常见棱柱的形体及投影图见表 3-1。

表 3-1　常见棱柱体的形体及投影图

名称	实体模型图	投影图
三棱柱		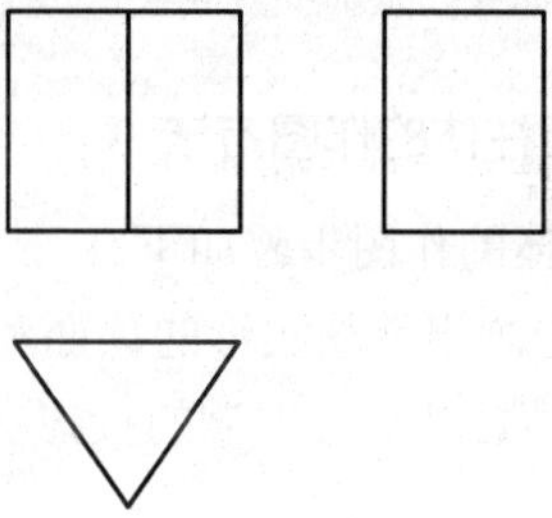
五棱柱		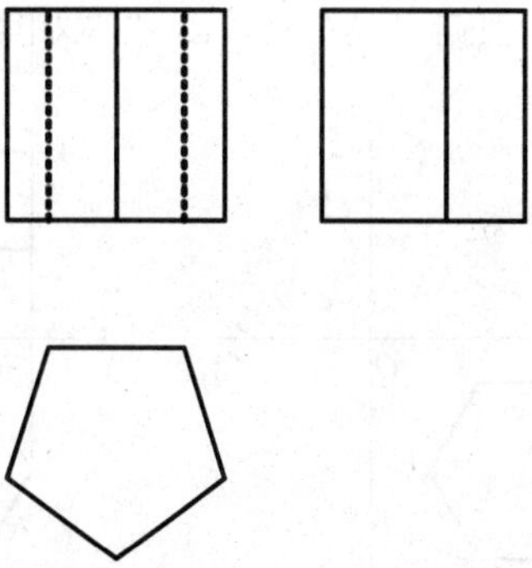
六棱柱		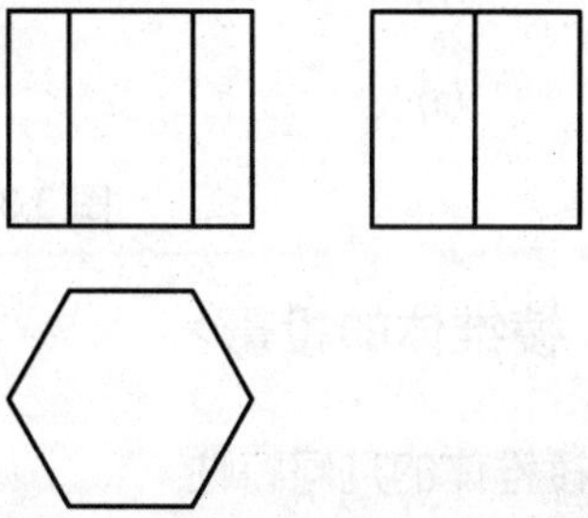

2. 棱柱体的投影分析

图 3.2 表示一底面平行于 H 面的正六棱柱立体图及其在三面投影体系中的投影图。

在图示情况下，六棱柱的顶面和底面是大小相同的两个水平面，两个面的水平投影重影且反映实形，正面投影和侧面投影分别积聚为水平线段。

前后两个棱面是正平面，两者的正面投影重影且反映实形，水平投影和侧面投影分别积聚成垂直于 *OY* 轴的直线段。

其他棱面是铅垂面，其水平投影均积聚为长度等于底面正六边形边长的线段，其正面投影和侧面投影均为矩形，但不反映实际大小。

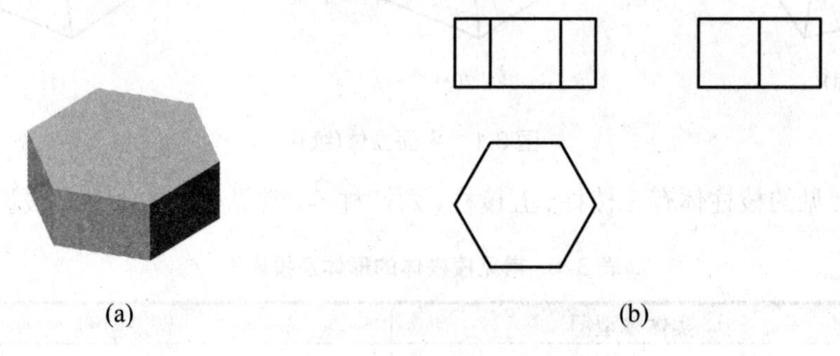

图 3.2　正六棱柱体投影分析

3．棱柱体的作图方法

棱柱体的作图步骤如下。

(1) 先画出反映实形的顶面和底面的投影图，如图 3.3(a)所示。

(2) 根据“长对正”的投影关系及棱柱的高度尺寸，画出其正面投影图，如图 3.3(b)所示。

(3) 根据“高平齐”、“宽相等”的投影关系，画出其侧面投影图，如图 3.3(c)所示。

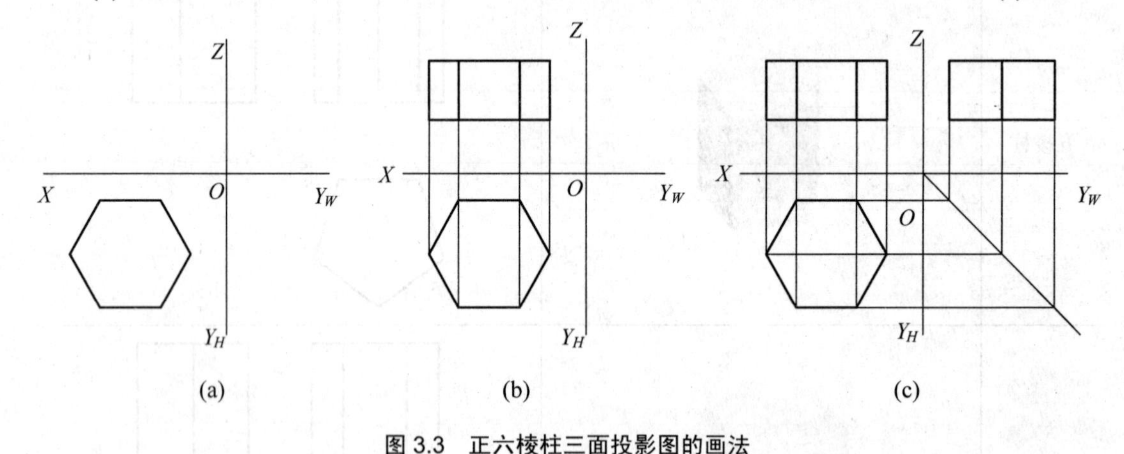

图 3.3　正六棱柱三面投影图的画法

3.1.2　棱锥体的投影

1．棱锥体的几何特性

棱锥体由底面、棱面、棱线和锥顶点组成。棱锥的底面是多边形，侧棱面均为三角形，所有的棱线相交于锥顶点。当棱锥的底面为正多边形，其锥子顶又在通过该正多边形中心的垂直线上时，称为正棱锥。

工程中常见的棱锥体有三棱锥、四棱锥，其形体与投影图见表 3-2。

表 3-2 常见棱锥体的形体及投影图

名称	实体模型图	投影图
三棱锥		
四棱锥		

2．棱锥体的投影分析

图 3.4 表示一个正三棱锥形体及其三面投影图。

在图示情况下，由于三棱锥的底面为水平面，所以它的水平投影反映实形，正面投影和侧面投影积聚为水平线。

后棱面 *sac* 为侧垂面，所以其侧面投影积聚为一条斜线段，正面投影和水平投影都是三角形。

三棱锥的左、右两个棱面 *sab*、*sbc* 均为一般位置平面，所以它们的 3 个投影均为三角形。其中，侧面投影 $s''a''b''$与 $s''c''b''$重影。

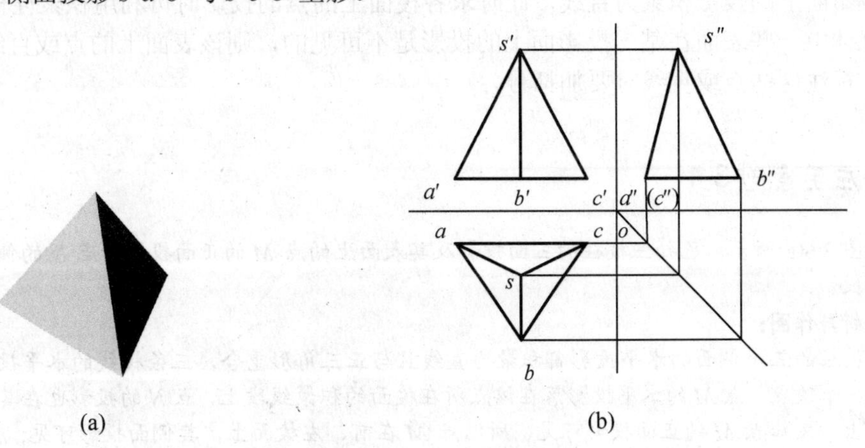

图 3.4 正三棱锥形体分析

3．棱锥体的作图方法

棱锥体的作图步骤如下。

(1) 画出反映底面实形的水平投影图，如图 3.5(a)所示。

(2) 根据“长对正”的投影关系及棱柱的高度尺寸，画出其正面投影图，如图 3.5(b)所示。

(3) 根据“高平齐”、“宽相等”的投影关系，画出其侧面投影图，如图 3.5(c)所示。

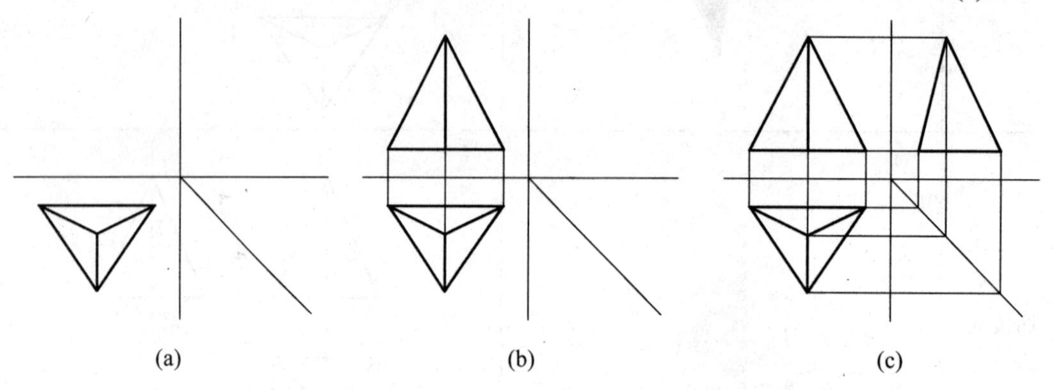

图 3.5　正三棱锥三面投影图的画法

3.1.3　平面立体表面上点和直线的投影

平面立体的表面都是由平面多边形组成的，立体表面上取点或直线实际上就是利用平面上取点或直线的方法获得。根据平面立体的形体特性及表面位置，作图方法一般有两种：一是利用特殊位置表面的积聚性作图；二是辅助线法作图。

1．利用平面的积聚性作图

如果点或直线所在的立体表面在某一投影面上的投影积聚为一条直线，那么点在该面上的投影必定在该直线上。因此，如果知道点的一面投影和其所在表面位置，即可根据投影关系作出其三面投影。例如，正棱柱体的各棱面一般情况下为投影面的垂直面，棱面在垂直投影面上的投影积聚为直线，此时求各棱面上的点的投影时可利用积聚性作图。

立体中一些表面在某一投影面上的投影是不可见的，则该表面上的点或直线也是不可见的，标注这些点或直线时要加括号。

如图 3.6(a)所示，已知三棱柱的三面投影及其表面上的点 M 的正面投影和点 N 的侧面投影，求其余两投影。

分析与作图：

三棱柱的三个侧面的水平投影都积聚为直线且与正三角形重合，三条棱线的水平投影积聚成三角形的三个顶点，点 M 的水平投影落在该点所在棱面的积聚线段上，点 N 的投影也在其表面所积聚的线段上，又知点 M 的正面投影可见，所以点 M 在前、左棱面上，其侧面投影可见；点 N 的侧面投影不可见，所以点 N 在前、右棱面上，其正面投影可见。其作图过程如图 3.6(b)所示。

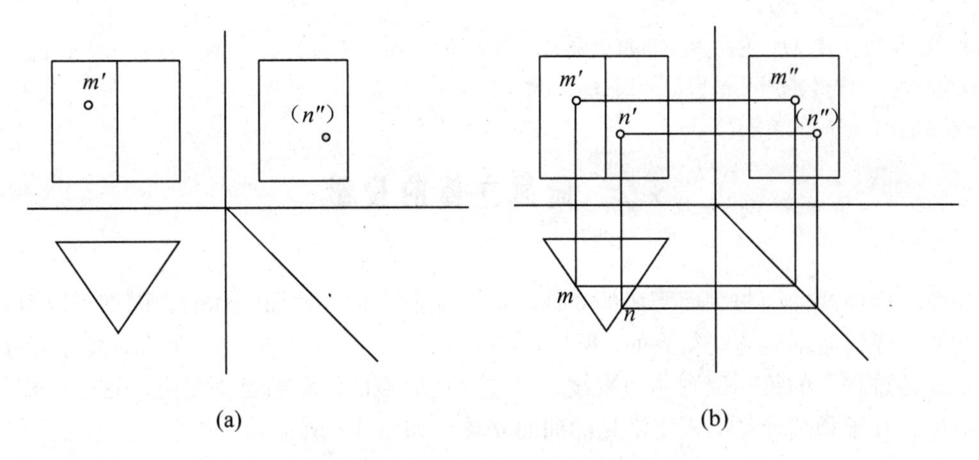

图 3.6 利用积聚性作点的投影

2．辅助线法

如果点所在的立体表面为一般位置平面时，可利用平面上取点的方法作图，即在平面上过点做一条辅助线，先作出线的投影，然后根据点的从属性作出其投影，这就是辅助线法。

应用案例 3-2

如图 3.7(a)所示，已知三棱锥的三面投影及其表面上的点 K 的正面投影和 G 的侧面投影，求其余两投影。

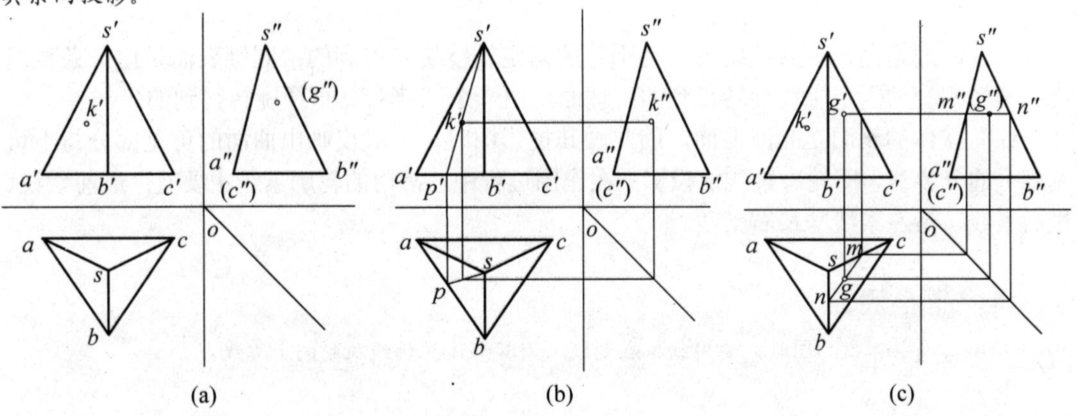

图 3.7 辅助线法作图

分析与作图：

由图 3.7(a)可知，点 K 在左侧面 SAB 上，点 G 在右侧面 SBC 上，两点所在平面均为一般位置平面，需采用辅助线法作图。

(1) 点 K 采用顶点法作辅助线。连接 $s'k'$并延长与 $a'b'$相交于一点 p'，得到辅助线 SP 的正面投影 $s'p'$，根据投影规律其水平投影 SP。

(2) 点 K 为线段 SP 上的点，根据点的从属性，点 K 的水平投影必在 SP 的水平投影上。根据点的投影规律，作出其侧面投影，如图 3.7(b)所示。

(3) 点 G 采用平行法作辅助线。过 g''点作平行于 $b''c''$的线段，并交 $s''c''$于点 m''，交 $s''b''$于点 n''，得到辅助线 MN 的侧面投影 $m''n''$，根据点的投影规律作出 MN 的水平投影。

(4) 点 G 为线段 MN 上的点，根据点的从属性，点 G 的水平投影必在 MN 的水平投影上。根据点的投影规律，作出其侧面投影，如图 3.7(c)所示。

3.2 曲面立体的投影

表面由曲面或曲面与平面围成的立体，称为曲面立体。曲面立体的表面都可以看作一条直线或曲线绕着轴线旋转得到的，所以这些立体又称回转体。形成曲面的动线称为母线，母线在旋转过程中的每一位置称为素线，母线上任一点的运动轨迹都是圆，这个圆称为纬圆。圆柱、圆锥和圆球是工程中常见的曲面立体，如图 3.8 所示。

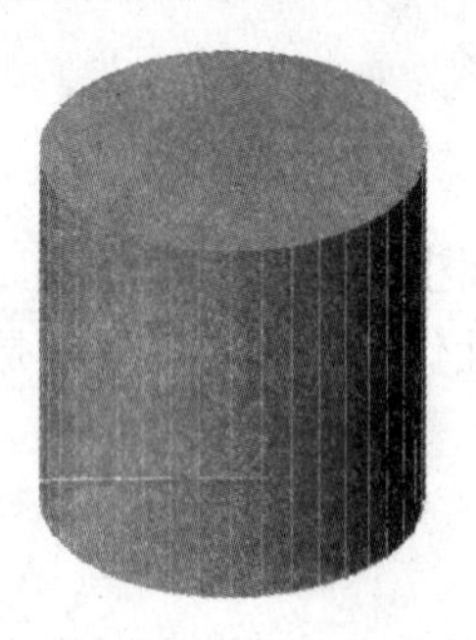
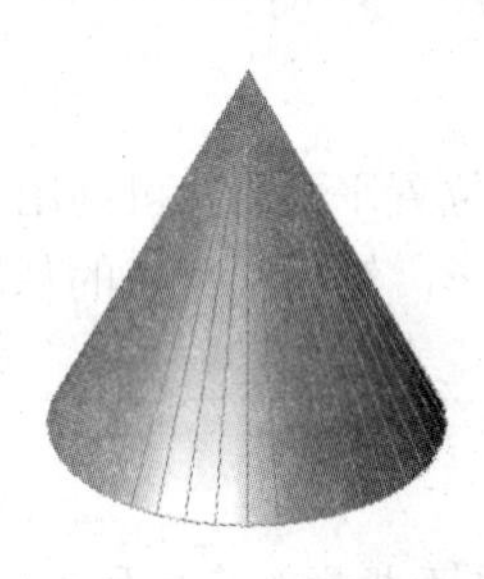

图 3.8 曲面立体

圆柱表面是由一条直线绕着与之平行的固定轴线旋转得到的；圆锥表面是由一条直线绕着与之相交的固定轴线旋转得到的；球面是由一个圆绕着其直径旋转得到的。

曲面立体的表面是光滑曲面，因此画其投影图时，一般仅画出曲面的可见部分与不可见部分的分界线，即轮廓素线的投影。在作图过程中，常用的轮廓素线主要有：最前素线、最后素线、最左素线与最右素线。

特别提示

绘制曲面立体投影图时，要用细单点划线画出其形体的轴线及圆的中心线。

3.2.1 圆柱体的投影

1. 圆柱体的几何特性

圆柱表面是由一条直线绕着与之平行的固定轴线旋转得到的；圆柱体由圆柱面及两个圆形的平行底面围成。

2. 圆柱体的投影分析

如图 3.9(a)所示为一轴线垂直于水平投影面的圆柱体。在三面投影图中，其水平投影是一个圆，这个圆是上下底面的投影，反映实形；圆柱面的投影积聚在圆周上。正面投影与侧面投影是两个相等的矩形，矩形的高等于圆柱的高，宽等于圆柱的直径，矩形的上下底边是圆柱体上下底面的积聚投影，左右两条边为轮廓素线的投影。正面投影的左、右两条边分别是最左和最右两条轮廓素线的投影，侧面投影的左、右两条边是最前和最后两条轮廓素线的投影。

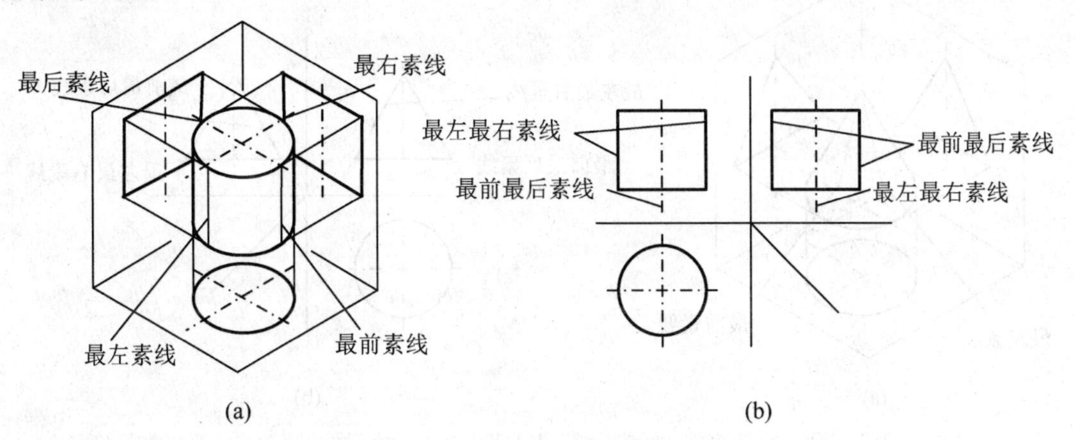

图 3.9　圆柱的三面投影分析

3．圆柱体的作图方法

圆柱体的作图步骤如下。

(1) 绘制投影轴，定出中心线、轴线的位置，如图 3.10(a)所示。

(2) 绘制投影为圆的那一面投影，作圆，如图 3.10(b)所示。

(3) 根据投影规律及圆柱体的高度，分别作出其正面与侧面投影，如图 3.10(c)所示。

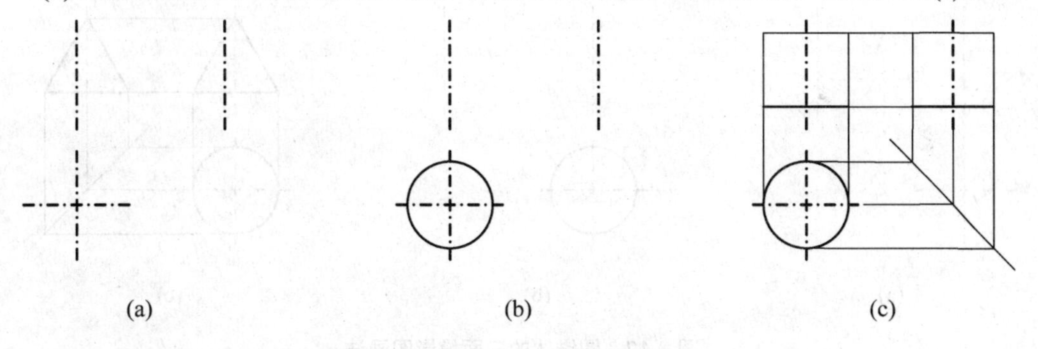

图 3.10　圆柱体三面投影图的画法

3.2.2　圆锥体的投影

1．圆锥体的几何特性

圆锥表面是由一条直线绕着与之相交的固定轴线旋转得到的；圆锥体由圆锥面及一个圆形的底平面围成。

2．圆锥体的投影分析

如图 3.11(a)所示为一轴线垂直于水平投影面的圆锥体。在三面投影图中，其水平投影是一个圆，这个圆是圆锥底面的投影，反映实形；圆锥面的投影在圆周内。正面投影与侧面投影是两个相等的三角形，三角形的高等于圆锥的高，底边长等于圆锥底面圆的直径，左、右两条边为轮廓素线的投影。正面投影的左、右两条边分别是最左和最右两条轮廓素线的投影，侧面投影的左、右两条边是最前和最后两条轮廓素线的投影。

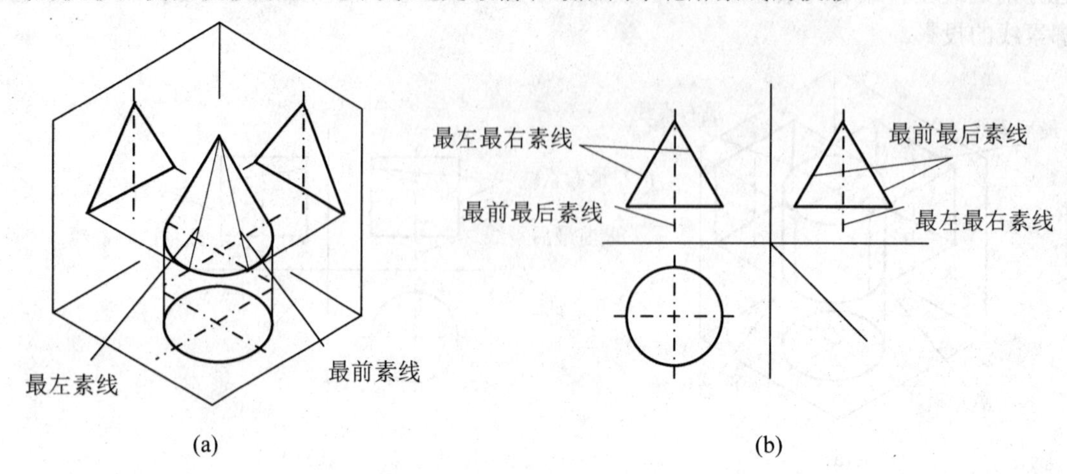

图 3.11 圆锥体的三面投影分析

3．圆锥体的作图方法

圆锥体的作图步骤如下。

(1) 绘制投影轴，定出中心线、轴线的位置，如图 3.12(a)所示。

(2) 绘制投影为圆的那一面投影，作圆，如图 3.12(b)所示。

(3) 根据投影规律及圆锥体的高度，分别作出其正面与侧面投影，如图 3.12(c)所示。

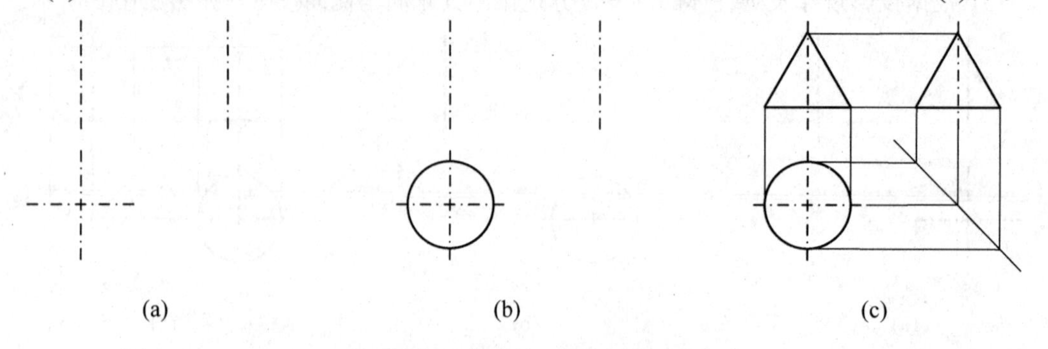

图 3.12 圆锥体的三面投影图画法

3.2.3 圆球体的投影

1．圆球体的几何特性

球面是由一个圆绕着其直径旋转得到的，是一种曲线曲面；由球面围成的立体称为圆球体，简称球体。

2．圆球体的投影分析

如图 3.13(a)所示，在三面投影图中，圆球的 3 个投影都是直径等于球的直径的圆，这 3 个圆代表的是球面上 3 个不同位置的圆。水平投影是上、下球面的分界圆；正面投影是前、后球面的分界圆；侧面投影是左、右球面的分界圆。

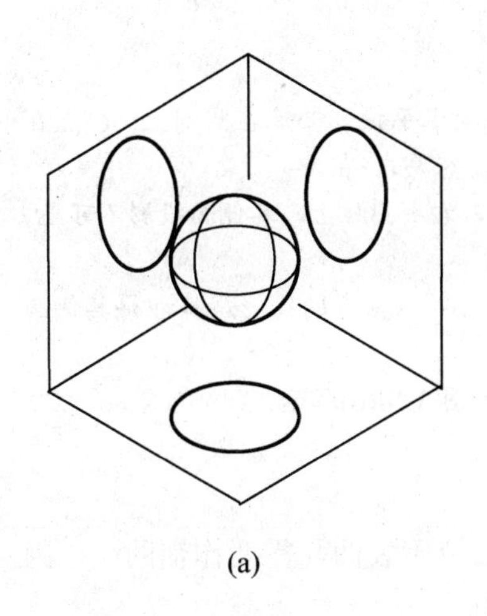
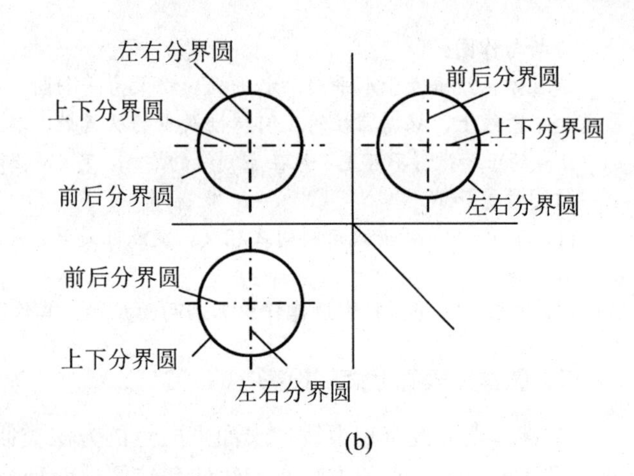

(a) (b)

图 3.13 圆球体的三面投影分析

3. 圆球体的作图方法

圆球体的三面投影图的作图方法如图 3.13(b)所示。

3.2.4 曲面立体表面上点的投影

曲面立体表面上求点的方法原理与平面上求点的原理相同。

1. 圆柱体表面上点的投影

求圆柱体表面上点的投影，一般可以用圆柱体表面投影的积聚性来作图。

应用案例 3-3

如图 3.14(a)所示，已知圆柱体的三面投影及其表面上的点 *A*、*B* 的正面投影和点 *C* 的侧面投影，求其余两投影。

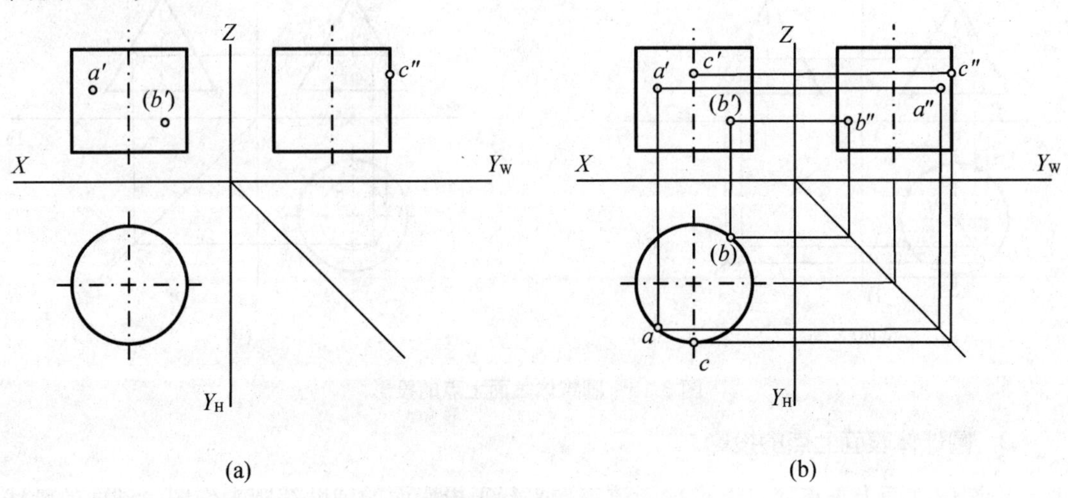

(a) (b)

图 3.14 圆柱表面上点的投影

分析与作图：

圆柱体轴线垂直于水平面，水平投影积聚为一个圆，*A*、*B* 两点水平投影必落在圆周上；*C* 点在最前轮廓素线上，根据圆柱的几何特性及点的从属性，其三面投影容易求得。

B 点的正面投影不可见，且在点划线的右侧，可以判断其在后、右半圆柱上，其侧面投影不可见。

作图步骤如下。

(1) 过 a'、b'作铅垂线与圆周线相交，交点即是其水平投影 a、b，根据点的投影规律即得其侧面投影 a''、b''。

(2) 过点 c''，根据投影规律作出其余两面投影。其作图过程如图 3.14(b)所示。

2．圆锥体表面上点的投影

圆锥体表面没有积聚线，表面上取点的方法类似于一般位置表面，需要作辅助线，因此圆锥体表面上取点的方法有素线法和纬圆法两种。

应用案例 3-4

如图 3.15 所示，已知圆锥体的三面投影及其表面上的点 *A* 的正面投影，求其余两投影。

分析与作图：

(1) 素线法。通过圆锥体表面上的已知点引辅助素线来求点的作图方法称为素线法。圆锥面上所有点一定在过该点的素线上，如图 3.15(a)所示，在正面投影上，连接 sa 并延长交底边于 d 点，*SD* 就是过 *A* 点的素线，在圆锥体表面作出素线 *SD* 的水平投影与侧面投影，根据点的投影的从属性可以作出点 *A* 的水平与侧面投影。

(2) 纬圆法。纬圆法就是过点 *A* 在圆锥体表面上作一个辅助纬圆来求点的方法。如图 3.15(b)所示，在正面投影上，过 a'点作水平线，交圆锥体的最左与最右素线于 e'、f' 两点，该两点的连线即为过点 A 的纬圆的正面投影，该纬圆的水平投影是一个直径等于线段 *EF* 长度的圆。点 *A* 的水平投影在该纬圆的圆周上。根据点的投影规律即可得到 *A* 点的侧面投影。

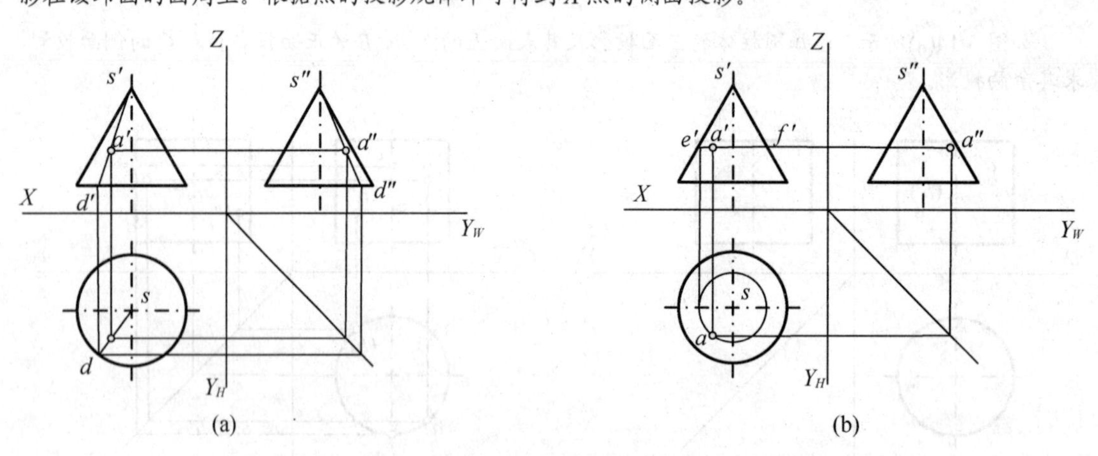

图 3.15　圆锥体表面上点的投影

3．圆球体表面上点的投影

在圆球表面上求点，可以过球面该点作平行于投影面的辅助纬圆来作图。球面的轴线可以是过球心的任意方向的直线，所以球面上任何一个平行于投影面的圆都是纬圆。

如图 3.16(a)所示，已知圆球体的三面投影及其表面上的点 A 的正面投影，求其余两投影。

分析与作图：

如图 3.16(b)所示，在正面投影上，过 a'点作水平线，交圆锥体的最左与最右素线于 e'、f'两点，该两点的连线即为过点 A 且平行于水平投影面的纬圆的正面投影，该纬圆的水平投影反映实形，是一个直径等于线段 EF 长度的圆。点 A 的水平投影在该纬圆的圆周上。根据点的投影规律，即可得到 A 点的侧面投影。其作图过程如图 3.16(b)所示。

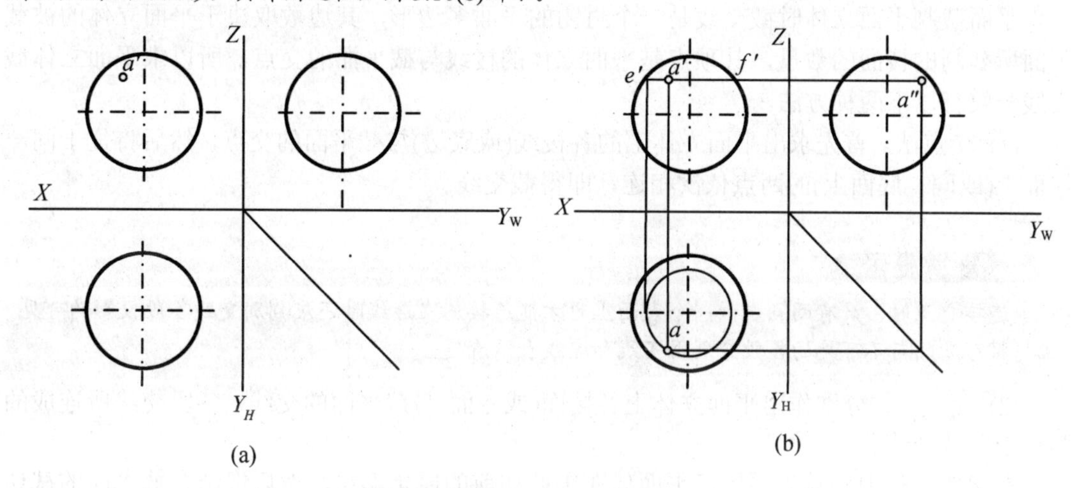

图 3.16 圆球体表面上点的投影

3.3 切割体的投影

立体被平面截切后所形成的形体称为切割体。其中截切立体的平面称为截平面，截平面与立体的交线叫做截交线，截交线所形成的封闭多边形或曲线叫做截断面。截交线有以下两个特性。

(1) 闭合性。截交线组成封闭的平面多边形或曲线。

(2) 共有性。截交线即属于截平面，又从属于立体表面，是截平面与立体表面的共有线。

3.3.1 平面立体的截切

1. 截交线的形状

如图 3.17 所示，平面立体的表面是由平面围成的，由平面截割平面立体时截交线是一个封闭的平面多边形，其边数取决于平面立体的被截平面所截割的棱面的数量。本书仅研究截平面为特殊位置平面时截交线的求法。

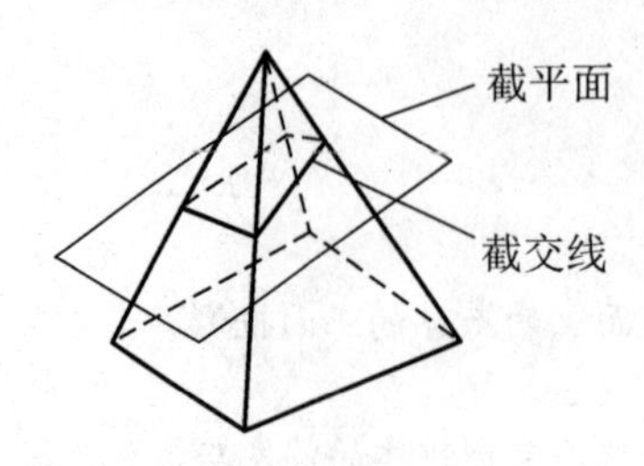

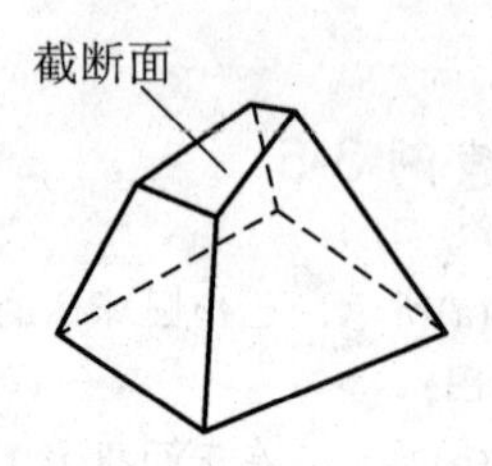

图 3.17 平面立体的截切

2．截交线的作图

平面截割平面立体时截交线是一个封闭的平面多边形，其边数取决于平面立体的被截平面所截割的棱面的数量，其顶点是平面立体的棱线与截平面的交点，所以求平面立体截交线一般有以下两种方法。

(1) 交点法。首先求出平面立体上的各棱线(或底边)与截平面的交点，然后将位于同一棱面上(或同一底面上)的两点依次相连，即得截交线。

特别提示

连接交点时，只有两点在同一个表面上时才能连接。在连线时还应判别交线各段投影的可见性，将可见的与不可见的各段分别用实线和虚线表示清楚。

(2) 交线法。分别作出平面立体上各棱面(或底面)与截平面的交线，各段交线所连成的多边形即截交线。

在解题过程中，首先要识读平面体在未截切前的原始形状，然后现结合截平面的截切位置判断截交线的形状，最后分析截交线的投影情况，从而确定作图顺序与方法。

本书仅研究截平面为特殊位置平面时截交线的求法。

应用案例 3-6

如图 3.18(a)所示，完成五棱柱被正垂面 *P* 截切后的三面投影图。

分析与作图：

从交点法的角度分析，截平面 *P* 与五棱柱的 4 条棱线及顶面的两条边相交，共有 6 个交点，求出这 6 个交点的投影并依次相连，就得到六边形截断面的投影；从交线法的角度分析，截平面 *P* 与棱柱的顶面及 5 个棱面相交，求出 6 条交线的投影即可。

由于截平面 *P* 是正垂面，所以截断面的正面投影积聚为一条线段，作图时可以根据其正面投影作出其余两面投影。

作图步骤如下。

(1) 先绘出完整五棱柱的三面投影图，根据截平面的正面投影标出截断面上 6 个顶点 1′、2′、3′、4′、5′、6′的位置。其中 1′、2′、3′、6′是截平面与棱线的交点，4′、5′是截平面与顶面上两条边的交点，且 4′、5′两点是正投影面上的重影点。

(2) 在水平投影中，因 1、2、3、6 点在棱线上，4、5 点在顶面边线上，所以根据点的投影规律及从属性，可以在五棱柱的水平投影中确定 6 个点的位置，如图 3.18(b)所示。

(3) 由点的两面投影，根据投影规律，可以作出各点的侧面投影，如图 3.18(c)所示。

(4) 连接各点的同名投影，即得到截交线的各面投影，如图 3.18(d)所示。

(5) 擦去多余图线，并区分图线可见性，不可见的图线用虚线绘出，可见的图线用粗实线绘出，完成作图，如图 3.18(e)所示。

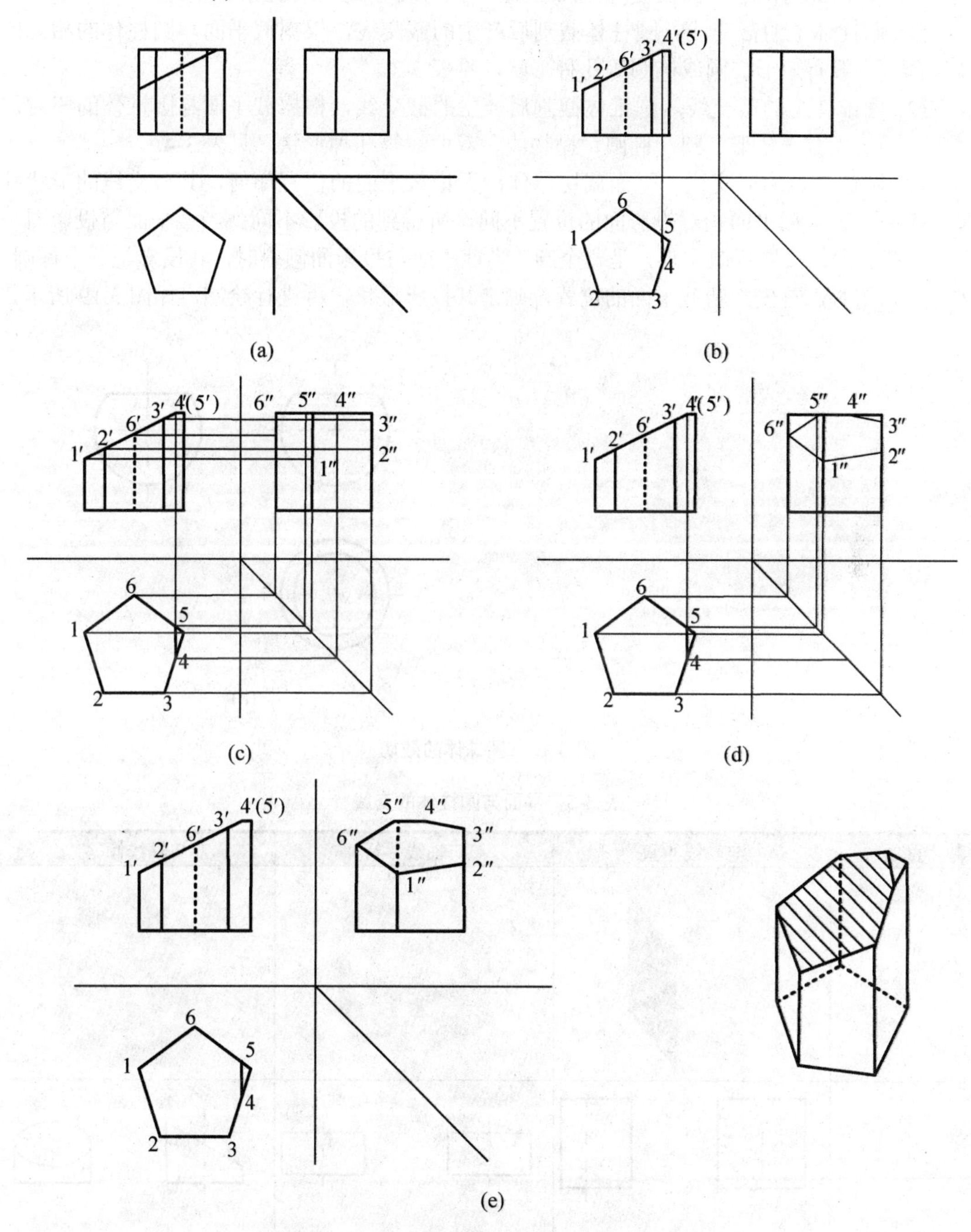

图 3.18 五棱柱的截切三面投影图作图过程(续)

3.3.2 曲面立体的截切

1. 截交线的形状

平面截割曲面立体时所得的截交线，根据截平面与曲面立体的相对位置不同，可以得矩形、三角形和封闭的平面曲线(如圆、椭圆、抛物线等)等几种图形。

(1) 圆柱体上的截交线。圆柱体截割后产生的截交线，根据截平面与圆柱体的相对位置不同，一般有矩形、圆或椭圆等几种形状，见表3-3。

(2) 圆锥体上的截交线。圆锥体截割后产生的截交线，根据截平面与圆锥体的相对位置不同，一般有三角形、圆、椭圆、抛物线、双曲线等几种形状，见表3-4。

(3) 圆球体上的截交线。平面截切球体，无论截平面的位置如何，其截交线的形状都是一个圆。只是截平面相对投影面的位置不同，所得到的投影不同。当截平面与投影面平行时，截交线的投影反映实形，是一个圆；当截平面与投影面倾斜时，其投影是一个椭圆。因此在作图时，首先判断截平面的位置，确定其投影形状，再进行绘制，如图3.19所示。

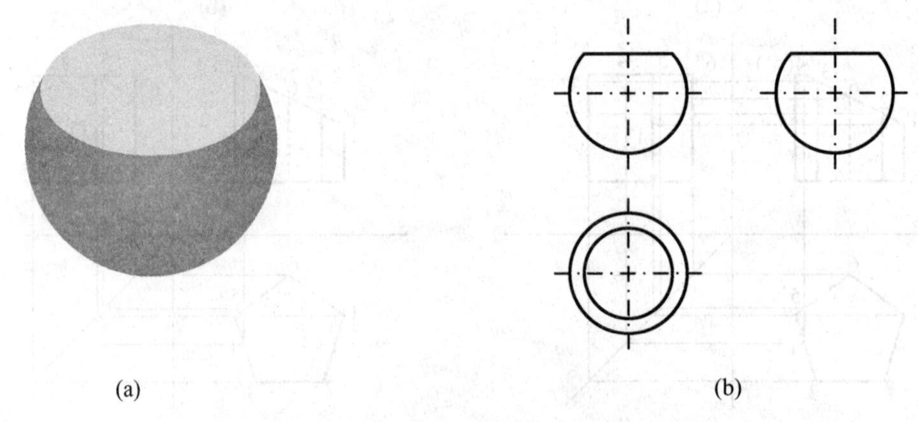

(a) (b)

图 3.19　圆球体的截切

表 3-3　平面与圆柱体的交线

截平面的位置	与轴线垂直	与轴线平行	与轴线倾斜
实体图			
三面投影图			
截交线形状	矩形	圆	椭圆

表 3-4 平面与圆锥体的交线

截平面的位置	与轴线平行	与轴线垂直	与轴线倾斜且与所有素线相交	与轴线倾斜且平行于某一素线	与轴线倾斜且过锥顶
实体图	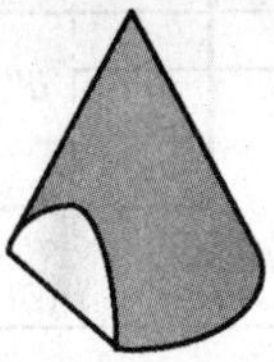	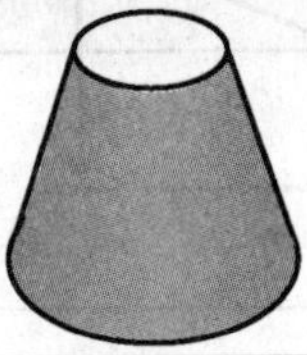	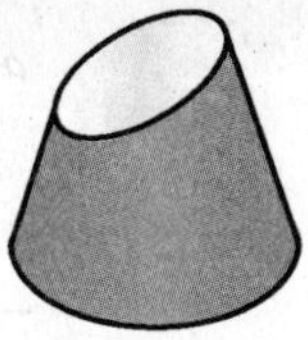	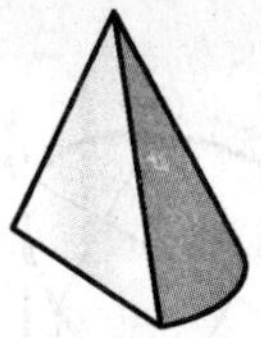	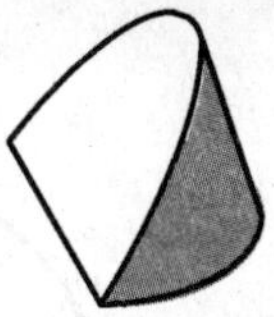
三面投影图	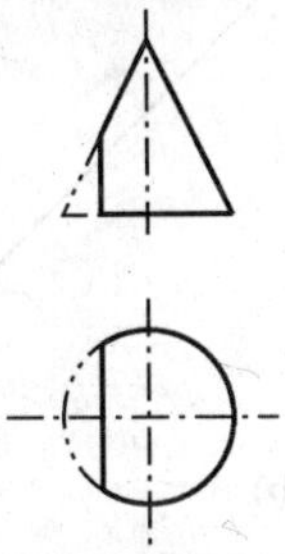	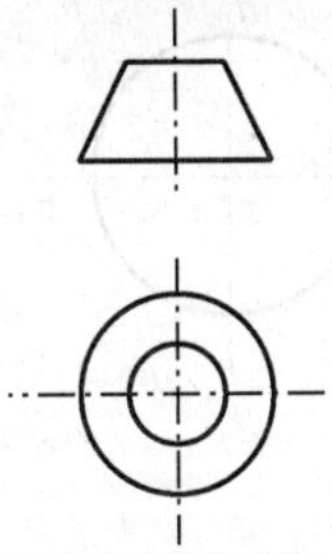	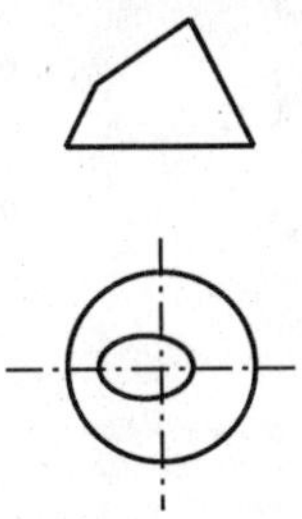	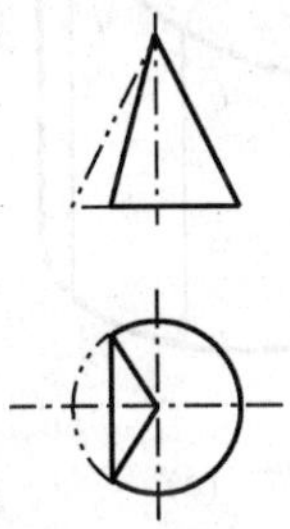	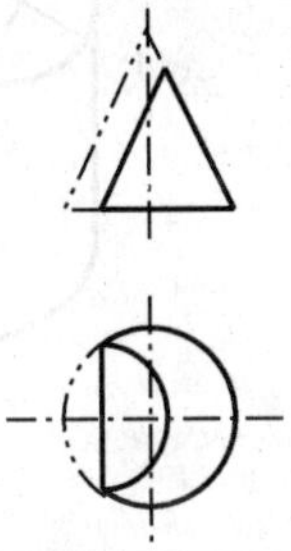
截交线形状	双曲线	圆	椭圆	三角形	抛物线

2. 截交线的作图

截交线是截平面与曲面体的共有线，截交线上的每一点都是截平面与曲面体表面的一个共有点。求曲面立体的截交线，实际上是作出截平面和曲面上的一系列共有点，然后顺次连接成光滑的曲线。为了能准确地作出截交线，首先需要求出控制截交线形状、范围的特殊点，如椭圆的长轴及短轴的端点、抛物线及双曲线的顶点、曲线的边界点(即最高、最低、最前、最后、最左、最右和转向轮廓线上的点)，然后再作一些一般点，最后连成曲线。

应用案例 3-7

如图 3.20(a)所示，作出圆柱被正垂面截切后的三面投影图。

分析与作图：

(1) 圆柱轴线垂直于水平投影面，其水平投影积聚为一个圆，圆柱表面上所有点的水平投影都在圆周上。

(2) 圆柱被正垂面截切，截交线形状是一个椭圆。椭圆的正面投影积聚为一条线段，线段的长度等于椭圆的长轴长度；椭圆上的点都在圆柱表面上，其水平投影落在圆柱面的水平投影上而成为一个圆；根据投影规律可以作出椭圆的侧面投影。

作图步骤如下。

(1) 求特殊点。根据截交线的正面投影与水平投影标出椭圆长轴的端点 A、B 与短轴的端点 C、D 的位置，并作出其侧面投影，如图 3.20(b)所示。

(2) 求一般点。长、短轴确定后，椭圆的形状基本确定。但为了作图准确，可以在特殊点之间取一些一般位置点，图中选取 E、F、G、H 这 4 个点，由其水平与正面投影可以求出其侧面投影，如图 3.20(c)所示。

(3) 连点。将所求各点的侧面投影依次光滑连接，即得到截交线的侧面投影。

(4) 判断可见性。由图示可知其侧面投影均为可见。

(5) 检查、整理、描深图线，完成全图，如图 3.20(d)所示。

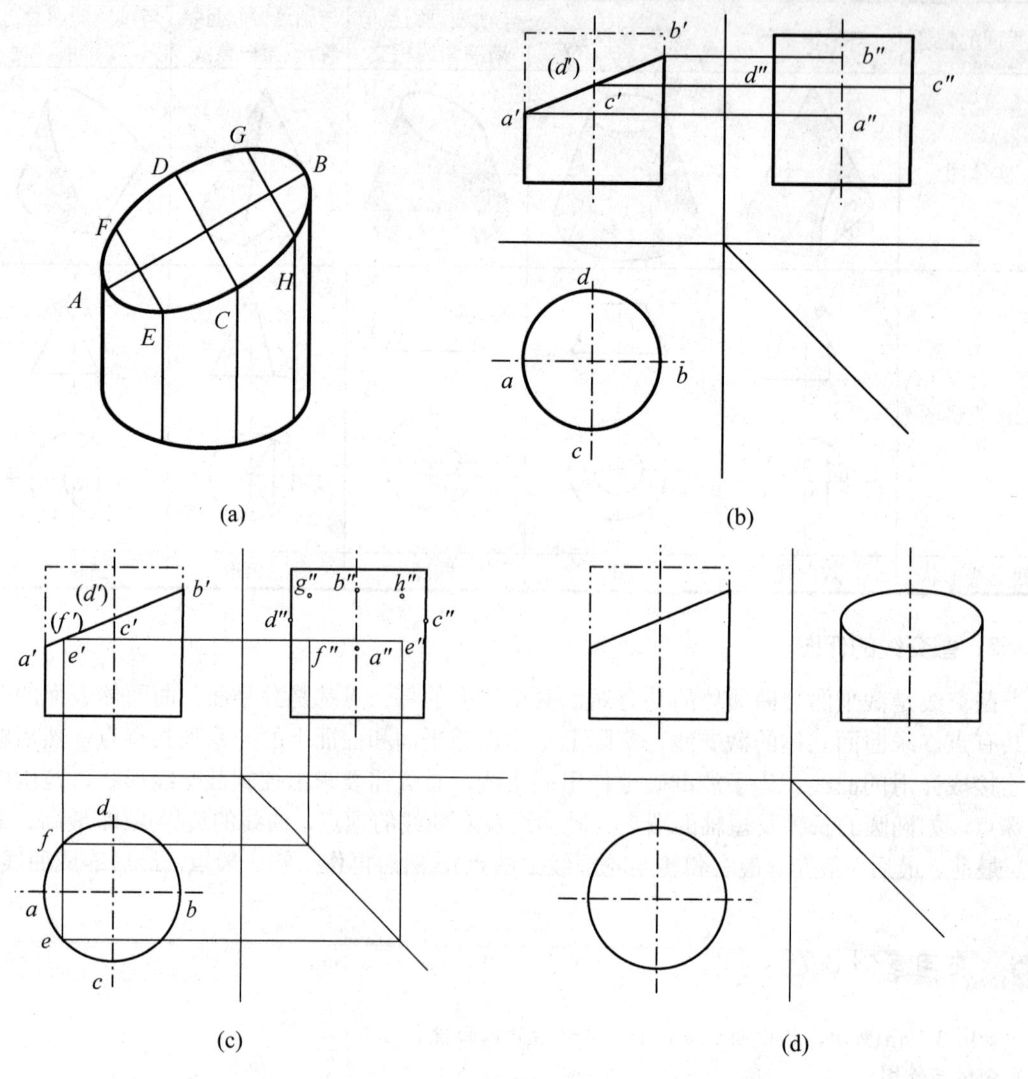

图 3.20　圆柱体的一次截切作图过程

应用案例 3-8

如图 3.21(a)所示，作出圆柱切割体的三面投影图。

分析与作图：

由正面投影可知，圆柱体分别被侧平面与正垂面截切。侧平面平行于圆柱轴线，截交线为矩形；正垂面与圆柱轴线倾斜，截交线为椭圆的一部分。

作图步骤如下。

(1) 在水平投影与正面投影中标出两截平面的交线 AB 的位置，在交线的左边标出椭圆弧上的特殊点，即长轴和短轴的端点 C、D、E 的位置，并作出其侧面投影，如图 3.21(b)所示。

(2) 在交线的右侧标出矩形的顶点*F*、*G*的水平投影与正面投影位置，并作出其侧面投影，如图3.21(c)所示。

(3) 连点。将所求各点的侧面投影依次连接，即得到截交线的侧面投影。

(4) 判断可见性。由图示可知其侧面投影均为可见。

(5) 检查、整理、描深图线，完成全图，如图3.21(d)所示。

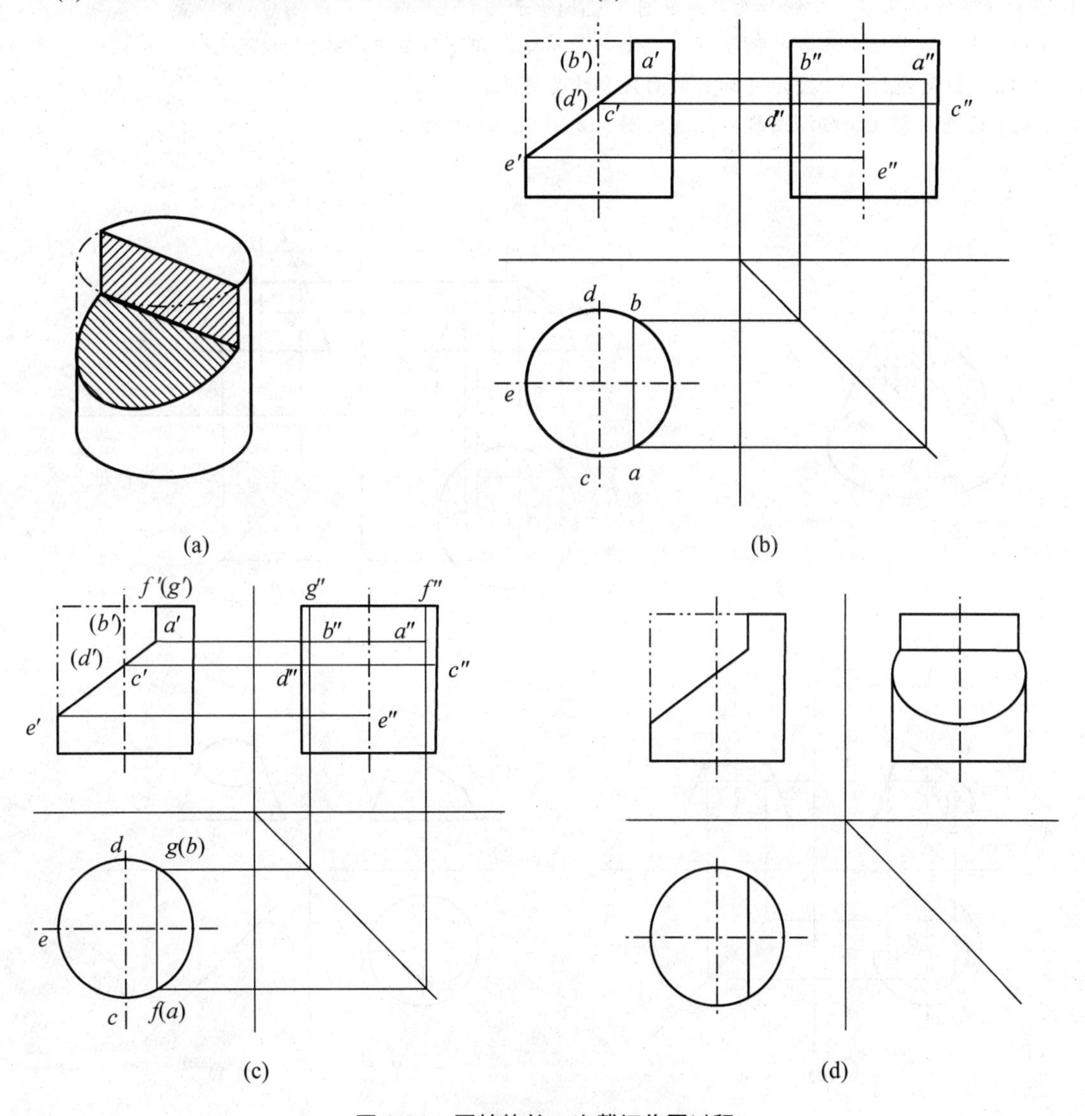

图 3.21　圆柱体的二次截切作图过程

应用案例 3-9

如图3.22(a)所示，作出圆锥切割体的三面投影图。

分析与作图：

由正面投影可知，截平面与圆锥轴线倾斜并与所有素线都相交，所得到的截交线为一个椭圆。椭圆的正面投影积聚为一线段；椭圆的水平投影和侧面投影均为椭圆(不反映实形，比实际形状小)。作图时仍按先求特殊点，后作一般点的顺序完成。

作图步骤如下。

(1) 求特殊点。在正面投影中标出椭圆长轴的端点 A、B 与短轴的端点 C、D 的位置，并作出其侧面投影，如图 3.22(b)所示。

(2) 求一般点。在特殊点之间取一些一般位置点，图中选取 E、F、G、H 这 4 个点，利用纬圆法或素线法作出其水平及侧面投影，如图 3.22(c)所示。

(3) 连点。将所求各点的侧面投影依次光滑连接，即得到截交线的侧面投影。

(4) 判断可见性。由图示可知其侧面投影均为可见。

(5) 检查、整理、描深图线，完成全图，如图 3.22(d)所示。

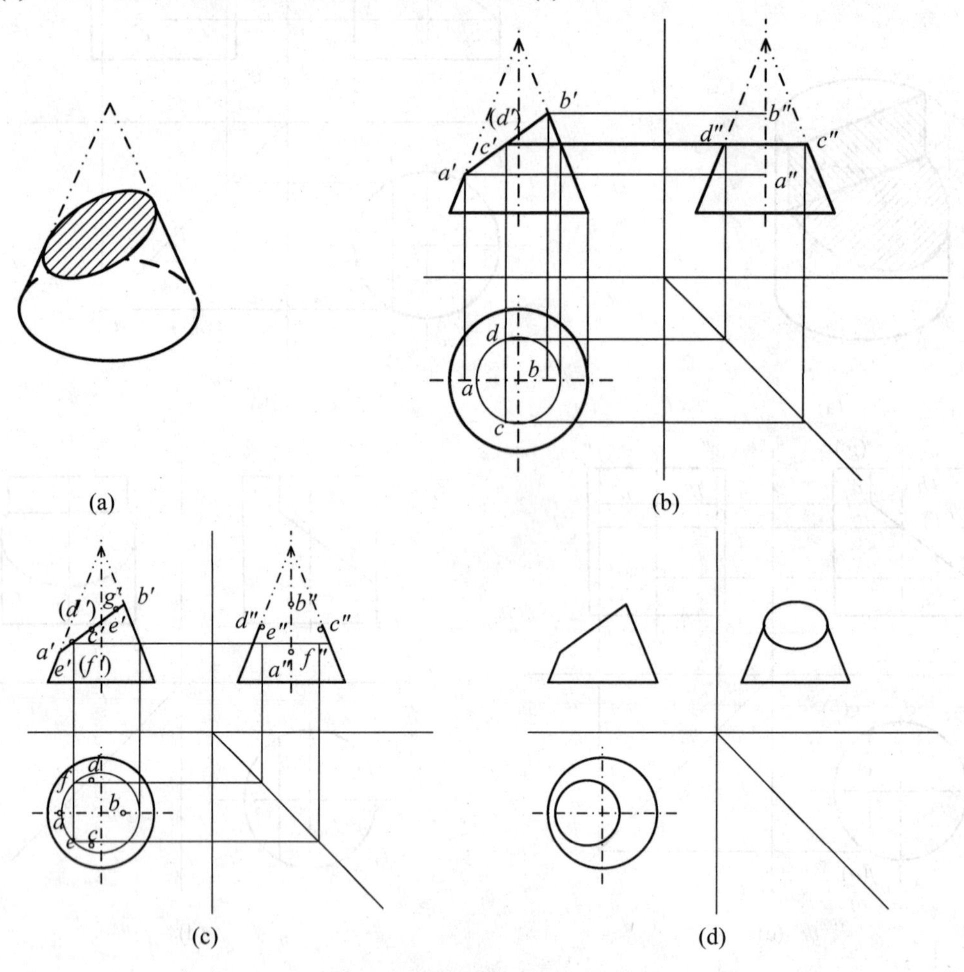

图 3.22 圆锥体的一次截切作图过程

本章小结

本章主要介绍了基本体及基本体截切后的投影规律及作图方法，主要包括以下内容。

(1) 常见平面立体的投影规律及平面立体表面上取点的作图方法。

(2) 常见曲面立体的投影规律及曲面立体表面上取点的作图方法。

(3) 平面立体截切后的形体分析及作图方法。

(4) 曲面立体截切后的形体分析及作图方法。

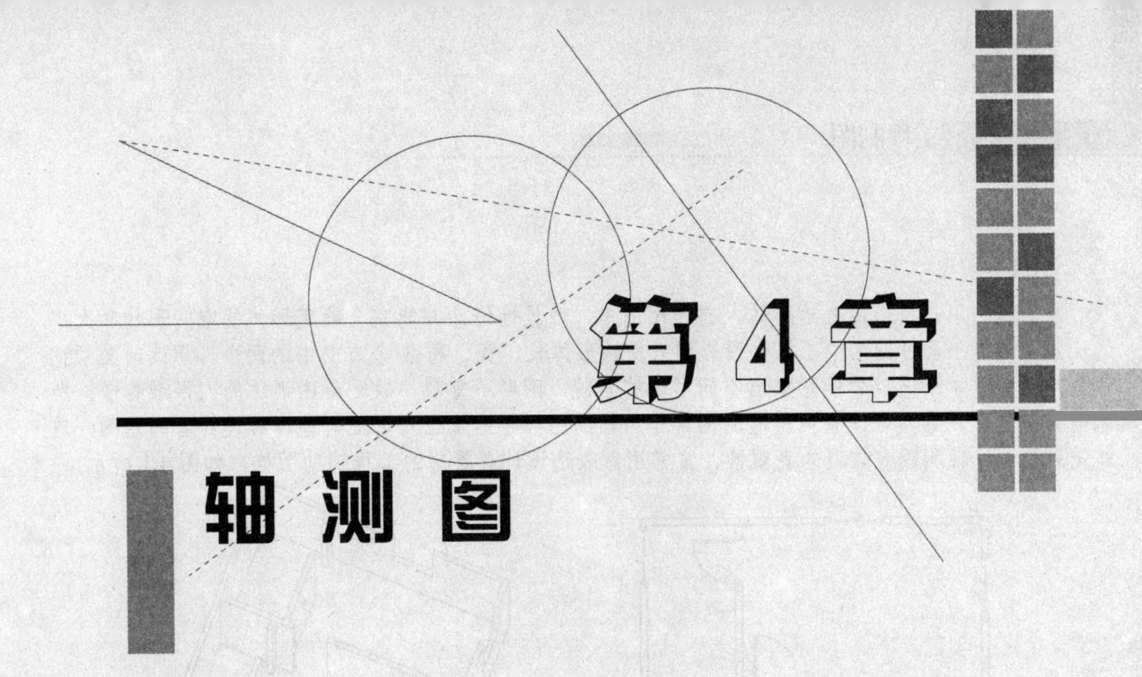

第4章 轴测图

学习目标

本章主要介绍轴测图的形成过程、分类及主要参数与特征，重点介绍工程中常用的正等轴测图和斜二等轴测图的概念与画法。通过本章的学习与作业实践，要掌握学习轴测图的意义及绘制正等轴测图和斜二等轴测图的技能。

学习要求

能力目标	知识要点	权重
(1) 了解轴测图的形成过程 (2) 掌握轴测图的基本参数 (3) 掌握轴测图的各种类型 (4) 掌握轴测图的基本特性	轴测投影的基本知识	20%
(1) 了解正等轴测图的形成过程及主要参数值 (2) 掌握各种形体正等轴测图的作图方法	正等轴测图的基本知识及作图方法	40%
(1) 了解斜二等轴测图的形成过程及主要参数值 (2) 掌握各种形体斜二等轴测图的作图方法	斜二等轴测图的基本知识及作图方法	40%

引例

在工程上用正投影图表达形体，有作图简单、度量性好，并能完全确定形体的空间形状和大小的优点，但是三面投影图中，每个投影图只反映形体长、宽、高 3 个方向中的两个，识读时必须把各个投影图联系起来，才能想象出空间形体的全貌，图形不直观，缺乏看图训练的人很难看懂。所以需要一种立体感较好、直观易懂的图样作为辅助图样帮助工程人员更好地理解设计者的意图，这就是轴测图。轴测图有较好的直观性，常常用做表达设计者思想的工程辅助图样，如图 4.1 所示。

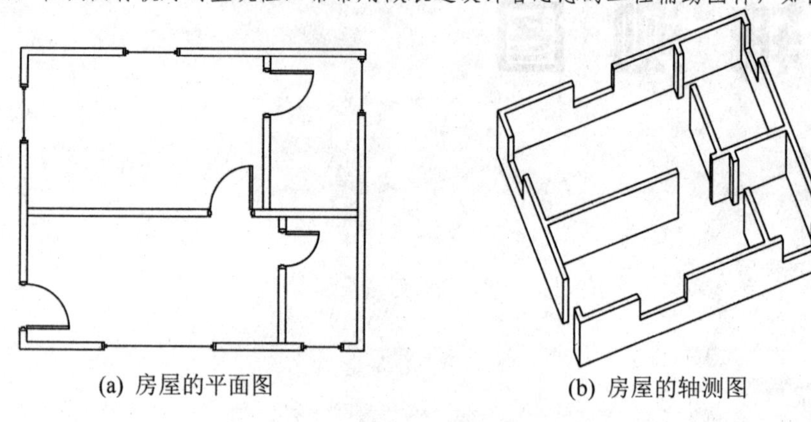

(a) 房屋的平面图　　(b) 房屋的轴测图

图 4.1　房屋的平面图与轴测图

4.1　轴测图的基本知识

4.1.1　轴测图的形成

将形体连同其参考直角坐标系一起，用平行投影法，沿不平行于任一坐标平面的方向 S 投射到投影面 P 上，所得到的具有立体感的投影称为轴测投影。用这种方法绘制的图样称为轴测投影图，简称轴测图。其中，投影方向 S 为投射方向，投影面 P 为轴测投影面，形体原参考坐标系中 3 个轴 OX、OY、OZ 在轴测投影面 P 上的投影 O_1X_1、O_1Y_1、O_1Z_1 为轴测轴。图 4.2 为轴测图的形成过程。

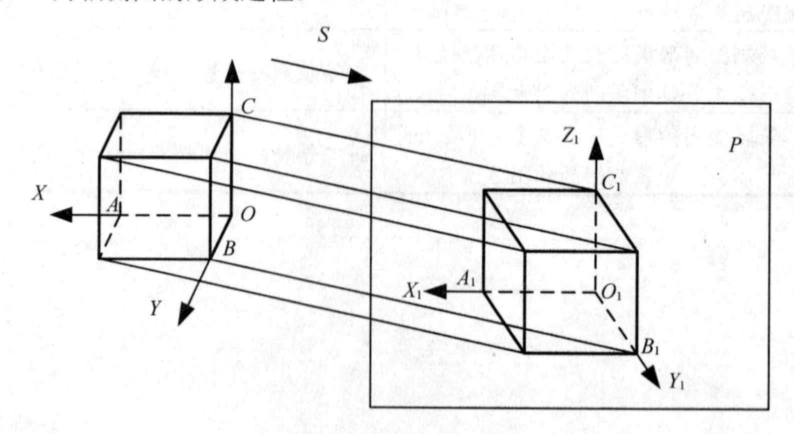

图 4.2　轴测图的形成

4.1.2 轴测图的基本参数

轴测图的基本参数主要有轴间角和轴向变形系数。

(1) 轴间角。相邻两轴测轴之间的夹角称为轴间角，如图4.2中的$\angle X_1 O_1 Y_1$、$\angle X_1 O_1 Z_1$、$\angle Z_1 O_1 Y_1$。

(2) 轴向变形系数。轴测轴上单位长度与它的实长之比称为轴向变形系数。常用字母p、q、r来分别表示OX、OY、OZ轴的轴向变形系数，可表示如下。

OX轴的轴向变形系数 $p= O_1X_1/OX$

OY轴的轴向变形系数 $q= O_1Y_1/OY$

OZ轴的轴向变形系数 $r = O_1Z_1/OZ$

4.1.3 轴测图的基本性质

由于轴测图是根据平行投影法绘制的，必然具备平行投影的一切特性。利用下面特性可以快速准确地绘制轴测投影图。

(1) 平行性。空间互相平行的线段，它们的轴测投影仍然互相平行。因此，形体上与坐标轴平行的线段，其轴测投影必然平行于相应的轴测轴，且其变形系数与相应的轴向变形系数相同。而空间与坐标轴不平行的线段不具备该特性。

(2) 定比性。空间互相平行的两线段长度之比，等于它们的轴测投影长度之比。因此，形体上平行于坐标轴的线段，其轴测投影长度与实长之比，等于相应的轴向变形系数。同时，同一直线上的两线段长度之比，其轴测投影中仍保持不变。

(3) 显实性。空间形体上平行于轴测投影面的直线和平面，在轴测图上反映实长和实形。因此，对于形体上的复杂图形表面，可使该面与轴测投影面平行，以简化作图过程。

4.1.3 轴测图的分类

1. 按投射方向分类

按照投射方向和轴测投影面相对位置的不同，轴测投影图可以分为以下两类。

1) 正轴测投影图

投射方向S垂直于轴测投影面时，可得到正轴测投影图，简称正轴测图。此时，3个坐标平面均与轴测投影面倾斜。

2) 斜轴测投影图

投射方向S倾斜于轴测投影面时，可得到斜轴测投影图，简称斜轴测图。

2. 按轴向变形系数分类

在上述两类轴测投影图中，按照轴向变形系数的不同，又有如下分类。

1) 正轴测图

(1) 正等轴测图：$p=q=r$时，简称正等测。

(2) 正二等轴测图：$p=q\neq r$时，或$q=r\neq p$或$p=r\neq q$时，简称正二测。

(3) 正三等轴测图：$p \neq q \neq r$ 时，简称正三测。

2) 斜轴测图

(1) 斜等轴测图：$p=q=r$ 时，简称斜等测。

(2) 斜二等轴测图：$p=q \neq r$ 时，或 $q=r \neq p$ 或 $p=r \neq q$ 时，简称斜二测。

(3) 斜三轴测图：$p \neq q \neq r$ 时，简称斜三测。

其中，正等轴测图与斜二等轴测图是工程中常用的辅助图样，本章主要介绍这两种轴测图的作图方法。

特别提示

要正确绘制轴测图必须掌握轴测图的各种基本参数与轴测图的分类标准，为后面合理选择轴测图类型打好基础。

4.2 正等轴测图

正等轴测图是用正投影法绘制的一种轴测图。当投射方向 S 垂直于轴测投影面 P，3 个坐标平面均与轴测投影面倾斜，并且 3 个坐标轴的轴向变形系数均相等时，所得到的投影图是正等轴测图，是工程中常用的辅助图样。

4.2.1 轴间角与轴向变形系数

当投射方向 S 垂直于轴测投影面 P，并且 3 个坐标轴与轴测投影面 P 倾角相等时，3 个坐标轴的轴向变形系数均相等，如图 4.3 所示。根据几何知识，可以得到正等轴测图的轴向变形系数 $p=q=r=0.82$，轴间角 $\angle X_1O_1Y_1=\angle X_1O_1Z_1=\angle Z_1O_1Y_1=120°$ 。为简化作图，习惯上把 O_1Z_1 轴画成铅垂位置，O_1X_1 轴和 O_1Y_1 轴均与水平线成 30° 角。

在工程实践中，为方便作图，常采用简化变形系数，取 $p=q=r=1$，这样可以直接按实际尺寸作图，但是画出的图形比原轴测图要大些，各轴向长度均放大 1/0.82≈1.22 倍。

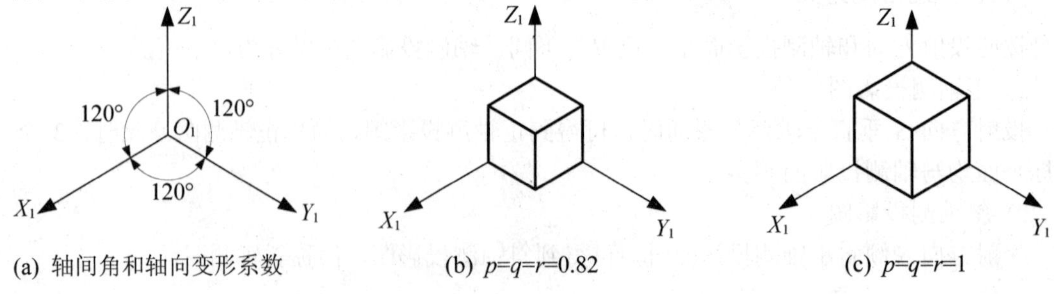

(a) 轴间角和轴向变形系数　　(b) $p=q=r=0.82$　　(c) $p=q=r=1$

图 4.3　正等轴测图的轴间角与轴向变形系数

4.2.2 平面立体正等轴测图的画法

正等轴测图的常用画法有坐标法、叠加法、端面法等。在实际作图中，需根据形体特点灵活使用。

1．坐标法

正等轴测图的基本画法是坐标法，即根据形体上的各顶点坐标定出其投影，然后依次连线，再形成形体。

应用案例 4-1

如图 4.4 所示，已知某形体的两面正投影图，画出其正等轴测图。

分析与作图：

首先根据形体的两面投影图，想象形体的空间形状。在轴测投影体系中根据形体的各顶点坐标确定其轴测投影后，依次连接各点，即得到形体的轴测投影图。

作图步骤如下。

(1) 在两面正投影图上选定坐标系，并量出各顶点的坐标值，如图 4.4(a)所示。

(2) 画出轴测轴，根据尺寸 a、b、c，确定底面的轴测投影，如图 4.4(b)所示。

(3) 过下底面的各顶点的轴测投影，沿 O_1Z_1 方向，向上作直线，分别截取高度 h_1 和 h_2，可得到形体上顶面各端点的轴测投影，如图 4.4(c)所示。

(4) 依次连接上顶面各端点，画出形体上顶面的投影，即得到形体轮廓，如图 4.4(d)所示。

(5) 擦去多余图线，加深可见轮廓，完成图样，如图 4.4(e)所示。

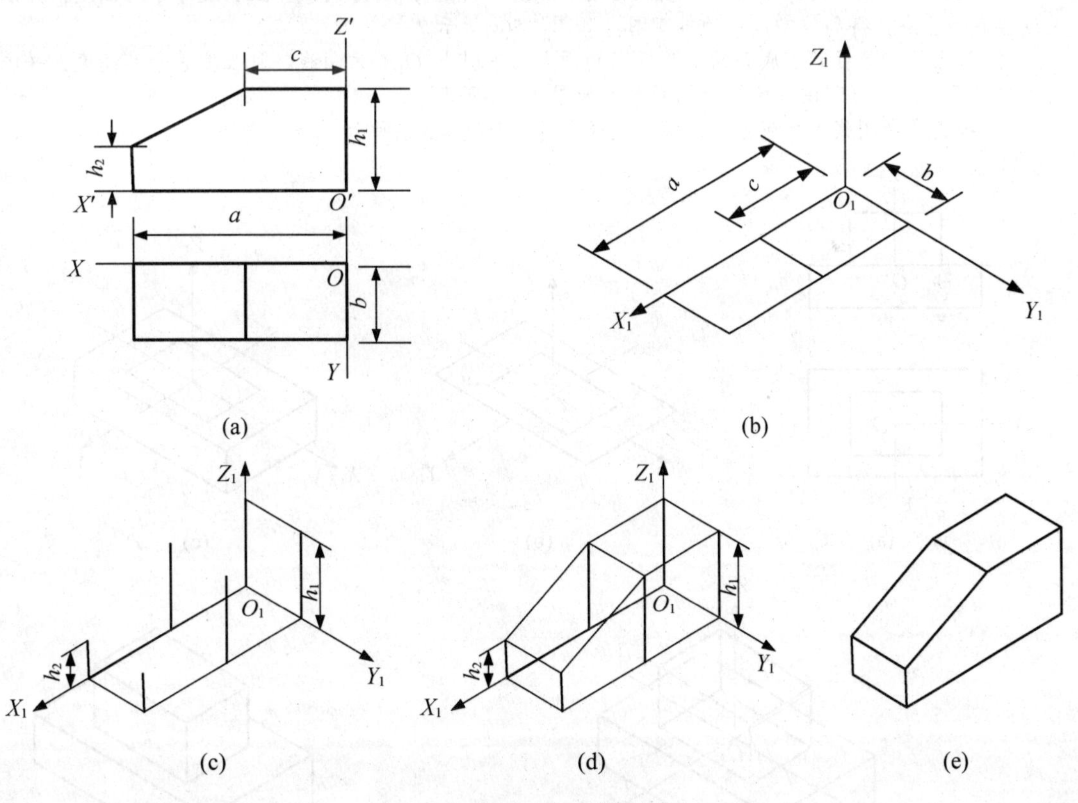

图 4.4　坐标法作正等轴测图

2．叠加法

叠加法是把形体分解成若干个基本形体，依次将各基本形体进行准确定位后叠加在一起，形成整个形体的轴测图的作图方法。为便于作图，要注意各部分的相对关系，选择合适的顺序。

特别提示

一般的叠加法的作图按形体组成部分由大到小，由下到上的顺序绘制，但有些形体并不适合，需要大家在练习中不断总结，摸索规律。

应用案例 4-2

如图 4.5 所示，已知某形体的两面正投影图，画出其正等轴测图。

分析与作图：

首先根据形体的两面投影图，想象形体的空间形状。从投影图中可以看出，该形体是由两个四棱柱上下叠加而成，前后左右对称。可选结合面中心为坐标原点建立坐标系，利用对称性作图。

作图步骤如下。

(1) 在两面正投影图上选定坐标系，如图 4.5(a)所示。

(2) 画轴测轴，并按对应尺寸画出下方四棱柱上顶面及上方四棱柱的下底面的轴测图，如图 4.5(b)所示。

(3) 过下方四棱柱的上顶面的轴测投影的顶点向下引出 O_1Z_1 方向线，且长度等于其高度，并依次连接底面各点，得到该四棱柱的轴测图，如图 4.5(c)所示。

(4) 过上方四棱柱的下底面的轴测投影的顶点向下引出 O_1Z_1 方向线，且长度等于其高度，并依次连接顶面各点，得到该四棱柱的轴测图，如图 4.5(d)所示。

(5) 擦去多余图线，加深可见轮廓，完成图样，如图 4.5(e)所示。

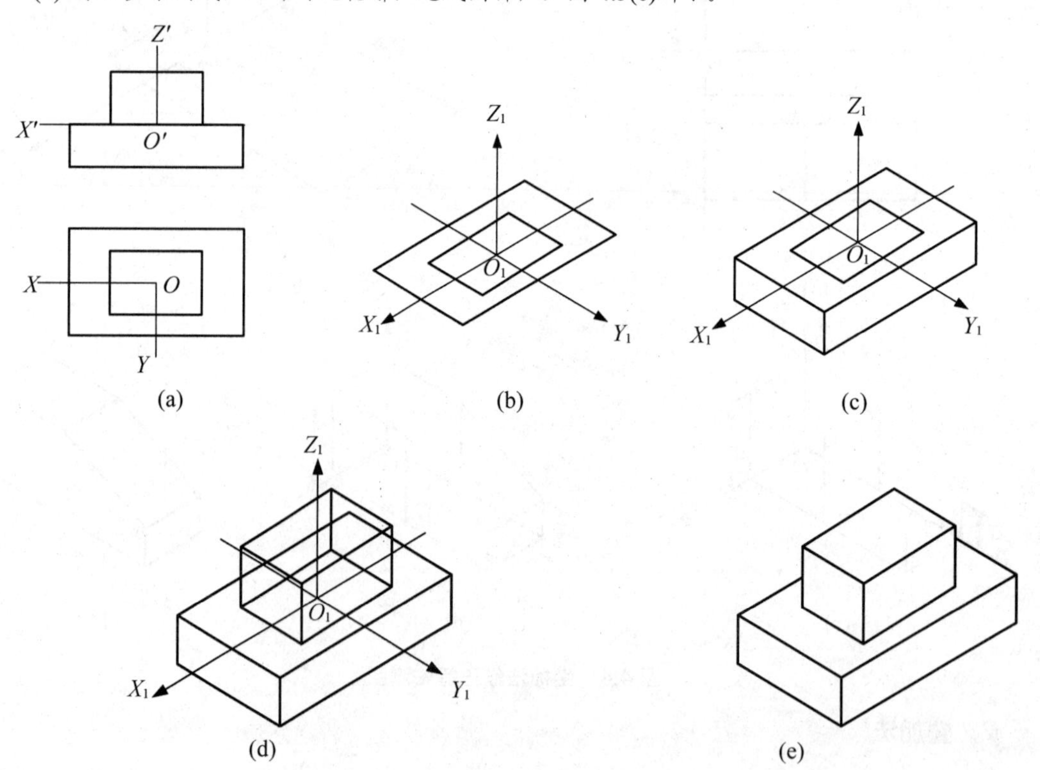

图 4.5　叠加法作正等轴测图

3．端面法

根据形体特点，一般先画出最能反映形体特点的表面的正等轴测图，然后过该表面上各顶点，依次作出平行于某一尺寸方向的线段，且线段长度等于其尺寸值，即得到另一端面上的各顶点，依次连接各点，得到形体的轴测图的方法，称为端面法。一般情况下，若形体是由基本体经过简单切割后得到，可以用端面法作图。

如图 4.6 所示，已知台阶的两面正投影图，画出其正等轴测图。

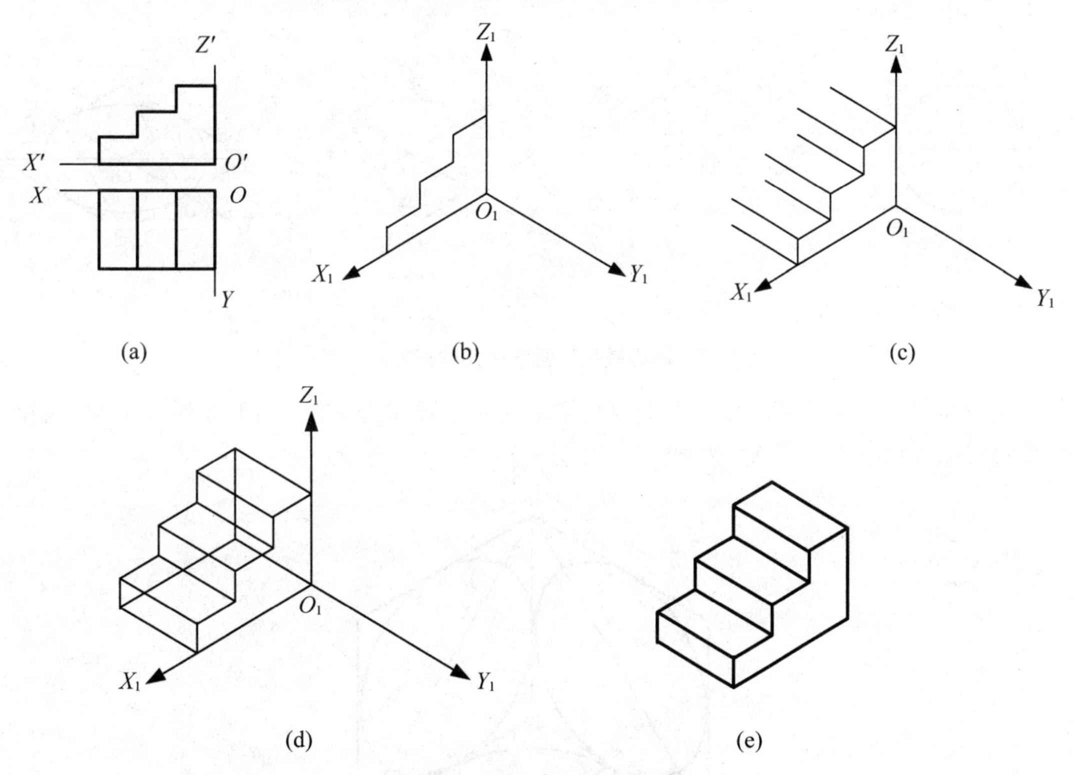

图 4.6 端面法作正等轴测图

分析与作图：

(1) 在两面正投影图上选定坐标系，如图 4.6(a)所示。

(2) 画轴测轴，画出台阶前端面的轴测投影图，如图 4.6(b)所示。

(3) 过前端面各顶点沿 O_1Y_1 轴方向引出台阶的宽度方向线，并使其长度等于台阶的宽度。如图 4.6(c)所示。

(4) 连接宽度线各顶点，得后端面的轴测投影，同时得到台阶的轴测图，如图 4.4(d)所示。

(5) 擦去多余图线，加深可见轮廓，完成图样，如图 4.6(e)所示。

4.2.3 曲面立体正等轴测图的画法

平行于坐标平面的圆的正等轴测投影图是一个椭圆。作图时，最常用的方法是四心圆弧法。首先作出水平圆的外切正方形的正等轴测图，然后将圆分解成四段圆弧后在轴测投影体系中依次画出，而得到一个近似的椭圆。

现以水平圆的正等轴测图为例，介绍其作图过程及方法。

(1) 在圆的水平投影中建立直角坐标系，并作圆的外切正方形，得到 4 个切点 a、b、c、d，如图 4.7(a)所示。

(2) 画轴测轴，作出圆的外切正方形的轴测投影图——一个菱形，如图 4.7(b)所示。

(3) 以 O_2 为圆心，O_2a_1 为半径作圆弧 a_1b_1；以 O_3 为圆心，O_3c_1 为半径作圆弧 c_1d_1，如图 4.7(c)所示。

(4) 连接菱形的对角线，与 O_2a_1 交于点 O_4，与 O_3c_1 交于点 O_5，分别以 O_4、O_5 为圆心，以 O_4a_1、O_5c_1 为半径作圆弧。由 4 段圆弧组成的近似椭圆即为圆的正等轴测投影图，如图 4.7(d)所示。

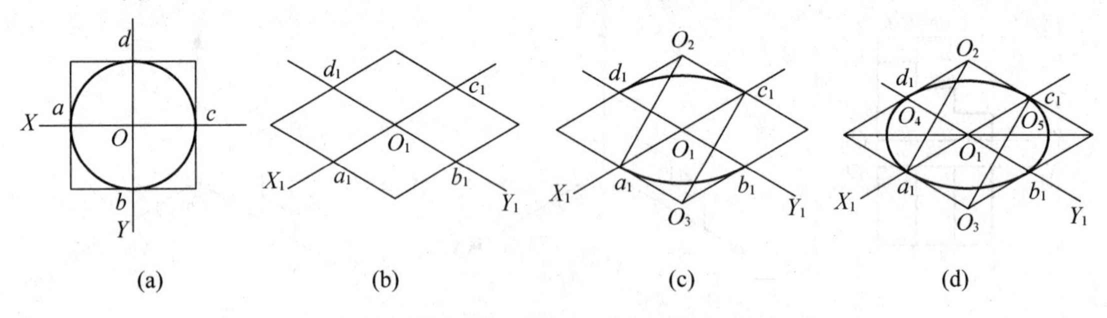

图 4.7　四心圆弧法画水平圆的正等轴测图

按照同样的方法，可以作出正平圆及侧平圆的正等轴测投影图，3 个坐标平面上相同直径圆的正等轴测图如图 4.8 所示。

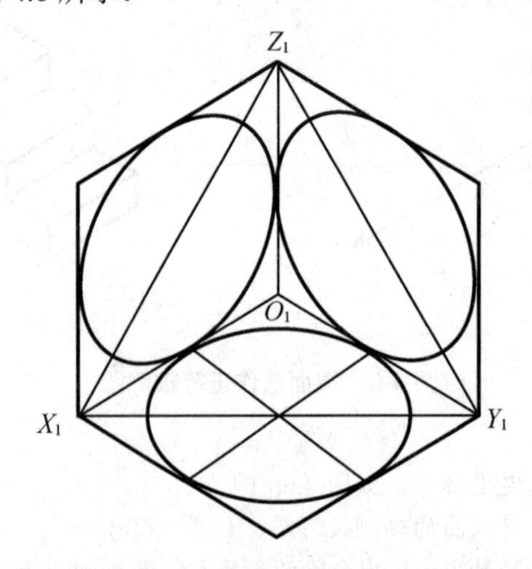

图 4.8　平行于各坐标平面的圆的正等轴测图

应用案例 4-4

如图 4.9(a)所示，已知圆台的两面正投影图，画出其正等轴测图。

分析与作图：

(1) 在两面正投影图上选定坐标系，如图 4.9(a)所示。

(2) 画轴测轴，用四心圆弧法画出上下底面的投影——椭圆，如图 4.9(b)所示。

(3) 作出上下底面投影的公切线，如图 4.6(c)所示。

(4) 擦去多余图线，加深可见轮廓，完成图样，如图 4.9(d)所示。

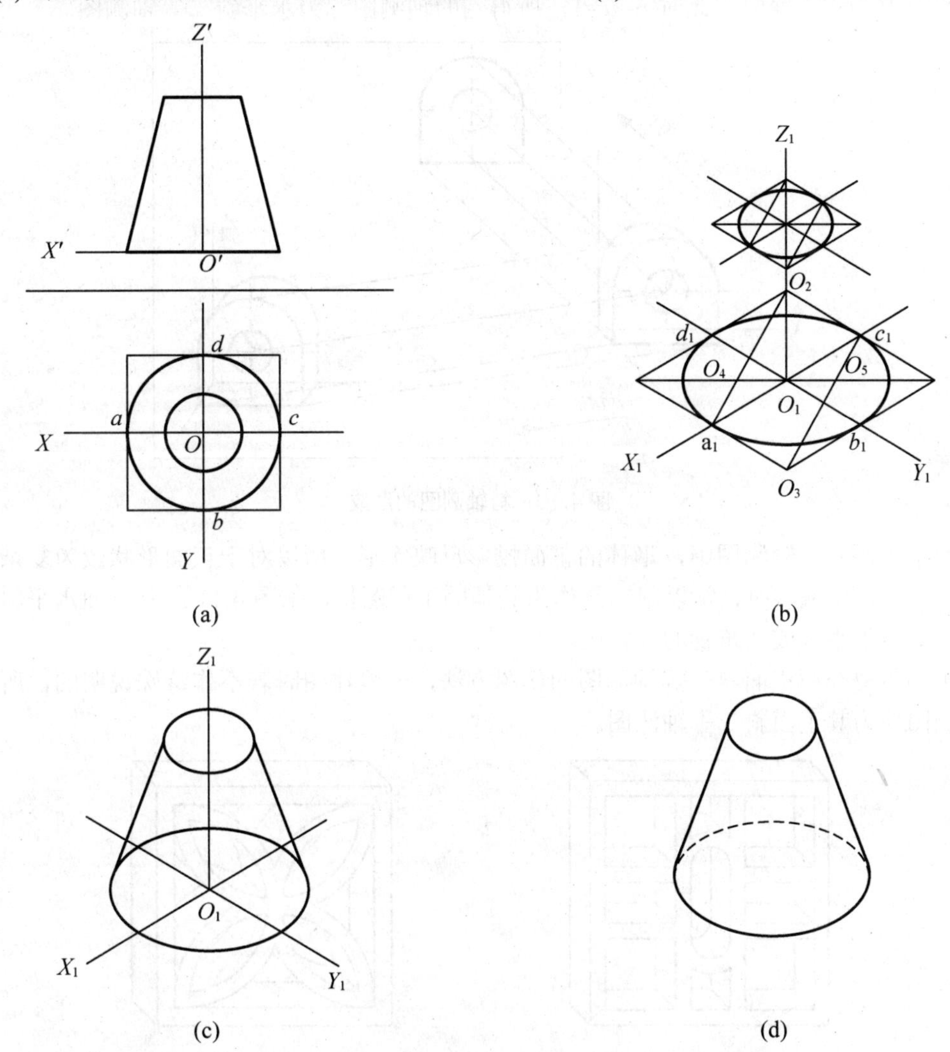

图 4.9 端面法作正等轴测图

4.3 斜二等轴测图

当投影方向 S 倾斜于轴测投影面 P 所形成的轴测图称为斜轴测图，即使某一坐标轴与轴测投影面垂直，该轴在 P 面上的投影也不会积聚为一点(图 4.10)，因此在轴测投影面上的投影能够反映出形体长、宽、高三度空间立体形状的投影。因此，为了作图方便，常使空间立体上任两根坐标轴平行于轴测投影面，由投影的平行性可知，此时两个坐标轴的轴向变形系数相等，所得到的轴测投影图称为斜二等轴测图，简称斜二测。

如图 4.10 所示，当坐标面 XOZ 平行于投影面 P 时，形体上位于或平行于该坐标面的表面在 P 面上的投影反映实形，即轴向变形系数 $p=r=1$，像这样形体上的正面投影反映实形的斜二等轴测图，称为正面斜二等轴测图。类似的，如果坐标面 XOY 平行于投影面 P，即投影面 P 为水平面时，此时 $p=q=1$，所得到的轴测图称为水平斜二等轴测图。

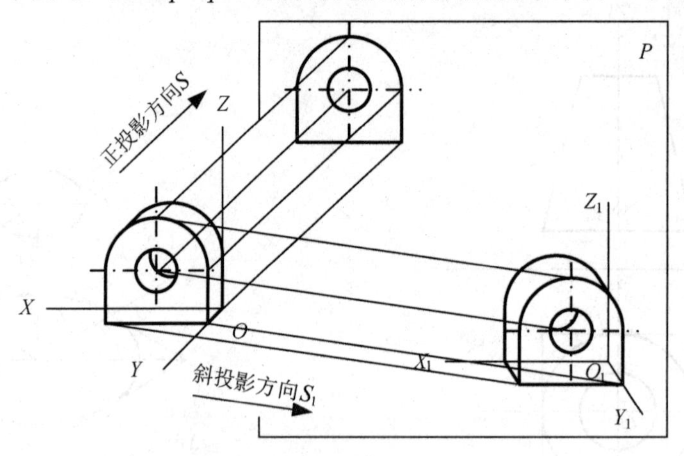

图 4.10　斜轴测图的形成

由于正面斜二轴测图中，形体的正面投影反映实形，所以对于正面形状较为复杂的圆弧、曲线等造型或多时，常以斜二测作为其辅助工程图样，如图 4.11 所示。而水平斜二轴测图主要用于小区或建筑物的鸟瞰图。

本书主要介绍正面斜二等轴测图的作图方法，一般作图时若不作特殊说明的，所作斜二轴测图均为其正面斜二等轴测图。

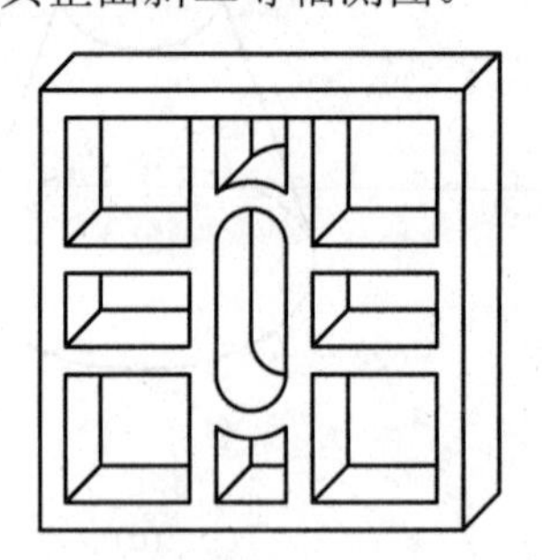

图 4.11　花窗的斜二等轴测图

4.3.1　轴间角与轴向变形系数

斜二等轴测图轴测轴的画法如图 4.12 所示，通常取 O_1Z_1 轴为铅垂方向，O_1X_1 轴与 O_1Z_1 轴垂直。随着 O_1Y_1 轴与水平线的角度不同，其轴向变形系数也不同。作图时，常令 O_1Y_1 轴与水平线的角度为 45°(或 30°、60°)。

为简化作图，一般取 $q=0.5$，即此时 3 个轴的轴向变形系数为 $p=r=1$，$q=0.5$。而轴间角 $\angle X_1O_1Z_1=90°$，$\angle X_1O_1Y_1=135°$(或 120°、150°)，如图 4.12 所示。

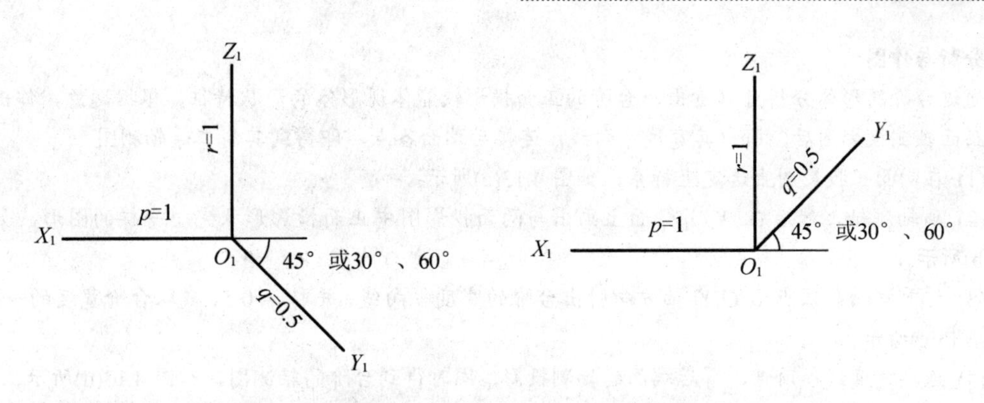

图 4.12　正面斜二等轴测图的轴间角及轴向变形系数

特别提示

作水平斜二等轴测图时，一般取 O_1Z_1 轴为铅垂方向，O_1X_1 轴与 O_1Y_1 轴垂直，令 O_1X_1 轴与水平线的角度为 45° 或 30° 、60° ，取 $p=q=r=1$。

4.3.2　斜二等轴测投影图的画法

应用案例 4-5

如图 4.13(a)所示，已知台阶的两面正投影图，画出其斜二等轴测图。

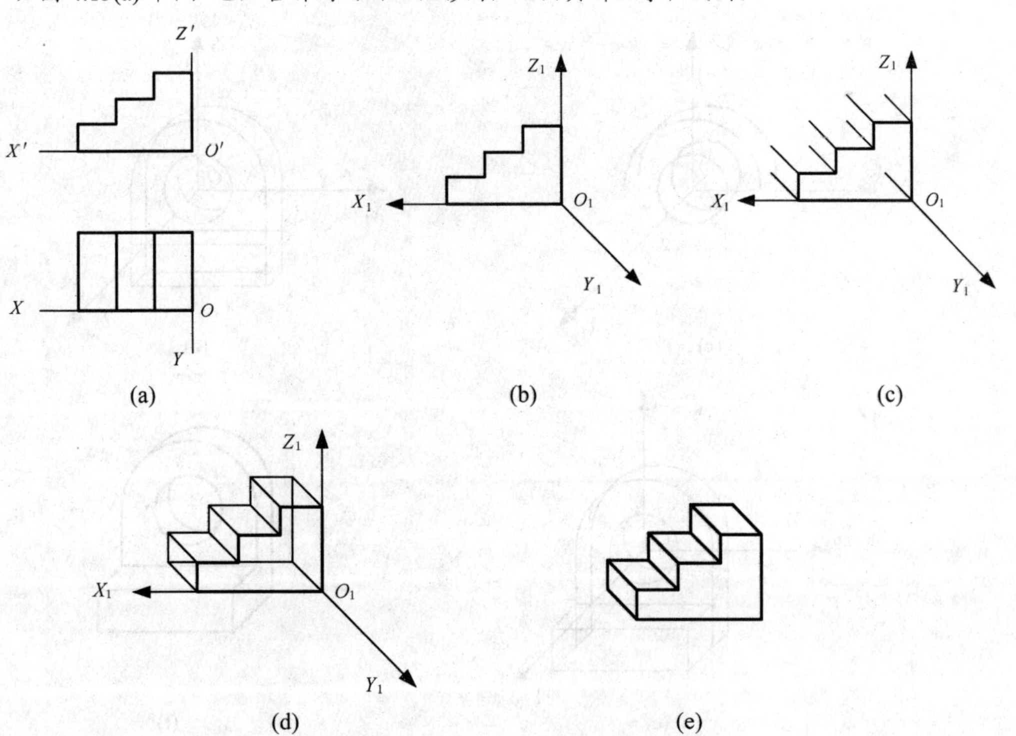

图 4.13　端面法作斜二等轴测图

分析与作图：

通过台阶的形体分析可以看出，台阶的正面投影较能体现形体的形状特征，根据题意，作出台阶的正面轴测投影图后，引出其宽度方向线，连接后端面各点，即得到其斜二等轴测图。

(1) 在两面正投影图上选定坐标系，如图 4.13(a)所示。

(2) 画轴测轴，然后在 $X_1O_1Z_1$ 面上画出与两面投影图中正面投影形状完全一样的图形，如图 4.13(b)所示。

(3) 过前端面各顶点沿 O_1Y_1 轴方向引出台阶的宽度方向线，并取 q=0.5，截取台阶宽度的一半，如图 4.13(c)所示。

(4) 连接宽度线各顶点，得后端面的轴测投影，同时得到台阶的轴测图，如图 4.13(d)所示。

(5) 擦去多余图线，加深可见轮廓，完成图样，如图 4.13(e)所示。

应用案例 4-6

如图 4.14 所示，已知某形体的两面正投影图，画出其斜二等轴测图。

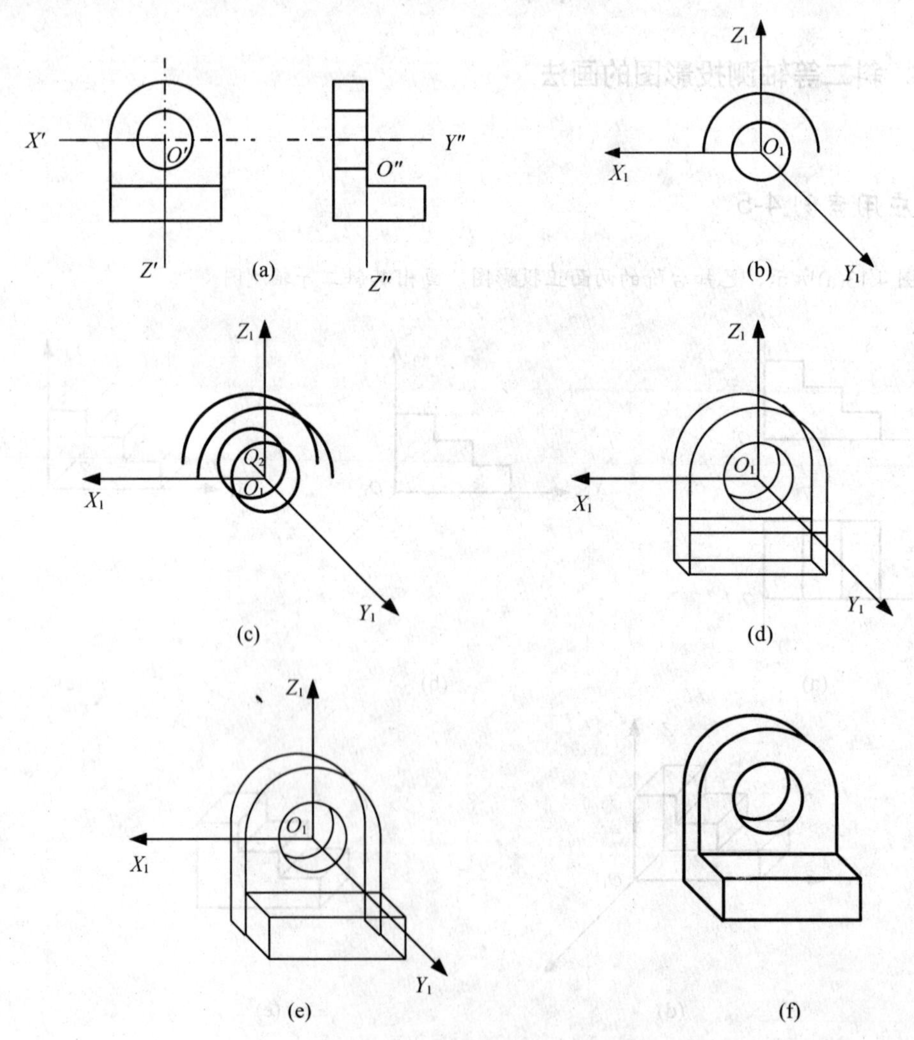

图 4.14　端面法作斜二等轴测图

分析与作图：

首先想象空间形体。由形体的两面投影图可以看出，形体是由棱柱与圆柱体组合而成，其中圆柱体中心开有圆形通孔。作图时，由于形体的正面有两个圆形，为简化作图，选择作其正面斜二轴测投影图。先画出圆柱体及圆孔的轴测图，然后再顺次画出棱柱的轴测图即可。

(1) 在投影图上选定坐标系，如图 4.14(a)所示。

(2) 画轴测轴，作出圆柱及圆孔前端面的轴测图，如图 4.14(b)所示。

(3) 过圆心 O_1 沿 O_1Y_1 轴方向引出圆柱体的宽度方向线，并取 $q=0.5$，截取其宽度尺寸的一半，得到圆柱体后端面的圆心 O_2，以 O_2 为圆心作圆，得到圆柱及孔的后端面轮廓，如图 4.14(c)所示。

(4) 根据形体特点，作出下方棱柱体的轴测图，如图 4.14(d)与图 4.14(e)所示。

(5) 擦去多余图线，加深可见轮廓，完成图样，如图 4.14(f)所示。

本章小结

本章主要介绍了轴测图的基本知识和绘制方法，主要包括以下内容。

(1) 轴测图的基本参数：轴测轴，轴间角和轴向变形系数。轴测图的基本种类：正轴测图和斜轴测图。不同的轴测图，其基本参数不同。

(2) 平面立体的正等轴测图的作图方法，主要有坐标法、叠加法和端面法。

(3) 圆的正等轴测图的作图方法——四心圆弧法；曲面立体的正等轴测图的作图方法。

(4) 平面立体与曲面立体的斜二等轴测图的作图方法等。

第 5 章

组合体的投影

学习目标

本章主要介绍组合体三面投影图的画法及读图方法等。通过本章的学习，应掌握组合体的表达方法及识读技巧。

学习要求

能力目标	知识要点	权重
(1) 掌握组合体的形成过程 (2) 掌握形体分析法的概念	组合体的组合形式；组合体形体分析法的概念	20%
掌握组合体的本面投影的画法及步骤	组合体的形体分析；确定主视图；确定比例；画投影图	40%
掌握组合体读图的方法及技巧	形体分析法；线面分析法	40%

引例

在我们身边，一幢幢风格各异、高高耸立的建筑体往往可以看作是由若干基本几何体如棱柱、棱锥、圆柱、球等按一定的形式组合在一起形成的，所以学习建筑物的投影图之前，首先要熟练掌握组合体的作图及读图方法，为建筑物的表达打下坚实的基础。

5.1 组合体视图的画法

5.1.1 组合体的组成形式

形体由两个或两个以上的基本形体组合而成时，称为组合体。常见的组合体的组成形式一般有以下3种。

(1) 叠加式组合体：由若干个基本形体经过叠加而形成的组合体，如图5.1(a)所示。

(2) 切割式组合体：由一个基本体经过若干次切割而形成的组合体，如图5.1(b)所示。

(3) 混合式组合体：当组合体由以上两种形体组合而成，即形体中既有叠加又有切割时，就形成了混合式组合体，如图5.1(c)所示。

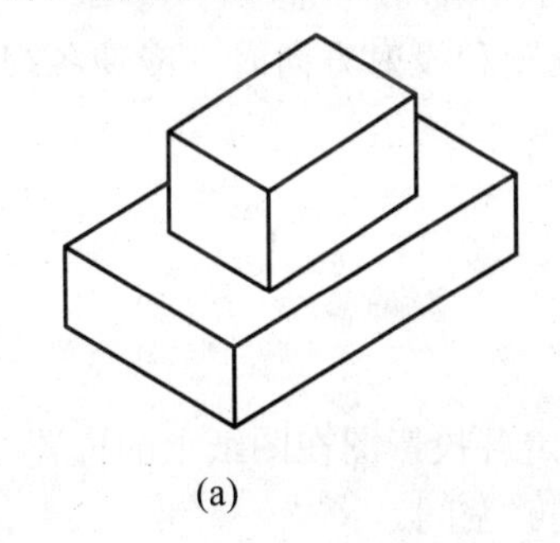
(a)

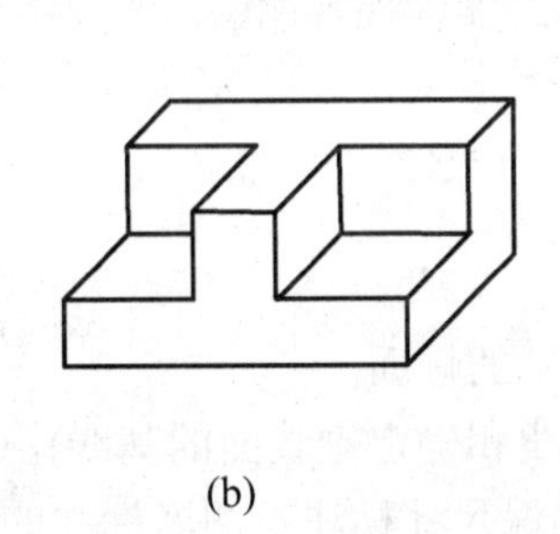
(b)

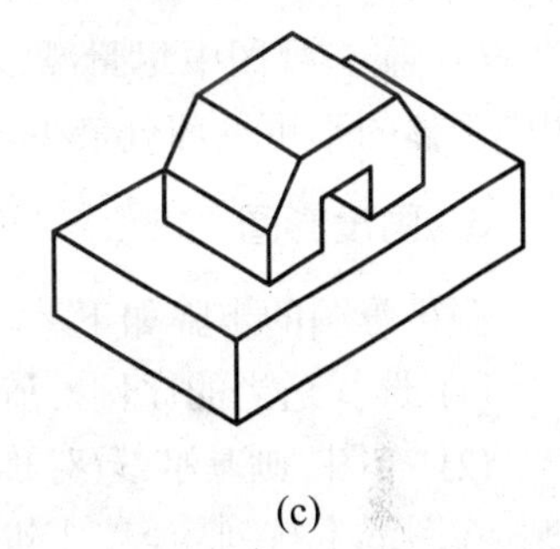
(c)

图5.1 组合体的组合方式

5.1.2 组合体投影图的画法

绘制组合体投影图的作图步骤一般分为形体分析、选择主视图、确定比例并进行图面布置、画投影图和标尺寸等五步。

1. 形体分析

一个组合体可以看做由若干基本形体所组成。对组合体中基本形体的组合方式、表面连接关系及相互位置等进行分析，划清各部分的形状特征，这种分析过程称为形体分析。从形体分析进一步认识组合体的组成特点，从而总结出组合体的投影规律，为画组合体的三视图做好充分的准备。

图5.2所示的房屋立体图可以分解为一个水平放置的长五棱柱Ⅰ和一个与之垂直相交短五棱柱Ⅱ，及Ⅰ上方的小四棱柱Ⅲ三个部分。

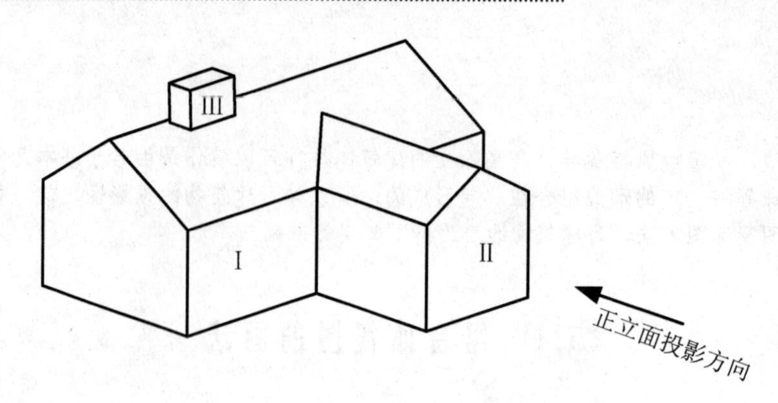

图 5.2　组合体的组合方式

2．选择视图

选择视图的关键是选择主视图，主视图选择的好坏直接关系到形体表达的清晰度。选择主视图时应遵循以下原则。

(1) 确定形体的摆放位置。组合体应处于自然安放的位置，即组合体保持稳定状态。

(2) 确定正立面视图的投影方向。正立面视图应能反映组合体的形状特征，即将最能反映组合体的各组成部分及其相对位置的投影方向作为正立面视图的投射方向，如图 5.2 所示。

(3) 在三视图中尽量减少虚线。即在选择组合体的安放位置和投射方向时，应使各视图中形体的不可见部分最少。

3．画投影图

画投影图的步骤如下。

(1) 选择适当的比例，确定图纸的幅面。

(2) 布图。画基准线(对称中心线和确定主表面的基线)，确定各投影图在图纸上的位置，使其在图纸上排列均匀，同时要确保尺寸标注及图名标注的足够空间。

(3) 打底稿。先画出各投影图中的主要中心线和定位线的位置；然后按形体分析分解出各个基本形体并确定它们之间的相对位置关系，用细线顺次画出它们的投影图。画底稿的顺序：先画主要形体，后画次要形体；先画外形轮廓，后画内部细节；先画可见部分，后画不可见部分。

(4) 描深图线。检查底稿，确认无误后，按标准的线型加深，完成组合体的三面投影图。

应用案例 5-1

如图 5.3 所示，作出组合体的投影图。

分析与作图：

该形体可以看成由 3 个基本形体组成。形体Ⅰ、Ⅱ为平放的垂直相交的两个五棱柱，形体Ⅲ为四棱柱。

作图步骤如下。

(1) 选择正立面投影图。选择能较好反映形体特点的方向为正立面投影方向，如图 5.3 所示。

(2) 确定比例和图幅。建筑形体一般采用缩小比例，本图采用 1:1 的比例作图。

(3) 画投影图。首先布置图面，正立面投影图绘制在图纸的左上方，平面图与左侧立面图按标准配置，如图 5.3(a)所示。

(4) 画底稿线。依画图顺序，先画形体Ⅰ的三面投影，再画形体Ⅱ的三面投影，最后作出形体Ⅲ的三面投影；画图时注意形体间的相对位置关系，如图 5.3(b)、图 5.3(c)、图 5.3(d)所示。

(5) 检查、加深图线，完成图样，如图 5.3(e)所示。

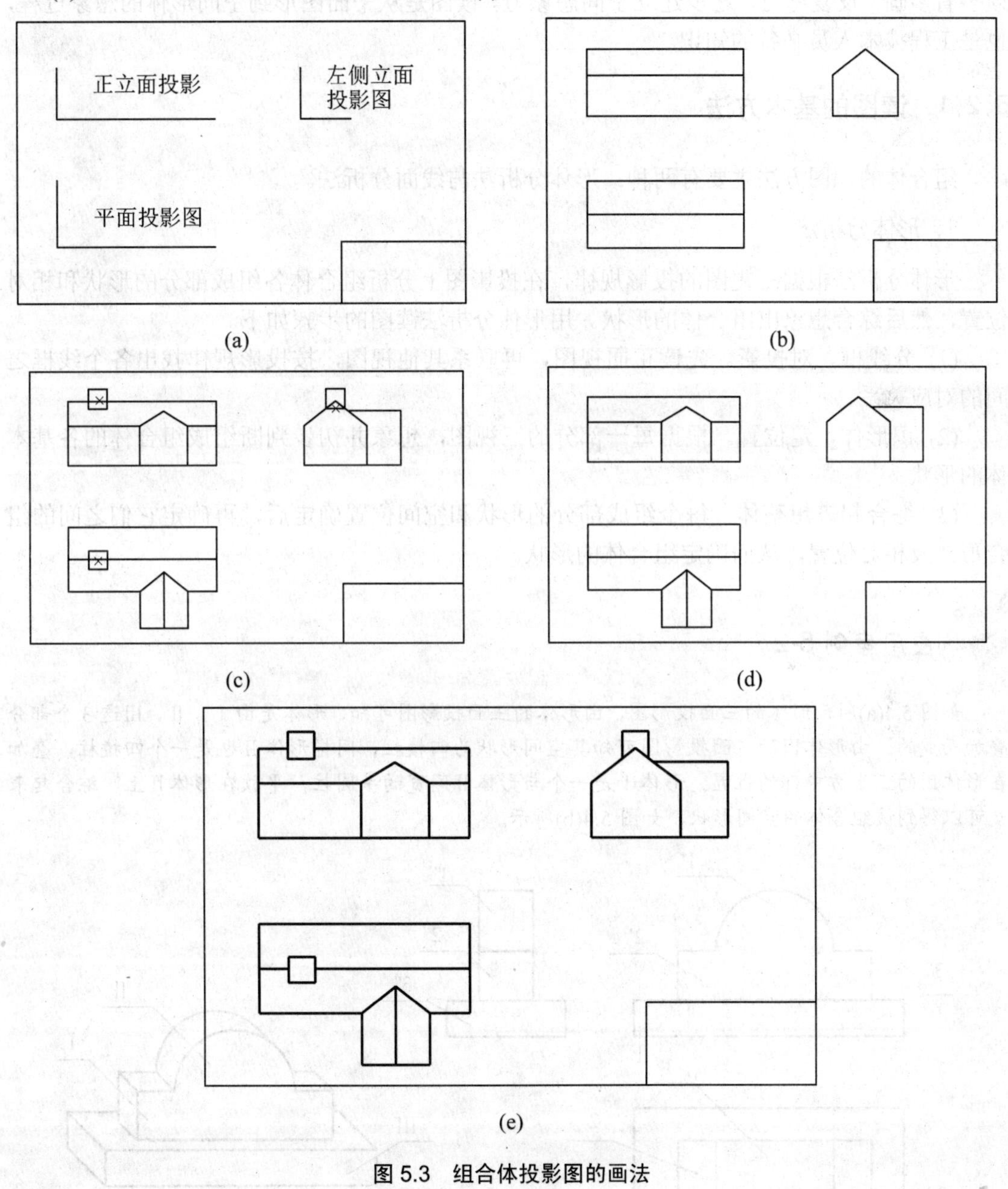

图 5.3　组合体投影图的画法

5.2 组合体投影图的识读

根据组合体的投影图想象出它的空间形状，这一过程称为读图。要提高读图能力，必须多看多画，反复练习，逐步建立空间想象力。读图是从平面图形到空间形体的想象过程，也是工程技术人员必备的知识。

5.2.1 读图的基本方法

组合体的识图方法主要有两种：形体分析法与线面分析法。

1. 形体分析法

形体分析法根据三视图的投影规律，在投影图上分析组合体各组成部分的形状和相对位置，然后综合想象出组合体的形状。用形体分析法读图的步骤如下。

(1) 分线框，对投影。先读正面视图，再联系其他视图，按投影规律找出各个线框之间的对应关系。

(2) 识形体，定位置。根据每一部分的三视图，想象并初步判断组成组合体的各基本体的形状。

(3) 综合起来想整体。每个组成部分的形状和空间位置确定后，再确定它们之间的组合形式及相对位置，从而确定组合体的形状。

应用案例 5-2

如图 5.4(a)所示形体的三面投影图，由形体的三面投影图可知，形体是由Ⅰ、Ⅱ、Ⅲ这 3 个部分叠加而成的。由形体Ⅲ的三面投影图可知其空间形状为四棱柱，同样形体Ⅱ也是一个四棱柱，叠加在形体Ⅲ的正上方中部的位置。形体Ⅰ是一个与形体Ⅱ同宽的半圆柱，平放在形体Ⅱ上，综合起来就可以得到该组合体的空间形状，如图 5.4(b)所示。

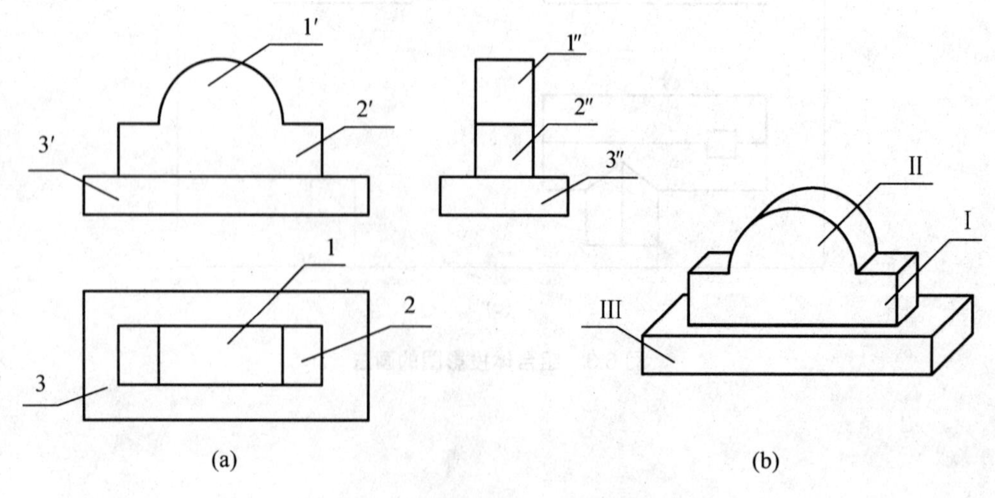

图 5.4 坐标法作正等轴测图

2．线面分析法

根据线面形成的原理，组合体可以看成是由若干个面(平面或曲面)围成的。线面分析法是根据线、面的投影特性，按照组合体上的线段和线框找出它们对应的投影，用这种方法分析组合体局部的形状，从而想象出组合体的形状的。

特别提示

一般情况下，对形体清晰的组合体，用形体分析法就可以较好地解决组合体的识读问题。但对一些局部较为复杂的组合体，需要用线面分析法来帮助想象才能读懂这些局部的形状。组合体视图的识读应以形体分析法为主，线面分析法为辅。

本章小结

本章主要介绍了组合体三面投影图的画法与组合体三面投影图的读图方法，主要包括以下内容。

(1) 组合体的形成过程，组合方式与作图方法。

(2) 组合体的读图方法，形体分析法与线面分析法。

第6章

制图基础知识

学习目标

通过本章的学习，了解《房屋建筑制图统一标准》(GB/T 50001—2010)中的部分规定；掌握常用绘图仪器的使用，几何作图的方法，掌握平面图形尺寸分析和绘制平面图形的基本方法。

学习要求

能力目标	知识要点	权重
了解《房屋建筑制图统一标准》(GB/T 50001—2010)中的规定	《房屋建筑制图统一标准》(GB/T 50001—2010)中的部分规定	40%
(1)会使用常用绘图仪器进行几何作图 (2)熟练分析平面图形尺寸	(1)常用仪器的使用 (2)几何作图 (3)平面图形尺寸分析	30%
运用知识分析案例	平面图形尺寸分析和绘制实训	30%

引例

自从有人类便开始了对于人造环境不懈的追求。在人类文明历史中，建筑本身对于文明的发展和社会形态的形成有着直接的反映和影响。有人把建筑称为石头的史书，它们时刻反映出一个时代感的经济、社会、政治、文化与科技发展的背景，传播着丰富的历史文化信息。

不同时期建筑交相辉映，延续城市的文脉。从长城、故宫到国家大剧院、央视大楼，建筑的形式在变，内涵在变，唯一不变的是将建筑从设想到现实的表达媒介——图纸，所有建筑物都要根据设计完善的图纸，才能将梦想照进现实。图纸中一系列的图样将建筑物的造型、结构、地理环境及施工要求等详尽而准确无误地表达出来，成为施工的依据。所以，图纸是建筑工程中的“语言”，我们必须掌握了这门“语言”，才能在工作中畅行无阻，否则将寸步难行。

工程图是我们表达思想，实现设想，与设计、施工人员沟通的工程语言，在绘制过程中要遵守统一的标准和规定。我国现行的建筑制图标准于2010年8月18日发布，2011年3月1日起实施，是由住房和城乡建设部会同有关部门共同对《房屋建筑制图统一标准》等6项标准进行修订，经过有关部门会审，批准《房屋建筑制图统一标准》(GB/T 50001—2010)，《总图制图标准》(GB/T 50101—2010)，《建筑制图标准》(GB/T 50104—2010)，《建筑结构制图标准》(GB/T 50105—2010)，《给水排水制图标准》(GB/T 50106—2010)和《暖通空调制图标准》(GB/T 50114—2010)为建筑制图国家标准。

6.1 制图标准的基本规定(GB/T 50001—2010)

建筑制图国家标准是每一个工程人员在设计、施工、管理等过程中都必须严格遵守的国家法令。在“建筑制图”课程学习过程中，必须了解国家标准的有关知识和要求，并且正确理解，严格执行于制图课程学习过程以及今后从事相关事业工作的始终。

6.1.1 图纸幅面、图框

图纸幅面指的是绘制工程图样时使用的图纸的尺寸，为了合理地利用图纸，便于装订和管理，绘制图样时应采用表6-1所规定的基本图纸幅面。

图框指的是绘制图样时绘图区的范围，图框边缘线到图纸边缘的距离应按照表6-1的规定取值。

表6-1 图纸幅面的基本尺寸

尺寸代号	幅面代号				
	A0	A1	A2	A3	A4
$B\times L$	841×1189	594×841	420×594	297×420	210×297
c	10			5	
a	25				

表中，B、L分别为图纸的短边和长边的尺寸，a、c分别为图框线到图幅边缘的距离，其中a为装订边，c为非装订边。

6.1.2 标题栏、会签栏

标题栏反映图样的工程名称、图名、图号、设计人员以及绘图人员、审核人员的签名和日期等相关的信息，位于图纸的右下方，其尺寸根据工程实际确定。标题栏的格式如图 6.1 所示。

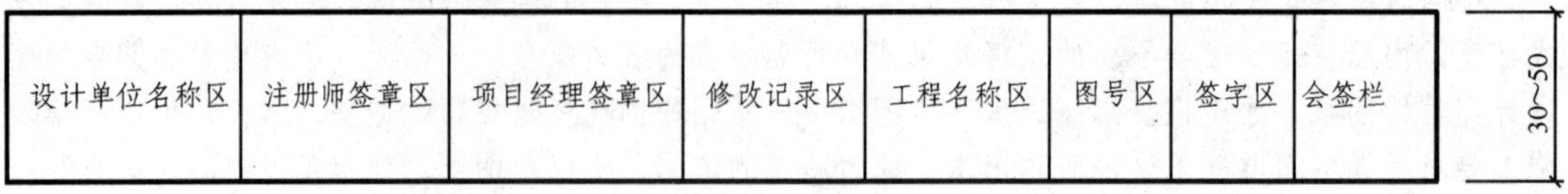

设计单位名称区	注册师签章区	项目经理签章区	修改记录区	工程名称区	图号区	签字区	会签栏

30~50

图 6.1 标题栏格式

学校制图作业的标题栏可以采用图 6.2 所示格式。

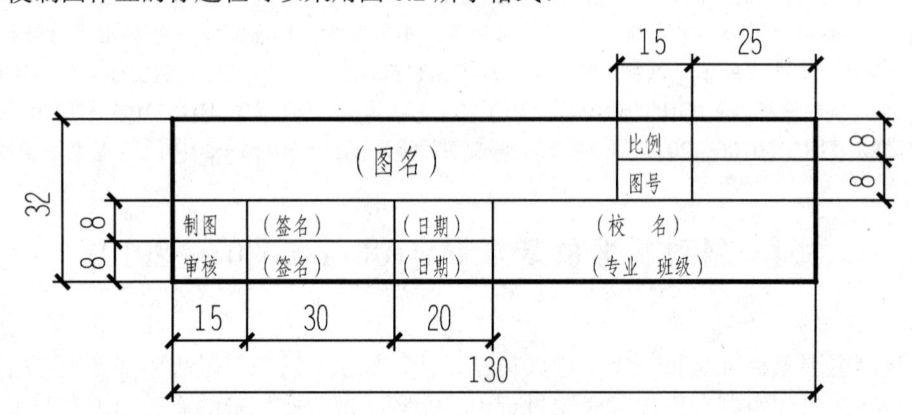

图 6.2 学生作业标题栏格式

标题栏及装订边的位置，要符合图 6.3 所示的规定。

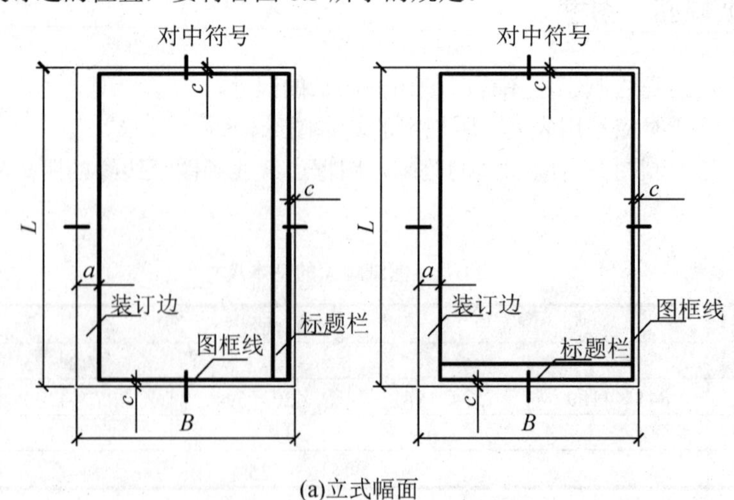

(a)立式幅面

图 6.3 标题栏和装订边位置

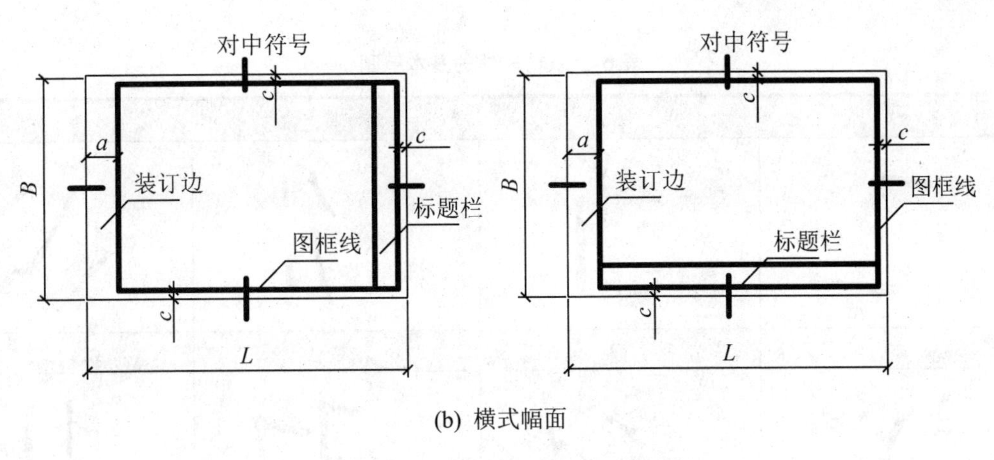

(b) 横式幅面

图 6.3 标题栏和装订边位置(续)

6.1.3 字体

图纸上书写的文字、数字或符号等，均应笔画清晰，字体端正，排列整齐，间隔均匀，标点符号应清晰准确，并符合现行国家标准《技术制图——字体》(GB/T 14691—1993)的有关规定。

字体的高度的毫米值用字号来表示，字号应从表 6-2 中选用，大于 10mm 高的字(10 号字以上)应以 $\sqrt{2}$ 的倍数依次增加；字体的宽度约为字高的 2/3。

表 6-2 字体的高度与宽度

字高	20	14	10	7	5	3.5
字宽	14	10	7	5	3.5	2.5

1.汉字

图样中的汉字应写成长仿宋体或者黑体，长仿宋体的高度和宽度应符合表 6-2 所示的规定，黑体字的高度和宽度相等，汉字应采用国家正式公布推行的《汉字简化方案》的简化字，如：

中华人民共和国房屋建筑制图国家统一标准规定汉字字体采用长仿宋体，

书写应当做到：字体工整、笔画清楚、排列整齐、间隔均匀。

徒手书写的长仿宋体汉字一般不得小于 3.5 号字，其基本笔画与笔法见表 6-3。

表 6-3 长仿宋体的基本笔画

横	竖	撇	捺
		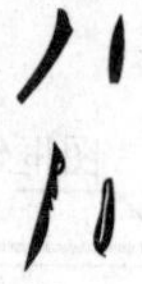	
点	提	横弯钩	竖钩
			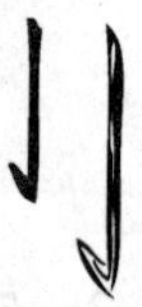
横折钩	弯钩	横弯-横折	特殊偏旁
		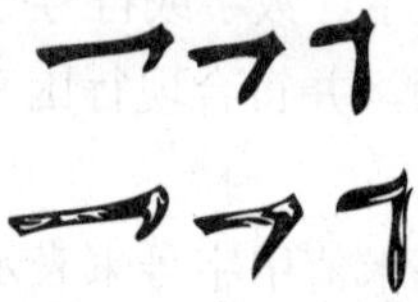	

2. 数字、符号等

徒手书写的阿拉伯数字、符号高度不得小于 2.5mm，一般采用斜字体，其倾斜角度相对字符的底线的角度大约为 75°，字体笔画的宽度约为字高的 1/14，阿拉伯数字、罗马数字、拉丁字母的书写如下所示。

1) 阿拉伯数字

1 2 3 4 5 6 7 8 9 0

2) 罗马数字

I II III IV V VI VII VIII IX X

3) 拉丁字母

A B C D E F G H I J K L M N

O P Q R S T U V W X Y Z

a b c d e f g h i j k l m n

o p q r s t u v w x y z

数量的数值注写，应采用正体阿拉伯数字。各种计量单位凡前面有量值的，均应采用国家颁布的单位符号注写，单位符号应采用正体字母。

6.1.4 比例

比例指的是图样中图形的尺寸与实物尺寸的比值，用 A:B 表示，A、B 应为阿拉伯数字。比例应注写在图名之后，并且使用比图名小一号或者二号的字体，如图 6.4 所示。

正立面图 1:100  1:100

图 6.4 比例注写示例

绘制图样时采用的比例应根据图样的用途及实物的复杂程度，从表 6-4 中选择适当的比例，并且应当优先从常用比例中选取。

表 6-4 图样比例的选择

常用比例	1:1、1:2、1:5、1:10、1:20、1:50、1:100、1:500、1:200、1:500、1:1000、1:2000
可用比例	1:3、1:4、1:6、1:15、1:25、1:30、1:40、1:60、1:80、1:250、1:300、1:400、1:600、1:5000、1:10000、1:20000、1:50000、1:100000、1:200000

一般情况下，一个图样要采用同一比例，根据专业制图需要，同一图样可以选用两个比例。

6.1.5 图线

1. 线宽

图线的线宽用 *b* 表示，宜从下列线宽系列中选取：2.0、1.4、1.0、0.7、0.5、0.35mm。

每个图样，应根据复杂程度与比例大小，先选定基本线宽 *b*，再选用表 6-5 相应的线宽组，同一图纸中，必须采用同一线宽组。

表 6-5 线宽组

线宽比	线宽组			
b	1.4	1.0	0.7	0.5
0.7*b*	1.0	0.7	0.5	0.35
0.5*b*	0.7	0.5	0.35	0.25
0.25*b*	0.35	0.25	0.18	0.13

2. 线型

建筑制图使用的图线有：实线、虚线、单点长划线、双点长划线、折断线、波浪线等，其中每种线型又有粗细之分，各种不同粗细的线型用途各不相同，工程建设制图宜采用表 6-6 所示线型及线宽。

表 6-6　线型及应用

序号	图线名称	线型	线宽	用途
1	粗实线		b	主要可见轮廓线
2	中粗线		$0.7b$	可见轮廓线
3	中线		$0.5b$	可见轮廓线、尺寸线、变更云线
4	细实线		$0.25b$	图例填充线、家具线等
5	粗虚线		b	见各专业制图标准
6	中粗虚线		$0.7b$	不可见轮廓线
7	中虚线		$0.5b$	不可见轮廓线、图例线
8	细虚线		$0.25b$	图例填充线、家具线等
9	粗单点长划线		b	见各专业制图标准
10	中单点长划线		$0.5b$	见各专业制图标准
11	细单点长划线		$0.25b$	中心线、对称线、轴线等
12	粗双点长划线		b	见各专业制图标准
13	中双点长划线		$0.5b$	见各专业制图标准
14	细双点长划线		$0.25b$	假象轮廓线，成型前原始轮廓线
15	折线		$0.25b$	部分省略时的断开线
16	波浪线		$0.25b$	部分省略时的断开线，曲线形构间断开线，构造层次间断开线

图例线绘制注意事项：相互平行的其间隙不宜小于其中的粗线宽度，且不宜小于0.7mm；虚线、单点长划线或双点长划线的线段长度和间隔，宜各自相等；单点长划线或双点长划线，当在较小图形中绘制有困难时，可用实线代替；单点长划线或双点长划线的两端，不应是点；点划线与点划线交接或点划线与其他图线交接时，应是线段交接；虚线与虚线交接或虚线与其他图线交接时，应是线段交接；虚线为实线的延长线时，不得与实线连接；图线不得与文字、数字或符号重叠、混淆，不可避免时，应首先保证文字等的清晰。

应用案例 6-1

图 6.5 为图线在工程中的实际应用示例。

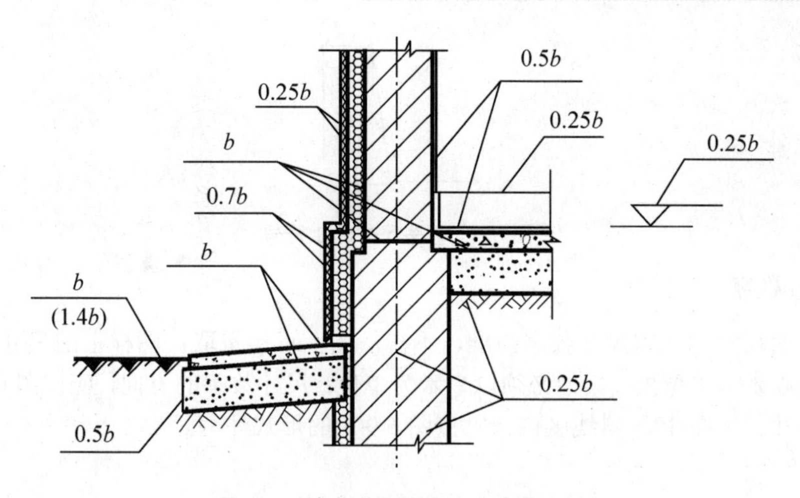

图 6.5　墙身详图图线宽度选用示例

6.1.6　尺寸标注

在工程图样中，须将工程形体的实际尺寸表达出来，这就是尺寸标注。图样中标注的尺寸是工程形体的实际尺寸，与选用的图纸及绘图的比例无关。

图样上的尺寸，包括尺寸界线、尺寸线、尺寸起止符号和尺寸数字，如图 6.6 所示。

1. 尺寸界线、尺寸线及尺寸起止符号

尺寸界线应用细实线绘制，一般应与被注长度垂直，其一端应离开图样轮廓线不小于 2mm，另一端宜超出尺寸线 2～3mm。图样轮廓线可用作尺寸界线，如图 6.7 所示。

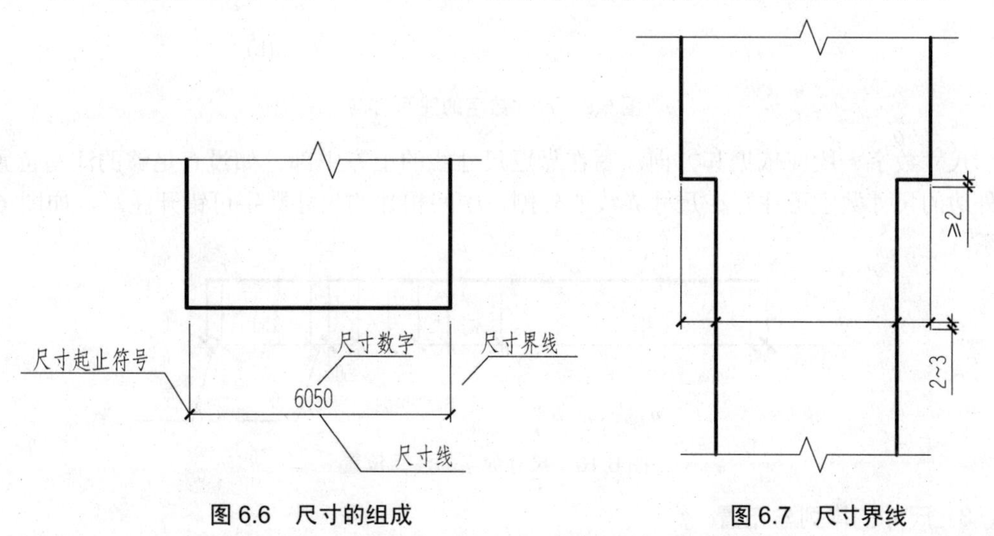

图 6.6　尺寸的组成　　　　图 6.7　尺寸界线

尺寸线应用细实线绘制，应与被注长度平行。图样本身的任何图线均不得用作尺寸线。

尺寸起止符号一般用中粗斜短线(0.5*b*)绘制，其倾斜方向应与尺寸界线成顺时针 45°角，长度宜为 2～3mm。半径、直径、角度与弧长的尺寸起止符号，宜用箭头表示，如图 6.8 所示。

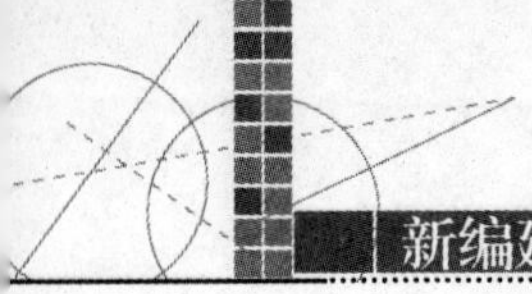

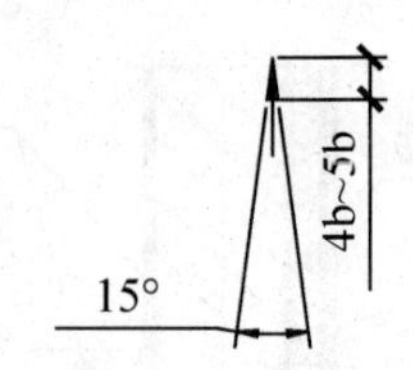

图 6.8　箭头尺寸起止符号

2．尺寸数字

图样上的尺寸，应以尺寸数字为准，不得从图上直接量取；图样上的尺寸单位，除标高及总平面以米为单位外，其他必须以毫米为单位；尺寸数字的方向，应按图 6.9(a)的规定注写，若尺寸数字在 30°斜线区内，宜按图 6.9(b)的形式注写。

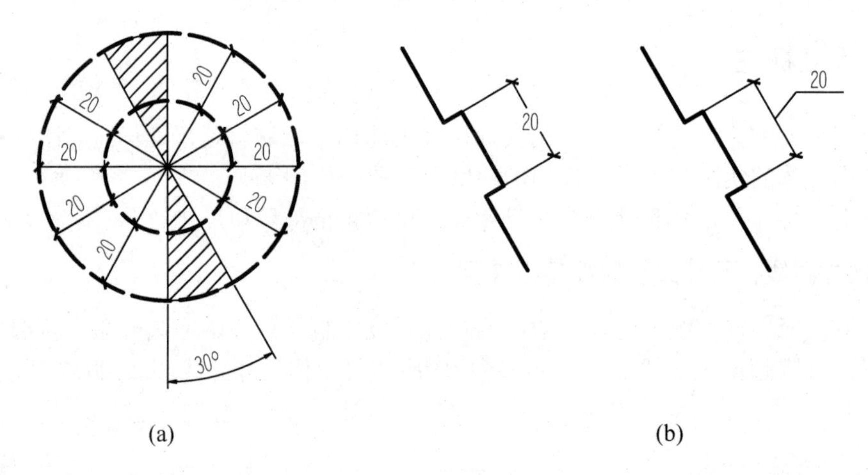

图 6.9　尺寸数字的注写方向

尺寸数字一般应依据其方向注写在靠近尺寸线的上方中部。如没有足够的注写位置，最外边的尺寸数字可注写在尺寸界线的外侧，中间相邻的尺寸数字可错开注写，如图 6.10 所示。

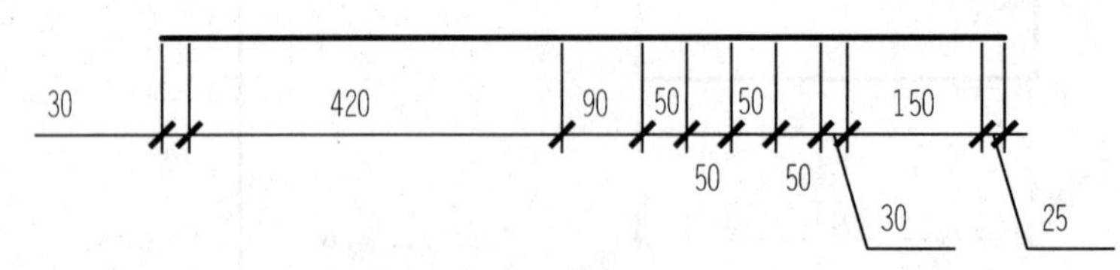

图 6.10　尺寸数字的注写位置

3．尺寸的排列与布置

尺寸宜标注在图样轮廓以外，不宜与图线、文字及符号等相交，如图 6.11 所示。

互相平行的尺寸线，应从被注写的图样轮廓线由近向远整齐排列，较小尺寸应离轮廓线较近，较大尺寸应离轮廓线较远，如图 6.12 所示。

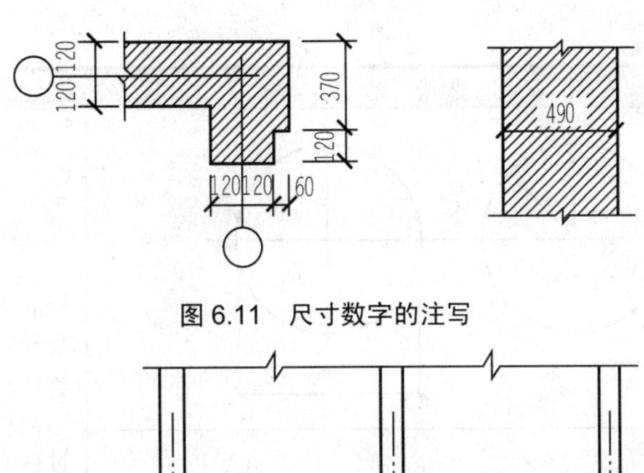

图 6.11 尺寸数字的注写

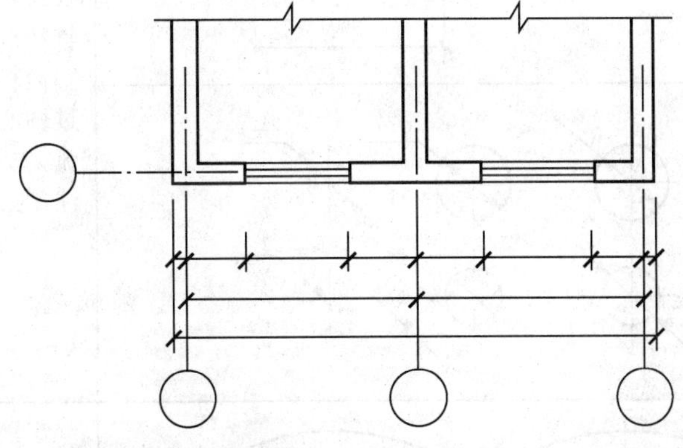

图 6.12 尺寸的排列

图样轮廓线以外的尺寸界线，距图样最外轮廓之间的距离，不宜小于 10mm。

平行排列的尺寸线的间距，宜为 7～10mm，并应保持一致，如图 6.12 所示。

总尺寸的尺寸界线应靠近所指部位，中间的分尺寸的尺寸界线可稍短，但其长度应相等，如图 6.12 所示。

4．常见尺寸标注示例

常见尺寸标注方法见表 6-7。

表 6-7 常见尺寸标注示例

内容	图例	说明
线性尺寸标注	30 420 90 50 50 150 25 50 50 30	线性尺寸由尺寸界线、尺寸线、起止符号、尺寸数字组成
标注半径	R20 R16 R16 R10 R5	半圆和小于半圆的弧一般标注半径。半径的尺寸线，应一端从圆心开始，另一端画箭头指至圆弧。半径数字前应加注半径符号“*R*”

续表

内容	图例	说明
标注直径	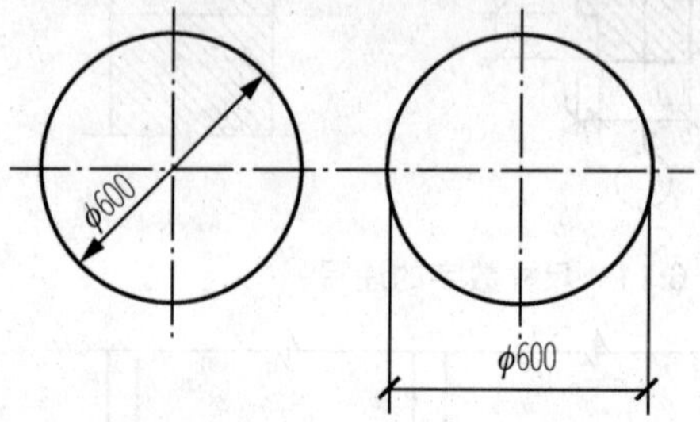 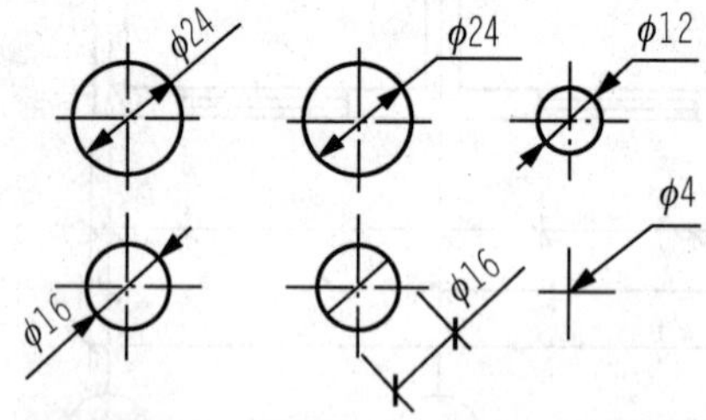	圆和大于半圆的弧一般标注直径。标注圆的直径尺寸时，直径数字前，应加符号ϕ。在圆内标注的直径尺寸线应通过圆心，两端画箭头指至圆弧。较小圆的直径尺寸，可标注在圆外
大圆弧	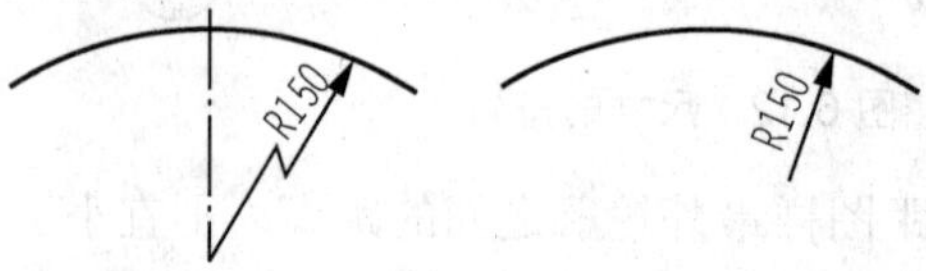	较大圆弧的半径，可按左图的形式标注
标注圆球	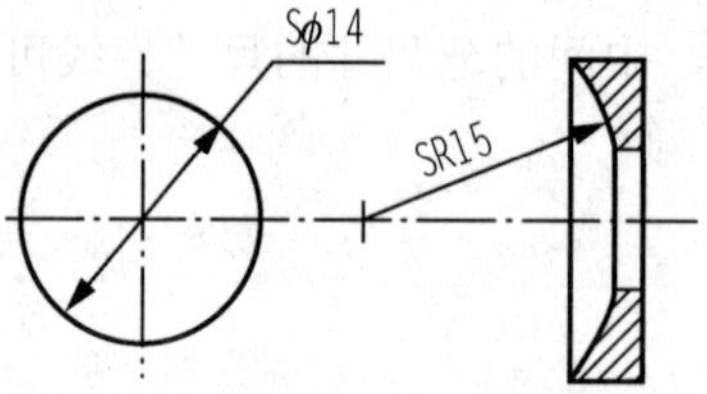	标注球的半径尺寸时，应在尺寸数字前加注符号“*SR*”。标注球的直径尺寸时，应在尺寸数字前加注符号“*Sϕ*”。注写方法与圆弧半径和圆直径的尺寸标注方法相同
标注角度	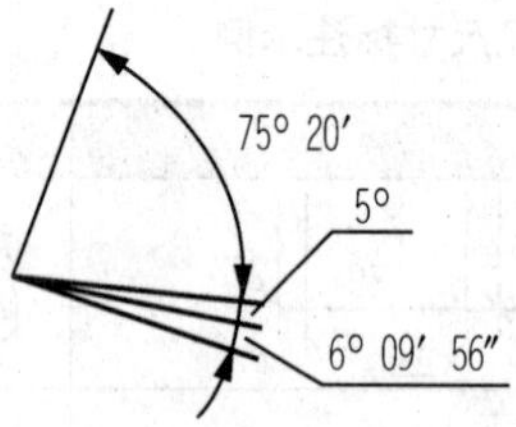	角度的尺寸线，应以圆弧线表示。该圆弧的圆心应是该角的顶点，角的两个边为尺寸界线。角度的起止符号应以箭头表示，如位置不够可用圆点代替。角度数字应水平注写
标注弧长和弦长	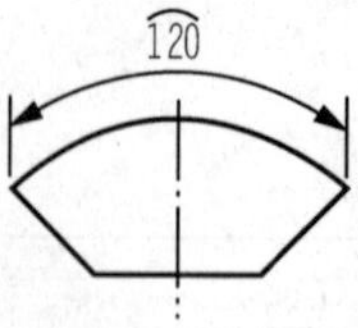 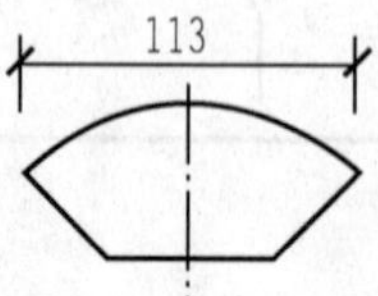	圆的弧长尺寸线用与该圆弧同心的圆弧线表示，尺寸界线垂直于该圆弧的弦，起止符号以箭头表示，弧长数字的上方加注圆弧符号 标注弦长时，尺寸线以平行于该弦的直线表示，尺寸界线垂直于该弦

续表

内容	图例	说明
标注坡度	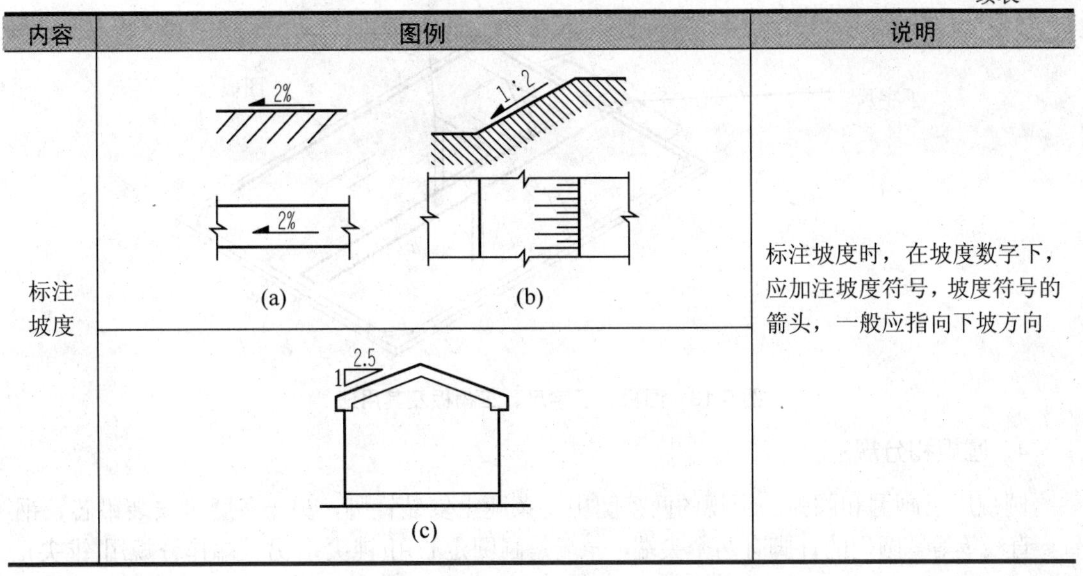	标注坡度时，在坡度数字下，应加注坡度符号，坡度符号的箭头，一般应指向下坡方向

6.2 绘图工具及仪器

常用的绘图工具和仪器有图板、丁字尺、三角板、圆规、分规、铅笔、曲线板、比例尺(三角尺)等。要提高绘图水平和保证绘图的准确与高效，必须学会正确地使用这些绘图工具和仪器。

1. 图板

图板是供画图时使用的垫板，要求表面平坦光洁，左右两导边必须平直。图纸用胶带固定在图板上，位置居中偏左下为宜，如图 6.13 所示。一般有 0 号(900mm×1200mm)、1 号(600mm×900mm)、2 号(450mm×600mm)等 3 种规格，分别用于绘制 A0、A1、A2 图纸。

为便于绘图，图板放在桌子上，板身要略微倾斜。另外，图板应保持干燥，防止受潮、曝晒和烘烤而引起变形。

2. 丁字尺

丁字尺由尺头和尺身组成，并互相垂直，尺身带有刻度。它是用来画水平线的长尺。使用时,应使尺头紧靠图板左侧的导边,先对准位置，先用左手压住尺身，沿尺身的工作边自左向右画出水平线。

使用时应注意保护丁字尺的工作边，保证其平整光滑，不能用利器紧靠尺身切割纸张。

3. 三角板

三角板由两块组成一副，其中一块是 45° 直角板，另一块是 30° 直角板。两三角板与丁字尺配合使用，可以画出 15°、30°、45°、60°、75° 等倾斜直线及其平行线。两块三角板配合，可以画出任意直线的平行线和垂直线。图板、丁字尺、三角板及其用法如图 6.13 所示。

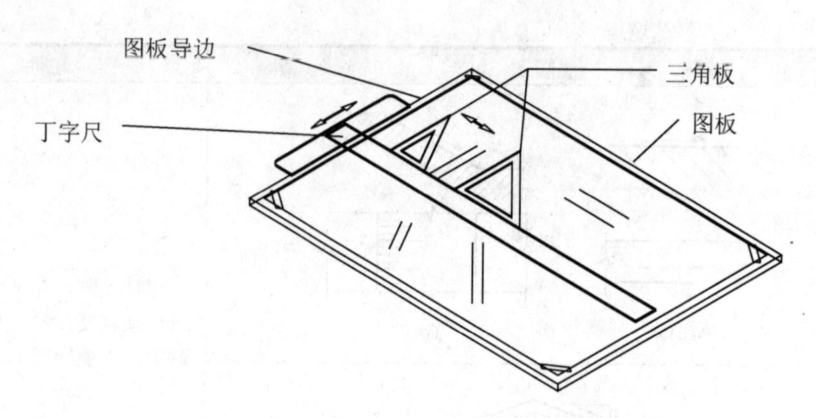

图 6.13　图板、丁字尺、三角板及其用法

4．圆规和分规

圆规用于画圆和圆弧。圆规的两条腿中一条腿上安装针脚，另一条腿可安装铅芯、钢针、直线笔等。圆规的针脚有两个尖端，一端是画圆定心用(钝尖)，另一端作分规用(锥尖)。画圆或圆弧时，应先调整针脚，钢针选用带台阶一端，使针尖略长于铅芯，使用时将针尖插入图板，台阶接触纸面，画图时应使圆规向前进方向稍微倾斜。画大圆时，应使圆规两脚都与纸面垂直，如图 6.14 所示。

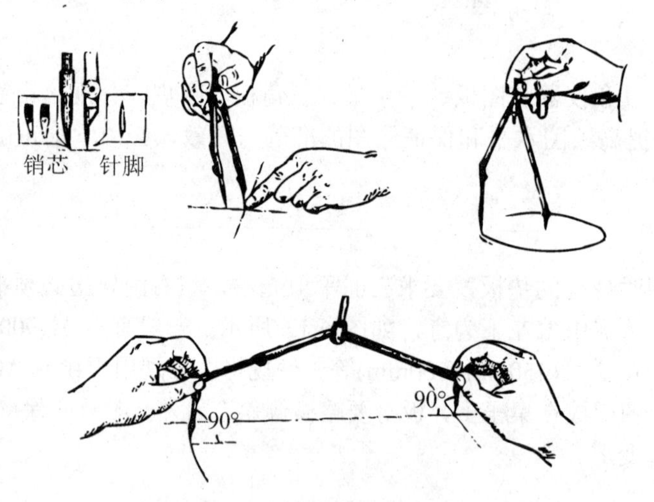

图 6.14　圆规及其用法

分规是用来量取线段和等分线段的工具。分规在使用前应进行调整，使其两腿并拢后，两针脚应能对齐，如图 6.15 所示。

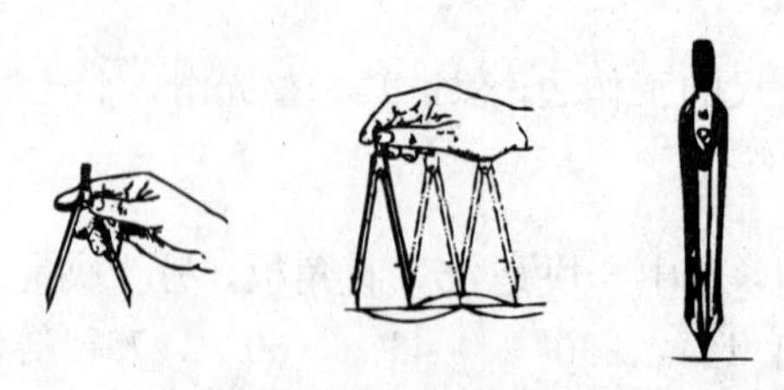

图 6.15　分规及其用法

5．铅笔

绘图所用的铅笔按铅芯的软硬程度分类，“B”表示软，“H”表示硬，其前面的数字越大则表示铅笔的铅芯越硬或越软。“HB”铅笔介于两者之间。常用的铅笔型号有：2H、H、HB、B、2B。

削铅笔时应从没有标志的一端开始使用，以便于保留标记，方便使用时辨认。使用时一般将H或HB型铅笔削成圆锥状，用来画细线和写字；将 HB或B型铅笔用砂纸磨成四棱柱状，用来画粗实线。为了控制铅笔画出线条的粗细，可以用砂纸板是来打磨铅笔，铅芯的削磨形状如图6.16所示。

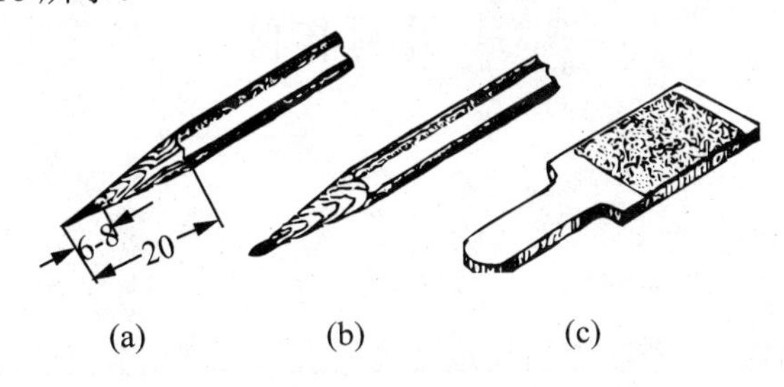

图6.16　铅笔及砂纸板

6．曲线板

曲线板是用来绘制非圆曲线的。首先要定出曲线上足够数量的点，再徒手用铅笔轻轻地将各点光滑地连接起来，然后选择曲线板上曲率与之相吻合的部分分段画出各段曲线。注意应留出各段曲线末端的一小段不画，用于连接下一段曲线，这样曲线才显得圆滑，如图6.17所示。

图6.17　曲线板及其使用示例

7．比例尺

比例尺又叫三棱尺，比例尺可用来缩小(也可以放大)线段的长度。比例尺的三个棱面上刻有6种不同比例的刻度。比例尺上的数字以m为单位，当确定了某一比例后，可以不用计算，直接按照尺面所刻的数值，截取或读出实际线段在比例尺上所反映的长度，如图6.18所示。

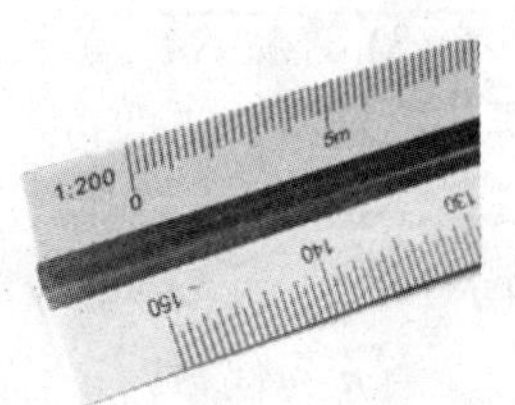

图6.18　比例尺（局部）

8．其他工具

(1) 胶带纸：用于固定图纸。

(2) 橡皮：用于擦去不需要的图线等，应选用软橡皮擦铅笔图线，硬橡皮擦墨线。

(3) 小刀：削铅笔用。

(4) 刀片：用于修整图纸上的墨线。

(5) 软毛刷：用于清扫橡皮屑，保持图面清洁。

(6) 砂皮纸：用于修磨铅笔芯。

特别提示

- 使用分规等分线段和量取线段。
- 要习惯用三角板与丁字尺配合使用画线。

6.3 几何作图

6.3.1 n等分线段

n 等分线段步骤如下。

(1) 过已知线段的任意一个端点画任意角度的直线，并用分规自线段的起点量取 *n* 个线段。

(2) 将等分线段的最末点与已知线段的另一端点相连。

(3) 过各等分点作该线的平行线与已知线段相交即得到已知线段的 *n* 等分点，*n* 等分已知线段的作图方法如图 6.19 所示。

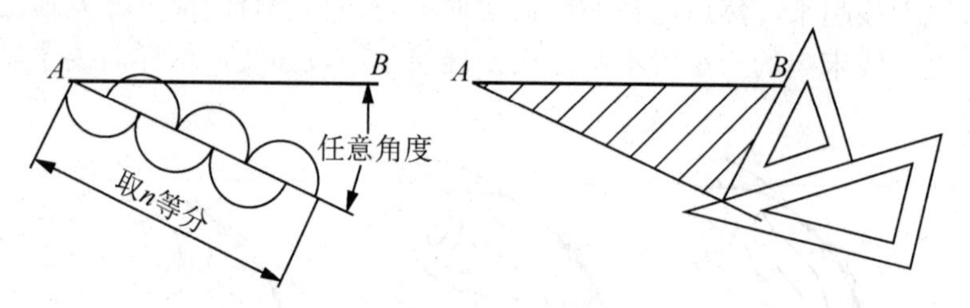

图 6.19　等分线段

6.3.2 圆的内接正多边形

以正七边形为例介绍圆的内接正多边形的作图方法。

(1) *n* 等分铅垂直径 *AK*(在图中 $n = 7$) 。

(2) 以 *A* 点为圆心，*AK* 为半径作弧，交水平中心线于点 *S*。

(3) 连接 *SA*，延长连线 *S*2、*S*4、*S*6，与圆周相交得点 *G*、*F*、*E*，再作出它们的对称点，再依次连接各点即可作出圆内接正 *n* 边形，如图 6.20 所示。

注：当 *n* 为奇数时，作圆的内接正 *n* 边形时第(3)步为连接 *SA*，延长连线 *S*2，*S*4，*S*6，…，*S*(*n*−1) ；

当 *n* 为偶数时，作圆的内接正 *n* 边形时第(3)步为连接 *SA*，延长连线 *S*2，*S*4，*S*6，…，*SK*。

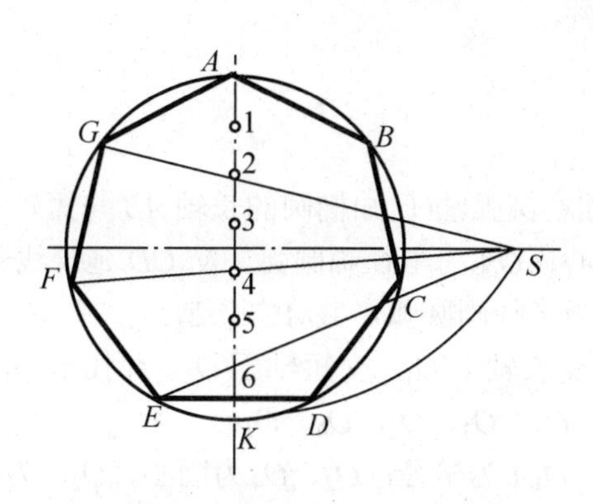

图 6.20 圆的内接正七边形

6.3.3 圆弧连接

一些建筑物或构件的轮廓是由各种线段(如直线、圆弧)连接而成，绘图时需要用圆弧光滑地连接圆弧或直线，这种用圆弧光滑地连接相邻两线段或圆弧的方法，称为圆弧连接。光滑连接，实质上就是圆弧与直线或圆弧与圆弧相切，其切点即为连接点。为保证光滑连接，必须准确地找出连接圆弧的圆心和切点。

常用的圆弧连接作图方法见表 6-8。

表 6-8 圆弧连接作图方法

条件	作图步骤	图示
两直线间的圆弧连接	作两条直线分别平行于两已知直线(距离为 R_2)，其交点即为圆心 O； 自点 O 向已知直线分别作垂线，垂足即是切点 a、b； 以 O 点为圆心，R_2 为半径，作弧即得所求	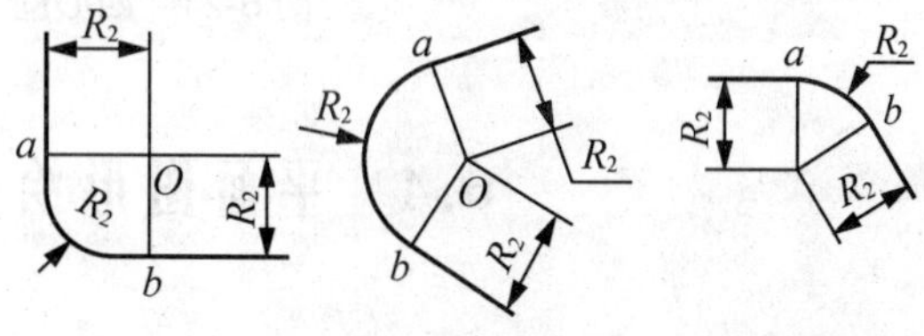
直线与圆弧间的圆弧连接	作直线平行于已知直线(距离为 R_2)； 以 O_1 为圆心作圆弧 R(左图为内切 $R=R_1-R_2$，右图为外切 $R=R_1+R_2$)与直线的交点即为圆心 O； 自点 O 向已知直线作垂线，垂足即切点 a，作直线 OO_1 与圆弧的交点即切点 b； 以 O 点为圆心，R_2 为半径，作弧即得所求	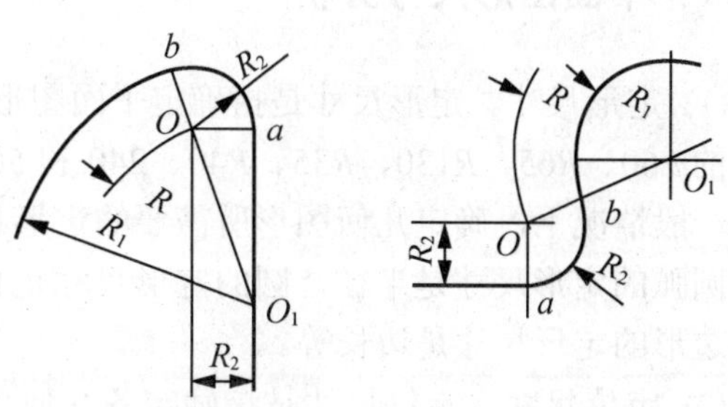
两圆弧间的圆弧连接	作圆弧 R_a 和 R_b(其大小由内切或外切确定)，其交点即为连接弧 R_2 的圆心 O，作直线 OO_a、OO_b 分别与已知圆弧的交点即是切点 a、b； 以 O 点为圆心，R_2 为半径，作弧即得所求	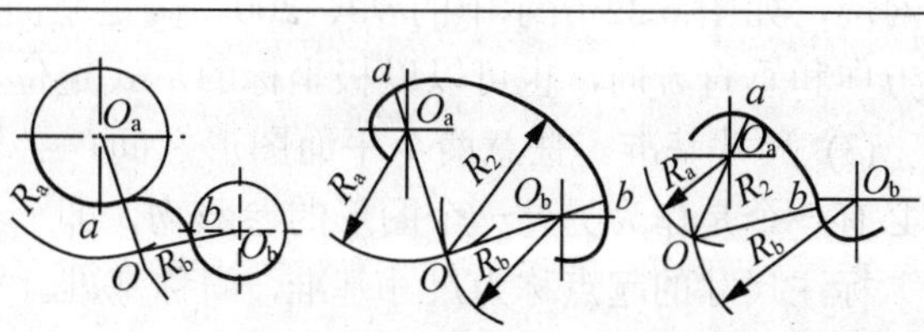

6.3.4 椭圆

椭圆的近似画法——四心圆弧法(已知椭圆的长轴 AB 与短轴 CD)。

(1) 连 AC，以 O 为圆心，OA 为半径画圆弧，交 CD 延长线于 E。

(2) 以 C 为圆心，CE 为半径画圆弧，截 AC 于 E_1。

(3) 作 AE_1 的中垂线，交长轴于 O_1，交短轴于 O_2，并找出 O_1 和 O_2 的对称点 O_3 和 O_4；

(4) 连接 O_1、O_2，O_2、O_3，O_3、O_4，O_4、O_1；

(5) 以 O_1、O_3 为圆心，O_1A 为半径；O_2、O_4 为圆心，O_2C 为半径，分别画圆弧到圆心的连线，K、K_1、N_1、N 为连接点即可，如图 6.21 所示。

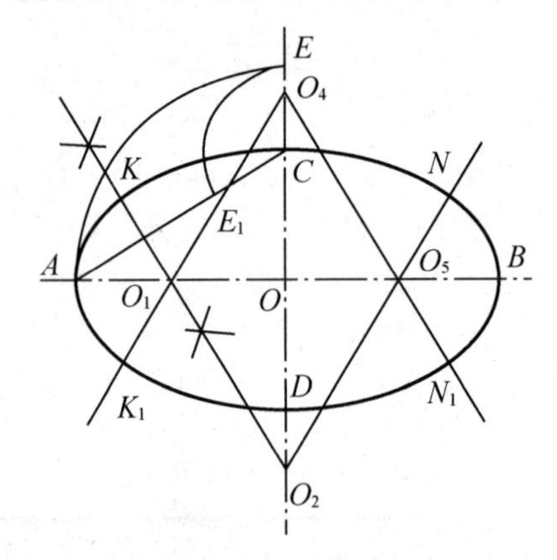

图 6-21 四心圆弧法画椭圆

6.4 平面图形绘制及尺寸标注

6.4.1 平面图形尺寸分析

(1) 定形尺寸。定形尺寸是指确定平面图形上几何元素形状大小的尺寸，如图 6.22 所示中的ϕ60、R65、R130、R35、R40、240 和 50。

一般情况下，确定几何图形所需要的定形尺寸的个数是一定的，直线的定形尺寸是长度，圆弧的定形尺寸是半径，圆的定形尺寸是直径，矩形的定形尺寸是长和宽两个尺寸，正多边形的定形尺寸是边长等。

(2) 定位尺寸。定位尺寸是指确定各几何元素相对位置的尺寸，与平面坐标系中的坐标对应，如图 6.22 所示中的 90、200。确定平面图形位置需要两个方向的定位尺寸，即水平方向和垂直方向，也可以以极坐标的形式定位，即半径和角度。

(3) 尺寸基准。任意两个平面图形之间，必然存在着相对位置，也就是说，两个图形中必有一个是作为另外一个图形的参照物，即一个图形为另外一个图形的度量基准。

标注尺寸的起点称为尺寸基准，简称基准。平面图形尺寸有水平和垂直两个方向(相当于坐标轴 x 方向和 y 方向)，因此基准也必须从水平和垂直两个方向考虑。平面图形中尺寸基准是点或线。常用的点基准有圆心、球心、多边形中心点、角点等，线基准往往是图形的对称中心线或图形中的边线。

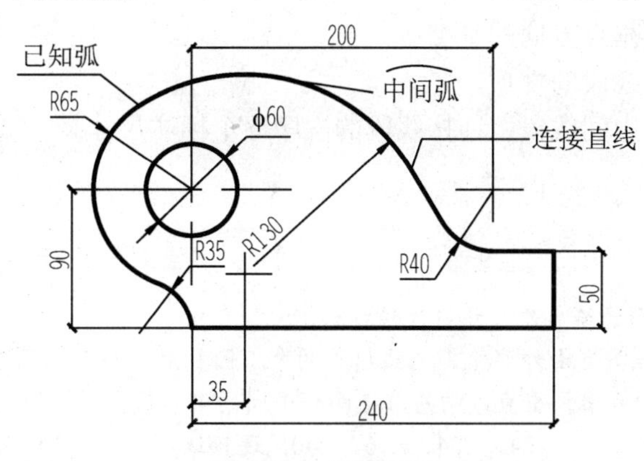

图 6.22 平面图形

6.4.2 平面图形线段分析

根据定形、定位尺寸是否齐全，可以将平面图形中的图线分为三大类。

(1) 已知线段。定形、定位尺寸齐全的线段。

作图时该类线段可以直接根据尺寸作图，如图 6.22 所示中的ϕ60 的圆、*R*65 的圆弧、240 和 50 的直线均属已知线段。

(2) 中间线段。只有定形尺寸和一个定位尺寸的线段。

作图时必须根据该线段与相邻已知线段的几何关系，通过几何作图的方法求出，如图 6.22 所示中的 *R*130 和 *R*40 两段圆弧。

(3) 连接线段。只有定形尺寸没有定位尺寸的线段。

连接线段的定位尺寸需根据与线段相邻的两线段的几何关系，通过几何作图的方法求出，如图 6.22 所示中的 *R*35 圆弧段、*R*130 和 *R*40 间的连接直线段。

在两条已知线段之间，可以有多条中间线段，但必须而且只能有一条连接线段，否则尺寸将出现缺少或多余。

6.4.3 平面图形作图步骤

(1) 根据图形大小选择比例及图纸幅面。

(2) 分析平面图形中哪些是已知线段，哪些是连接线段，以及所给定的连接条件。

(3) 根据各组成部分的尺寸关系确定作图基准、定位线。

(4) 依次画已知线段、中间线段和连接线段。

(5) 将图线加粗加深。

(6) 标注尺寸。

6.4.4 平面图形尺寸标注

平面图形中标注的尺寸，必须能唯一地确定图形的形状和大小，不遗漏、不多余地标注出确定各线段的相对位置及其大小的尺寸。

标注尺寸的方法和步骤如下。

(1) 先选择水平和垂直方向的基准线。

(2) 确定图形中各线段的性质，

(3) 按已知线段、中间线段、连接线段的次序逐个标注尺寸。

应用案例 6-2

图 6.23 所示平面图形的绘制及尺寸标注过程如下。

分析图形。确定基准图形由外线框、内线框和两个小圆构成。整个图形左右是对称的，所以选择对称中心线为水平方向基准。垂直方向基准选两个小圆的中心线。

(1) 分析线段。已知线段：ϕ24、*R*24、*R*16、*R*40，连接线段：10、20、*R*30。

(2) 标注定形尺寸。外线框需注出 *R*24 和两个 *R*40 以及 *R*30；内线框需注出 *R*16，两个小圆要标注出ϕ24 或者标注一个 2 × ϕ24。

(3) 标注定位尺寸。左右两个圆心的定位尺寸 130，上下两个半圆的圆心定位尺寸 10 和 20。

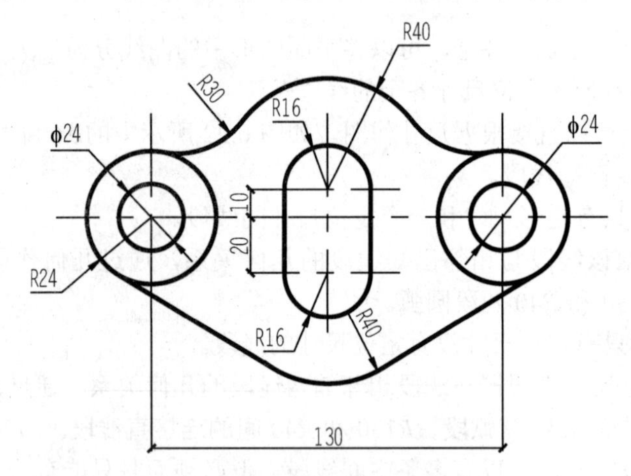

图 6.23 平面图形的绘制和尺寸标注

本章小结

本章主要介绍了《房屋建筑制图统一标准》的部分内容，常用的绘图工具和仪器的使用，几何作图的方法和绘图的步骤。通过本章的学习，读者需掌握以下内容。

(1) 掌握国家标准的基本内容，如图幅、图框、格式、比例、字体、线型、尺寸标注等。

(2) 掌握常用绘图工具的正确使用方法。

(3) 掌握工程上常见基本几何图形的画法，如正六边形、掌握圆弧的光滑连接等。

(4) 《房屋建筑制图统一标准》具有法律性和严肃性，必须严格执行。

第7章 投影制图

学习目标

通过本章的学习，了解形体的表达方式；掌握剖面图、断面图的绘制和标注；掌握组合体尺寸标注的方法；为绘制和识读建筑施工图做准备。

学习要求

能力目标	知识要点	权重
了解形体的表达方式	视图、剖面图、断面图是表达工程形体的基本方法	10%
(1) 理解剖面图的形成、分类，掌握剖面图的绘制和标注 (2) 理解断面图的形成、分类，掌握断面图的绘制和标注	剖面图的形成、标注；剖面图中的图线和线型、材料图例，剖面图的分类；断面图及其画法	50%
运用知识分析案例，完整表示工程形体，并标注尺寸	根据岗位要求，进行案例分析，培养表达形体的综合能力	40%

引例

用正投影原理绘制形体的三面投影图(简称三视图)是表达物体形状的基本方法，当物体比较简单时，仅仅用三视图足以表达其形体特征，当机件的外部结构形状在各个方向(上下、左右、前后)都不相同时，三视图往往不能清晰地将它表达出来。因此，有时必须加上更多的投影面，以得到更多的视图；有时为了画图方便，还需要采用各种辅助视图。

建筑工程中，绝大多数建筑物的内、外形状，构造等都是非常复杂的，利用投影法绘制这些建筑形体的投影时，仅仅用三视图是难以将它们的外部形状和内部结构完整、清晰地表达出来的。在建筑工程图中，为了便于绘图和读图，通常需要在三视图的基础上增加一些其他视图，或采用基本视图，或采用剖面图、断面图等表达方式。《技术制图　图样画法　视图》(GB/T 17451—1998)、《技术制图　图样画法　剖视图和断面图》(GB/T 17452—1998)和《房屋建筑制图统一标准》(GB/T 50001—2010)规定了一系列的图样表达方法，以供绘图时根据具体情况选用。

图 7.1 所示为一个建筑物的多面投影。

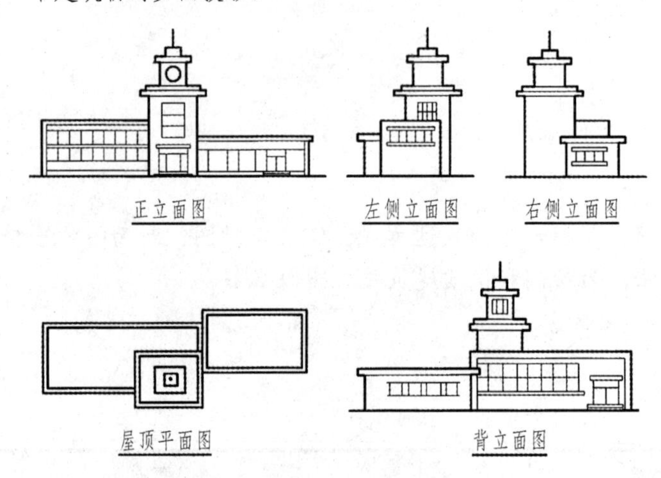

图 7.1　建筑物的多面投影

7.1　视　　图

7.1.1　多面正投影视图

为了清晰地表达物体 6 个方向的形状，可在 H、V、W 三投影面的基础上再增加 3 个基本投影面。这 6 个基本投影面组成了一个六面体方箱，将物体围在当中(相当于将物体置于一个立方体中，立方体的 6 个表面就构成了 6 个基本投影面)。物体在每个基本投影面上的投影都称为基本视图。

6 个基本视图仍然遵守“长对正、高平齐、宽相等”的投影规律，并具有一定的对称性，作图以及读图时要特别注意基本视图之间的尺寸对应关系。

如图 7.2 所示，房屋建筑的视图应按正投影法并用第一角画法绘制。自前方 A 投影称为正立面图，自上方 B 投影称为平面图，自左方 C 投影称为左侧立面图，自右方 D 投影称为右侧立面图，自下方 E 投影称为底面图，自后方 F 投影称为背立面图。

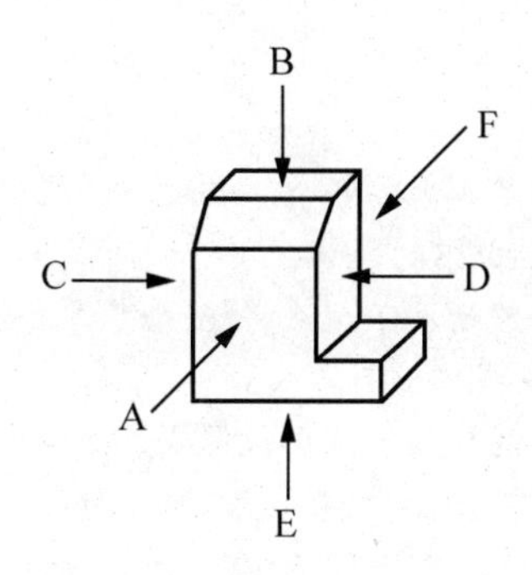

图 7.2　建筑视图的第一角投影

如在同一张图纸上绘制若干个视图，各视图的位置宜按图 7.3 的顺序进行配置。

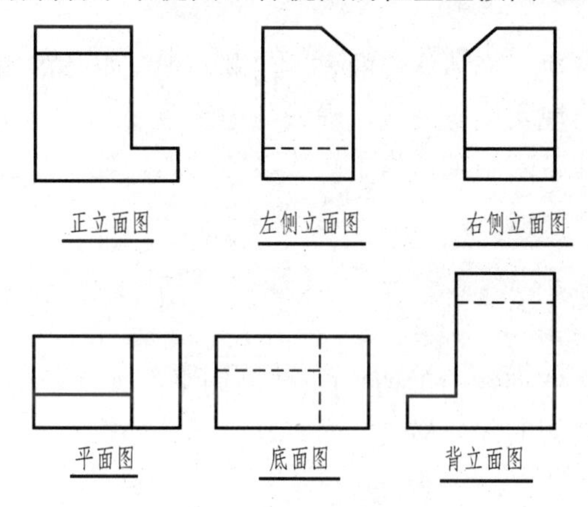

图 7.3　视图的布置

每个视图一般均应标注图名。图名宜标注在视图的下方或一侧，并在图名下用粗实线绘一条横线，其长度应以图名所占长度为准(图 7.3) 。使用详图符号作图名时，图名下可以不划横线。

7.1.2　镜像投影图

当视图用第一角画法绘制不易表达时，可用镜像投影法绘制(图 7.4(a))。但应在图名后注写“镜像”二字(图 7.4(b))，或画出镜像投影识别符号(图 7.4(c))。

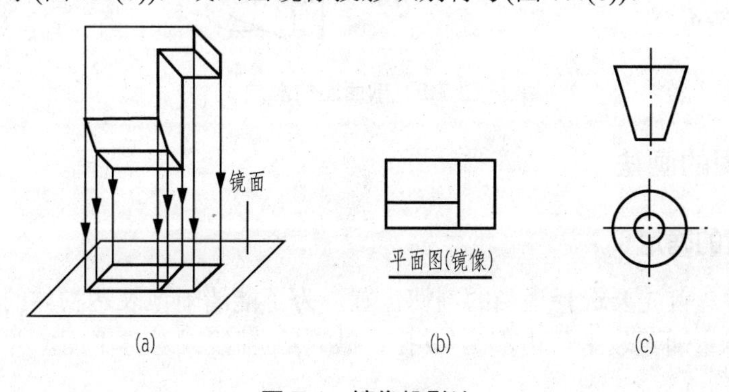

图 7.4　镜像投影法

特别提示

(1) 表达形体的投影时，并不是都需要6个基本视图，应当具体问题具体分析，以V、H、W三面投影图为主，合理地确定其他视图的数量。

(2) 房屋建筑的视图较大，一般情况下无法将6个基本视图画在同一张图纸上，每个视图的图名注写在视图的下方，并用粗实线画出图名线。

(3) 在房屋建筑制图中，顶棚的投影宜采用镜像投影法绘制。

7.2 剖面图

6个基本视图基本解决了形体外形的表达问题，但当形体的内部结构较复杂时，视图的虚线也将增多，甚至出现实线与虚线、虚线与虚线重叠或者交叉的现象，致使视图很不明确，给读图和尺寸标注带来困难，为了解决这些问题，建筑工程制图中常采用剖面图或者断面图的画法。

7.2.1 剖面图的形成

假想用一垂直于投影方向线的剖切平面(此剖切平面平行于投影面)剖开形体，然后将处在观察者和剖切平面之间的部分移去，而将其余部分向投影面投影所得的图形称为剖面图，如图7.5所示。

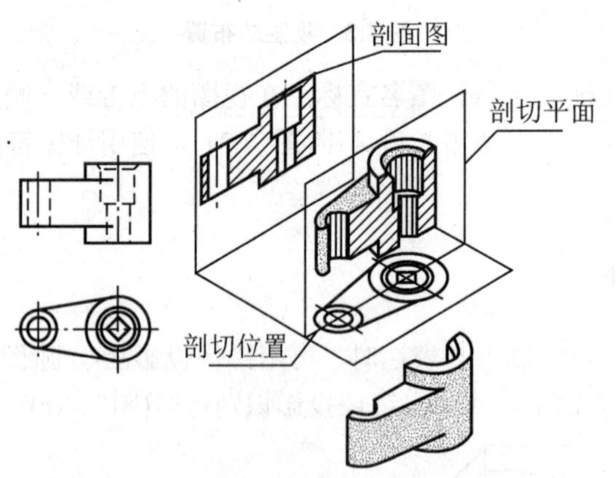

图7.5 剖面图的形成

7.2.2 剖面图的画法

1. 剖面位置的确定

画剖面图时，首先要选择适当的剖切位置，为了能清晰地表达物体的内部构造特点，应使剖切平面尽量通过较多的内部结构(孔、槽等)的轴线或对称平面，并平行于选定的投影面。

2.剖面图的标注

剖面图的标注一般应该包括两部分：剖切符号和剖面图的名称。

剖面图的剖切符号由剖切位置线及投射方向线组成，均应以粗实线绘制。剖切位置线的长度宜为6～10mm；投射方向线应垂直于剖切位置线，长度应短于剖切位置线，宜为4～6mm。绘制时，剖面图的剖切符号不应与其他图线相接触。剖切符号必须进行编号，编号宜采用阿拉伯数字，按顺序由左至右、由下至上连续编排，并应注写在剖视方向线的端部。需要转折的剖切位置线应在转角的外侧加注与该符号相同的编号。剖切符号标注方法如图7.6所示。

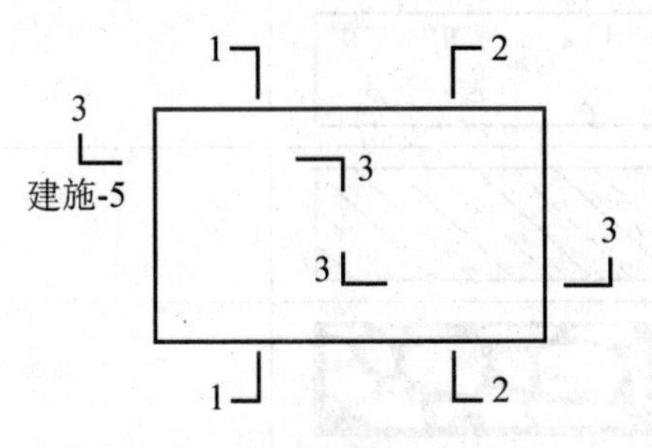

图7.6　剖面图的标注

在剖面图下方用相同的数字标出剖面图的名称“×-×剖面图”，并在图名下用粗实线绘一条横线。

3.剖面图

剖面图实质上是物体被假象平面剖开，移去一部分之后剩余部分的正投影图，内外轮廓要画齐。物体剖开后，处在剖切平面之后的所有可见轮廓线都应画齐，不得遗漏。

在剖面图中，剖切平面与形体接触部分的轮廓线用粗实线绘制。剖切平面后面的可见轮廓线用细实线表示。形体被剖开后画剖面图时，可能仍然有不可见的虚线存在，为了保证图形的清晰，对于已经表示清楚的部分，虚线可以省略不画，当画少量的虚线可以减少投影图又不影响剖面图的清晰时，也可以在剖面图中画虚线。

4.剖面图例

为了区分剖切到和没有剖切到的部分及形体的材料情况，剖面图中被剖切到的部分即形体与剖切平面的公共部分(断面)应按规定画出它的组成材料的剖视图例。

1) 常用建筑材料图例

各种材料图例的画法均应按照国家标准的规定绘制，常见材料图例见表7-1。在图上没有注明是何种材料时，断面的材料图例用等间距的45°倾斜的细实线来表示。

表 7-1 常用建筑材料图例

序号	材料	图例	备注
1	自然土壤		包括各种自然土壤
2	夯实土壤		
3	砂、灰土		靠近轮廓线绘较密的点
4	砂砾石、碎砖三合土	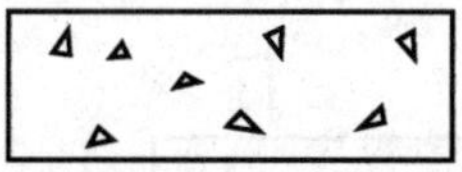	
5	石材	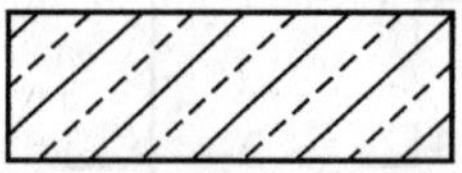	
6	毛石	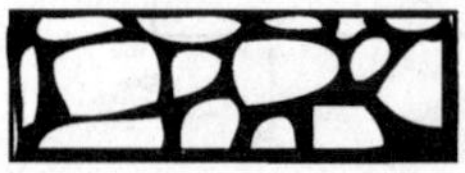	
7	普通砖	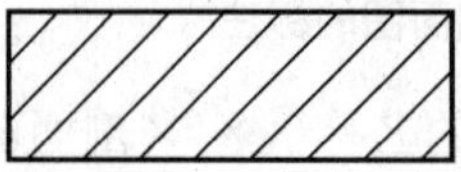	包括实心砖、多孔砖、砌块等砌体。断面较窄不易绘出图例线时，可涂红
8	饰面砖	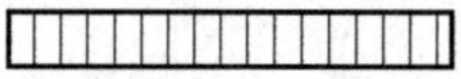	包括铺地砖、马赛克、陶瓷锦砖、人造大理石等
9	混凝土	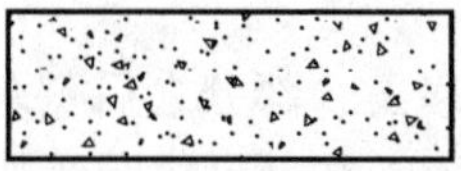	(1) 本图例指能承重的混凝土及钢筋混凝土 (2) 包括各种强度等级、骨料、添加剂的混凝土 (3) 在剖面图上画出钢筋时，不画图例线 (4) 断面图形小，不易画出图例线时，可涂黑
10	钢筋混凝土		
11	多孔材料		包括水泥珍珠岩、沥青珍珠岩、泡沫混凝土、非承重加气混凝土、软木、蛭石制品等
12	木 材	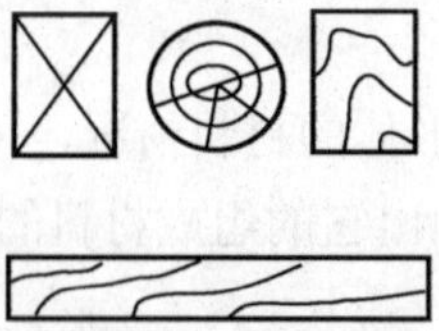	(1) 上图为横断面，自左图依次为为垫木、木砖和木龙骨 (2) 下图为纵断面
13	金 属	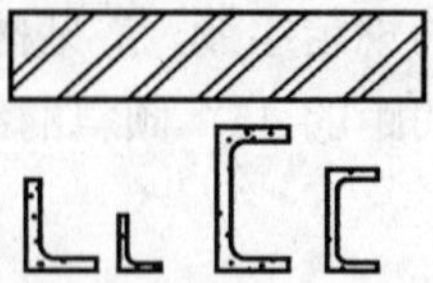	(1) 包括各种金属 (2) 图形小时，可涂黑

2) 建筑材料图例画法规定

制图标准只规定图例的画法，其尺寸比例视所画图样大小而定；可自编与制图标准不重复的其他建筑材料图例，并加以说明。

图例线应间隔均匀，疏密适度，图例正确，表示清楚。

不同品种的同类材料使用同一图例时(如某些特定部位的石膏板必须注明是防水石膏板)，应在图上附加必要的说明。

两个相同的图例相接时，图例线宜错开或与倾斜方向相反，如图 7.7 所示。

两个相邻的涂黑图例(如混凝土构件、金属件)之间应留有空隙。其宽度不得小于 0.7mm，如图 7.8 所示。

当需画出建筑材料面积过大时，可在断面轮廓线内沿轮廓线作局部表示，如图 7.9 所示。

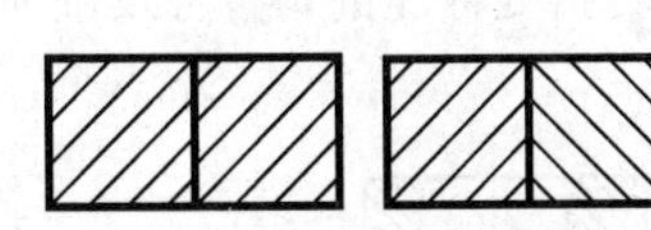

图 7.7 相同图例相接画法

图 7.8 相邻涂黑图例

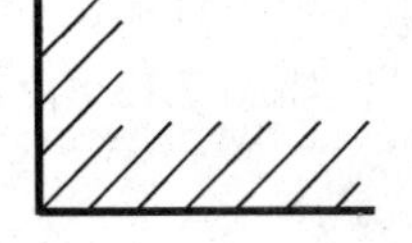

图 7.9 局部表示图例

当一张图纸内的图样只用一种图例或图形较小无法画出建筑材料图例时，可不画图例，但应加文字说明。

7.2.3 剖面图的分类

1. 剖面的分类

(1) 单一剖面：用一个剖切面剖切，如图 7.10 所示。

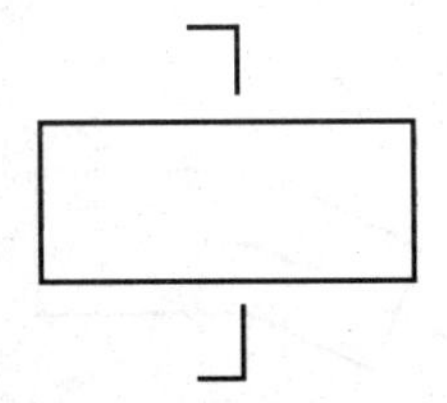

图 7.10 单一剖面图的剖切方式

适用于物体需要表达的隐蔽部分的中心均属于同一平面，如图 7.11 所示。

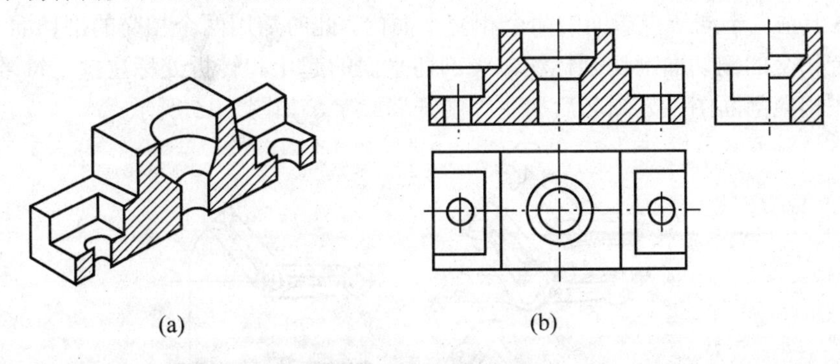

(a) (b)

图 7.11 单一剖面图示例

(2) 阶梯剖面：用两个或两个以上平行的剖切面剖切，如图 7.12 所示。

适用于物体需要表达的隐蔽部分的中心不属于同一平面，而是处于两个或两个以上相互平行的平面，用一个剖切平面不能将其内部都显示，此时需用两个或两个以上相互平行的剖切面剖开物体，以不与视图轮廓线重合的直角转折来联系几个互相平行的剖切面。

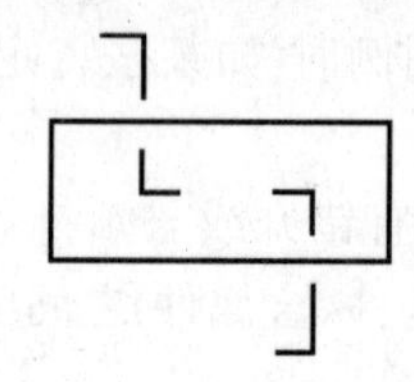

图 7.12　阶梯剖面图的剖切方式

用几个平行的剖切面剖切时须标注。在剖切平面的起止和转折处标注剖切符号及剖面图编号，如图 7.13 所示。

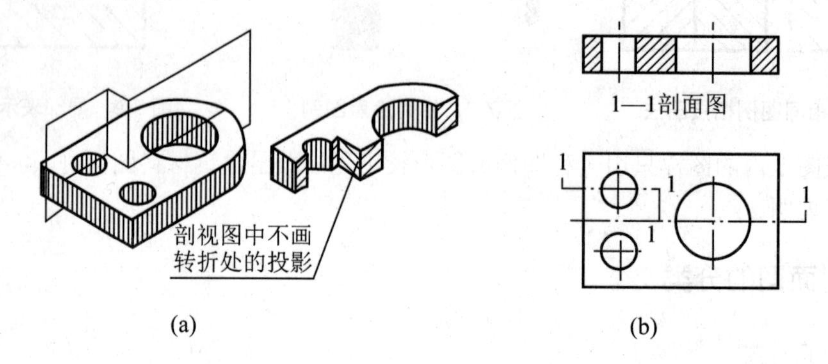

图 7.13　阶梯剖面图示例

(3) 旋转剖面：用两个相交剖切面剖开物体，并将不平行于投影面的截断面展开成平行于此投影面后再投射，如图 7.14 所示。

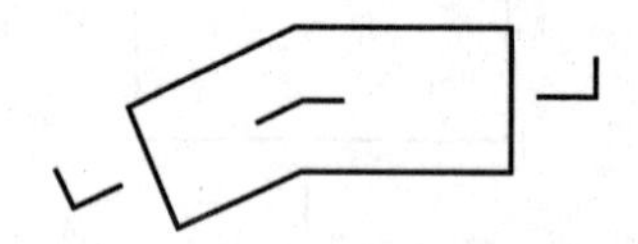

图 7.14　旋转剖面图的剖切方式

适用于物体需要表达的隐蔽部分的中心既不属于同一平面，又不处于相互平行的平面内，而是属于垂直于同一投影面的两个相交平面内，此时需用两个相交的剖切面剖切物体。

用两个相交的剖切面剖切须标注。在剖切平面的起止和转折处标注剖切符号及剖面图编号，并在相应剖面图下方图名后加注“展开”二字，如图 7.15 所示。

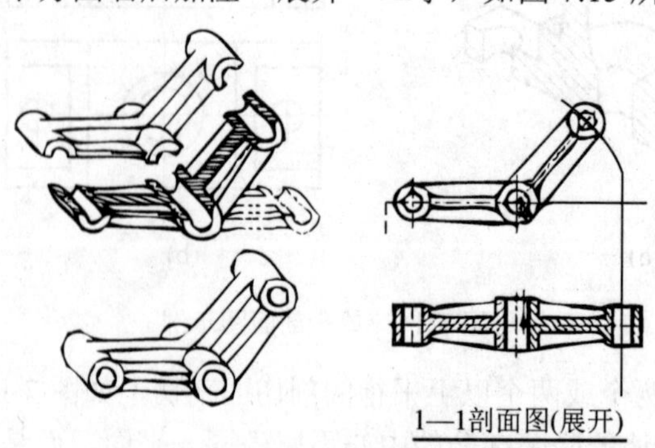

图 7.15　旋转剖面图示例

2. 剖面图的分类

(1) 全剖面图：用剖切平面将形体全部剖开后进行投影所得到的剖面图，称为全剖面图，如图 7.5 和图 7.11 所示。

全剖面图一般用于表达外部形状比较简单，内部结构比较复杂的形体。

(2) 半剖面图：当形体具有对称平面时，以对称中心线为界，在垂直于对称平面的投影面上投影得到的，由半个剖面图和半个视图合并组成的图形称为半剖面图，如图 7.11(b) 所示 3 个投影图的左视图位置即为半剖面图。

适用于具有与投影面垂直的对称平面，且其内、外均需表达的形体。

(3) 局部剖面图及分层局部剖面图：用剖切面局部地剖开物体。

适用于只需要显示其局部构造或多层次构造的物体。各剖面图之间用波浪线分隔，波浪线不应与任何图线重合，如图 7.16 所示。

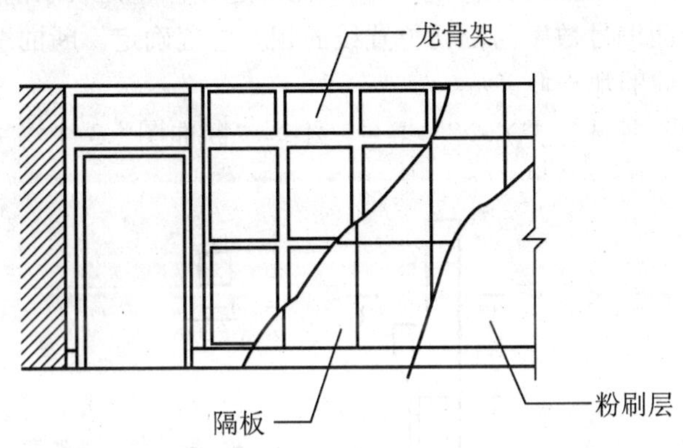

图 7.16　隔墙的分层局部剖面图

特别提示

(1) 剖面图只是一种表达形体内部结构的方法，并不是真正剖开或拿走一部分。因此，除剖面图以外，其他投影图要按原来形状画出。并用粗实线画出图名线。

(2) 剖面图最好与基本视图保持直接的投影联系。

(3) 形体剖开后，凡是看得见的轮廓线都应画出，不能遗漏。要仔细分析剖切平面后面的结构形状，分析有关视图的投影特点，以免画错。

(4) 阶梯剖面图或者旋转剖面图中不用画出剖切平面转折线或者交线的投影。

(5) 具有对称平面的形体，在垂直于对称平面的投影面上才宜采用半剖视。如形体的形状接近于对称，而不对称部分已另有视图表达时，也可以采用半剖面图，半个剖面图和半个投影图必须以细点划线为界。如果作为分界线的细点划线刚好和轮廓线重合，则应避免使用，宜采取局部剖视图表达，并且用波浪线将内、外形状分开。

(6) 半剖面图中的内部轮廓在半个投影图中不必再用虚线表示。

7.3 断面图

7.3.1 断面图的形成

假想用剖切面剖开物体后，仅画出该剖切面与物体接触部分的正投影，所得的图形称为断面图。

7.3.2 断面图的画法

剖切位置线：长6～10mm的粗实线，剖切面的起止位置处表示剖切位置。

投射方向：由断面编号数字与剖切位置线的相对位置确定。断面编号注写在剖切位置线表示该断面投射方向的那一侧。

图名：断面图的图名只写“×-×”编号，不写“断面图”3个汉字。断面图的标注方法如图7.17所示。

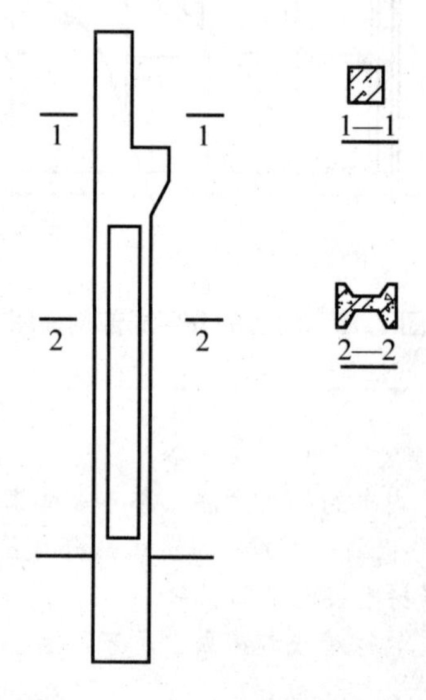

图7.17 (移出)断面图的标注

7.3.3 断面图的分类

根据断面图配置的位置，分为移出断面图、重合断面图和中断断面图3种。

(1) 移出断面图。画在视图外面的断面图称为移出断面图，如图7.17所示。移出断面图的轮廓线用粗实线画出，并尽量画在剖切符号或剖切面迹线的延长线上，必要时也可将移出断面图配置在其他适当的位置。

(2) 重合断面图。画在视图之内的断面图称为重合断面图，如图7.18所示。画重合断面图时，轮廓线是细实线，当视图的轮廓线与重合断面的图形重叠时，视图中的轮廓线仍应连续画出，不可间断。

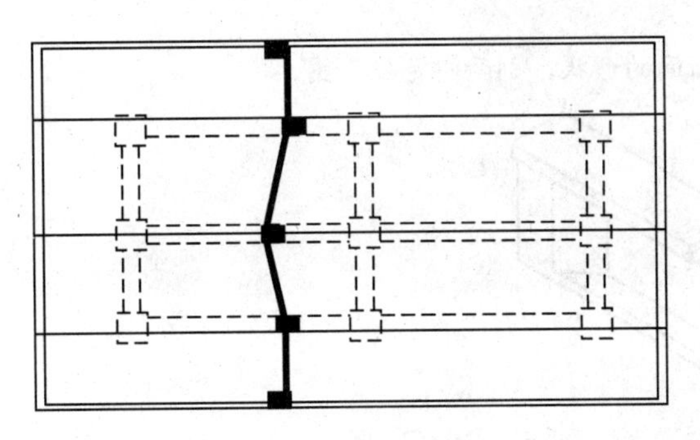

图 7.18 重合断面图

(3) 中断断面图。断面图画在构件投影图的中断处，就称为中断断面图，如图 7.19 所示。它主要用于一些较长且均匀变化的单一构件。图 7.19 所示为槽钢的中断断面图，其画法是在构件投影图的某一处用折断线断开，然后将断面图画在当中。画中断断面图时，原投影长度可缩短，但尺寸应完整地标注。画图的比例、线型与重合断面图相同，也无需标注剖切位置线和编号。

图 7.19 中断断面图

特别提示

剖面图与断面图的区别在于以下几点。

(1) 断面图只画出形体被剖开后断面的投影，而剖面图要画出形体被剖开后整个余下部分的投影。

(2) 剖面图是被剖开形体的投影，是体的投影，而断面图只是一个截口的投影，是面的投影。被剖开的形体必有一个截口，所以剖面图必然包含断面图在内，而断面图虽属于剖面图的一部分，但一般单独画出。

(3) 剖切符号的标注不同。断面图的剖切符号只画出剖切位置线，不画出投射方向线，且只用编号的注写位置来表示投射方向。但编号写在剖切位置线下侧，表示向下投射，注写在左侧，表示向左投射。

(4) 剖面图中的剖切平面可转折，断面图中的剖切平面则不可转折。

剖面图、断面图的绘制及区别

【案例概况】

如图 7.20 所示，已知 T 形梁的轴测图及立面图，绘制 1-1 断面图，2-2 剖面图。

【案例解析】

根据该 T 形梁的形体特点以及断面图、剖面图的概念及画法，画出 1-1 断面图，2-2 剖面图如图 7.21 所示。

区别：断面图表示断面的形状，剖面图是投影图。

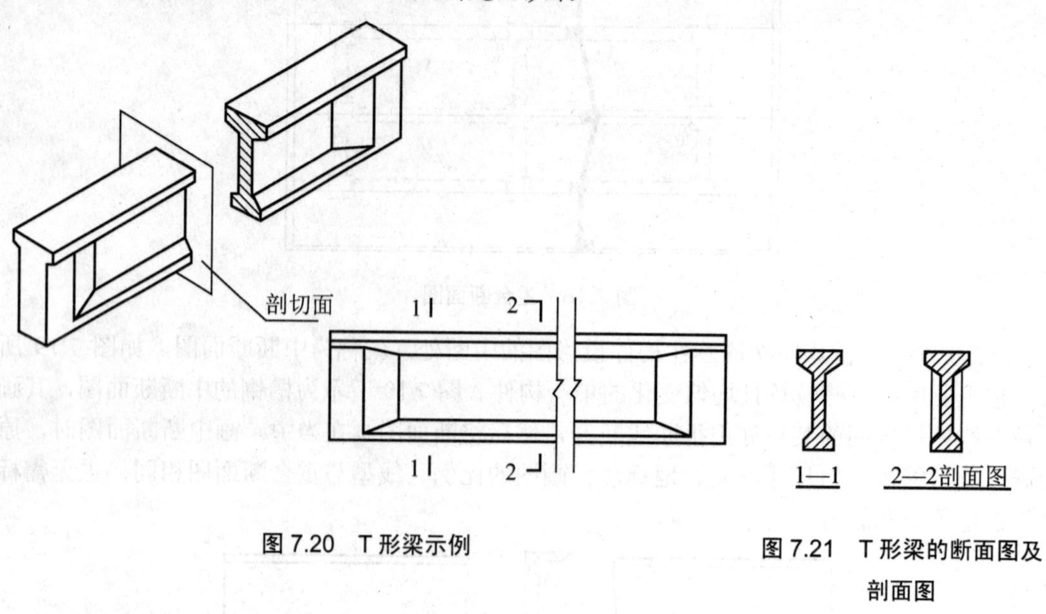

图 7.20　T 形梁示例

图 7.21　T 形梁的断面图及剖面图

7.4 简化画法

当构配件的形状满足某些特点时，在研究其投影表达方式时可以进行一系列的简化，本节介绍几种常用的简化画法。

7.4.1 对称结构简化画法

构配件的视图有一条对称线，可只画该视图的一半；视图有两条对称线，可只画该视图的1/4，并画出对称符号，如图 7.22(a)所示；图形也可稍超出其对称线，此时可不画对称符号，如图 7.22(b)所示。

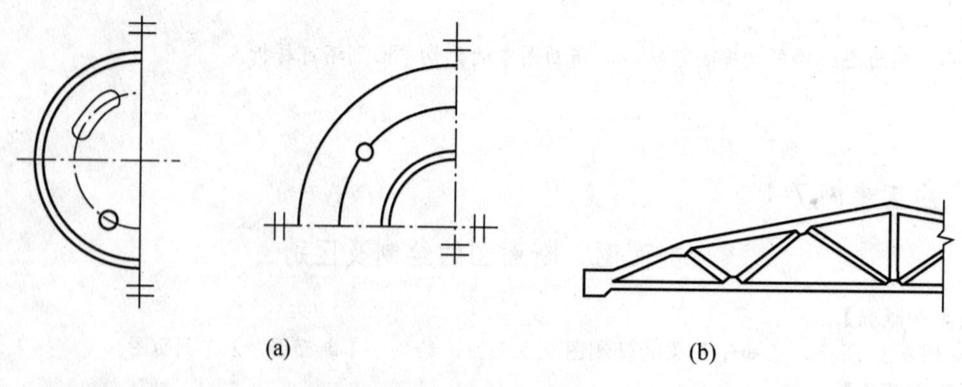

图 7.22　对称结构简化画法

7.4.2 重复结构简化画法

构配件内多个完全相同而连续排列的构造要素可仅在两端或适当位置画出其完整形状，其余部分以中心线或中心线交点表示，如图 7.23(a)所示。

如相同构造要素少于中心线交点，则其余部分应在相同构造要素位置的中心线交点处用小圆点表示，如图 7.23(b)所示。

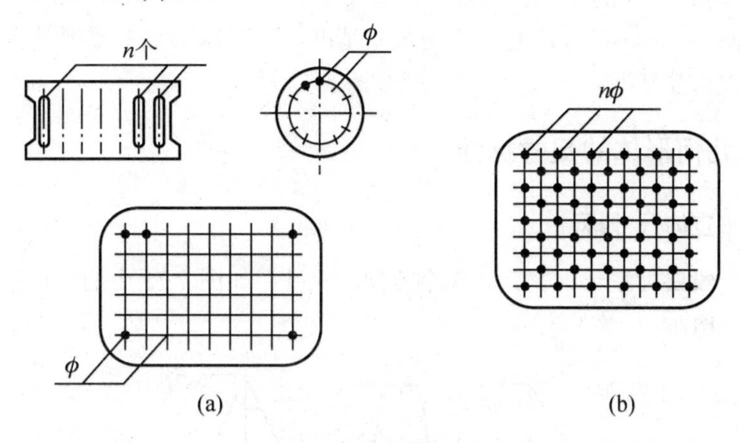

图 7.23 重复结构简化画法

7.4.3 折断简化画法

较长的构件，如沿长度方向的形状相同或按一定规律变化，可断开省略绘制，断开处应以折断线表示，如图 7.24 所示。

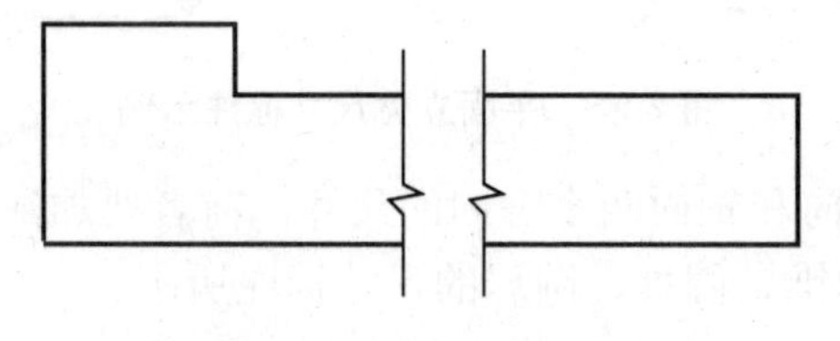

图 7.24 折断简化画法

7.5 尺寸标注

7.5.1 尺寸标注的要求

(1) 标注正确：尺寸标注时应严格遵守相关国家标准的规定。同时尺寸的数值及单位也必须正确。

(2) 尺寸完整：要求标注出能完全确定形体各部分形状大小及相对位置的尺寸，不得遗漏，也不得重复。

(3) 布置清晰：尺寸应标注在最能反映物体特征的位置上，且排布整齐、便于读图和理解。

(4) 标注合理：就工程图样而言，尺寸标注应满足工程设计和制造工艺的要求。而对于组合体而言，尺寸标注的合理性主要体现在尺寸标注基准的选择及运用上。

7.5.2 三面投影图中的尺寸分类及尺寸基准

(1) 定形尺寸：确定形状大小的尺寸。

(2) 定位尺寸：确定形体之间的相对位置尺寸。

(3) 总体尺寸：形体的总长、总宽、总高尺寸。

(4) 尺寸基准：标注尺寸的起点就是尺寸基准。一般以形体的重要基面、对称面、回转面的轴线作为尺寸基准。

7.5.3 常见几何形体的尺寸标注

1.常见基本立体尺寸标注

平面立体一般要标注长、宽、高 3 个方向的尺寸，如图 7.25 中的三棱柱、四棱柱、三棱锥的尺寸标注所示。

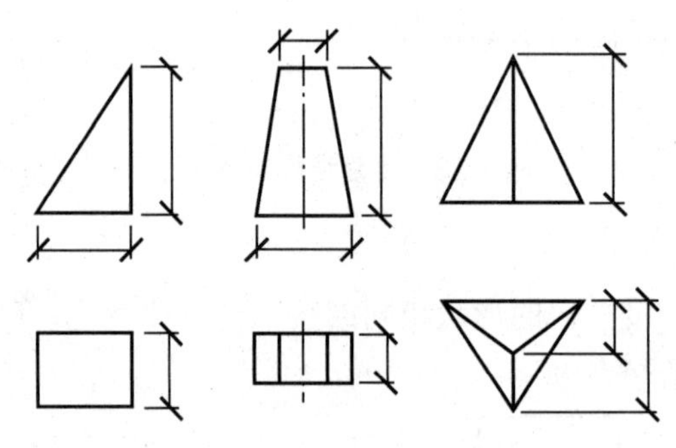

图 7.25 平面立体尺寸标注示例

回转体一般要标注径向和轴向两个方向的尺寸，前者要加注直径或半径符号(ϕ、$S\phi$或 R、SR)，如图 7.26 中的圆锥、圆柱、圆球的尺寸标注所示。

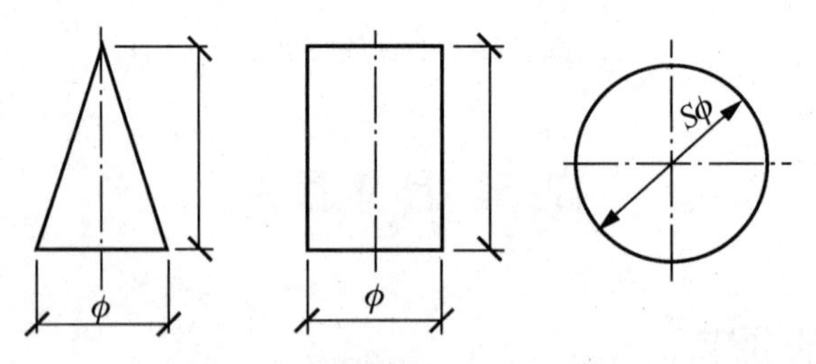

图 7.26 回转立体尺寸标注示例

当在回转体径向视图上标注出带有直径符号的直径和轴向尺寸时，因为通过直径或半径符号已能确定出它们的形状和大小，此时，反映圆的视图可省略不画，如图 7.26 所示。

2.截断体、相贯体尺寸标注

几何形体被截割后的尺寸标注和相贯体的尺寸标注如图 7.27 所示。

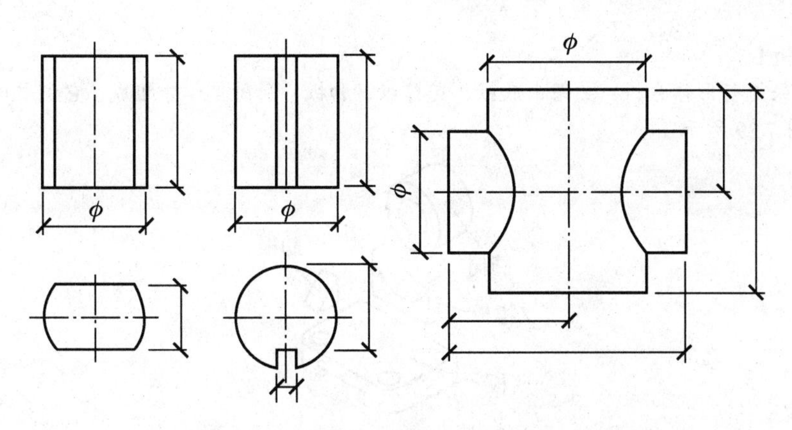

图 7.27 截断体、相贯体尺寸标注示例

截交线还是相贯线都不应标注尺寸，截断体只需标注几何形体的定形尺寸和截平面的定位尺寸；相贯体只需标注参与相贯的各几何形体的定形尺寸及其相互位置的定位尺寸。

3. 组合体尺寸标注

标注组合体尺寸时，要先对组合体进行形体分析，通过熟悉各个基本体的定形尺寸，以及确定它们之间的相对位置的定位尺寸，然后选定尺寸基准进行标注，具体标注步骤如下。

(1) 选定尺寸基准。

(2) 标注组合体各组成部分的定形尺寸。

(3) 标注组合体各组成部分的定位尺寸。

(4) 标注总体尺寸，总体尺寸为组合体的总长、总高、总宽尺寸。

(5) 检查、调整、布置尺寸。

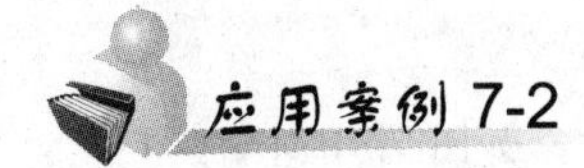

组合体尺寸标注示例

【案例概况】

如图 7.28 所示，已知支架的轴测图和三面投影图，试在其三面投影图上标注其尺寸。

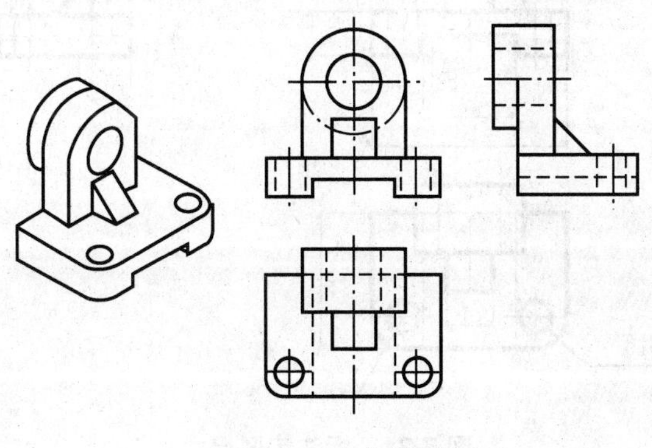

图 7.28 支架模型

【案例解析】

(1) 对支架进行形体分析，支架由底板、支撑板、肋板、圆筒4部分组成，它们之间的组合形式为叠加，如图7.29所示。

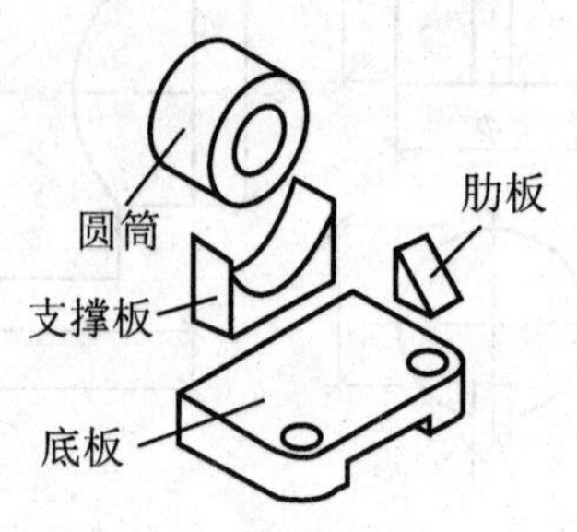

图 7.29 支架形体分析

(2) 确定尺寸标注的基准，该支座左右对称，故选择对称平面作为长度方向尺寸基准；底板和支撑板的后端面平齐，可选作宽度方向尺寸基准；底板的下底面是支座的安装面，可选作高度方向尺寸基准，如图7.30所示。

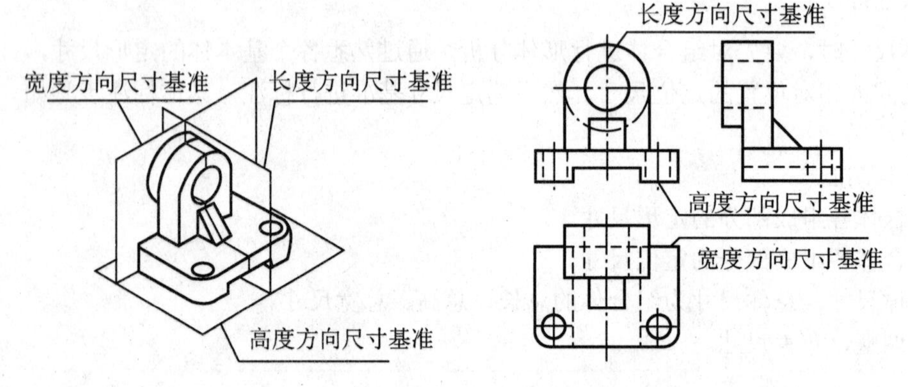

图 7.30 尺寸基准的确定

(3) 根据形体分析，逐个标注出底板、圆筒、支撑板、肋板的定形尺寸，如图7.31所示。

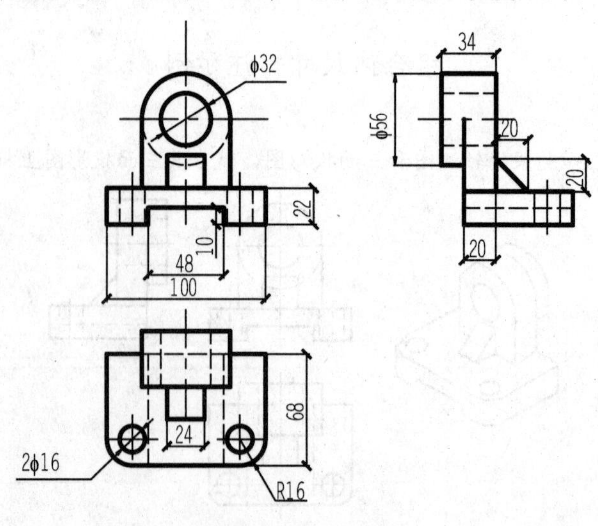

图 7.31 标注定形尺寸

(4) 根据选定的尺寸基准，标注出确定各部分相对位置的定位尺寸。如图 7.32 中确定圆筒与底板相对位置的尺寸 64，以及确定底板上两个 ϕ16 孔位置的尺寸 68 和 52。

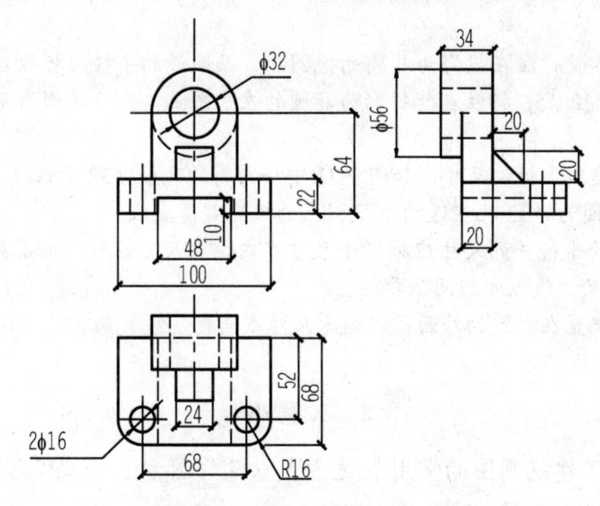

图 7.32　标注定位尺寸

(5) 标注总体尺寸。图 7.33 中所示支座的总长与底板的长度相等，总宽由底板宽度和圆筒伸出部分长度确定，总高由圆筒轴线高度加圆筒直径的一半决定，支座总长 100mm，总高 92mm，总宽 82mm，总体尺寸标注如图 7.33 所示。

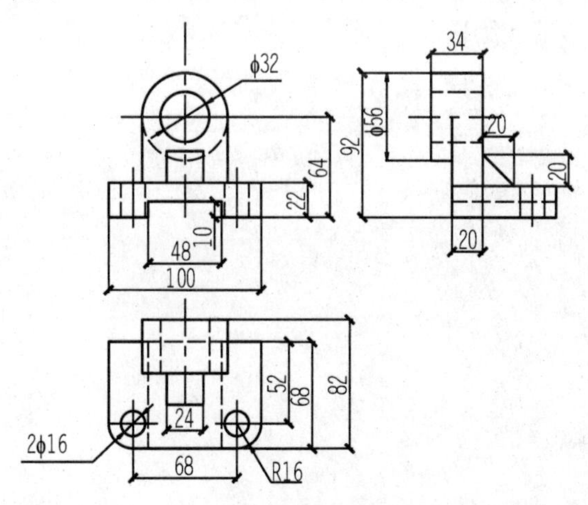

图 7.33　标注总体尺寸

(6) 检查尺寸标注有无重复、遗漏，并进行修改和调整，最后结果如图 7.33 所示。

特别提示

尺寸标注注意事项如下。

(1) 尺寸应尽量标注在反映形体特征最明显的视图上，如图 7.31 中底板下部开槽宽度 48 和高度 10，标注在反映实形的主视图上较好。

(2) 同一基本形体的定形尺寸和确定其位置的定位尺寸应尽可能集中标注在一个视图上，如图7.32中将两个$\phi16$圆孔的定形尺寸2×$\phi16$和定位尺寸68、52集中标注在俯视图上，这样便于在读图时寻找尺寸。

(3) 直径尺寸应尽量标注在投影为非圆的视图上，而圆弧的半径应标注在投影为圆的视图上，如图7.31中圆筒的外径$\phi56$标注在其投影为非圆的左视图上，底板的圆角半径$R16$标注在其投影为圆的俯视图上。

(4) 尽量避免在虚线上标注尺寸，如图7.31中将圆筒的孔径$\phi32$标注在主视图上，而不是标注在俯、左视图上，因为$\phi32$孔在这两个视图上的投影都是虚线。

(5) 同一视图上的平行并列尺寸应按“小尺寸在内，大尺寸在外”的原则来排列，且尺寸线与轮廓线、尺寸线与尺寸线之间的间距要适当。

(6) 尺寸应尽量配置在视图的外面，以避免尺寸线与轮廓线交错重叠，保持图形清晰。

本章小结

本章主要介绍了建筑制图的常用表达方式以及作图方法，工程形体投影图尺寸标注及其方法。

通过本章的学习，了解建筑制图的表达方法，掌握剖面图、断面图的画法，掌握工程形体尺寸标注的方法。

第 8 章

建筑施工图

学习目标

掌握阅读、绘制建筑图样的方法和技能。能绘制中等复杂程度的建筑施工图样，所绘图样应做到：投影正确，线型分明，尺寸完整，字体工整，图面整洁，符合建筑制图国家标准。

学习要求

能力目标	知识要点	权重
理解建筑物的组成，建筑施工图的意义，分类和编排	建筑物的组成，建筑施工图的含义、分类、编排	10%
(1) 掌握总平面图的表达内容，表达方法及图示特点 (2) 掌握房屋的平、立、剖面图的图示内容及要求 (3) 掌握建筑详图的图示内容及要求 (4) 掌握建筑施工图的绘制方法和步骤 (5) 熟练阅读一般复杂的建筑施工图样	建筑施工总说明，建筑总平面图，建筑平面图，建筑立面图，建筑剖面图，建筑详图	50%
运用知识识读和绘制建筑施工图	根据岗位要求，培养建筑施工图绘制和识读综合能力	40%

引例

当我们进入繁华的大都市时，都会惊叹高大的建筑物的宏伟、靓丽，不禁会感慨人类的创造能力如此之伟大。感慨之余，我们也可以思考，可以疑问，这些各种各样的建筑物是如何建起来的呢？所谓“千里之堤始于毫末，千里之行始于足下”，这些万丈的高楼始于什么呢？是设计者的概念！对，就是“概念”，设计者的概念就是其设计意图，包括建筑物的形状、大小、结构、设备、装修等，这些都是无法用人类的语言来表达的。那么这个概念是如何表达的呢？

工程图样称为工程界的技术语言，建筑工程中，设计者的设计意图总是通过工程图样来表达，而建筑工程施工过程中，则以设计好的工程图纸——建筑施工图作为所有施工的依据。那么，何谓“建筑施工图”呢？

建筑施工图主要用来表示房屋的规划位置、外部造型、内部布置、内外装修、细部构造、固定设施及施工要求等，它包括施工图首页、总平面图、平面图、立面图、剖面图、详图。

8.1 概　述

8.1.1 房屋的分类和组成及其作用

1. 房屋的分类

房屋建筑是人们日常活动的场所，根据其使用功能和使用对象的不同，通常可以分为工业建筑(厂房、仓库、发电站等)、农业建筑(农机站、饲养场、谷仓等)和民用建筑三大类。民用建筑按其功能不同又分为公共建筑(学校、医院、宾馆、影院、车站等)和居住建筑(住宅、公寓)。

房屋建筑按照其规模和使用数量可分为大型性建筑和大量性建筑。大型性建筑指建造数量比较少，而单个建筑物体积大的建筑，如大型的机场、车站、剧院、展览馆、体育馆等；大量性建筑指的是建造数量多、相似性较大的建筑物，如学校、医院、商店、宿舍、住宅等。

2. 房屋的组成

虽然各种房屋的使用要求、空间组合、外形处理、结构形式和规模大小等各有不同，但基本上是由基础、墙、柱、楼面、屋面、门窗、楼梯及台阶、散水、阳台、走廊、天沟、雨水管、勒脚、踢脚板等组成，如图 8.1、图 8.2 所示。房屋各个组成部分分别处于不同的位置，发挥着不同的作用，共同完成房屋建筑的各项功能。

3. 房屋各组成部分的作用

基础起着承受和传递荷载的作用；墙、柱起着承重、围护及分隔的作用；屋顶、外墙、雨篷等起着隔热、保温、避风遮雨的作用；楼梯起着楼层之间的上下垂直交通的作用；屋面、天沟、雨水管、散水、排水沟等起着排水的作用。

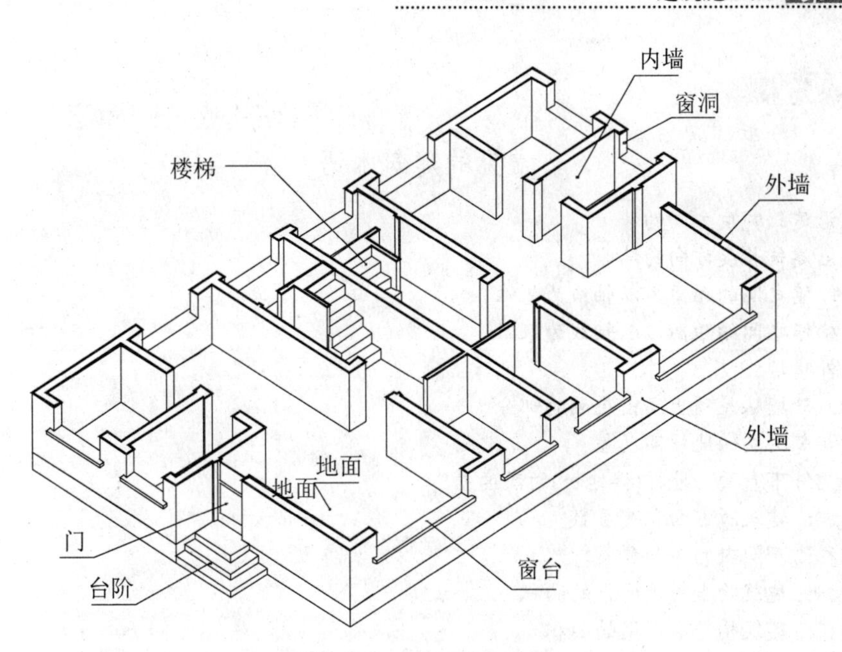

图 8.1 建筑的组成一

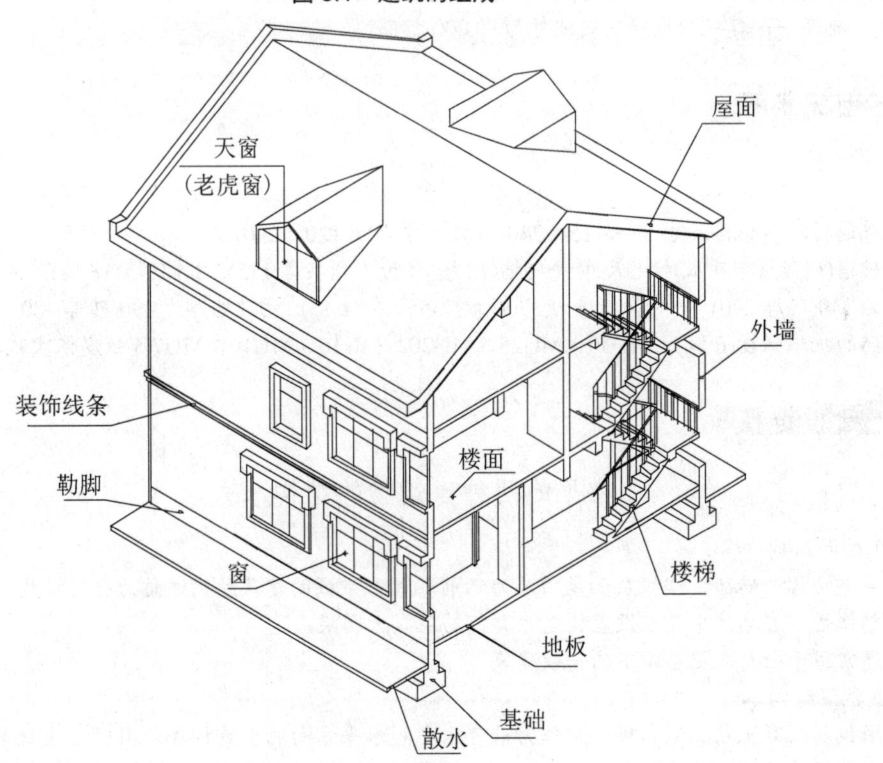

图 8.2 建筑的组成二

知识链接

常见的建筑术语

横墙：沿建筑宽度方向的墙
纵墙：沿建筑长度方向的墙
进深：纵墙之间的距离，以轴线为基准
开间：横墙之间的距离，以轴线为基准
山墙：外横墙
女儿墙：外墙从屋顶上高出屋面的部分
层高：相邻两层的地坪高度差
净高：构件下表面与地坪(楼地板)的高度差
建筑面积：建筑所占面积×层数
使用面积：房间内的净面积
交通面积：建筑物中用于通行的面积
构件面积：建筑构件所占用的面积
绝对标高——青岛市外黄海海平面年平均高度为+0.000 标高
相对标高——建筑物底层室内地坪为+0.000 标高

知识链接

砖及砖墙

普通标准砖规格尺寸:53×115×240(名义尺寸 60×120×240)。

砖墙(砖和沙浆砌成)标志尺寸:半砖墙(12 墙)厚为 120(实厚 115)；3/4 砖墙(18 墙)厚为 180；一砖墙厚为 240(砖厚 240)；一砖半墙厚为 370(砖厚 355，灰缝 15)；两砖墙厚为 490(砖厚 480，灰缝 10)。

砖的抗压强度(6 级)：MU30、MU25、MU20、MU15、MU10、MU7.5 强度依次减弱。

知识链接

常见的两种建筑物的结构形式

1.砖混结构

承重墙体为砖墙，楼板层和屋顶层为钢筋混凝土梁板的建筑结构通称为砖混结构。为增强结构的整体性，在墙体中还可设置构造柱和钢筋混凝土圈梁。

通常用于七层或七层以下的一般建筑。

2.框架结构

用钢筋混凝土柱、梁、板分别作为垂直方向和水平方向的承重构件，用轻质块材或板材做围护墙或分隔墙的建筑结构。

结构整体性好，承载能力和抗震能力较强，并且门窗开设和房间的分隔灵活。

适用于多层乃至中高层的建筑。

8.1.2 房屋施工图的设计阶段

建筑设计必须严格执行国家基本建设计划，按照相关建设方针和技术政策，把房屋建筑计划任务书的文字资料编制成为表达房屋形象的全套图纸，并附必要的文字说明。

1. 设计前准备工作

设计人员在接收了设计任务之后，首先要熟悉设计任务书，了解本设计的建筑性质、功能要求、规模大小、投资造价以及工期要求等，并且还要对影响建筑设计的有关因素进行调查研究。

2. 设计阶段

此阶段一般分为初步设计和施工图设计两个阶段(对大型民用建筑还应在初步设计、施工图设计之间增加一个技术设计阶段)

(1) 初步设计。初步设计的任务是提出设计方案，表明房屋的平面布置、立面处理、结构形式等内容。初步设计图包括房屋的总平面图，建筑平、立、剖面图，有关技术和构造说明，各项技术和经济指标，总概算等内容供有关部门研究和审批。

(2) 施工图设计。施工图设计阶段是修改和完善初步设计，在满足施工要求及协调各专业之间关系后最终完成设计，并绘制出房屋建筑施工图。

8.1.3 房屋建筑施工图的分类

房屋建筑施工图根据专业不同的特点，分为建筑施工图、结构施工图、设备施工图。

房屋建筑施工图按专业分工的不同，通常分为以下几种。

(1) 首页图：包括图纸目录和施工总说明。

(2) 建筑施工图(简称建施)：反映建筑施工设计的内容，用以表达建筑物的总体布局、外部造型、内部布置、细部构造、内外装饰以及一些固定设施和施工要求，包括施工总说明，总平面图，建筑平面图、立面图、剖面图和详图等。

(3) 结构施工图(简称结施)：反映建筑结构设计的内容，用以表达建筑物各承重构件(如基础、承重墙、柱、梁、板等)包括结构施工说明、结构布置平面图、基础图和构件详图等。

(4) 设备施工图(简称设施)：反映各种设备、管道和线路的布置、走向、安装等内容，包括给排水、采暖通风和空调、电气等设备的布置平面图、系统图及详图，分别简称为“水施”、“暖施”、“电施”。

8.1.4 图纸的编排顺序

工程图纸应按专业顺序编排，应为图纸总目录、总图、建筑图、结构图、给水排水图、暖通空调图、电气图等。

各个专业的图纸，应按照图纸内容的主次关系、逻辑关系进行分类排序。

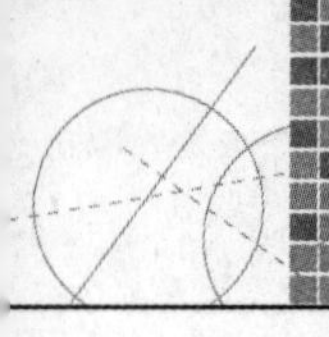

某小区框架式私人别墅建筑施工图纸的编排方式见表 8-1。

表 8-1 私人别墅建筑施工图纸目录

图号	图别	图名	张数	备注
1	建施 01	建筑设计总说明、总平面图	1	A2 图纸，比例 1:500
2	建施 02	车库层平面图、一层平面图	1	A2 图纸 比例 1:100
3	建施 03	二层平面图、阁楼层平面图	1	
4	建施 04	屋顶平面图、甲—甲剖面图	1	
5	建施 05	南立面图、北立面图、西立面图、 东立面图、1#楼梯详图	1	A2 图纸 立面图比例 1:100
6	建施 06	2#楼梯详图	1	A2 图纸，比例 1:100
7	建施 07	节点详图	1	A2 图纸
说明	本目录(大工程)由各工种(小工程)以单位工程在设计结束时填写。 如利用标准图，可在备注栏内注明			

8.2 房屋建筑施工图图示特点

8.2.1 概述

房屋建筑施工图主要用多面正投影图表示。在图幅大小允许的情况下，房屋的平面图、立面图和剖面图按其投影关系画在同一张图纸上，以便于阅读。

房屋形体较大，因此施工图通常用较小比例，如按 1:100、1:200 的比例绘制。

在施工图中常用图例(国家标准中规定的图形符号)表示建筑构配件、卫生设备、建筑材料等，以简化作图。

8.2.2 建筑施工图的图线

图线的宽度 b 应根据图样的复杂程度和比例，并按照现行国家标准《房屋建筑制图统一标准》(GB/T 50001—2010)的有关规定选用图 8.3～图 8.5 所示示例。绘制较简单图样时，可采用两种线宽的线宽组，其线宽比宜为 b:0.25b。

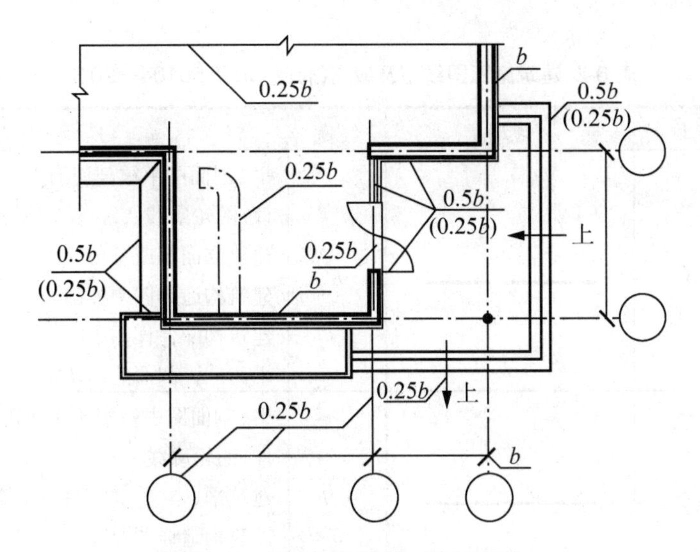

图 8.3　平面图图线线宽选用示例

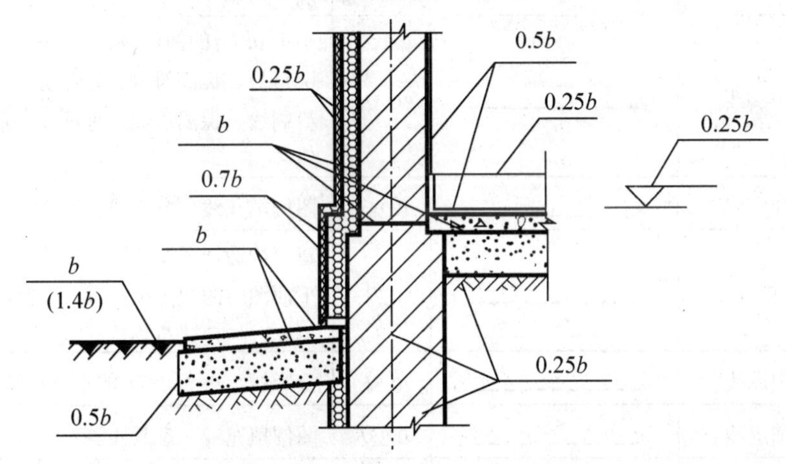

图 8.4　墙身剖面图图线线宽选用示例

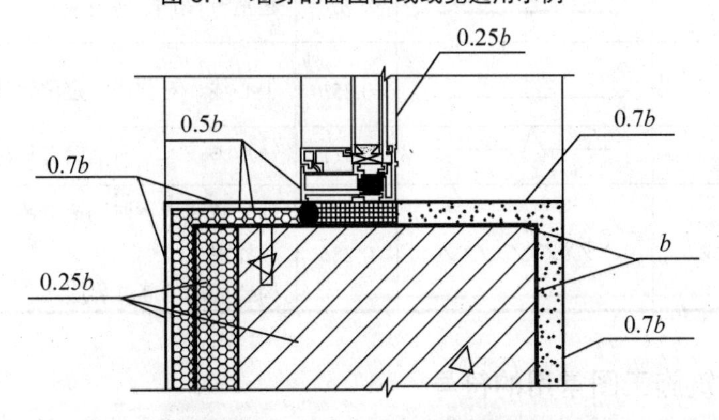

图 8.5　详图图线线宽选用示例

建筑专业、室内设计专业制图采用的各种图线应符合表 8-2 之规定。

表 8-2 建筑施工图线型及应用(摘自 GB/T 50104—2010)

序号	图线名称	线型	线宽	用途
1	粗实线	————	b	平、剖面图中被剖切的主要建筑物(包括构配件)的轮廓线 建筑立面图或室内立面图的外轮廓线 建筑构造详图中被剖切的主要部分的轮廓线 建筑构配件详图中的外轮廓线 平、立、剖面的剖切符号
2	中粗实线	————	$0.7b$	平、剖面图中被剖切的次要建筑物(包括构配件)的轮廓线 建筑平、立、剖面图中建筑构配件的轮廓线 建筑构造详图及建筑构配件详图中的一般轮廓线
3	中实线	————	$0.5b$	小于 $0.7b$ 的图形线、尺寸线、尺寸界限、索引符号、标高符号、详图材料做法引出线、粉刷线、保温层线、地面、墙面的高差分界线等
4	细实线	————	$0.25b$	图例填充线、家具线、纹样线等
5	中粗虚线	------------	$0.7b$	建筑构造详图及建筑构配件不可见轮廓线 平面图中的起重机(吊车)轮廓线 拟建、扩建建筑物轮廓线
6	中虚线	------------	$0.5b$	投影线、小于 $0.7b$ 的不可见轮廓线
7	细虚线	------------	$0.25b$	图例填充线、家具线等
8	粗单点长划线	—·—·—·—	b	起重机(吊车)轨道线
9	细单点长划线	—·—·—·—	$0.25b$	中心线、对称线、定位轴线
10	折线	——\/——	$0.25b$	部分省略表示时的断开界线
11	波浪线	∿∿∿∿	$0.25b$	部分省略表示时的断开界线，曲线形构间断开界限 构造层次的断开界限

8.2.3 房屋建筑施工图常用的符号

1. 定位轴线及符号

在建筑施工图中，凡是基础、墙、柱和屋架等承重构件都应画出轴线，用以施工时的定位和放线，这些轴线称为定位轴线(如图 8.6 所示)。

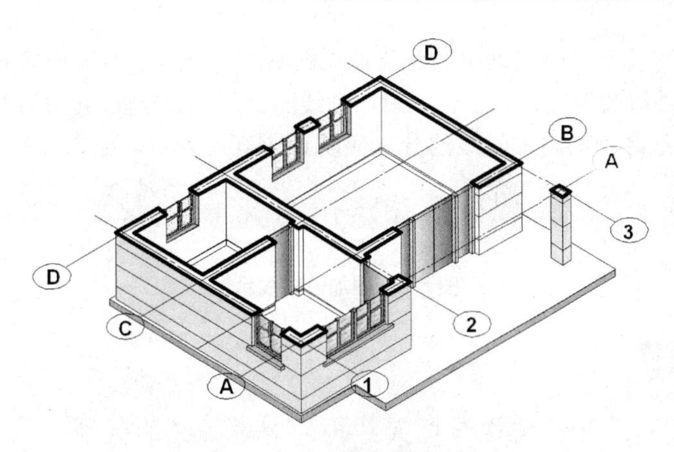

图 8.6 建筑施工图的定位轴线示例

定位轴线应用细单点长划线绘制并且应当编号，编号应注写在轴线端部的圆内。圆应用细实线绘制，直径为 8～10mm(一般平面图中，定位轴线端部圆的直径为 8mm，当绘制较复杂的平面图和建筑详图时，定位轴线端部圆的直径为 10mm。)，定位轴线圆的圆心应定位在轴线的延长线上或者延长线的折线上。

平面图上定位轴线的编号，宜标注在图样的下方或左侧。横向编号应用阿拉伯数字，从左至右顺序编写，竖向编号应用大写拉丁字母，从下至上顺序编写，如图 8.7 所示。

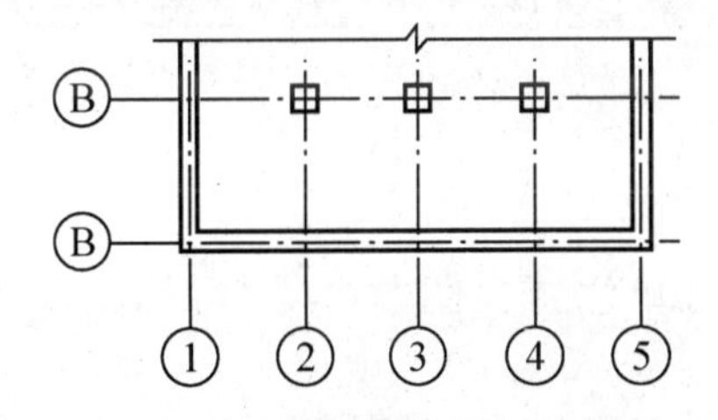

图 8.7 定位轴线的编号顺序

拉丁字母的 I、O、Z 不得用做轴线编号。如果字母数量不够使用，可增用双字母或单字母加数字注脚。组合较复杂的平面图中定位轴线也可采用分区编号(图 8.8)，编号的注写形式应为“ 分区号——该分区编号”。分区号采用阿拉伯数字或大写拉丁字母表示。

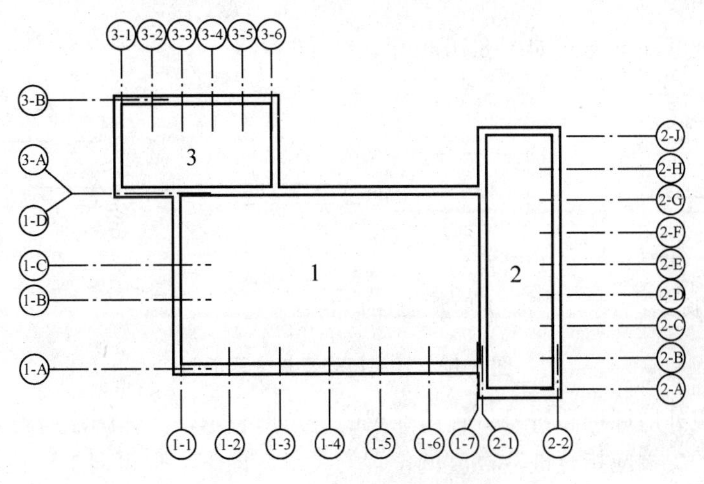

图 8.8 定位轴线的分区编号

建筑物的次要承重结构应以附加定位轴线标出，并且满足两根轴线间的附加轴线，应以分母表示前一轴线的编号，分子表示附加轴线的编号，编号宜用阿拉伯数字顺序编写，1号轴线或 A 号轴线之前的附加轴线的分母应以 01 或 0A 表示，如图 8.9 所示。

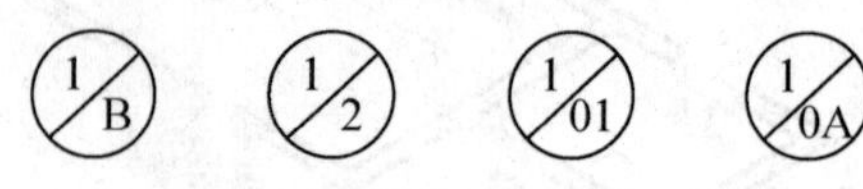

图 8.9　附加位轴线示例

知识链接

砖混结构与框架结构的定位轴线的区别

1.砖混结构的墙与水平方向的定位轴线的关系

(1) 承重内墙的顶层墙身中线与平面定位轴线重合。

(2) 承重外墙的顶层墙身内缘与平面定位轴线的距离≥120mm。

2.框架结构的柱与平面定位轴线的关系

(1) 中柱的中线一般与横向、竖向平面定位轴线重合。

(2) 边柱的外缘一般与平面定位轴线重合，但视实际受力情况而定，也可使顶层边柱的中线与平面定位轴线重合。

(3) 我国 20 世纪 90 年代初开始出现的异形柱框架结构，在技术上已日益成熟，它的优点是可以充分利用室内空间，此种情况下的柱与定位轴线的关系比较灵活。

2.尺寸和标高

在施工图中一律不注尺寸单位,施工图中的尺寸除标高和总平面图以 m(米)为单位外，其余均以 mm(毫米)为单位。

标高分两种，绝对标高和相对标高。绝对标高：我国青岛附近的黄海平均海平面定为零点标高，其他各地标高都以它作为基准。相对标高：在房屋施工图中，需要标注许多标高，如果都用绝对标高，不但数字繁琐，也不容易得出各部位的高差。因此除总平面图外，都标注相对标高，即把房屋底层室内地面定为相对标高的零点，房屋其他各部位的高度都以此为基准。

标高符号及其注写方式如图 8.10 所示。

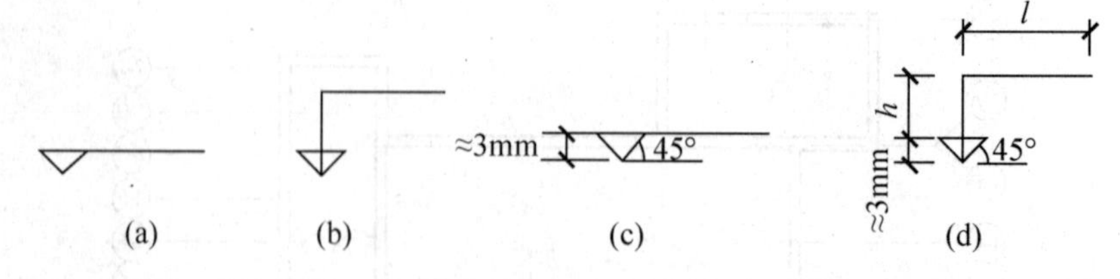

注：l 取适当长度注写标高数字，h 根据图纸的实际需要选取

图 8.10　标高符号及其注写示例

总平面图室外地坪标高符号，宜用涂黑的三角形表示，具体画法应符合图 8.11 所示。

标高符号的尖端应指至被注高度的位置。尖端宜向下，也可向上，标高数字应注写在标高符号的上侧或者下侧，如图 8.12 所示。

数字应当注写到小数点以后第三位(图 8.10) 。在总平面图中，可以只注写到小数点以后第二位。

零点标高注写成±0.000，正数标高不注“+”，负数标高应注“-”，例如 3.000、-0.600。

在图样的同一个位置表示不同的几个标高时，标高数字可按图 8.13 所示的形式注写。

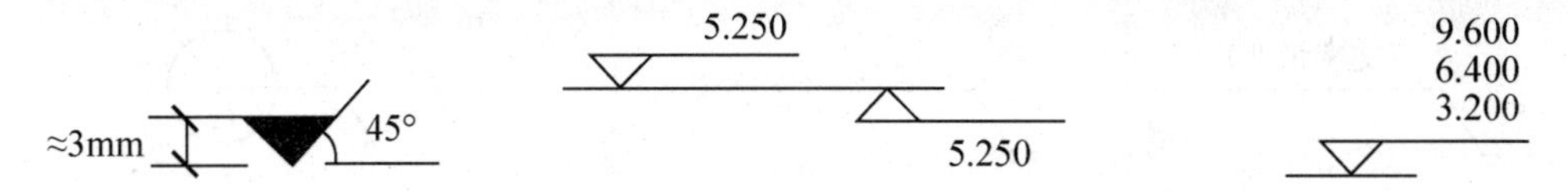

图 8.11 总平面图室外标高　图 8.12 标高的指向及数字的注写　图 8.13 同一位置注写多个标高

3. 索引符号与详图符号

为方便施工时查阅图样，且在图样中的某一局部或构件间的构造如需另见详图，应以索引符号注明画出详图的位置、详图的编号以及详图所在图纸的编号，并在所画详图附近编上详图符号，以便看图时对应查找。索引符号是由直径为 10mm 的圆和水平直径组成，圆及水平直径均应以细实线绘制。索引符号应按下列规定编写。

(1) 索引出的详图如与被索引的详图同在一张图纸内，应在索引符号的上半圆中用阿拉伯数字注明该详图的编号，并在下半圆中间画一段水平细实线，如图 8.14 中所示。

(2) 索引出的详图如与被索引的详图不在同一张图纸内，应在索引符号的上半圆中用阿拉伯数字注明该详图的编号，在索引符号的下半圆中用阿拉伯数字注明该详图所在图纸的编号。数字较多时，可加文字标注，如图 8.14 左所示。

(3) 索引出的详图如采用标准图，应在索引符号水平直径的延长线上加注该标准图册的编号，如图 8.14 右所示。

索引符号如用于索引剖视详图，应在被剖切的部位绘制剖切位置线，并以引出线引出索引符号，引出线所在的一侧应为投射方向，如图 8.15 所示。索引符号的编写同上述规定。

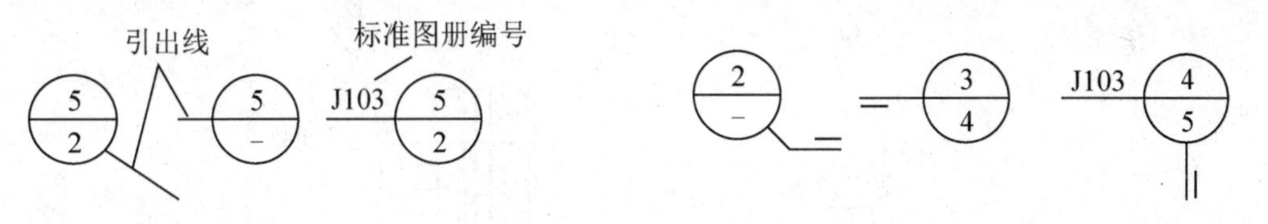

图 8.14　索引符号示例　　图 8.15　索引剖视详图符号示例

详图的位置和编号应以详图符号表示。详图符号的圆应以直径为 14mm 粗实线绘制。详图应按下列规定编号。

(1) 详图与被索引的图样同在一张图纸内时，应在详图符号内用阿拉伯数字注明详图的编号(图 8.16 左)

(2) 详图与被索引的图样不在同一张图纸内时，应用细实线在详图符号内画一水平直径，在上半圆中注明详图编号，在下半圆中注明被索引的图纸的编号(图 8.16 右)。

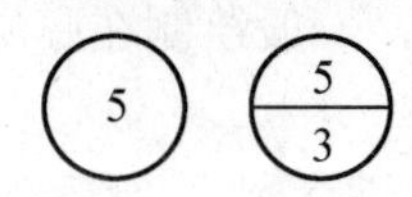

图 8.16　详图符号示例

4. 引出线

引出线应以细实线绘制，宜采用水平方向的直线、与水平方向成30°、45°、60°、90°的直线，或经上述角度再折为水平线。文字说明宜注写在水平线的上方，也可注写在水平线的端部。索引详图的引出线，应与水平直径线相连接，如图8.17所示。

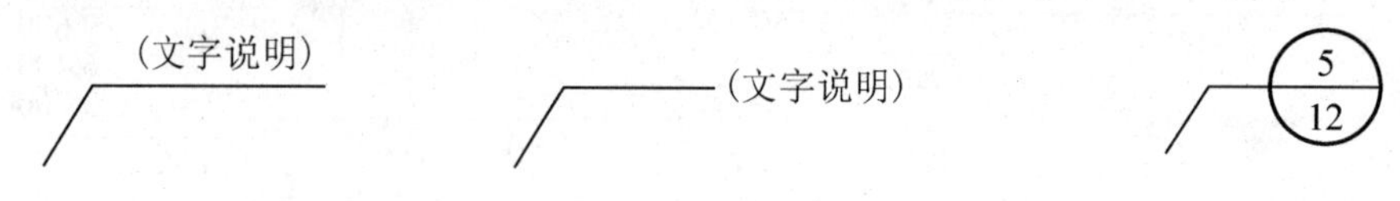

图8.17 引出线示例

同时引出几个相同部分的引出线，宜互相平行，也可画成集中于一点的放射线(图8.18)。

图8.18 引出线示例

多层构造或多层管道共用引出线，应通过被引出的各层。文字说明宜注写在水平线的上方，或注写在水平线的端部，说明的顺序应由上至下，并应与被说明的层次相互一致；如层次为横向排序，则由上至下的说明顺序应与左至右的层次相互一致，如图8.19所示。

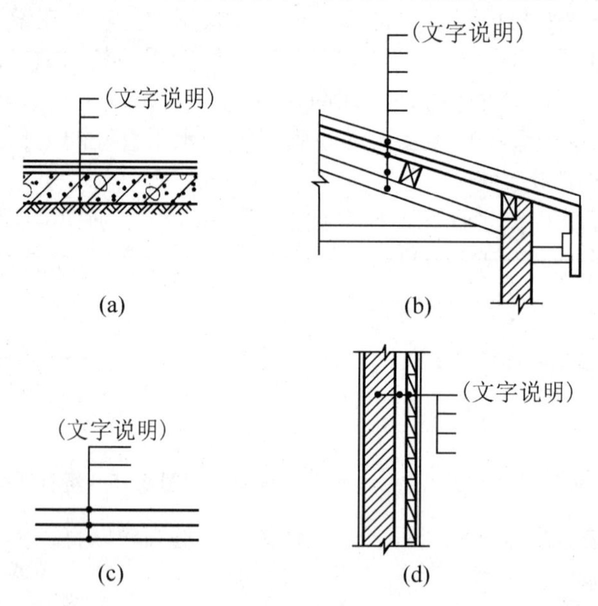

图8.19 多层引出线示例

5. 指北针及风向频率玫瑰图

指北针是用直径为24mm的细实线圆绘制的，指针尖部指向北，指针尾部宽度为3mm，指针头部应注写“北”或“N”字样，一般绘制在底层建筑平面图上(图8.20)。

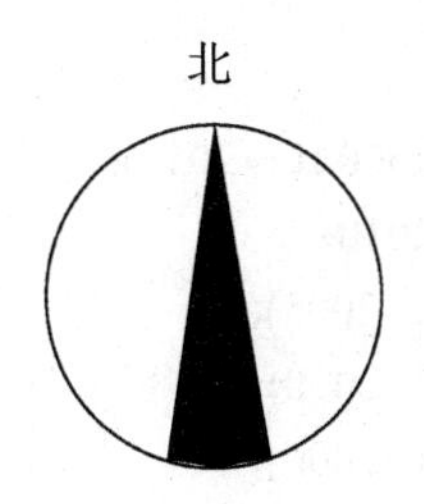

图 8.20　指北针

“风玫瑰”图也叫风向频率玫瑰图，它是根据某一地区多年平均统计的各个风向和风速的百分数值，并按一定比例绘制，一般多用 8 个或 16 个罗盘方位表示，由于该图的形状形似玫瑰花朵，故名“风玫瑰”。玫瑰图上所表示风的吹向(即风的来向)，是指从外面吹向地区中心的方向，实线和虚线分别指代全年和夏季风的频率(图 8.21)。

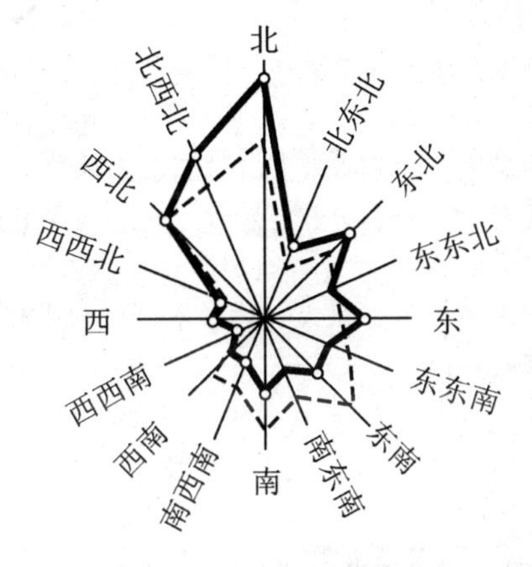

图 8.21　某城市的风玫瑰图

特别提示

索引和详图符号之间必须对应一致。

8.3　建筑施工总说明

案例导入

某建筑物建筑设计总说明

1) 工程概况

(1) 本工程为一层砖混结构，层高 4.5m，建筑总面积 137.31m^2。

(2) 本工程室外标高由业主确定，室内外高差为 0.45m。

(3) 本工程建筑物重要性为丙类，安全等级为二级，防火等级为二级，抗震设防烈度为 7 度(0.15g)，建筑合理使用年限为 50 年。

2) 设计依据

《房屋建筑制图统一标准》(GB/T 50001—2010);

《建筑制图标准》(GB/T 50104—2010);

《民用建筑设计通则》(GB 50352—2005);

《建筑抗震设计规范》(GB 50011—2010);

《建筑设计防火规范》(GB 50016—2006);

经业主同意的设计方案和所提的设计要求。

3) 尺寸与标高

尺寸除标高以毫米为单位外，其余以米为单位。

4) 砌体工程

门窗洞口采用钢筋混凝土过梁，当洞口宽度≤1.2m 时可以采用钢筋砖过梁; 砌筑墙留洞(预留洞)的封堵：待粉刷前用 C15 细石混凝土填塞。

5) 室内外装修

(1) 凡雨篷、门头线、窗顶线、墙身水平挑板、圈梁、窗台、勒脚等除图纸特别注明外，均采用 1:2.5 水泥砂浆粉 20mm 厚。

(2) 内墙粉刷时所有阳角均做同门窗洞口高的 1:2.5 水泥砂浆护角 60mm 宽，厚度同抹灰层。

(3) 外墙粉刷水泥砂浆净面时大面积需分格，做宽 20mm、深 6mm 的分格缝。

6) 门窗制作及木装修

(1) 所有木门窗及木制作均采用二级红松或一级杉木、白松或相似材质制作，楼梯栏杆、扶手、木制花格均用不锈钢或硬木、钢筋制作。

(2) 所有门窗除注明外均在墙中。

(3) 所有在墙内或紧靠墙一面木制作均须做防腐处理。

7) 玻璃五金

(1) 推拉窗采用 5mm 厚玻璃，固定扇采用 5mm 厚玻璃。

(2) 所有门窗五金零件按预算定额配齐。

8) 室外散水

沿建筑物四周(除台阶、坡道)均做混凝土散水，与墙面连接处用热沥青灌缝 20mm 宽，垫层及面层见材料做法。

9) 标准图使用

在设计中采用的标准图、通用图或套用图不论在局部节点或全部详图中均应按照图集、图纸的有关节点和说明全面配合施工。

10) 施工要求

建筑物所需用材料的规格、性能、施工要求等除图中注明外，均按国家的有关标准、规范、法规执行。

11) 本说明未尽之处均按国家有关设计、施工规范、标准执行。

在同一幢房屋的建筑施工图中，对某些项目(如尺寸单位、一般构造的用料及做法等)先用具体的文字做一个总的说明，可以省却在每一张图纸上都重复标注的麻烦，并且可以让别人对该建筑物的施工要求有一个概括的了解。

建筑施工总说明主要包括工程概况，设计依据，工程材料的选择、设计及验收标准，通用图样，需说明的条款等，对于一般的中小型建筑物，其建筑施工图首页就包含了建筑施工总说明。

某小区框架式私人别墅建筑施工总说明

1) 本设计为私人别墅层数为三层，建筑占地面积为 123.790m^2，建筑面积为 566.620m$_2$，建筑高度为12.000m，本图建筑安全等级为二级，耐火等级为二级，屋面防水等级为二级，结构合理使用 50 年；抗震设防烈度为6度。

2. 设计依据

(1) ××区规划管理处划批的建筑红线图平面图。

(2) 民用建筑设计通则(GB 50352—2005)。

(3) 建筑设计防火规范(GB 50016—2006)。

(4) 其他有关的国家现行建筑设计标准。

3. 建筑设计说明

(1) 本工程底层地坪标高±0.000 相当于 1985 国家高程系：4.750，标高系统参基础说明。

(2) 本工程图纸中所标注尺寸除标高以米计外，其余均以毫米计。

(3) 水、电管道穿墙体，楼板ϕ100 以上者，均需预留孔洞或预埋套管，不得现场开凿，不允许砸断钢筋，施工时应密切注意各设备工种图纸上的留洞情况。

(4) 凡遇屋面、卫生间等浸水部位的钢筋砼楼板，应一律沿墙体翻起 150mm，有特别说明处除外。

(5) 凡内墙墙体阳角均先做 50mm 宽 15mm 厚 1:3 水泥砂浆隐护角，然后再做面层，卫生间四面应粉刷 1:2 防水砂浆。

(6) 平面图中未注明砖墙厚度的，其墙厚为 240mm。

(7) 凡遇注明安装金属栏杆处，应在相应楼<地、墙>面按常规设置预埋件，楼梯处详见楼梯详图。

(8) 图中所用外墙涂料先送样品，经甲方及设计认可后，再成批使用。

(9) 外墙装饰详见各立面图。

(10) 土建施工应配合水电施工进行。

(11) 图中未说明者均应按现行各有关施工规范、规程进行施工。

4. 建筑设计说明

1) 砌筑工程

砌筑部分砖强度标号及砂浆强度标号详见结构说明。±0.000 以下砖基础双面用 1:3 水泥砂浆双面粉刷，-0.060 处设 20 厚 1:2 水泥砂浆防潮层,内掺 5%防水剂，砌体均应满足现行施工规范。

2) 屋、楼、地面工程(见剖面图)

3) 钢筋混凝土工程(详见结构说明)

4) 粉刷工程

(1) 外墙。

①见立面图。

②8mm 厚 1:2.5 水泥砂浆罩面。

③12mm 厚 1:3 水泥砂浆打底扫毛。

④砖墙或钢筋混凝土梁柱：混凝土面应刷内掺水重 4%的 107 胶素水泥浆结合层一道。

(2) 内墙。

①白色内墙乳胶漆二遍，胶水腻子二遍砂平面。

②2mm 厚纸筋灰罩面。

③12mm 厚 1:1:6 水泥白灰砂浆打底扫毛。

④砖墙或钢筋混凝土梁柱：混凝土面应刷内掺水重 4%的 107 胶素水泥浆结合层一道。

(3) 顶棚。

①白色内墙乳胶漆二遍，胶水腻子二遍砂平面。

②2mm 厚纸筋灰罩面。

③12mm 厚 1:1:6 水泥纸筋灰底。

④钢筋混凝土板。

注：粉刷前内墙填充墙与柱、梁连接处粘贴 300mm 宽玻璃丝网；外墙与柱、梁连接处钉 300mm 宽钢丝网。

5. 其他

(1) 落水管为ϕ110PVC 管，上设疏水器。

(2) 所有混凝土柱顶均至女儿墙顶，女儿墙部分柱为 6ϕ12，ϕ6@200。

(3) 施工前必须图纸会审。

8.4 建筑总平面图

用水平投影法和相应的图例，在画有等高线或加上坐标方格网的地形图上，画出的新建、拟建、原有和要拆除的建筑物、构筑物的图样称为总平面图。

案例导入

某学校入口传达室建筑总平面图如图 8.22 所示。

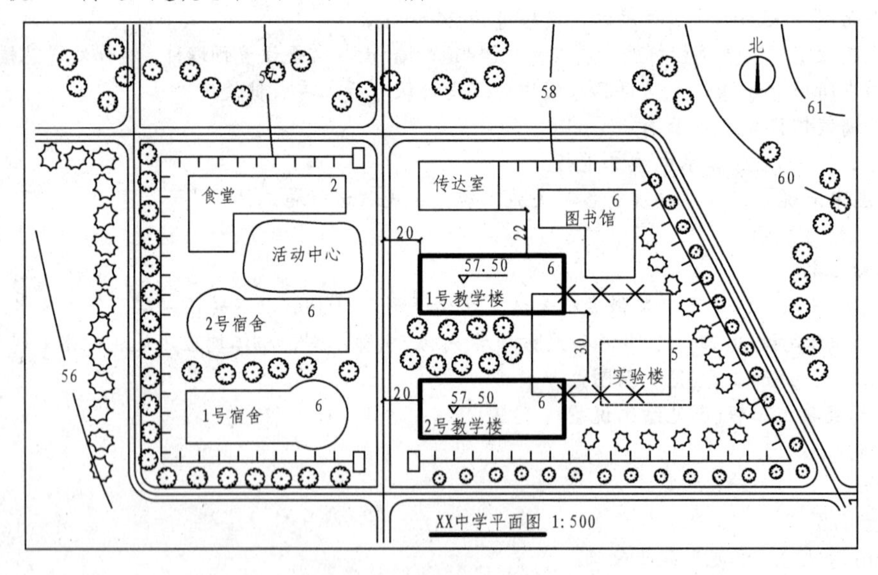

图 8.22　建筑总平面图示例

8.4.1　建筑总平面图的作用

建筑总平面图表达新建房屋所在的建筑基地的总体布局、新建房屋的位置、朝向及周围环境(如原有建筑物、交通道路、绿化和地形等)的情况，是新建房屋定位、施工放线、土方施工、施工现场布置及绘制水、暖、电等专业管线总平面图的依据。

8.4.2 建筑总平面图的图示内容

(1) 新建建筑物。拟建房屋，用粗实线框表示，并在线框内用数字表示建筑层数。

(2) 新建建筑物的定位。总平面图的主要任务是确定新建建筑物的位置，通常是利用原有建筑物、道路等来定位的。

总平面图常画在有等高线和坐标网格的地形图上，地形图上的坐标称为测量坐标，是用与总平面图相同比例画出的 50m×50m 或 100m×100m 的方格网。一般房屋的定位应注其 3 个角的坐标，如果建筑物、构筑物的外墙与坐标轴线平行，可注其对角坐标；如果建筑物方位正南北向，可只标注一个墙角的坐标。

(3) 新建建筑物的室内外标高。我国把青岛市外的黄海海平面作为零点所测定的高度尺寸，称为绝对标高。在总平面图中，用绝对标高表示高度数值，单位为 m。

(4) 相邻有关建筑、拆除建筑的位置或范围。原有建筑用细实线框表示，并在线框内也用数字表示建筑层数。拟建建筑物用虚线表示。拆除建筑物用细实线表示,并在其细实线上打叉。

(5) 附近的地形地物。等高线、道路、水沟、河流、池塘、土坡等。

(6) 指北针和风向频率玫瑰图。

(7) 绿化规划、管道布置。

(8) 道路(或铁路)和明沟等的起点、变坡点、转折点、终点的标高与坡向箭头。

注：以上内容并不是在所有总平面图上都是必需的，可根据具体情况加以选择。

8.4.3 建筑总平面图的图示特点

(1) 绘图比例较小：总平面图所要表示的地区范围较大，除新建房物外，还要包括原有房屋和道路、绿化等总体布局。因此，在《总图制图标准》中规定，总平面图的绘图比例应选用 1:500、1:1000、1:2000，在具体工程中，由于国土局及有关单位提供的地形图比例常为 1:500，故总平面图的常用绘图比例是 1:500。

(2) 用图例表示其内容：由于总平面图绘图比例较小，图中的原有房屋、道路、绿化、桥梁边坡、围墙及新建房屋等均是用图例表示，建筑总平面图的常用图例见表 8-3。在较复杂的总平面图中，如用了《总图制图标准》中没有的图例，应在图纸中的适当位置绘出新增加的图例。

表 8-3 总平面图常用建筑图例(摘自 GB/T 50103—2010)

序号	名称	图例	说明
1	新建建筑物		粗实线表示，需要时，可在右上角用数字或者黑点表示层数以及出入口
2	花坛		

续表

序号	名称	图例	说明
3	草地		
4	拆除的建筑物		细实线
5	原有建筑物		用细实线表示
6	计划扩建的预留地或建筑物		中虚线
7	修剪的树篱		
8	阔叶灌木		
9	建筑坐标	*A* 131.510 *B* 278.250	*A* 为南北方向，*B* 为东西方向
10	围墙及大门		上图用于砖、混凝土 下图用于铁丝、篱笆
11	填挖边坡		较长时可以只画局部
12	挡土墙		被挡的土在突出一侧
13	铺砌场地		细实线
14	原有道路		细实线
15	计划扩建的道路		中虚线
16	拆除的道路		细实线加交叉符号
17	针叶乔木		
18	阔叶乔木		
19	针叶灌木		

续表

序号	名称	图例	说明
20	建筑物下的通道		虚线表示通道位置
21	台阶		箭头指向上的方向
22	测量坐标	X 105.000 Y 425.000	X为南北方向，Y为东西方向
23	护坡		

(3) 图中尺寸单位为米。

(4) 名称标注：总平面图上应注出图上各建筑物、构筑物的名称。

(5) 新建房屋的朝向和风向：用指北针或风向频率玫瑰图来表示新建房屋的朝向及该地区常年风向。

8.4.4 建筑总平面图的阅读

(1) 读图名、比例。

(2) 读图中各建筑物的名称及类型。

(3) 读等高线、坐标网、指北针，风向玫瑰图。

(4) 读图例，理清新建建筑物与周围事物之间的联系。

应用案例 8-3

某小区三层框架式私人别墅建筑总平面图如图 8.23 所示。

别墅建筑总平面图的读图如下。

从图名可知该别墅位于××小区，建筑总平面图采用常用绘图比例为 1:500。

新建建筑物：私人别墅。计划新建建筑物：健身坊。在新建别墅之前，还有一栋原有的建筑物要拆除。

新建的私人别墅方位：坐北朝南。室内标高 4.750m 为绝对标高。

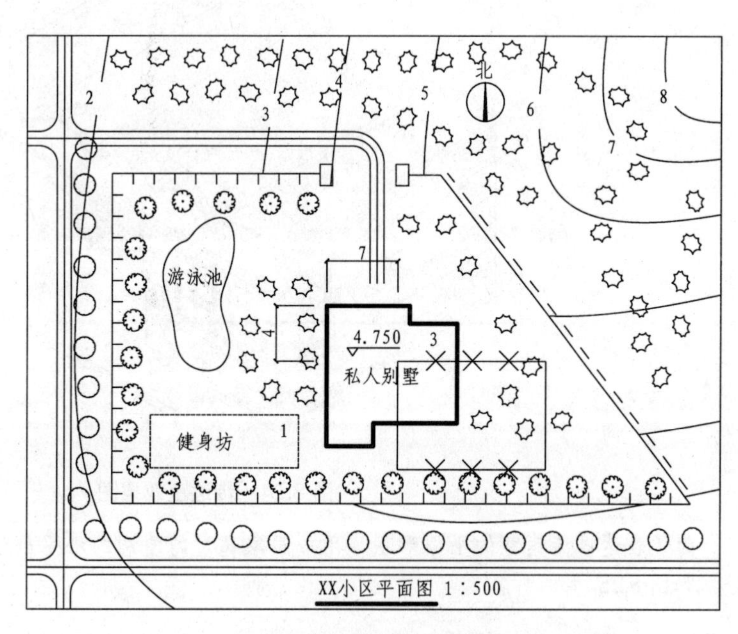

图 8.23 别墅建筑总平面图

新建的私人别墅与要拆除的建筑物的相对位置为西 7m，北 4m。

特别提示

- 总平面图中常用的图例见表 8-3。
- 总平面图中建筑物的朝向表示用指北针或风玫瑰图。
- 总平面图中的标高为绝对标高。
- 总平面图中标注的尺寸的单位为米。

8.5 建筑平面图

建筑平面图是用以表达房屋建筑的平面形状，走廊、出入口、房间、楼梯卫生间等的平面布置，以及墙、柱、门窗等构配件的位置、尺寸、材料和做法等内容的图样，建筑平面图简称“平面图”。

平面图是假想用一水平剖切平面，通过各层门窗洞口中部将整幢房屋剖开，移去剖切平面以上部分，将余下部分用正投影法投射到 H 面上而得到的正投影图。

案例导入

某学校砖混式结构传达室效果图如图 8.24 所示。

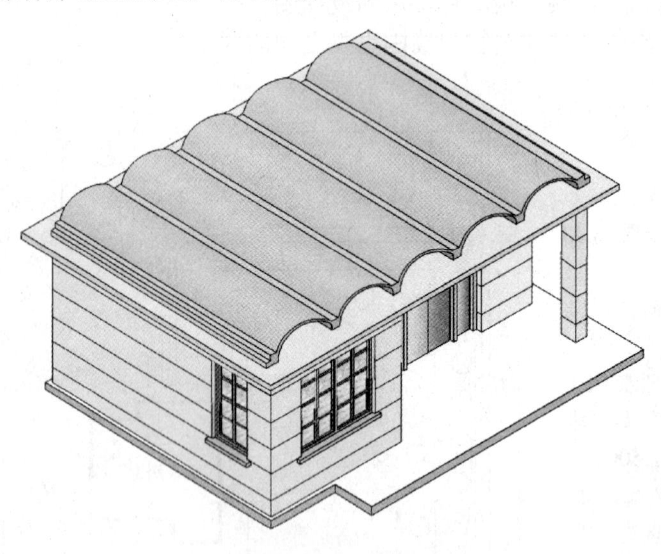

图 8.24　传达室效果图

为了表达该传达室的平面形状，用一假象通过门窗洞的水平剖切平面将其剖开，移去上半部分，如图 8.25 所示。

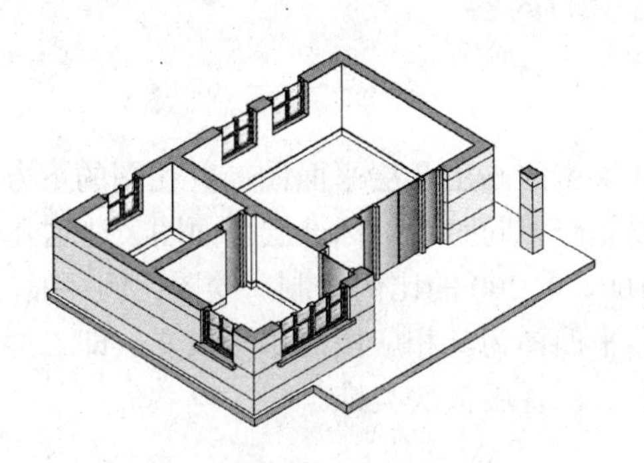

图 8.25　传达室的剖切

将剩余部分向水平投影面投射，并按照相关的建筑平面图绘制方法画出水平投影，即为此传达室的平面图，如图 8.26 所示。

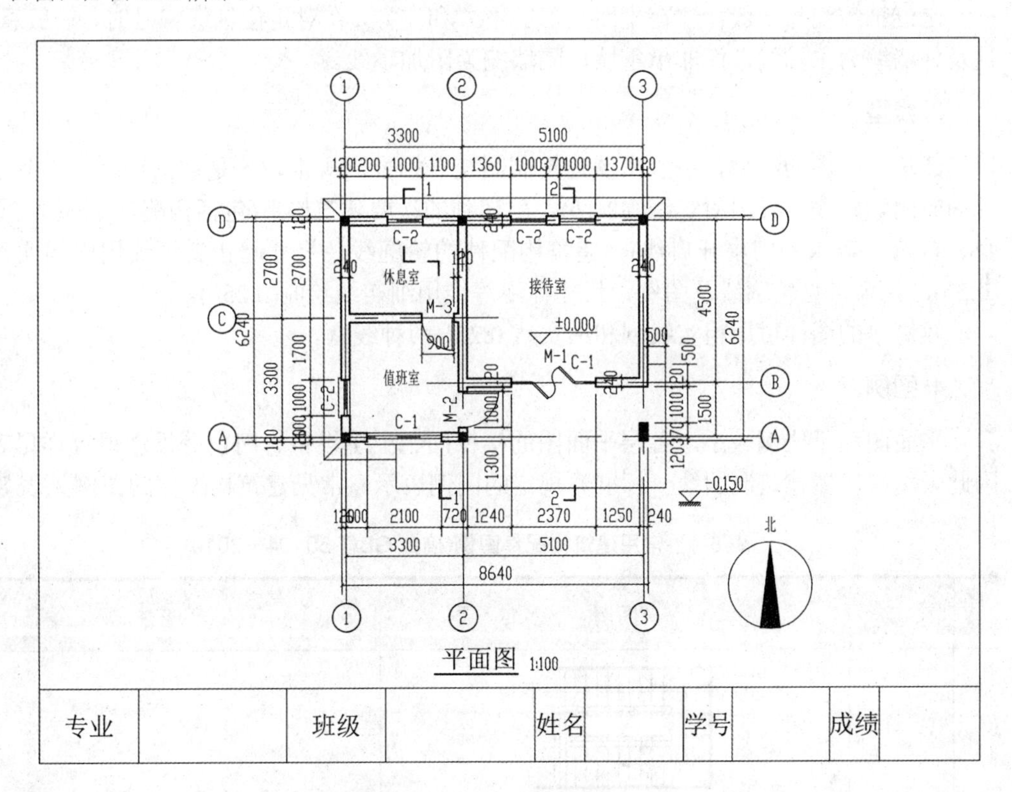

图 8.26　传达室平面图

对于多层建筑，一般来说应每层有一个单独的平面图。当建筑物中间几层平面布置完全相同时，可以省掉几个平面图，用一个平面图表达多个楼层的平面布置，这种平面图就称为标准层平面图。

建筑施工图中的平面图，一般有底层平面图(表示第一层房间的布置、建筑入口、门厅及楼梯等)、标准层平面图(表示中间各层的布置)、顶层平面图(房屋最高层的平面布置图)以及屋顶平面图(即屋顶平面的水平投影，其比例尺一般比其他平面图要小)。

8.5.1 建筑平面图图示的内容

1. 图名及比例

一般情况下房屋有几层就应画出几层平面图，并在图的下方正中标注相应的图名。当建筑物中间几层平面布置完全相同时，用标准层平面图表达这几层的平面布置。

平面图用 1: 50、1: 100、1: 200 的比例绘制，绘图比例一般注写在图名的右侧。

应注意：建筑物每层平面图为其相应段的水平投影，即二层以上的各层平面图中不应再画出一层的台阶、散水等，各层依次类推。

2. 定位轴线及编号

平面图上的定位轴线是确定房屋建筑物的承重墙、柱和屋架等承重构件位置的线，是施工定位、放线的重要依据。

定位轴线编号一般标注在平面图形的下方和左方，在对定位轴线编号时，一般承重墙、柱及外墙编为主轴线，而非承重墙、隔墙编为附加轴线。

3. 线型

建筑平面图的线型，按《房屋建筑制图统一标准》规定，凡是被剖切平面剖到的墙和柱的断面轮廓线，宜用粗实线绘制(b)，剖切到的次要建筑构造(包括构配件)的轮廓线(如墙身、台阶、散水、门扇开启线)、建筑构配件的轮廓线及尺寸起止斜短线用中粗实线绘制($0.5b$)，其余可见轮廓线及图例、尺寸标注等线用细实线绘制($0.25b$)。

较简单的图样可用粗实线 b 和细实线 $0.25b$ 两种线宽。

4. 图例

平面图由于比例较小，各层平面图的楼梯间、卫生设备、门窗等投影很难详尽表达，因此采用《房屋建筑制图统一标准》规定的图例表示，常见建筑构配件的图例见表 8-4。

表 8-4 常用建筑构配件图例(摘自 GB/T 50104—2010)

序号	名称	图例	备注
1	楼梯	下 下 上 上	(1) 上图为顶层楼梯，中图为中间层楼梯，下图为底层楼梯； (2) 楼梯靠墙处或者楼梯中间设扶手时，应在图中表示

续表

<table>
<tr><th>序号</th><th>名称</th><th>图例</th><th>备注</th></tr>
<tr><td>2</td><td>电梯</td><td> 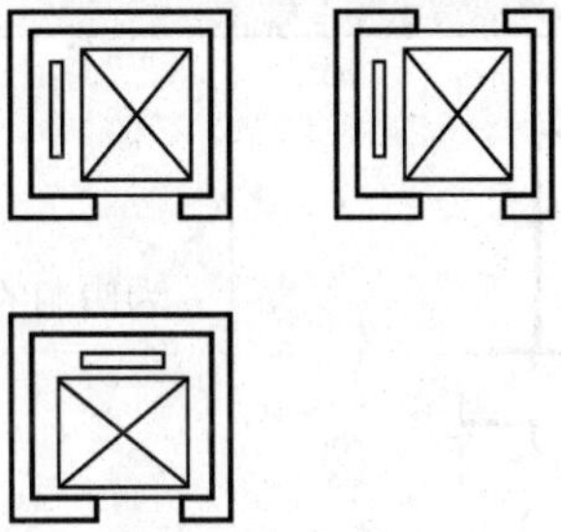</td><td></td></tr>
<tr><td>3</td><td>单面开启单扇门</td><td> 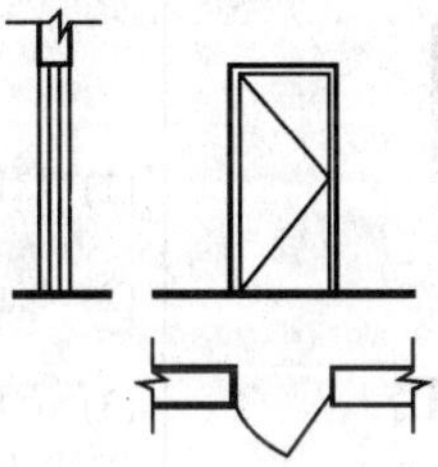</td><td rowspan="4">(1) 门的代号用 M 表示；
(2) 平面图中，下为外，上为内。门的开启线为 90°、60° 或 45°，开启弧线宜画出；
(3) 立面图中，开启线实线为外开，虚线为内开。开启线交角一侧为安装合页一侧。开启线在建筑立面图中可以不表示，在立面图的大样图中可根据需要绘出；
(4) 剖面图中，左为外，右为内；
(5) 附加纱扇应以文字说明，在平、立、剖面图中不表示；
(6) 立面形式应按实际情况绘出</td></tr>
<tr><td>4</td><td>双面开启单扇门</td><td></td></tr>
<tr><td>5</td><td>单面开启双扇门</td><td></td></tr>
<tr><td>6</td><td>双面开启双扇门</td><td></td></tr>
</table>

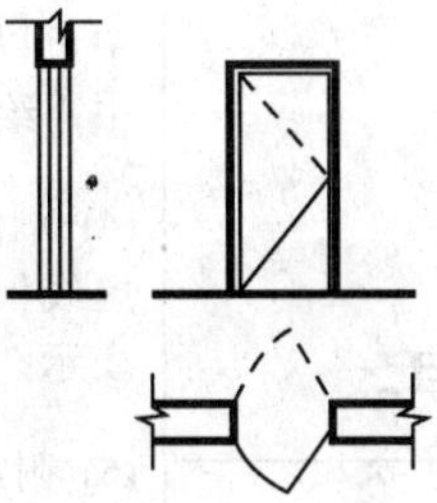

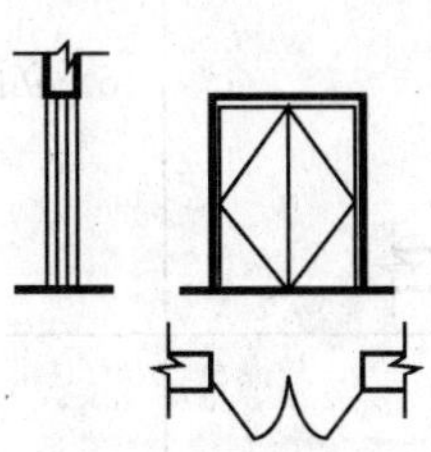

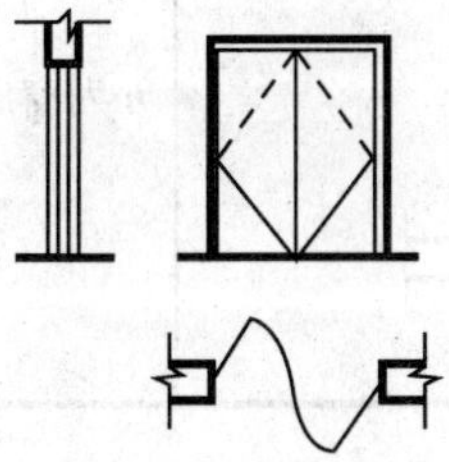

续表

序号	名称	图例	备注
7	空门洞	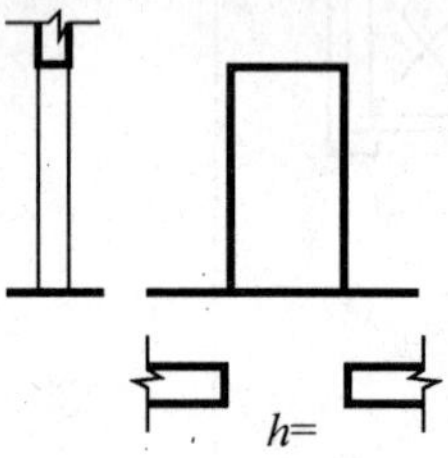 h=	h 为门洞的高度
8	固定窗	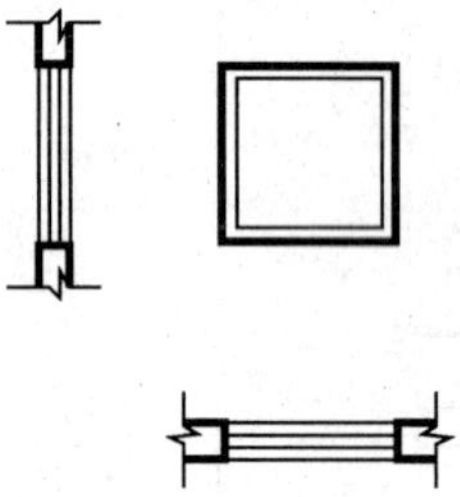	(1) 窗的代号用 C 表示； (2) 平面图中，下为外，上为内； (3) 立面图中，开启线实线为外开，虚线为内开。开启线交角一侧为安装合页一侧。开启线在建筑立面图中可以不表示，在立面图的大样图中需绘出； (4) 剖面图中，左为外，右为内。虚线仅表示开启方向，项目设计不表示； (5) 附加纱扇应以文字说明，在平、立、剖面图中不表示； (6) 立面形式应按实际情况绘出
9	单层外开平开窗	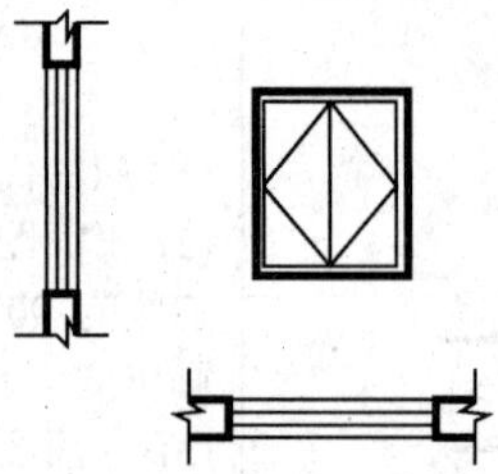	
10	单层推拉窗	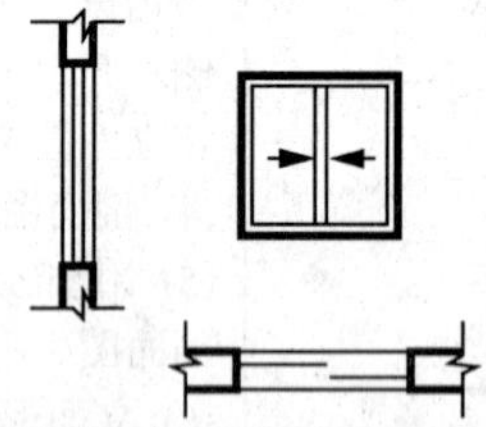	
11	高窗	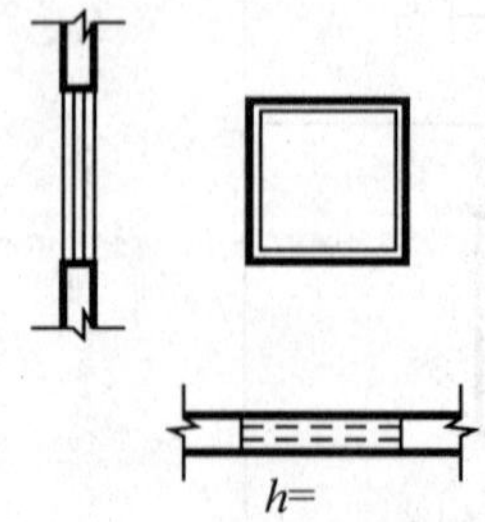 h=	h 为窗底距本层地面高度

门窗除用图例表示外，还应进行编号，以区别不同规格和尺寸，门的代号是M，窗的代号是C。在代号后面写编号，同一编号表示同一类型的门窗，如M-1，C-2，也可以在窗的位置标注出门窗的代号，并附门窗表列出各种门窗型号的具体说明。

不同比例的平、剖面图中《房屋建筑制图统一标准》对抹灰层、砖墙断面、钢筋混凝土断面和楼地面等规定了省略画法。

(1) 比例小于1:50的平、剖面图，可不画抹灰层，但宜画出楼地面的面层线，砖墙断面画图例线。

(2) 比例为1:100、1:200的平、剖面图，可按简化的材料图例(如砖墙涂红、钢筋混凝土涂黑等)绘制，但宜画出楼层地面的面层线。

(3) 比例小于1:200的平、剖面图可不画材料图例，剖面图中楼层地面的面层线可根据需要而定。

5.尺寸和标高

建筑平面图上的尺寸有外部尺寸、内部尺寸和标高。

(1) 外部尺寸：在水平和竖直方向各标注三道尺寸。最外一道尺寸标注房屋水平和竖直方向的总长、总宽，称为总尺寸；中间一道尺寸标注房屋的开间和进深，称为轴线尺寸；最里边一道尺寸标注房屋外墙门洞、窗洞、窗间墙尺寸(这道尺寸应从轴线注起)，称为细部尺寸。

(2) 内部尺寸：应标注出各房间长、宽方向的净空尺寸，墙厚及与轴线的关系，柱子截面、房屋内部门窗洞口、门垛等细部尺寸。

(3) 标高：平面图上应标注出各层楼地面、楼梯休息平台、台阶顶面、阳台顶面和室外地坪的相对标高。

6.其他标注

(1) 室内地面的高度。

(2) 在底层平面图附近应画出指北针，以表示房屋的朝向。

(3) 底层平面图中应画出建筑剖面图的剖切符号及剖面图的编号，以便与剖面图进行对照查阅。

(4) 在平面图中凡需绘制详图的部位，应画出详图索引符号。

8.5.2 建筑平面图的阅读

(1) 读图名、比例，明确平面图表达哪个楼层。

(2) 读指北针，弄清房屋的朝向。

(3) 分析总体情况：包括建筑物的平面形状、总长、总宽，各房间的位置和用途。

(4) 分析定位轴线：了解各个房间的进深、开间、墙柱的位置及尺寸。

(5) 读标高：各层楼或者地面以及室外地坪、其他平台、板面的标高。

(6) 读细部结构，详细了解建筑物各个构配件及各种设施的位置及尺寸，并查看索引符号。

(7) 查看建筑剖面图的剖切符号以及剖切位置。

应用案例 8-4

某小区框架式私人别墅建筑平面图如图 8.27 至图 8.31 所示(包括首层、二层、三层、四层、屋顶平面图)。

首层平面图的阅读如下。

(1) 本图纸为别墅的一层——车库的平面图，绘制比例 1:100。

(2) 从指北针的方向可知，该别墅方位为坐北朝南。

(3) 别墅总长 12.1m，总宽 12.1m，纵墙方向有编号为 1~5 的 5 个定位轴线，横墙方向有编号为 A~H 的 8 个定位轴线，编号 6 的定位轴线上无承重结构，由此可知该轴线应为上层建筑物的悬挑承重结构的位置。

(4) 别墅为框架式结构，平面图中涂黑的方框为柱的位置，其尺寸通常由结构施工图给出。平面图中用两条平行的粗实线表示墙的投影，墙的厚度即为两粗实线的距离，已在建筑施工总说明中作出陈述。

(5) 室内地面标高为 0.000m，室外地面标高为-0.150m。

(6) 从本层往上的楼梯(1#楼梯)位于别墅的东南方向 4～5 轴线范围内。

(7) 本层门的数量：3 扇，型号有 3 种，分别为 16M2121、JM1、16M0921；窗的数量：6 扇，型号有两种，分别为 LTC1512B、LTC1212B。

(8) 本层平面图中有编号为 1、2 这 2 处详图索引符号，详图在本书第 144 页、145 页上(图 8.44、图 8.45、图 8.46) 。

(9) 本层平面图中标出了 1—1 剖面图的剖切平面位置。

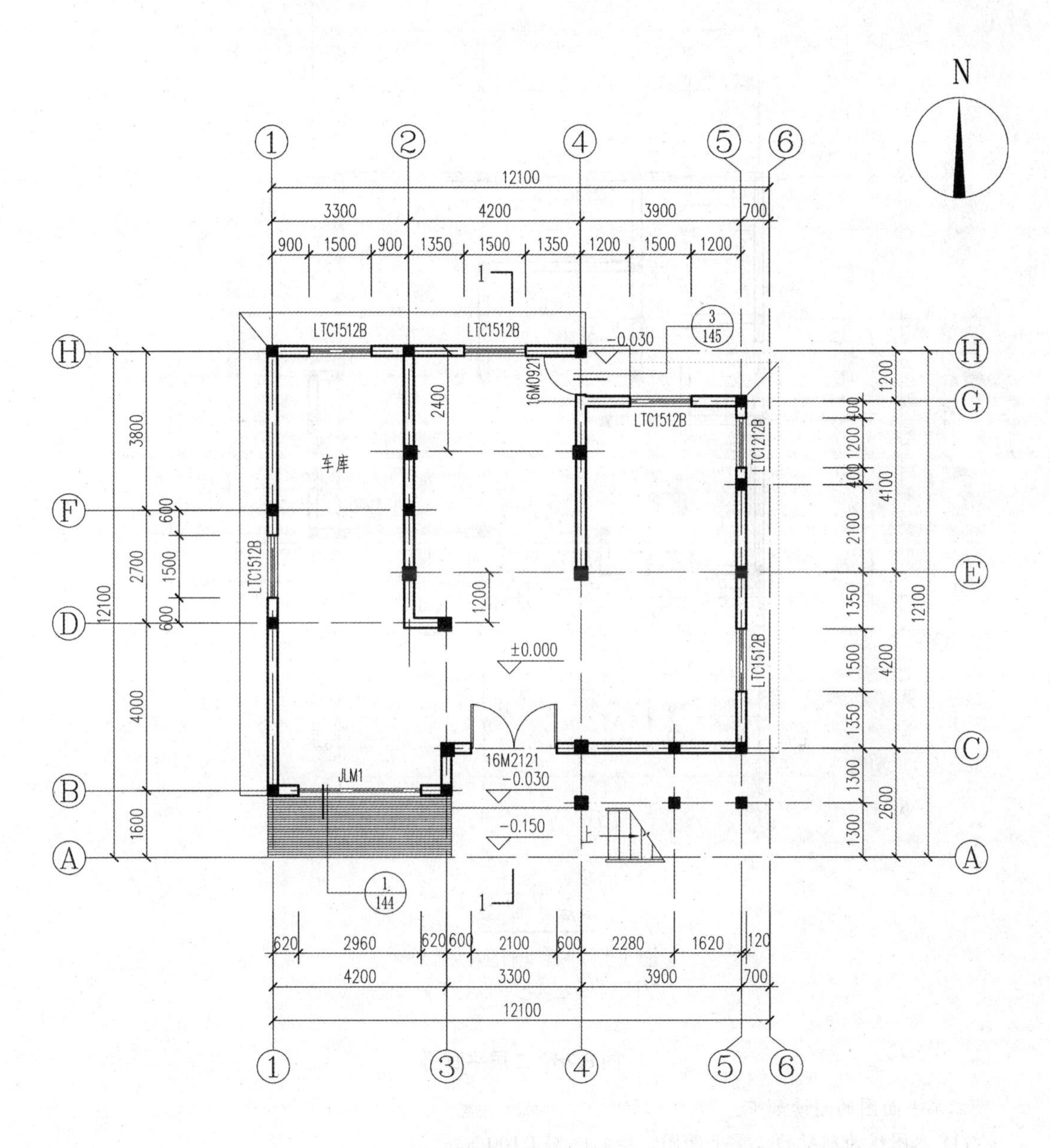

首层平面图 1:100

图 8.27 首层平面图

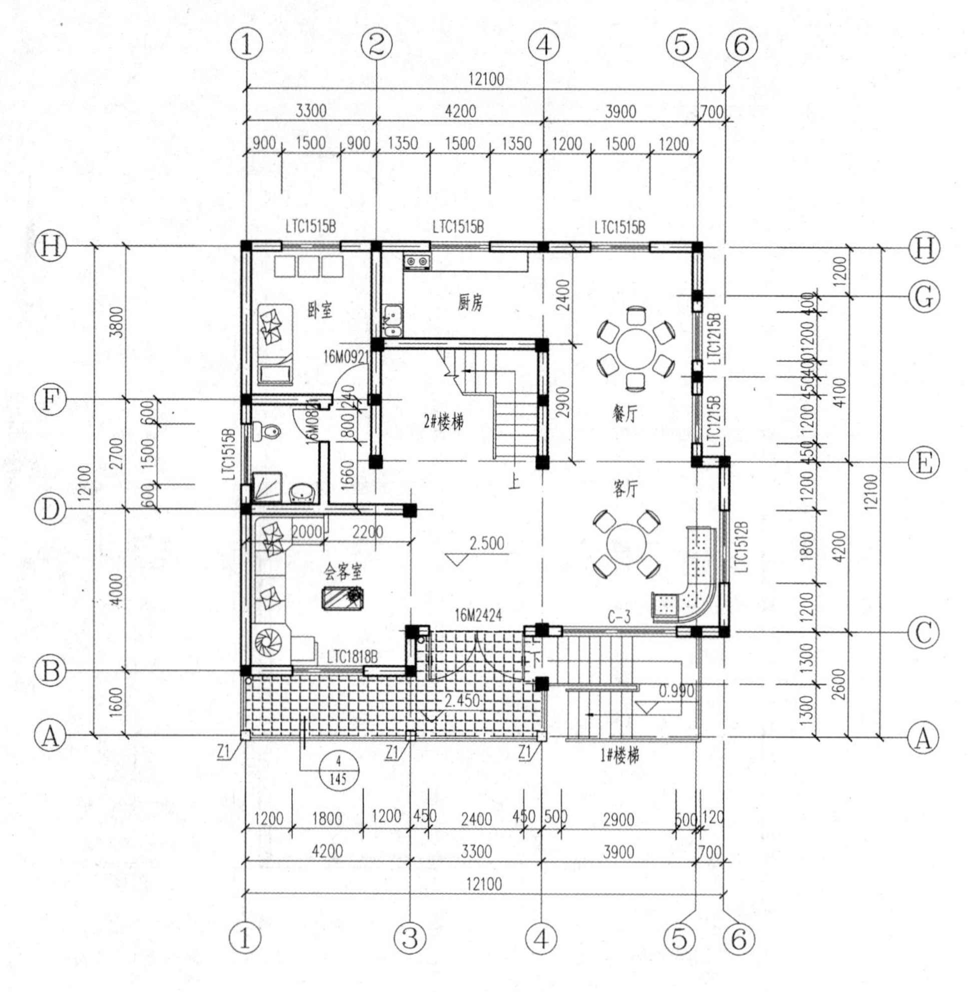

二层平面图 1:100

注：卫生间，阳台比相应楼层低50mm

"Z1"为构造柱 240X240,4Φ12,Φ6.5@200

图 8.28　二层平面图

二层平面图的阅读如下。

(1) 本图纸为别墅的二层平面图，绘制比例 1:100。

(2) 纵墙方向有编号为 1～6 的 6 个定位轴线，横墙方向有编号为 A～H 的 8 个定位轴线，别墅二层分割为 9 个区域：1#楼梯、阳台、会客室、客厅、餐厅、2#楼梯、厨房、卫生间、卧室。

(3) 室内地面标高为 2.500m，室外阳台标高为 2.450m。

(4) 从二层通往三层的楼梯为 2#楼梯，此楼梯为三跑楼梯(图 8.50，图 8.51)。

(5) 门的数量：3 扇。型号有 3 种，分别为 16M2124、16M0921、16M0821。窗的数量：9 扇，型号有 5 种，分别为 LTC1818B、C-3、LTC1512B、LTC1515B、LTC1215B。

(6) 有编号为 4 的详图索引符号，详图在建筑图第 145 页上。

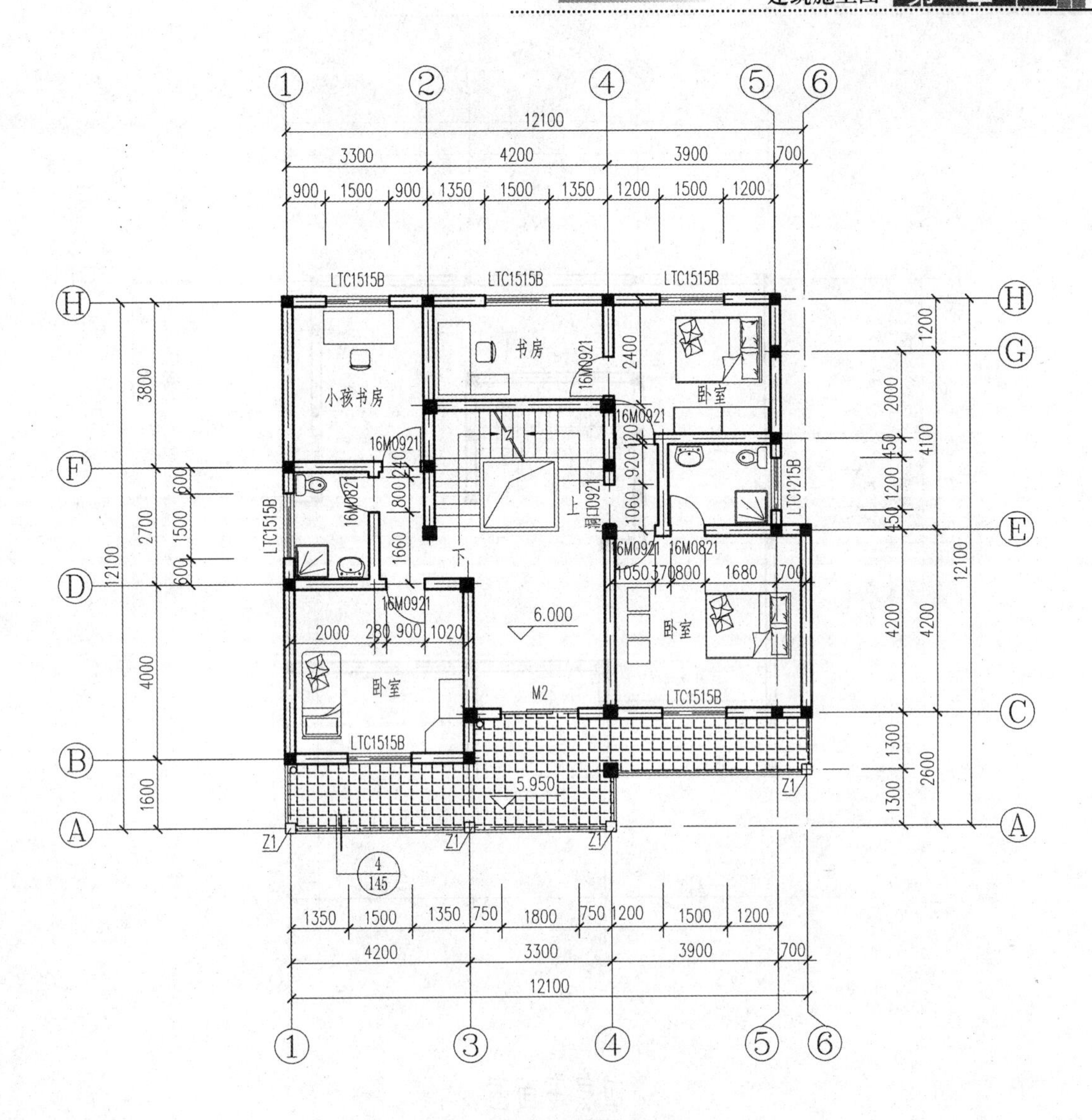

图 8.29 三层平面图

三层平面图是用假想的水平剖切平面，在三层所属的窗台以上、窗头以下把整栋房屋剖开后向水平投影面投射所得的正投影图。

三层平面图的阅读可参考二层平面图的阅读方法以及步骤进行。三层平面图与二层平面图相比较，三层的房间平面的布置和二层大不相同，三层的房间布置体现出别墅业主对空间应用的私密性。

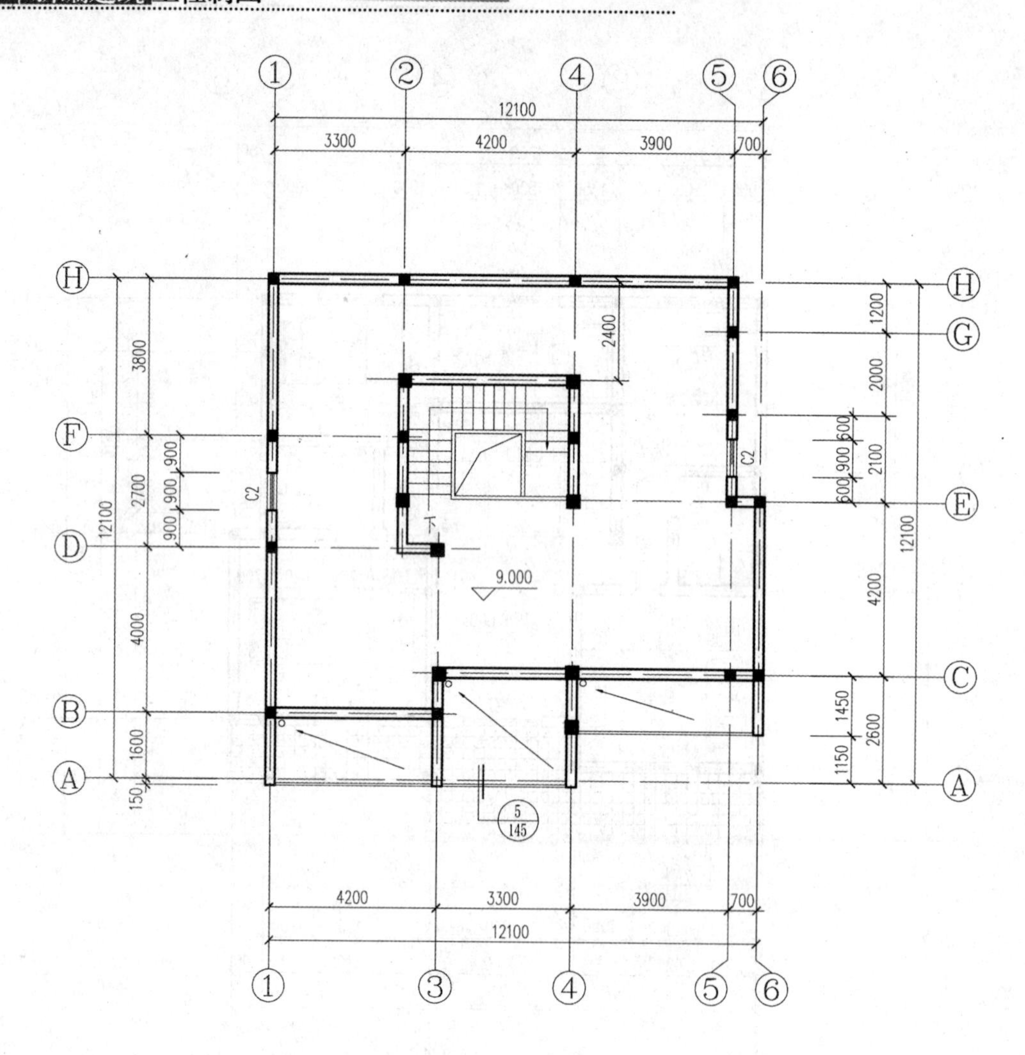

图 8.30 四层平面图

四层是中式建筑物的阁楼层，位于房屋的人字顶层，有时当建筑物的层高达到 4m 以上时，也可以做出阁楼层(例如 4.8m 高的商铺通常通过阁楼分割成 2 层，上层作为办公、储藏、住人等用途)。

本别墅的四层为一个典型的中式建筑物阁楼设计，(图 8.30)四层平面图的阅读可参考二层平面图的阅读方法以及步骤进行。一旦合理利用这些“缺点”，通过精心的装饰设计，阁楼层空间的变化会更为丰富。设计施工原则是：千万不要破坏阁楼的原有结构，通风、采光、防水、隔热，这些设计中一个都不能忽视。

屋顶平面图是将屋面上的构配件直接向水平投影面投射所得的正投影图，若存在楼梯间，则还需要作出楼梯间的水平剖切。

在屋顶平面图中，一般表明：屋顶的形状(外形)，屋脊、屋檐的位置，屋面的排水方向，女儿墙、排水管、屋顶水箱、屋面出入口的设置等。

由于屋顶平面图的构造通常比较简单，可用较小比例绘制(1:100，1:200 等)。

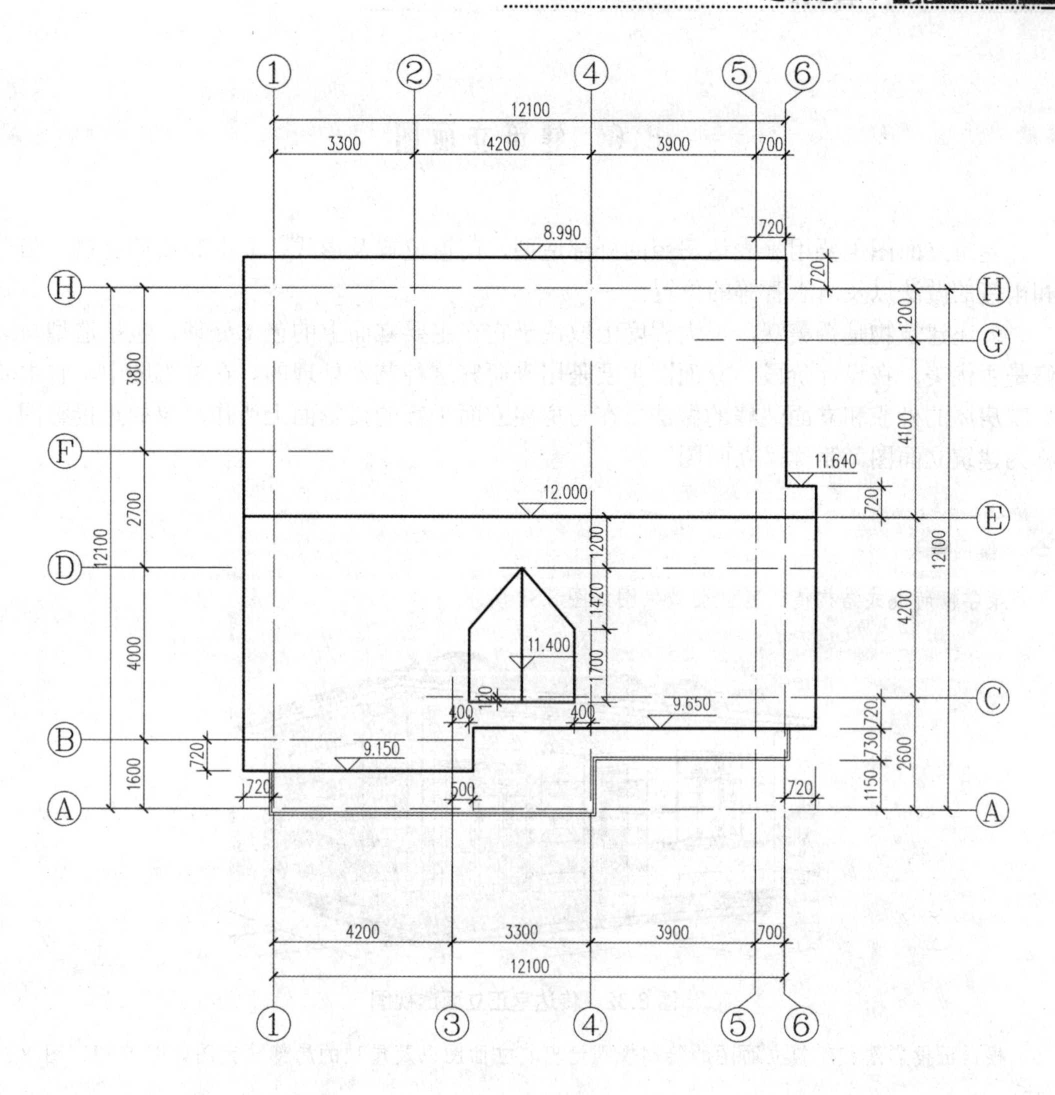

图 8.31 屋顶平面图

8.5.3 建筑平面图的绘制

绘制建筑施工图时一般按平面图→立面图→剖面图→详图进行。

平面图的绘图步骤如下。

(1) 画出平面图中的定位轴线。

(2) 画墙身和柱子的轮廓线。

(3) 确定门窗位置。

(4) 画出细部结构，如楼梯、台阶、卫生间、散水等。

(5) 检查无误后，擦去多余作图线，按要求加深图线。

(6) 标注轴线、门窗编号，尺寸数字，剖切符号，图名、比例及其他文字说明。

8.6 建筑立面图

建筑立面图主要用来表达房屋的外部造型、门窗位置及形式、立面装修的材料、阳台和雨篷的做法以及雨水管等的位置。

一座建筑物是否美观，很大程度上取决于它在主要立面上的艺术处理，包括造型与装修是否优美。在设计阶段，立面图主要是用来研究这种艺术处理的。在施工图中，它主要反映房屋的外貌和立面装修的做法。在与房屋立面平行的投影面上所作房屋的正投影图，称为建筑立面图，简称“立面图”。

案例导入

某学校砖混式结构传达室立面效果图如图 8.32 所示。

图 8.32 传达室正立面透视图

根据正投影法和建筑立面图的绘制规则绘出其立面图以及屋顶的局部放大图如图 8.33、图 8.34 所示。

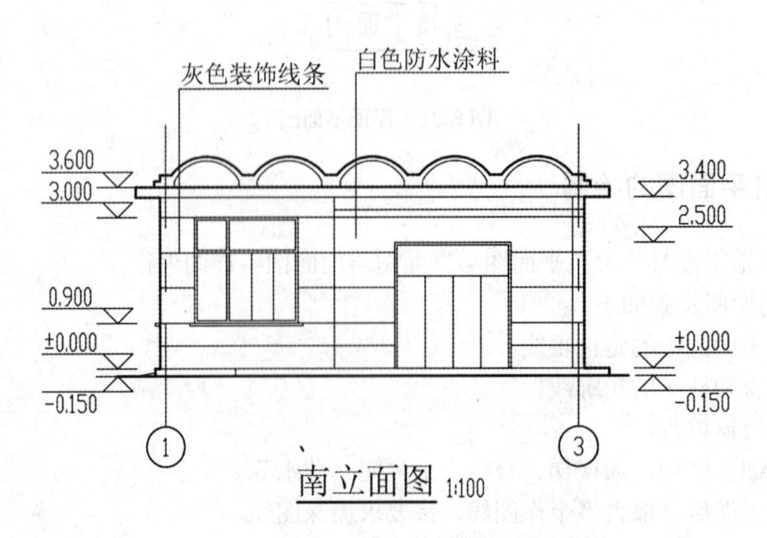

图 8.33 传达室立面图

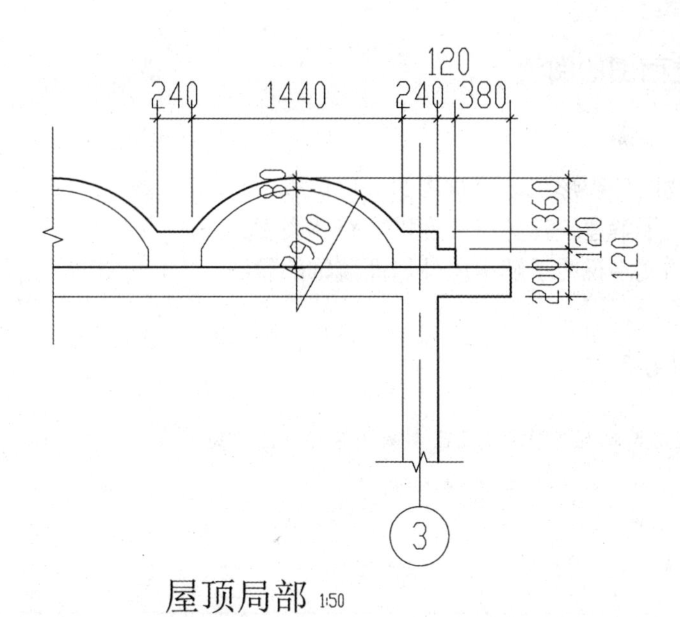

图 8.34　传达室屋顶局部放大

8.6.1　建筑立面图图示的内容

(1) 图名及比例。其中反映主要出入口或比较显著地反映出房屋外貌特征的那一面的立面图，称为正立面图，其余的立面图相应地称为背立面图和侧立面图。但通常也按房屋的朝向来命名，如南立面图，北立面图、东立面图和西立面图等。有时也按轴线编号来命名，如①～⑨立面图或 A～E 立面图等。

建筑立面图的比例与平面图的比例一致，常用 1:50、1:100、1:200 的比例绘制。

(2) 定位轴线。一般立面图只画出两端墙的定位轴线及编号，以便确切地判别立面图的投射方向。

(3) 图线。为了使立面图外形清晰、层次分明，通常用粗实线(*b*)表示立面图的最外轮廓线，突出墙面的雨篷、阳台、门窗洞口、窗台、窗楣、台阶、柱、花池等投影用中实线(0.5*b*)绘制，外地坪用加粗线(1.4*b*)绘制，其余如门扇、窗扇、墙面分格线、材料引出线、落水管等用细实线(0.25*b*)绘制。

(4) 图例。由于立面图画图的比例较小，绘制一些细部结构如门窗时应按《房屋建筑制图统一标准》规定的图例绘制，一般在立面图上可不表示门的开启方向。

(5) 立面图的尺寸标注。外部三道尺寸：高度方向总尺寸、定位尺寸(两层之间楼地面的垂直距离即层高)细部尺寸(楼地面、阳台、檐口、女儿墙、台阶、平台等部位)。

(6) 标高。楼地面、阳台、檐口、女儿墙、台阶、平台等处标高。上顶面标高应注建筑标高(包括粉刷层，如女儿墙顶面)，下底面标高应注结构标高(不包括粉刷层，如雨篷、门窗洞口)。

(7) 其他标注。在立面图上可在适当的位置用文字注出外墙面的装修材料和做法，注出各部分构造、装饰节点详图的索引符号。

8.6.2 建筑立面图的阅读

(1) 读图名、比例。
(2) 读建筑物的外貌形状、建筑物的入口位置。
(3) 读标高，了解建筑物各层高度以及整体高度。
(4) 从图中的文字说明了解房屋外墙面装饰的做法。

某小区三层框架式私人别墅建筑立面图如图 8.35～图 8.38 所示。

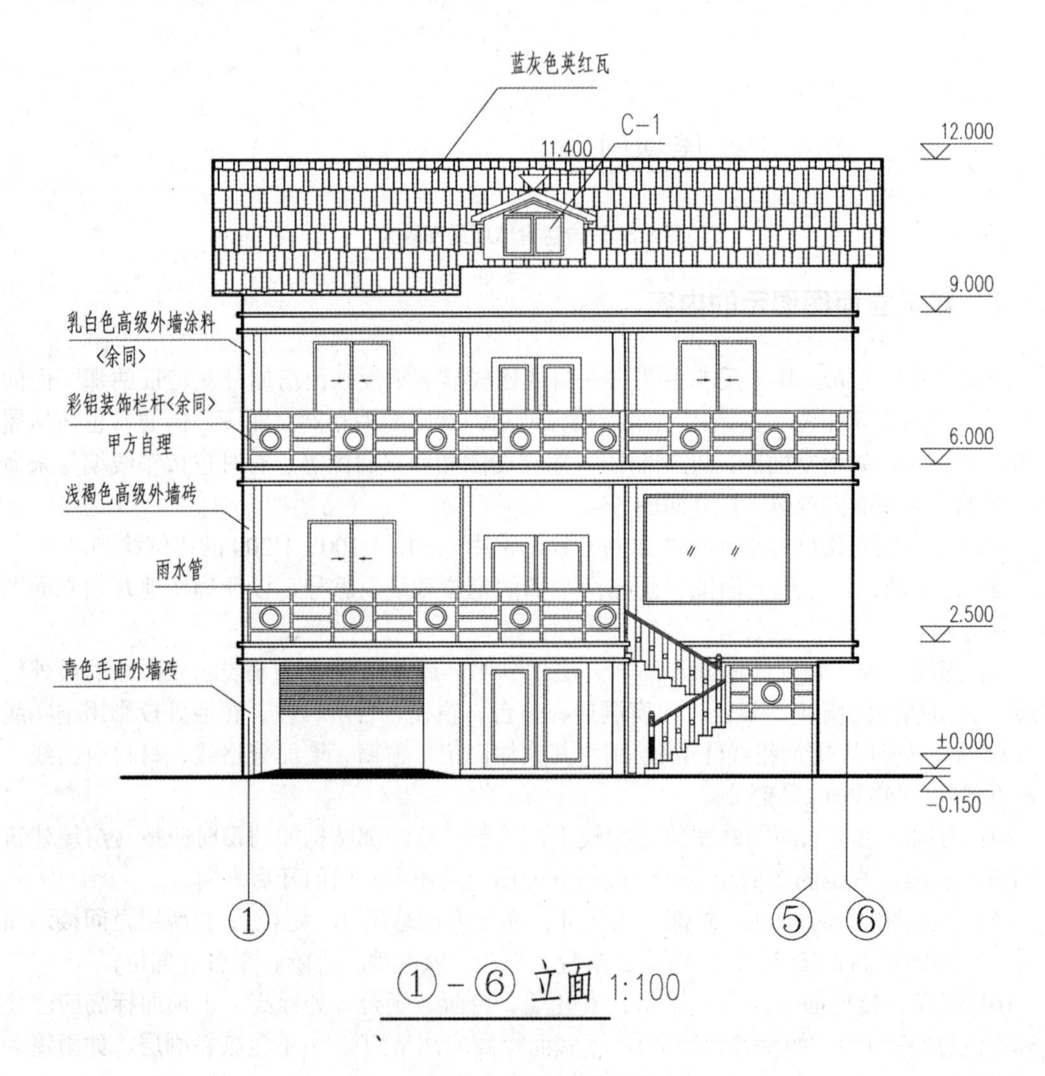

图 8.35 别墅南立面图

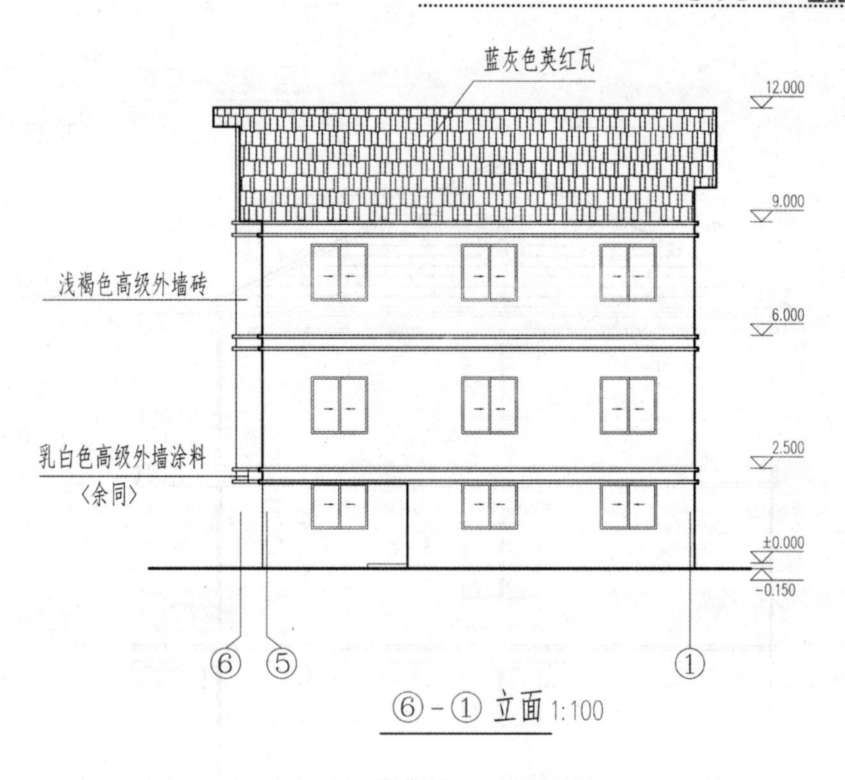

图 8.36 别墅北立面图

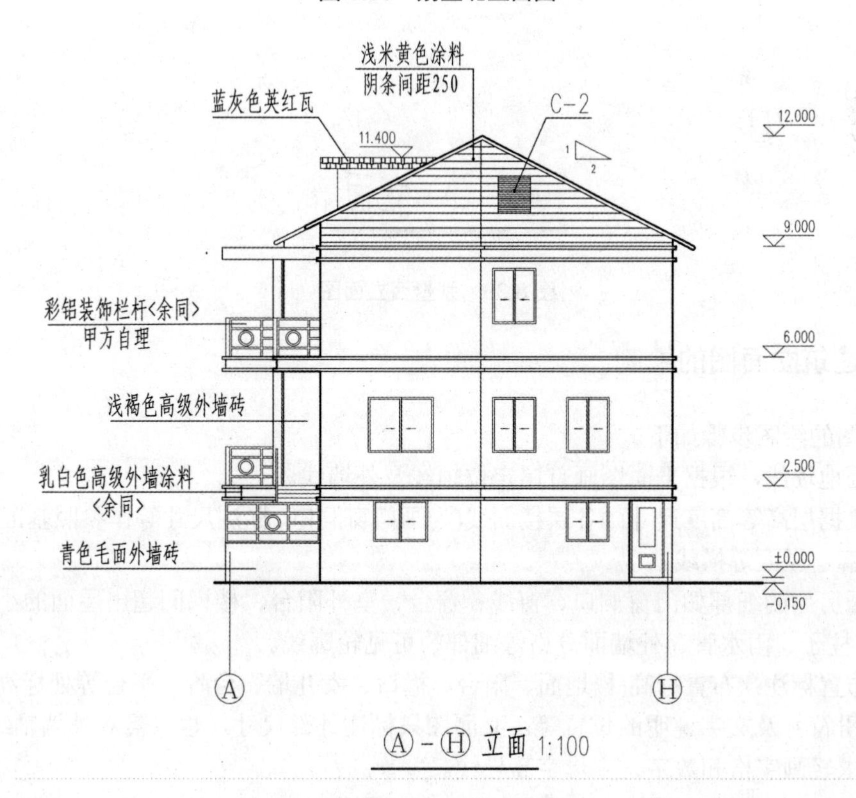

图 8.37 别墅东立面图

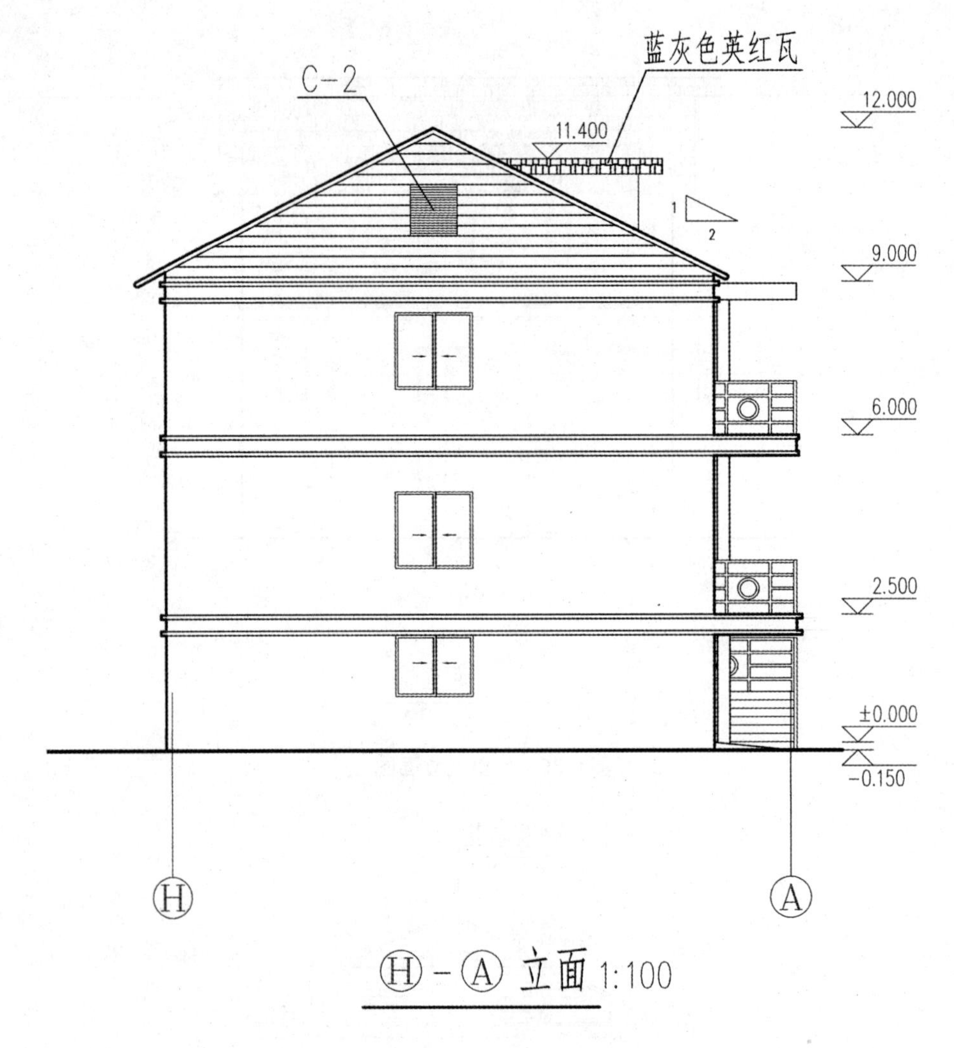

图 8.38 别墅西立面图

8.6.3 建筑立面图的绘制

立面图的绘图步骤如下。

(1) 画地坪线，根据平面图画首尾定位轴线及外墙线。

(2) 依据层高等高度尺寸画各层楼面线(为画门窗洞口、标注尺寸等作参照基准)、檐口、女儿墙轮廓、屋面等横线。

(3) 画房屋的细部如门窗洞口、窗线、窗台、室外阳台、楼梯间超出屋面的小屋(冲层或塔楼)、柱子、雨水管、外墙面分格等细部的可见轮廓线。

(4) 布置标注：布置标高(楼地面、阳台、檐口、女儿墙、台阶、平台等处标高)、尺寸标注、索引符号及文字说明的位置等。立面图只标注外部尺寸，也只需对外墙轴线进行编号，按要求轻画字格和数字、字母字高导线。

(5) 检查无误后整理图面，按要求加深、加粗图线。

(6) 书写数字、图名等文字。

8.7 建筑剖面图

假想用一个或多个垂直于外墙轴线的铅垂剖切面，将房屋剖开，所得的投影图，称为建筑剖面图，简称“剖面图”。剖面图用以表示房屋内部的结构或构造形式、分层情况和各部位的联系、材料及其高度等，是与平、立面图相互配合的不可缺少的重要图样之一。

剖面图的数量是由房屋的具体情况和施工实际需要而决定的。剖切面一般横向，即平行于侧面，必要时也可纵向，即平行于正面。其位置应选择在能反映出房屋内部构造比较复杂且典型的部位，并应通过门窗洞的位置。若为多层房屋，应选择在楼梯间或层高不同、层数不同的部位。剖面图的图名应与平面图上所标注剖切符号的编号一致，如 1-1 剖面图、2-2 剖面图等。

剖面图中的断面，其材料图例与粉刷面层和楼、地面面层线的表示原则及方法，与平面图的处理相同。习惯上，剖面图中可不画出基础部分的投影。

案例导入

某学校砖混式结构传达室平面图(图 8.25) 中标出了 1-1、2-2 剖面符号，对应的剖面图如图 8.39 和图 8.40 所示。

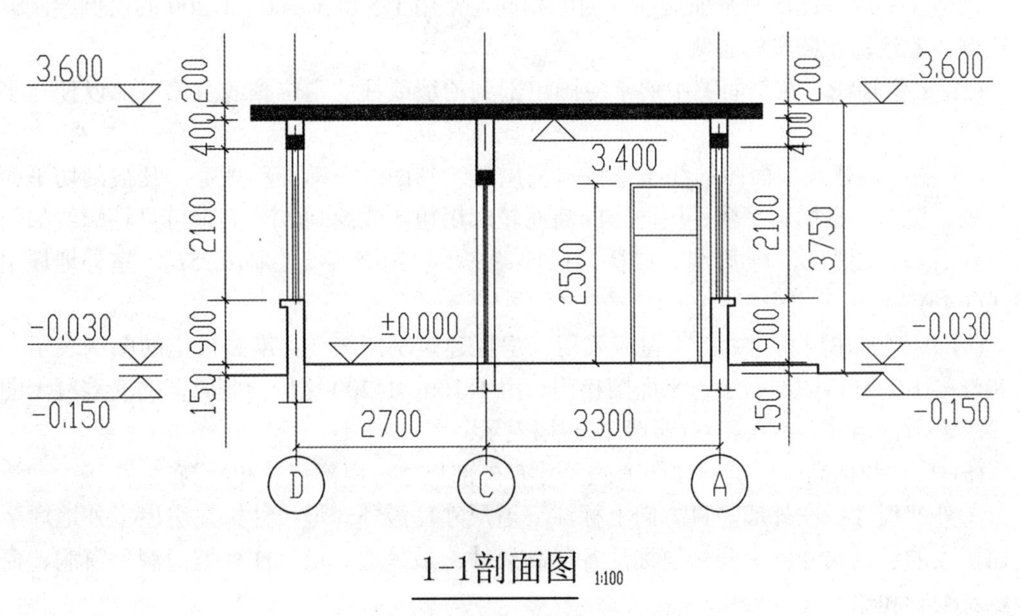

图 8.39 传达室 1-1 剖面图

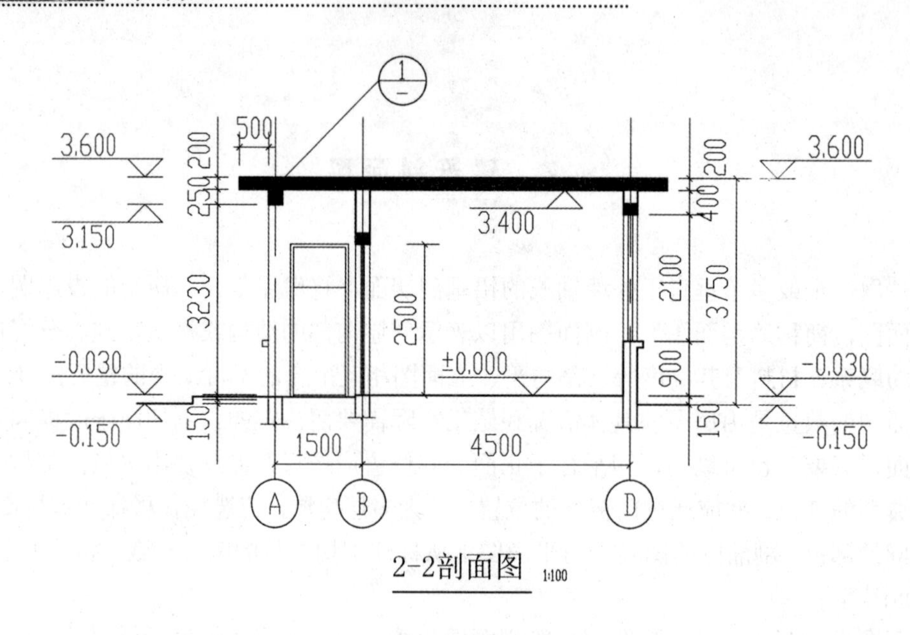

图 8.40　传达室 2-2 剖面图

8.7.1　建筑剖面图图示的内容

(1) 图名及比例。剖面图的名称是根据底层平面图上的剖切符号来命名的，如 1-1 剖面图、2-2 剖面图等。

剖面图的绘图比例与平面图和立面图相同，常用 1∶50、1∶100、1∶200 的比例绘制。绘图比例一般注写在图名的右侧。

(2) 定位轴线。在剖面图中通常应画出剖到的墙或柱的定位轴线及编号，以便与平面图对照。

(3) 图线。建筑剖面图的线型，按《房屋建筑制图统一标准》规定，凡被剖切平面剖到的墙、楼面、楼梯、平台、屋面等的断面轮廓用粗实线绘制(*b*)。其余可见轮廓线如门后墙、窗后墙、踢脚线、勒脚线、楼梯、栏杆、扶手等用细实线绘制(0.25*b*)。室外地坪用加粗线(1.4*b*)绘制。

(4) 图例。在剖面图中门、窗应采用《房屋建筑制图统一标准》规定的图例表示。砖墙和混凝土的材料图例画法与平面图相同。用 1∶100、1∶200 比例绘制时，钢筋混凝土图例用涂黑表示，墙体用两条粗线(即墙厚度线)表示。

(5) 尺寸和标高。建筑剖面图上的尺寸有外部尺寸、内部尺寸和标高。

①外部尺寸：在外墙竖直方向上标注三道尺寸。最外一道尺寸标注房屋室外地坪至女儿墙压顶的总高尺寸；中间一道标注各层高尺寸；最里边一道标注外墙门洞、窗洞、窗间墙以及勒脚和檐口高度尺寸。

在水平方向应标注剖到的墙、柱及剖面图两端的轴线间距。

②内部尺寸：应标注出室内内墙门洞、窗洞、楼梯栏杆等高度尺寸。

③标高：剖面图上应标注出室外地坪、楼地面、阳台、檐口、女儿墙、台阶、平台等处的标高。

(6) 其他标注。由于剖面图采用的比例较小，有些部位不能详细表达，可在该部位处画出详图索引符号，另用详图表示其细部结构。

8.7.2 建筑剖面图的阅读

阅读建筑剖面图时，应当以平面图以及立面图作为依据，由平面图、立面图到剖面图，从外到内，由下及上，反复对照读图，形成对房屋的整体认识。

(1) 阅读图名和比例，查阅底层平面图上的剖面图标注符号，明确剖面图的剖切位置和投影方向。

(2) 分析建筑物的内部空间组合与布局，了解建筑物的分层情况。

(3) 了解建筑物的结构与构造形式，墙、柱之间的相互关系以及建筑材料和做法。

(4) 阅读标高和尺寸，了解建筑物的层高和楼面标高以及其他部位的标高以及相关尺寸。

应用案例 8-6

某小区三层框架式私人别墅建筑甲—甲剖面图如图 8.41 所示。

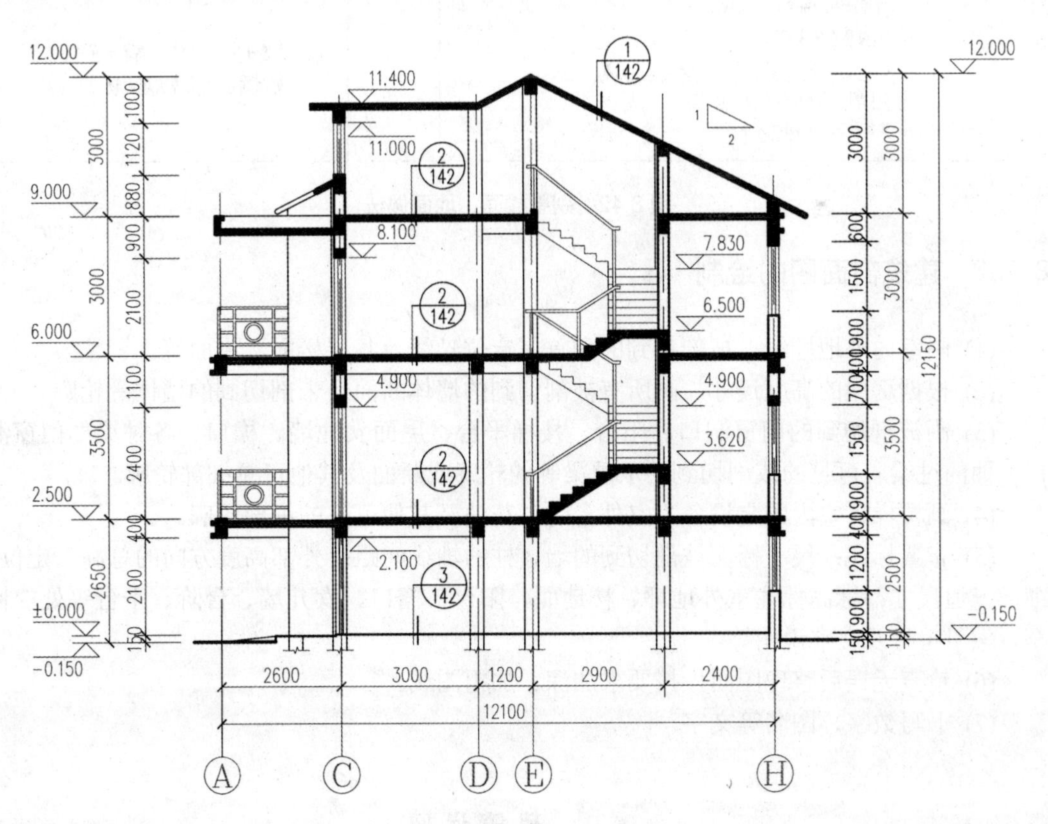

图 8.41 别墅剖面图

楼面、地面做法			
① 斜屋面做法	a: 英红瓦贴面; b: SBS改型防水卷材一道; c: 20厚1:3水泥砂浆找平层; d: 35厚挤塑板; e: 现浇钢筋混凝土楼板	③ 地坪做法	a: 抛光砖(装修时定); b: 20厚1:3水泥砂浆找平层; c: 100厚C20素混凝土找平层; d: 150厚块石夯实垫层; e: 素土夯实
② 楼面做法	a: 抛光砖(装修时定); b: 30厚C20细石混凝土找平层; c: 现浇钢筋混凝土楼板		
卫生间做法	a: 10厚200x200防滑地砖面层,干水泥擦缝(颜色及规格另定), 四周贴2.10m高白瓷砖墙裙; b: 15厚聚合物水泥砂浆; c: 1:2聚合物防水涂膜,四周沿墙翻起150高; d: 20厚1:3水泥砂浆找平层 e: 基层做法参照相应楼地面		附注:内墙踢脚线均做150高黑色面砖踢脚线 楼梯面层为20厚大理石板

图 8.42　别墅楼面、地面做法

8.7.3　建筑剖面图的绘制

(1) 画室内外地坪线、被剖切到的和首尾定位轴线、各层楼面、屋面等。

(2) 根据房屋的高度尺寸，画所有被剖切到的墙体断面及未剖切到的墙体等轮廓。

(3) 画被剖切到的门窗洞口、阳台、楼梯平台、屋面女儿墙、檐口、各种梁如门窗洞口上面的过梁、可见的或剖切到的承重梁等的轮廓或断面及其他可见细部轮廓。

(4) 画楼梯、室内固定设备、室外台阶、花池及其他可见的细部轮廓。

(5) 布置标注：尺寸标注被剖切到的墙、柱的轴线间距；外部高度方向的总高、定位、细部三道尺寸；标高标注室外地坪、楼地面、阳台、檐口、女儿墙、台阶、平台等处的标高、索引符号及文字说明等。

(6) 检查无误后整理图面，按要求加深、加粗图线。

(7) 书写数字、图名等文字。

8.8　建筑详图

建筑详图(简称详图或大样图)是建筑细部的施工图。采用较大比例，对某些建筑构配件及其节点的详细构造(包括式样、做法、用样和详细尺寸等)进行绘制。其通常作为建筑平、立、剖面图的补充，如所要作补充的建筑构配件(如门窗做法)或节点系套用标准图或通用详图时，一般只要注明所套用图集的名称、编号或页次，不必再画出详图。

案例导入

某学校砖混式结构传达室2-2剖面图(图8.40)中，索引符号处表明对应位置会有详细画出的图样，且对应的详图如图8.43所示。

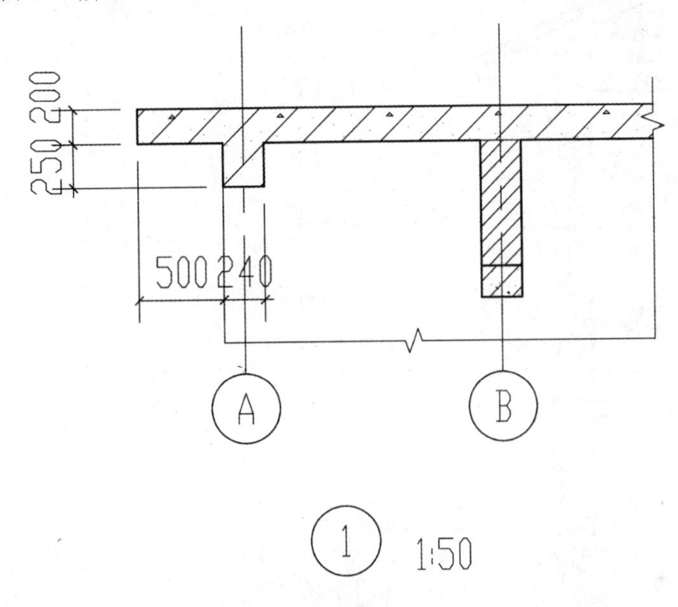

图8.43　建筑详图示例

建筑详图所表示的部位，在相应的建筑平、立、剖面图中标注出它的索引符号，如图8.27和图8.28所示。还需在所画详图的下方绘制详图符号，如图8.43所示。必要时还要写明详图的名称，以便查阅，如图8.45屋脊详图。

建筑详图包括以下内容。

(1) 表示局部构造的详图，如外墙身详图、楼梯详图、阳台详图等。

(2) 表示房屋设备的详图，如门窗、卫生间、厨房、实验室内设备的位置及构造等。

(3) 表示房屋特殊装修部位的详图，如吊顶、花饰等。

工程实践中，一套图纸要画多少个详图应视实际情况而定。

应用案例8-7

某小区三层框架式私人别墅建筑墙身大样图如图8.44所示；4轴门外台阶节点详图如图8.45③所示，阳台装饰线节点详图如图8.45④、三层阳台雨篷如图8.45⑤所示。

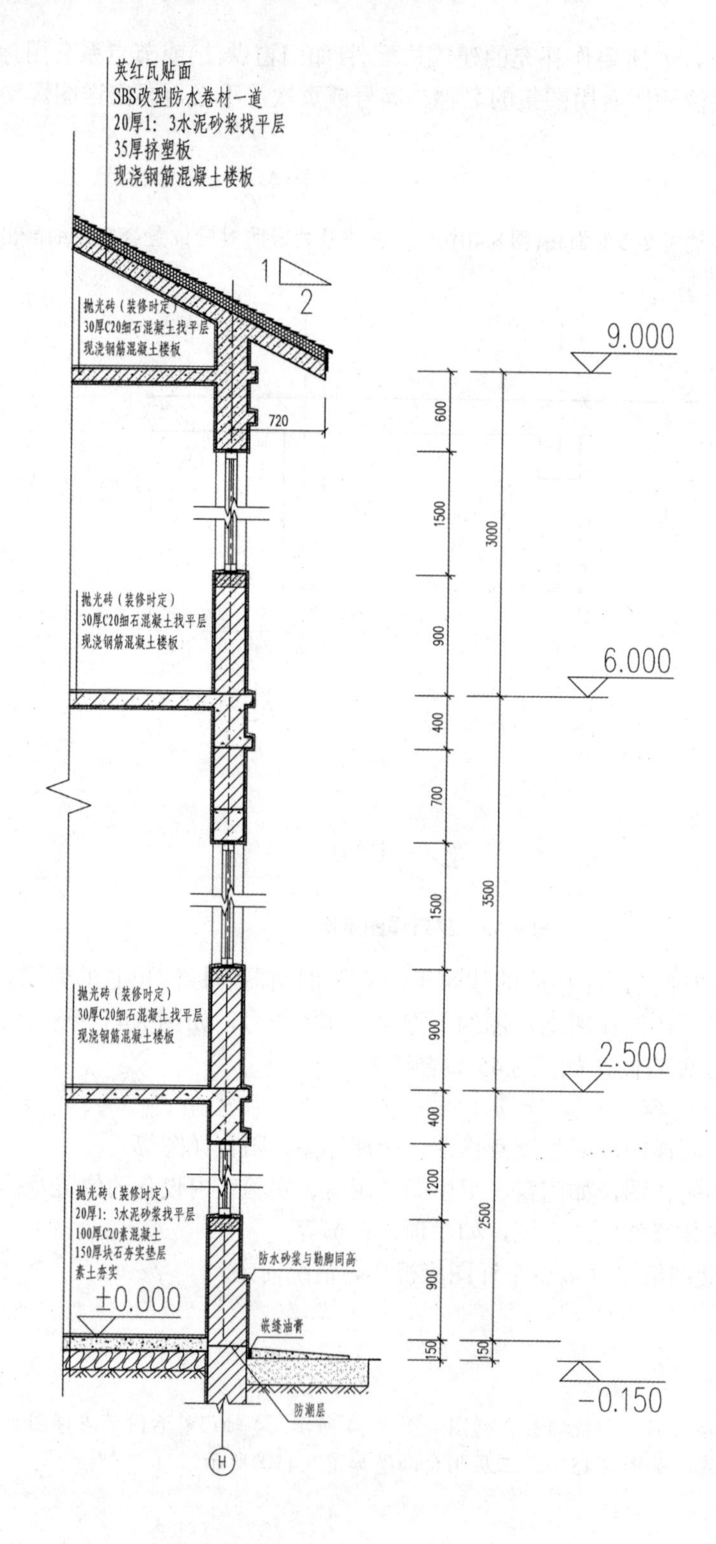
英红瓦贴面
SBS改型防水卷材一道
20厚1：3水泥砂浆找平层
35厚挤塑板
现浇钢筋混凝土楼板
1
2
抛光砖（装修时定）
30厚C20细石混凝土找平层
现浇钢筋混凝土楼板
720
9.000
6.000
2.500
±0.000
-0.150
600
1500
900
400
700
1200
150
3000
3500
2500
抛光砖（装修时定）
20厚1：3水泥砂浆找平层
100厚C20素混凝土
150厚块石夯实垫层
素土夯实
防水砂浆与勒脚同高
嵌缝油膏
防潮层
H
H轴墙身大样 1:25

图 8.44 墙身大样图

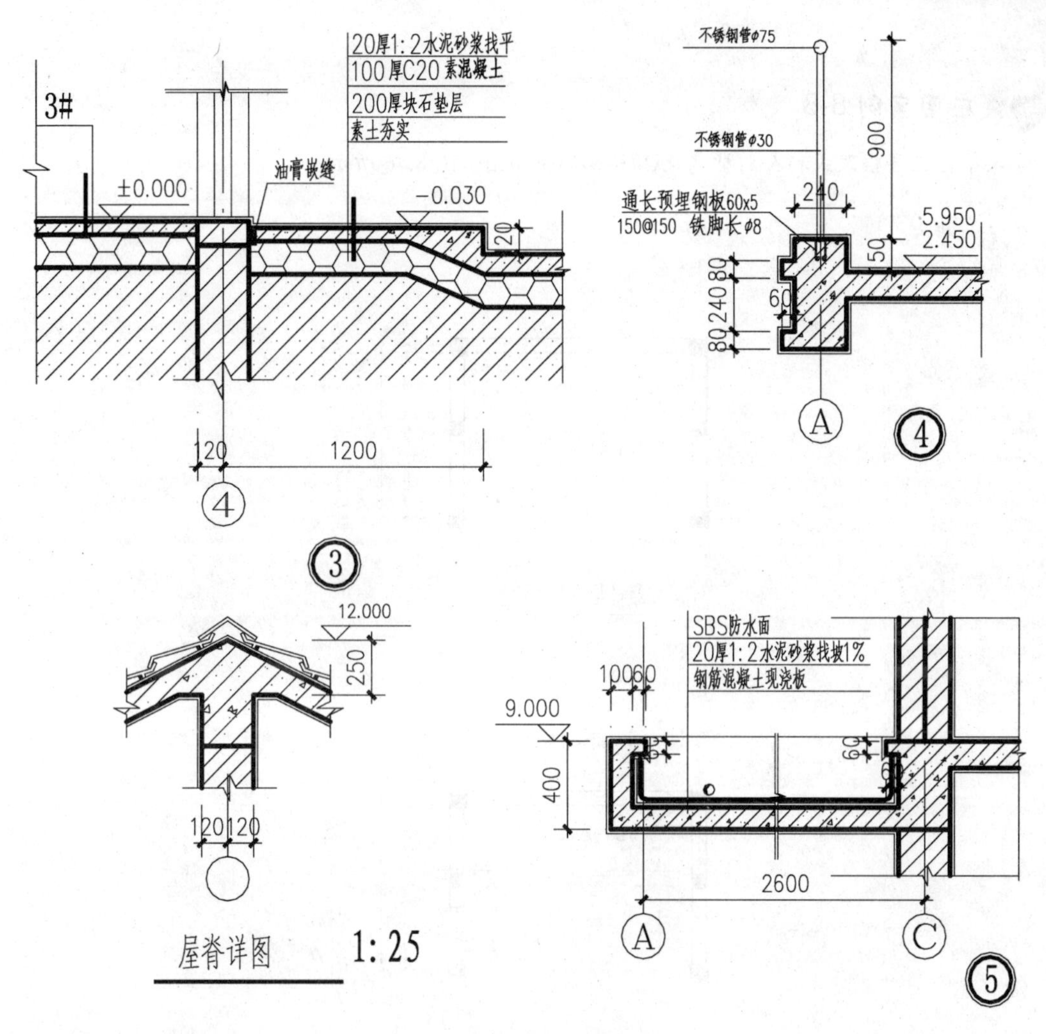

图 8.45 详图 3、4、5

8.8.1 楼梯详图

楼梯是建筑物中一个重要的组成部分，起着房屋建筑的竖直交通作用，其构造形式、用料做法多种多样。楼梯详图一般包括平面图、剖面图及踏步、栏杆详图等，绘图时应尽可能把它们画在同一张图纸内。楼梯详图还有建筑详图和结构详图之分，分别隶属于“建筑施工图”和“结构施工图”。

1. 楼梯平面图

楼梯平面图的剖切位置，一般选择在该层楼梯间窗台的上方(视实际情况可能在该层楼梯平台之下方或上方)。一般每一层楼都要画一个楼梯平面图。四层或四层以上的房屋，若中间各层的楼梯梯段和平台的构造、形状、尺寸和步级数完全相同时，可合用同一个平面图。因此，通常一幢房屋的楼梯平面图只需画出其首层、中间层和顶层 3 个平面图即可，如图 8.46 所示。

应用案例 8-8

某小区三层框架式私人别墅建筑2#楼梯的平面图如图8.46所示。

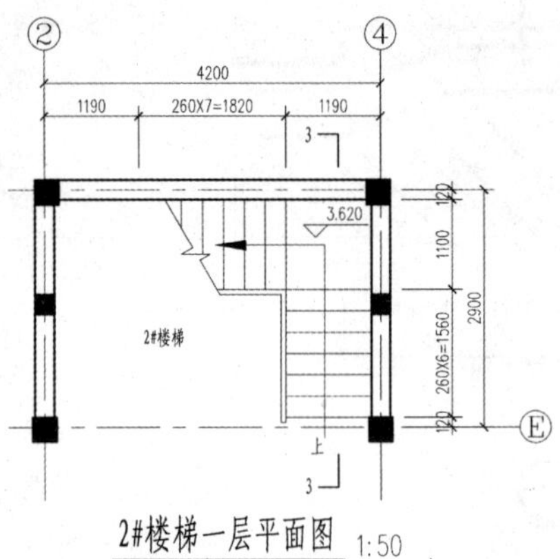

2#楼梯一层平面图 1:50

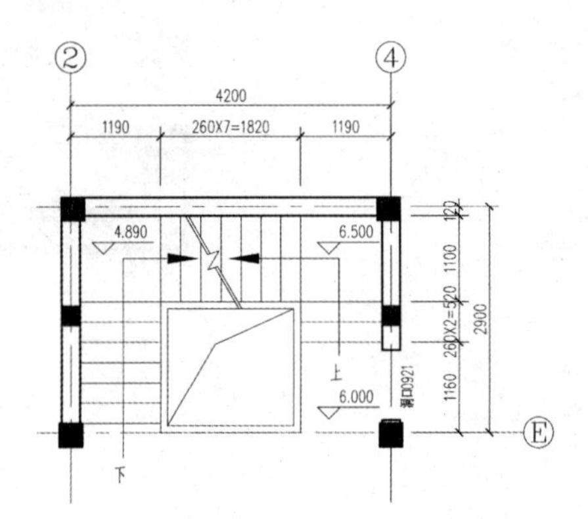

2#楼梯二层平面图 1:50

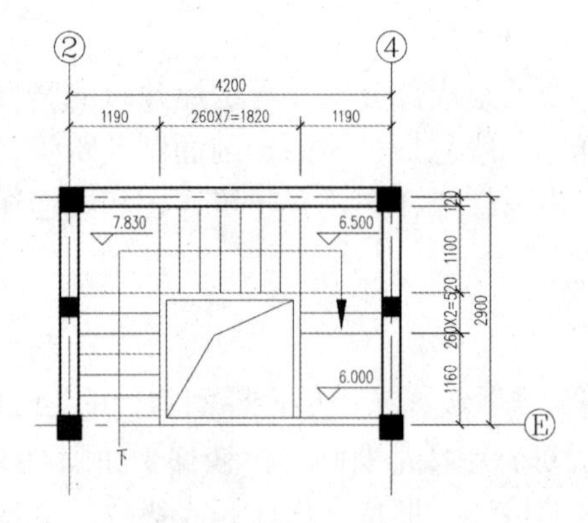

2#楼梯三层平面图 1:50

图 8.46 2#楼梯平面图

2. 楼梯剖面图

楼梯剖面图是假想用一个铅垂的剖切平面，通过各层第一个梯段和门窗洞垂直剖切，向未剖梯段的方向投射所得到的剖面图。它主要表达房屋的层数、各层楼地面及平台的标高、楼梯的梯段数、步级数、构件的连接方式、楼梯间窗洞的尺寸以及栏杆的形式和高度等内容，图 8.47 所示为某案例别墅的楼梯剖面图。

在多层房屋中如果中间各层楼梯结构相同，可以只画底层、中间层和顶层剖面图。中间各层可共用一层表示，但应在此层中标注出与之结构相同层的标高。楼梯间的屋面一般在剖面图中不画出，用折断线将其断开。

楼梯间剖面图中应标注室内外地面、平台面、楼地面的标高。竖直方向应标注剖到墙的墙段、门窗洞口、层高、平台梁下口以及梯段的高度尺寸。梯段高度尺寸应按组合方式标注，即步级数×踢面高=梯段高。水平方向应标注被剖切墙的轴线编号、轴线尺寸、中间平台宽和梯段长度尺寸。需要注意，同一楼层间两个梯段总高度之和应等于该层的层高，如有积累误差应予以消除；同一梯段在剖面图中的“步级数”与在平面图中的“踏面数”是不相等的，后者是将前者减去“1”；栏杆的高度尺寸，是从踏面的中点算至该竖直位置上的扶手顶面，一般为 900mm。

如需画出踏步、扶手、栏杆等详图时，还应标出详图索引符号。

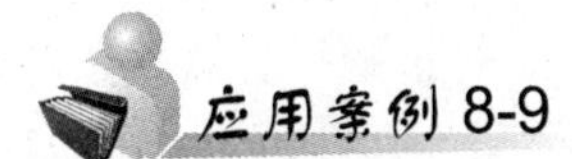

应用案例 8-9

某小区三层框架式私人别墅建筑 2#楼梯的剖面图如图 8.47 所示。

3. 节点详图

上述这些详图，显然对建筑平面图、立面图、剖面图中的楼梯部分作了很好的补充，但还是有一些细部的作法仍未能详尽地表达清楚，例如踏步的表面装修处理和栏杆扶手的作法等。

因此，在楼梯详图中除了要画出楼梯平面图和剖面图外还要画出栏杆、踏步和扶手节点详图(也称为大样图)。节点详图常采用的比例为 1:20、1:5、1:2 等。节点详图应表明栏杆、踏步的结构形式、材料、装饰作法及细部尺寸，图 8.48 为其他建筑物楼梯节点详图。

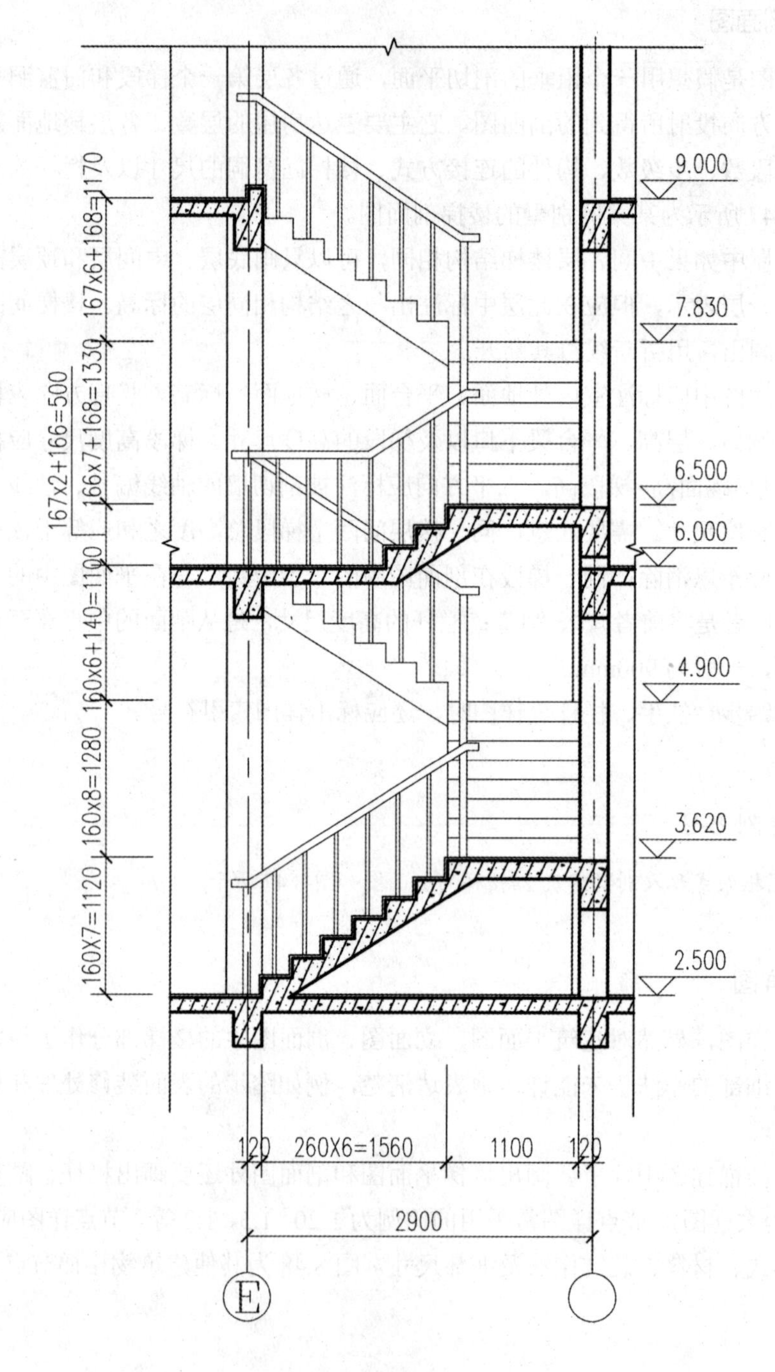
9.000
7.830
6.500
6.000
4.900
3.620
2.500
167x6+168=1170
167x2+166=500
166x7+168=1330
160x6+140=1100
160x8=1280
160X7=1120
120
260X6=1560
1100
120
2900
E
3-3剖面图 1:50

图 8.47　2#楼梯剖面图

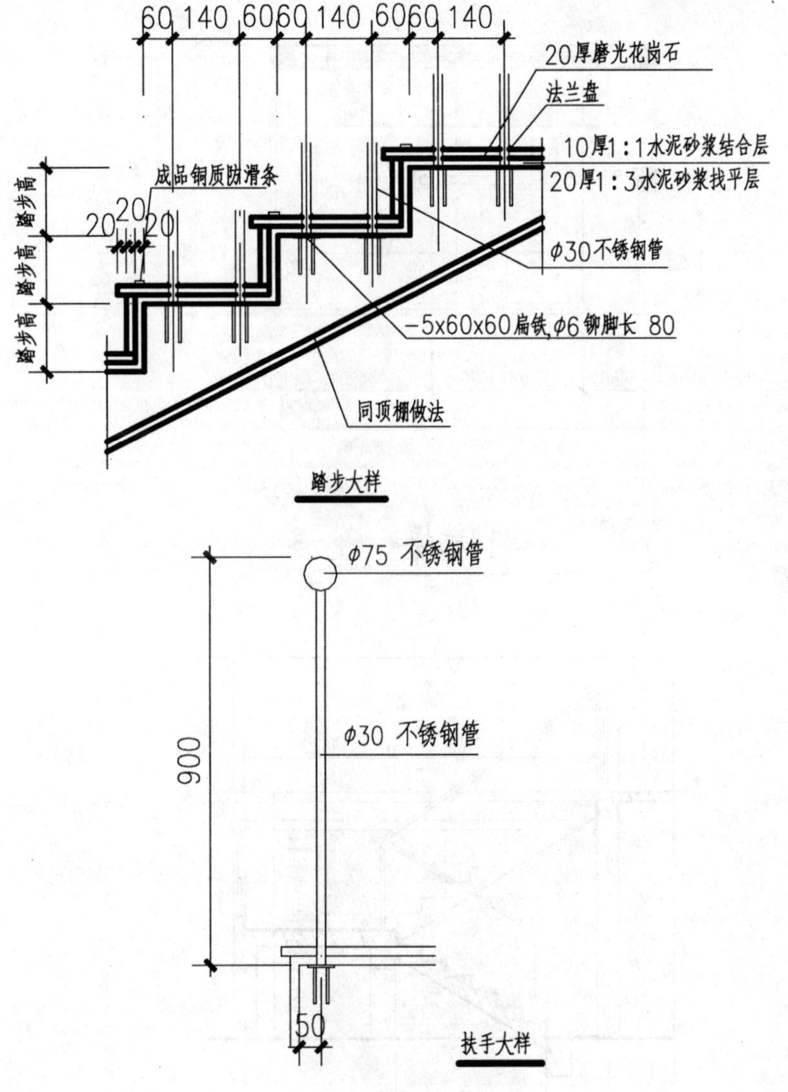

图 8.48 楼梯节点详图

某小区三层框架式私人别墅建筑 1#楼梯的平面图、剖面图如图 8.49 所示。相应的节点详图如图 8.50 所示。

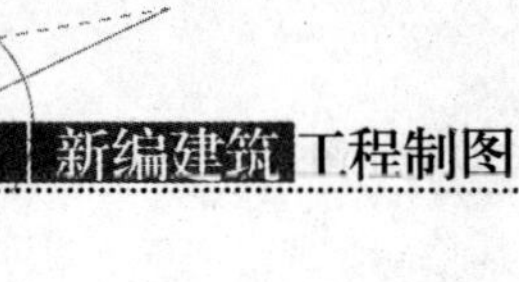

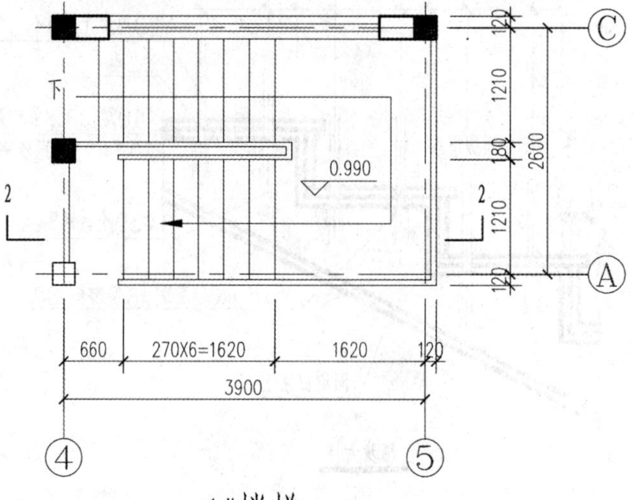
下
0.990
2
2
120
1210
180
1210
120
2600
C
A
660
270X6=1620
1620
120
3900
4
5
1#楼梯 1:50

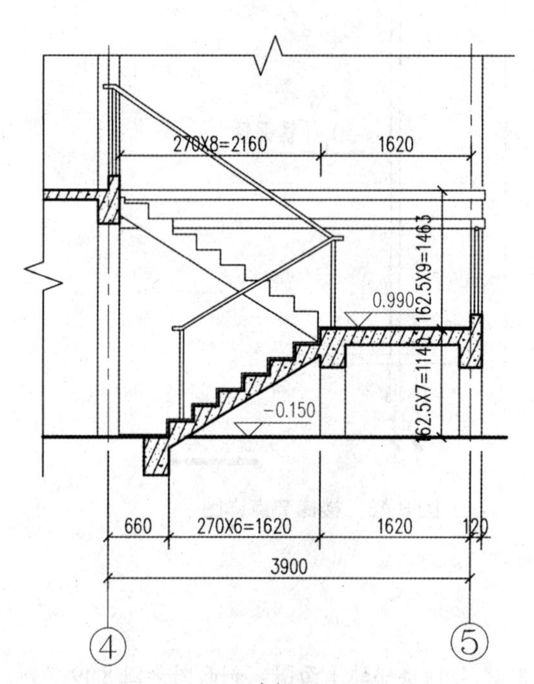
270X8=2160
1620
162.5X9=1463
0.990
162.5X7=114
-0.150
660
270X6=1620
1620
120
3900
4
5
2-2剖面图 1:50

图 8.49　1#楼梯详图

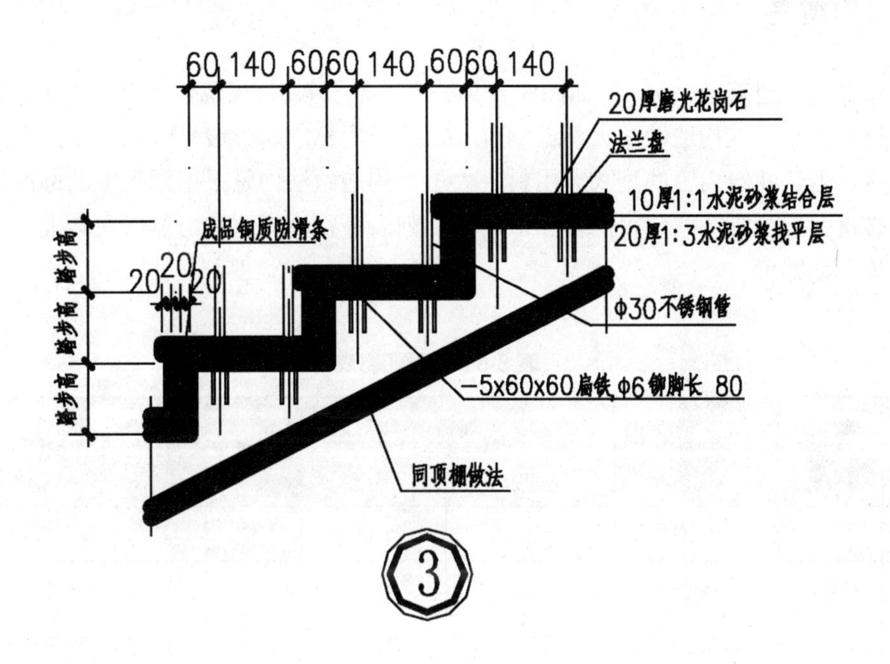

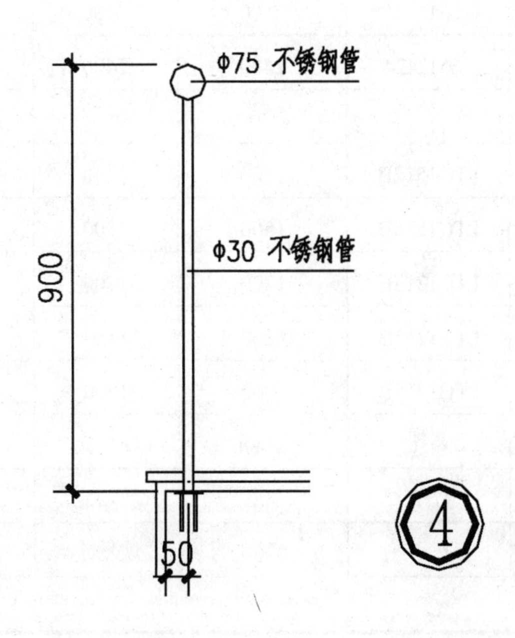

图 8.50　1#楼梯节点详图

8.8.2 门窗表

门窗表是对建筑平、立、剖面图的一种补充，见表 8-5。在现代建筑工程中，门窗的型式、用料、大小及其构造做法大都编制有一定的通用标准。一般来说，设计部门绘制建筑施工图时，若该建筑门窗的型式、用料、大小、构造做法均是采用图集中的标准设计的，就可不必再另行绘制这些门窗的详图，而只要列表分别说明这些门窗所在标准设计图集中的编号等资料即可。

表 8-5 别墅门窗表

类型	序号	型号	规格		樘数	备注
			宽度	高度		
门	1	JLM1	2960	2100	1	铝合金卷帘门
	2	M2	1800	2100	1	推拉门
	3	16M0821	800	2100	3	套用浙 J2—93 标准图集
	4	16M0921	900	2100	7	套用浙 J2—93 标准图集
	5	16M2121	2100	2100	1	套用浙 J2—93 标准图集
	6	16M2424	2400	2400	1	套用浙 J2—93 标准图集
窗	1	LTC1512B	1500	1200	5	铝合金推拉窗
	2	LTC1515B	1500	1500	10	铝合金推拉窗
	3	LTC1212B	1200	1200	1	铝合金推拉窗
	4	LTC1215B	1200	1500	3	铝合金推拉窗
	5	LTC1815B	1800	1500	2	铝合金推拉窗
	6	C-1	现场定	现场定	1	老虎窗
	7	C-2	900	现场定	2	百叶窗
	8	C-3	2900	现场定	1	固定窗(二层客厅)
说明	铝合金门窗参照套用 99-浙 J7 标准图集					

本章小结

本章主要介绍了建筑施工图的分类，建筑施工图的组成和内容，建筑施工图的阅读和画图步骤。

通过本章的学习，了解房屋建筑的分类，了解建筑施工总说明、建筑总平面图的内容，了解建筑平面图、立面图、剖面图、建筑详图的表达方法，了解施工图设计阶段和图纸表达特点，掌握建筑施工图(平面图、立面图、剖面图、建筑详图)的画法。

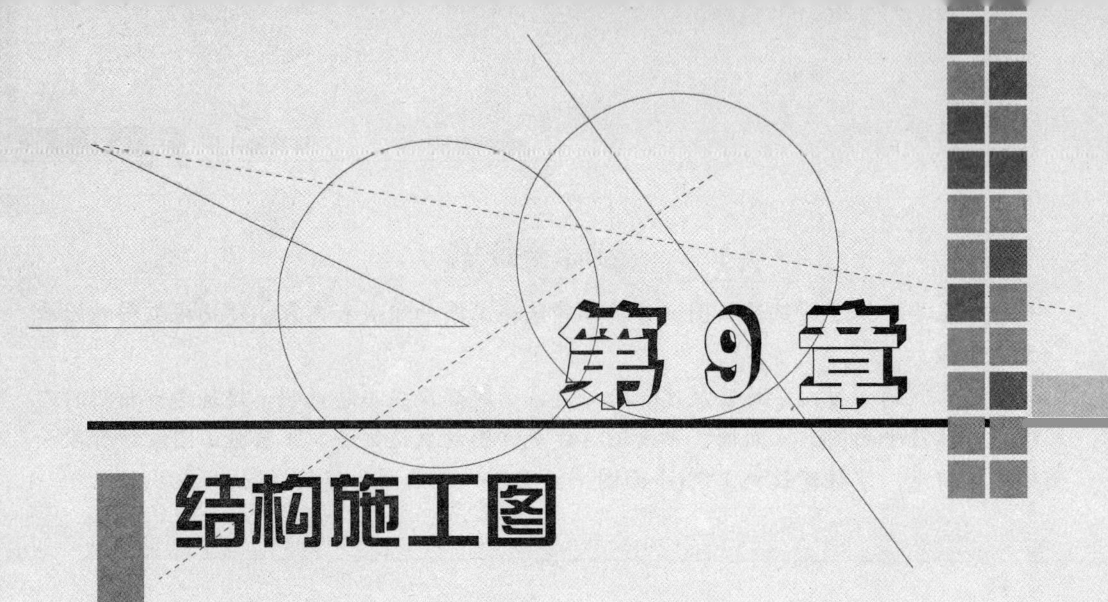

第9章 结构施工图

学习目标

通过本章的学习，旨在培养学生了解结构施工图的概念、内容及要求；掌握结构施工图的绘图方法、步骤；能够识读结构施工图，为后续专业课程的学习打下坚实的基础。

学习要求

能力目标	知识要点	权重
了解结构施工图的概念、规定、基本要求	结构施工图是以建筑施工图为基础，经过结构造型和构件布置及力学计算进行结构施工图绘制	20%
(1) 掌握结构施工图的绘图方法、步骤 (2) 能够识读结构施工图	基础施工图、楼层结构平面图、钢筋混凝土构件结构详图、楼梯结构图等各自的绘图特点、组成内容、绘图方法、步骤及要求	50%
绘制结构施工图	根据岗位要求，培养绘制结构施工图的综合能力	30%

9.1 概 述

9.1.1 结构施工图的用途和内涵

在房屋设计中，除了进行建筑设计、画出建筑施工图外，还需进行结构设计，即根据建筑布置、机电安装等各方面的要求，进行结构选型和构件布置，再通过力学计算，确定建筑物各承重构件的形状、大小、材料、内部构造及其相互关系等，并将这些结果绘成图样，用以指导施工，这种图样称为结构施工图，简称“结施”。

结构施工图主要用来作为施工放线、开挖基坑、支设模板、绑扎钢筋、设置预埋件、留置预留孔洞、浇筑混凝土、安装结构构件以及编制施工组织设计和施工预算的依据。结构的类型不同，结构施工图的具体内容和编排方式也有所不同，但一般都包括以下三部分：结构设计总说明、结构平面布置图、结构构件详图。

由于常见的结构类型有钢筋混凝土结构、钢结构、木结构等，其结构施工图具有各自的图示方法和绘制特点，本章节仅按照钢筋混凝土结构施工图的常见组成内容，主要讲述以下几部分：基础施工图、楼层结构平面图、钢筋混凝土构件结构详图、楼梯结构图，另外对通用的“平法”制图规则做简单的介绍。

9.1.2 钢筋混凝土结构的基本知识

1. 混凝土、钢筋混凝土

混凝土是由水泥、砂、石子和水按一定比例混合搅拌成胶状，再把它浇入定形模板或铺筑在固定的基面上，经过振捣密实和凝固养护后而形成坚硬如石的建筑材料。混凝土抗压强度较高，但抗拉强度较低，所以混凝土容易因受拉、受弯而断裂。

在实际工程中，为了提高混凝土的抗拉、抗弯性能，在混凝土的受拉、受弯等区域内配置一定数量的钢筋，使两种材料粘结成一个整体，这类配有钢筋的混凝土叫钢筋混凝土。

2. 钢筋混凝土构件及预应力钢筋混凝土构件

用钢筋混凝土浇制而成的梁、板、柱、基础等构件称为钢筋混凝土构件。钢筋具有较好的抗拉强度，且与混凝土具有良好的粘结能力。钢筋混凝土利用钢筋的受拉能力及混凝土的抗压能力来共同承受外力。与普通混凝土相比，采用钢筋混凝土可以大大提高构件的承载力。钢筋混凝土构件有现浇和预制两种。现浇是在建筑工地现场浇制，预制是在预制品厂先预制好，然后运到工地进行吊装。

此外，为了提高同等条件下构件的抗拉和抗裂性能，在浇制钢筋混凝土时，预先给钢筋施加一定的拉力，在混凝土凝固后由于受张拉钢筋的反作用而预先承受了一定的压应力，我们称这种构件为预应力钢筋混凝土构件。

3. 混凝土强度等级

混凝土抗压性能很好，按照其抗压强度可分为不同的强度等级，根据《混凝土强度检验评定标准》的规定，混凝土强度等级有 C15、C20、C25、C30、C35、C40、C45、C50、C55、C60、C65、C70、C75、C80 共 14 个等级。混凝土的强度等级是依据 150mm^3 立方体试件进行抗压强度测试所得，测试试件必须在(20±2)℃的温度和相对湿度 95%以上的(空气)环境中养护 28 天(或设计规定的龄期)。例如，C40 表示混凝土的抗压强度为 40MPa。等级越高，混凝土抗压强度也越高。

4．混凝土保护层

为了保护钢筋(防锈、防火、防腐蚀)和确保钢筋和混凝土之间的粘结力，钢筋的外边缘至构件表面留有一定厚度的混凝土，叫做保护层。

根据《混凝土结构设计规范》(GB 50010—2010)要求，纵向受力的普通钢筋及预应力钢筋，其混凝土保护层厚度不应小于钢筋的公称直径，且应符合表 9-1 中有关规定。

表 9-1　混凝土保护层厚度

环境等级	板 墙 壳	梁　柱
一	15	20
二 a	20	25
二 b	25	35
三 a	30	40
三 b	40	50

混凝土强度等级不大于 C25 时，表中混凝土保护层厚度应增加 5mm。基础中纵向受力钢筋的混凝土保护层厚度应从垫层顶面算起不小于 40mm。

5．钢筋的种类和等级

钢筋混凝土结构中，纵向受力普通钢筋宜采用 HRB400、HRB500、HRBF400、HRBF500 钢筋，也可采用 HRB335、HRBF335、HPB300 及 RRB400 钢筋。

箍筋宜采用 HRB400、HRBF400、HPB300、HRB500、HRBF500 钢筋，也可采用 HRB335、HRBF335 钢筋(表 9-2) 。

表 9-2　钢筋种类

钢筋种类	符号	公称直径 D /mm	屈服强度标准值 f_{yk} /(N/mm^2)	极限强度标准值 f_{stk} /(N/mm^2)
HPB300	Φ	6～22	300	420
HRB335 HRBF335	Φ Φ^F	6～50	335	455
HRB400 HRBF400 RRB400	Φ Φ^F Φ^R	6～50	400	540
HRB500 HRBF500	Φ Φ^F	6～50	500	630

6．钢筋在构件中的作用和分类

钢筋按照在构件中所起主要作用可分为受力钢筋、箍筋、架立筋、分布筋、构造筋等。

受力钢筋是指构件中主要承受拉、压应力的钢筋。其中用来承受构件中拉应力的钢筋叫受拉钢筋，承受构件中压应力的钢筋叫受压钢筋。在梁板构件中受力钢筋通常是配置在底层的直筋或两端弯起的弯筋，在柱墙构件中通常为分布在四周的竖直钢筋。

箍筋是构件中用来固定和约束受力筋位置的钢筋，多用于梁和柱内，同时也承受一定的剪力或扭力(斜拉应力)。

架立筋一般指在梁中固定箍筋位置的钢筋，它与纵向受力筋、箍筋共同组成钢筋骨架承受外力。

分布筋一般指用于固定板内受力筋的钢筋，其方向通常与受力筋垂直，起到均匀传递荷载的作用。

构造筋是指因构造的要求或施工安装的需要而配置的钢筋，如拉结筋、吊筋等。

7．钢筋混凝土结构图的图示方法(表 9-3)

表 9-3　钢筋表示方法

序号	名　称	图　例	说　明
1	钢筋横断面	●	
2	无弯钩的钢筋端部		下图表示长、短钢筋投影重叠时，短钢筋的端部用 45° 斜划线表示
3	带半圆形弯钩的钢筋端部		
4	带直钩的钢筋端部		
5	带丝扣的钢筋端部		
6	无弯钩的钢筋搭接		
7	带半圆弯钩的钢筋搭接		
8	带直钩的钢筋搭接		
9	花篮螺钉钢筋接头		
10	机械连接的钢筋接头	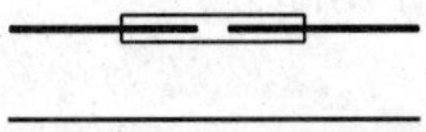	用文字说明机械连接的方式(或冷挤压或锥螺纹等)

9.1.3　常用构件代号

在结构施工图中，结构构件的名称用其代号表示，这些代号用构件名称的汉语拼音的第一个大写字母表示。代号后用阿拉伯数字表示该构件的型号或编号，构件的编号采用不带角标的阿拉伯数字连续编排。

《建筑结构制图标准》(GB/T 50105—2010)中规定的常用构件代号见表 9-4。

表 9-4 常用构件代号

序号	名称	代号	序号	名称	代号	序号	名称	代号
1	板	B	19	圈梁	QL	37	承台	CT
2	屋面板	WB	20	过梁	GL	38	设备基础	SJ
3	空心板	KB	21	连系梁	LL	39	桩	ZH
4	槽形板	CB	22	基础梁	JL	40	挡土墙	DQ
5	折板	ZB	23	楼梯梁	TL	41	地沟	DG
6	密肋板	MB	24	框架梁	KL	42	柱间支撑	ZC
7	楼梯板	TB	25	框支梁	KZL	43	垂直支撑	CC
8	盖板或沟盖板	GB	26	屋面框架梁	WKL	44	水平支撑	SC
9	挡雨板或檐口板	YB	27	檩条	LT	45	梯	T
10	吊车安全走道板	DB	28	屋架	WJ	46	雨篷	YP
11	墙板	QB	29	托架	TJ	47	阳台	YT
12	天沟板	TGB	30	天窗架	CJ	48	梁垫	LD
13	梁	L	31	框架	KJ	49	预埋件	M-
14	屋面梁	WL	32	刚架	ZJ	50	天窗墙壁	TD
15	吊车梁	DL	33	支架	ZJ	51	钢筋网	W
16	单轨吊车梁	DDL	34	柱	Z	52	钢筋骨架	G
17	轨道连接	DGL	35	框架柱	KZ	53	基础	J
18	车挡	CD	36	构造柱	GZ	54	暗柱	AZ

9.2 基础施工图

基础施工图是表示建筑物室内地面以下基础部分的平面布置和详细构造的图样，一般包括基础平面图、基础断面详图及文字说明等几部分。

9.2.1 地基与基础相关知识

基础是建筑物地面以下承受建筑物全部荷载的下部结构。在房屋结构受力体系中起到承上传下的作用。基础以下受到建筑物荷载影响的一部分土层称为地基。

基础形式一般取决于上部结构的形式、房屋的荷载大小以及地基的承载能力等。基础按形式可分为条形基础、独立基础、筏形基础、箱形基础、桩基础等。按材料可分为砖基础、条石基础、毛石基础、混凝土基础和钢筋混凝土基础等。

基础的埋置深度是指从基础底面到室外设计地面的垂直距离，按照埋置深度不同，基础分为浅基础和深基础。埋深小于 5m，用一般的施工方法完成的基础称为浅基础，如条形基础、独立基础、筏板基础等；埋深大于 5m，需要特殊的施工方法完成的基础称为深基础，如桩基础、沉井基础等。

9.2.2 基础平面图

基础平面图是假想用一个水平面沿房屋的地面与基础之间把整幢房屋剖开后，移开上层的房屋和基坑内的泥土(基坑没有填土之前)向下投影所做出的水平剖面图。

1. 基础平面布置图表达的主要内容

(1) 图名、比例。

(2) 纵横定位轴线及编号。

(3) 基础的平面布置，即基础墙、承重柱、构造柱以及基础底面的形状、大小及其与定位轴线之间的关系。

(4) 基础梁或基础圈梁的位置及代号。

(5) 断面图的剖切线及其编号。

(6) 轴线尺寸、基础大小尺寸及定位尺寸。

(7) 施工说明，即所用材料的强度等级、防潮层做法、设计依据及施工注意事项等。

(8) 管沟、设备孔洞位置等。

2. 基础平面布置图的图示方法及要求

(1) 在基础平面布置图中，只要画出基础墙、柱、构造柱的断面以及基础底面的轮廓线，基础的细部投影可以省略不画。

(2) 凡被剖切到的基础墙、柱外轮廓线均采用中实线或中粗实线，剖切到的钢筋混凝土柱涂黑，基础底面的轮廓线采用细实线。设置基础梁或基础圈梁的位置用粗单点长划线表示其中心线位置。

(3) 基础平面布置图应标注出与建筑平面图相一致的定位轴线编号及轴线尺寸。基础平面布置图的尺寸分外部尺寸和内部尺寸两部分，外部尺寸只标注定位轴线的间距和总尺寸，内部尺寸应标注各道墙的厚度、柱的断面尺寸及基础底面的宽度等。

(4) 基础平面图常采用 1∶100 的比例绘制。

案例导入

图 9.1 为某别墅的基础平面图，由图看出，绘图比例为 1∶100；1～6 为横向轴线编号，A～H 为纵向轴线编号，图中中实线表示剖到的基础墙，基础墙两侧的细实线表示基础宽度，图中涂黑部分为钢筋混凝土构造柱(GZ)。由图中说明可知，基础埋深为 1500mm，基础混凝土强度等级为 C25，垫层混凝土为 C15 素混凝土。

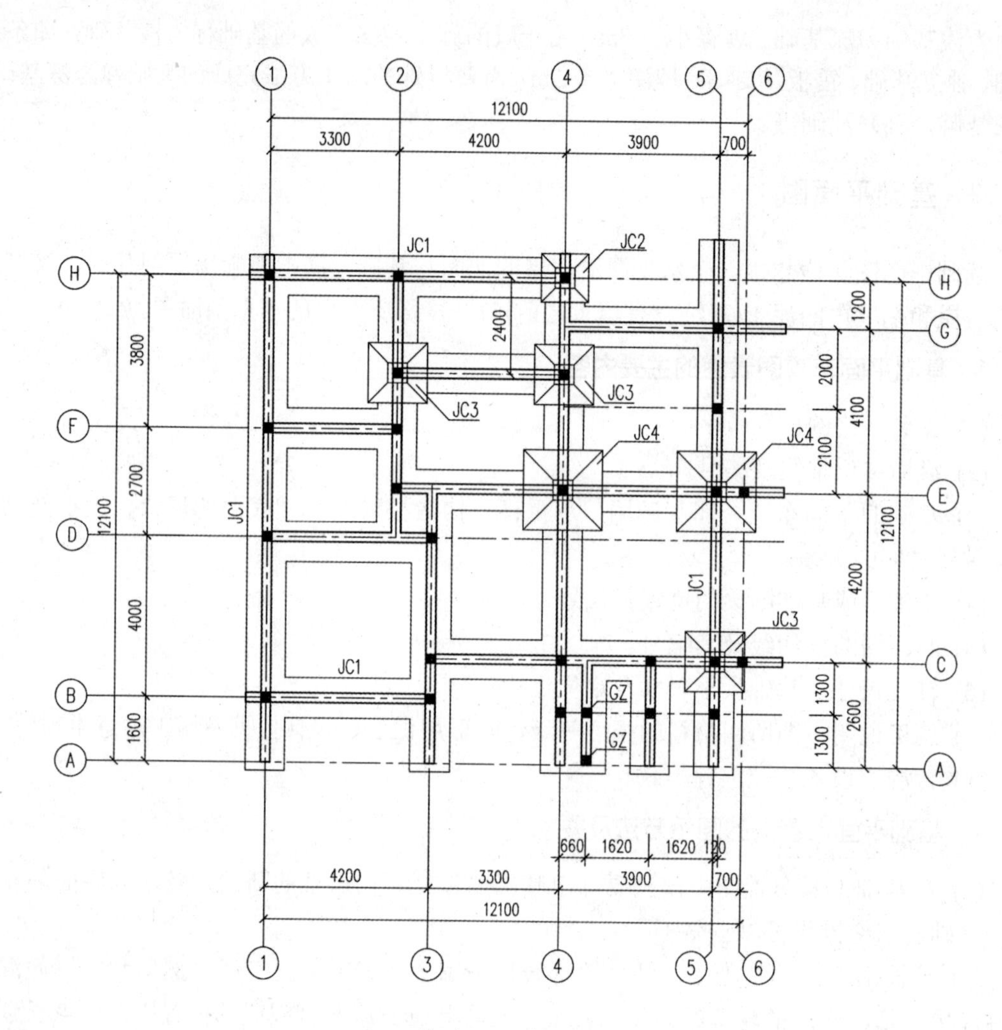

基础平面布置图 1:100

说明：

1、本设计无地质资料，假定地基承载力标准值为120kPa，
待基础开挖后，需经设计人员现场验槽后方可进行下一道工序

2、本工程基础埋深1.5m，基础开挖至地基好土，如遇有暗塘处须
挖至下层好土后用塘渣回填，每200厚分层

3、本基础混凝土采用C25垫层用C15素混凝土，垫层下设200厚块石

4、本说明未及之处均应按照有关规范规定进行

图 9.1　某别墅基础平面布置图

9.2.3　基础详图

基础详图是假想用一铅锤剖切面在指定部位垂直剖切基础所得的断面图，用来表示基础各部分的断面形状、大小、所用材料、构造以及基础的埋置深度、施工所需尺寸等细节，是基础施工的依据。

基础详图的主要内容包括以下几点。

(1) 图名(或基础代号)、比例。

(2) 基础断面形状、大小、材料、配筋、定位轴线及其编号、细部尺寸和标高。

(3) 基础梁和基础圈梁的截面尺寸和配筋。

(4) 基础圈梁与构造柱的连接做法。

(5) 防潮层的位置及做法。

(6) 施工说明等。

基础详图绘制有关要求。

(1) 砌体结构无筋扩展基础应绘出剖面、基础圈梁、防潮层位置，并标注总尺寸、分尺寸、标高及定位尺寸。

(2) 扩展基础应绘出平、剖面及配筋、基础垫层，标注总尺寸、分尺寸、标高及定位尺寸等。

基础梁详图可参照现浇楼面梁详图方法表示。

注：对形状简单、规则的无筋扩展基础、扩展基础、基础梁和承台板，也可用列表方法表示。

(3) 桩基础详图应绘出桩详图、承台详图及桩与承台的连接构造详图。桩详图包括桩顶标高、桩长、桩身截面尺寸、配筋、预制桩的接头详图，并说明地质概况、桩持力层及桩端进入持力层的深度、成桩的施工要求、桩基的检测要求，注明单桩的承载力特征值(必要时还应包括竖向抗拔承载力及水平承载力)。做试桩时，应单独绘制试桩详图并提出试桩要求。承台详图包括平面、剖面、垫层、配筋，标注总尺寸、分尺寸、标高及定位尺寸。

(4) 筏基、箱基可参照现浇楼面梁、板详图的方法表示，但应绘出承重墙、柱的位置。当要求设后浇带时，应表示其平面位置并绘制构造详图。对箱基和地下室基础，应绘出钢筋混凝土墙的平面、剖面及其配筋。当预留孔洞、预埋件较多或复杂时，可另绘墙的模板图。

案例导入

图9.2为别墅的钢筋混凝土条形基础JC1详图，由图看出，基础底宽1000mm、高250mm，基础内配置受力钢筋φ10@200，分布钢筋4φ8；基础底标高为-1.500m。基础梁宽300mm，高500mm，梁内配置纵向受力钢筋上下各3φ18，箍筋φ8@150；基础下为100mm厚混凝土垫层，每边伸出基础宽度为100mm，垫层混凝土为C15素混凝土。

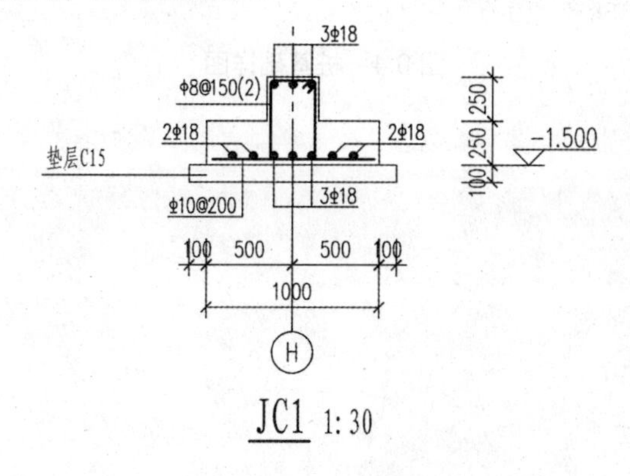

图9.2 条形基础详图

图 9.3 为别墅的钢筋混凝土锥形独立基础 JC2 详图，柱子尺寸为 240mm × 240mm，基础底部尺寸为 1400mm × 1400mm，基础下为 100mm 厚混凝土垫层，每边伸出基础宽度为 100mm，垫层混凝土为 C15 素混凝土；柱子每侧留出 50mm 便于支设柱子模板，基础总高 400mm，其中边缘高度为 250mm；基础内配置双向受力钢筋均为φ10@120；基础底标高为-1.500m。

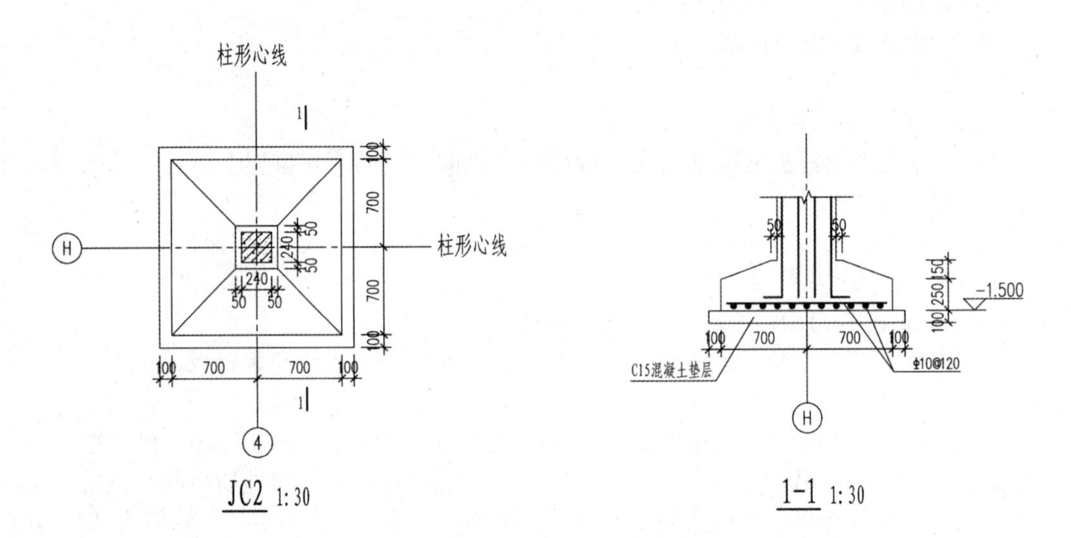

图 9.3　独立基础详图

图 9.4 为某工程的人工挖孔灌注桩基础详图，由图看出，桩基础详图包括桩参数表、大样图以及说明。

人工挖孔灌注桩参数表

桩号	桩身直径(mm)	扩大头直径(mm)	a (mm)	hc (mm)	hr (mm)	hb (mm)	桩顶标高(m)	桩身纵筋	持力层	箍筋	加密区螺旋箍筋	环形加劲箍	单桩竖向承载力特征值(Kn)
P1	800	1000	100	300	900	200	根据承台底标高确定	18Φ16	石灰岩	Φ8@200	Φ8@100	Φ14@2000	4200
P2	1000	1200	100	300	1000	200		20Φ16	石灰岩	Φ8@200	Φ8@100	Φ14@2000	6000

注：单桩竖向极限承载力=2X单桩竖向承载力特征值。

图 9.4　桩基础详图

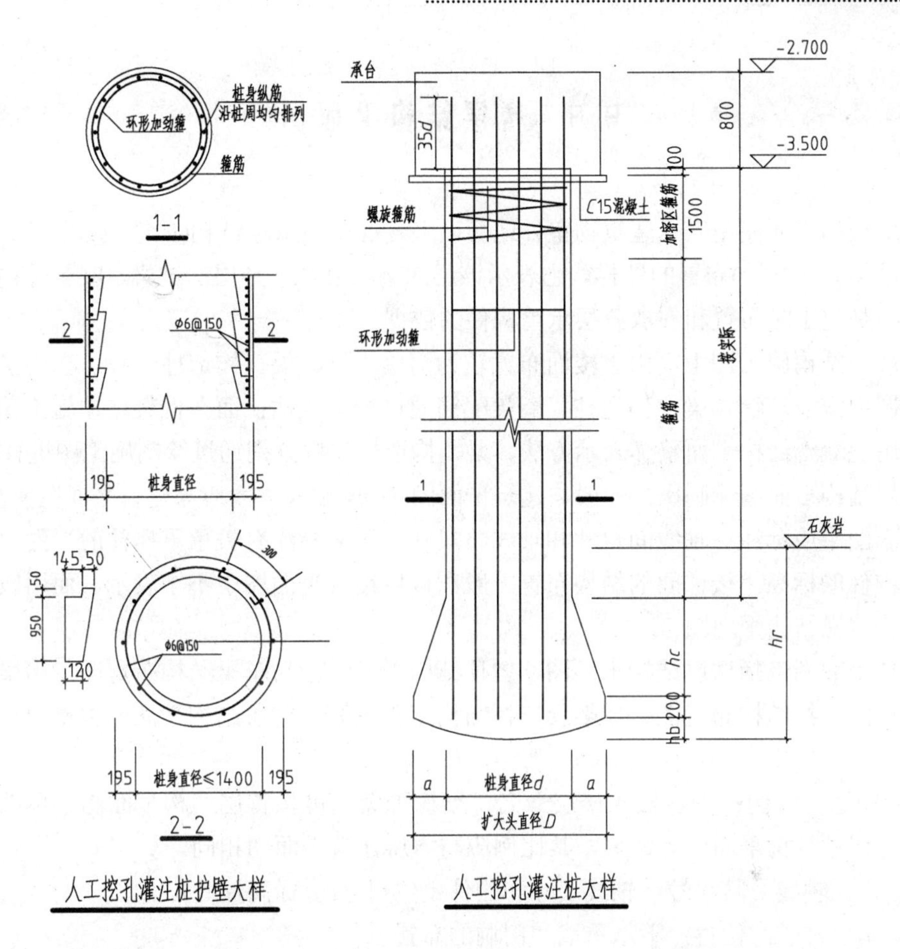

人工挖孔灌注桩护壁大样　　人工挖孔灌注桩大样

说明:

1、桩端持力层:

按勘察单位提供的地质报告，本工程桩端持力层为石灰岩,桩端极限端阻力按12000 kPa设计。

桩身嵌入新鲜石灰岩基岩深度，当岩层倾斜时，以按下方的嵌岩深度为准，要求桩底无沉渣。

2、施工要求:

1) 为核对地质资料、检验设备、工艺以及技术要求是否适宜，基桩施工前，宜进行试成孔。

2) 当桩净距小于2倍桩身直径且小于2.5米时，应采用间隔开挖。

3) 桩头浮浆部分清除，桩顶嵌入承台内长度100mm，桩顶钢筋伸入承台内长度为35d，d为桩身纵筋直径。

3、成桩质量检查、单桩承载力检测:

在浇筑混凝土前，应严格按照有关质量要求对进入持力层深度、孔径、垂直度等进行检查，并填写质量检查记录。单桩竖向承载力特征值见参数表。

1) 按有关规范要求进行试验，以确定桩端持力层满足设计要求。

2) 应对桩端持力层进行全部检验，确保桩端以下三倍桩径范围内无软弱夹层、断裂破碎带和洞穴分布;并确保在桩底3倍桩径范围内无岩体临空面。

3) 采用可靠的动测法对工程桩单桩竖向承载力进行检测，检测桩数量：高应变10%，低应变100%。

4) 桩身混凝土强度应按要求进行检测，以确保能满足桩的承载力设计要求。

图 9.4　桩基础详图(续)

9.3 楼层结构平面图

楼层结构平面图是表示建筑物室外地面以上各层平面承重结构(如墙或柱、梁、板、构造柱、过梁、圈梁等)布置的图样。它表示该层的梁、板及下一层的过梁、圈梁等构件的布置情况，是施工时布置和安放各层承重构件的依据。

在砖混结构施工图中，由于楼面布置较为简单，梁、板、构造柱一般可在楼层结构平面布置图中统一表示，梁、构造柱、圈梁配筋通过详图表达；而在框架结构施工图中，目前多采用混凝土结构平面整体表示方法，梁、构造柱、板分别通过绘制施工图进行表达。

楼层结构平面图绘制比例一般与建筑平面图相同，轴线关系应与建筑平面图完全一致。结构平面图中应标注各轴线间尺寸和轴线总尺寸，还应标注有关承重构件的平面尺寸及各种梁板构件的标高。楼梯间的结构布置一般在楼层结构平面图中不予表示，而用较大比例单独画出楼梯结构平面图。

结构平面图包括楼层结构平面图、屋顶结构平面图、吊车梁结构布置图、墙梁结构布置图、柱间支撑结构布置图、屋架及支撑结构布置图等。楼层结构平面图主要内容有以下几点。

(1) 图名、比例：图名按照楼层命名，结构平面图可按首层结构平面图、标准层结构平面图、屋顶结构平面图等命名，其比例应与本层建筑平面图相同。

(2) 定位轴线及其编号，轴线尺寸和构件定位尺寸(含标高尺寸)。

(3) 本层柱子的位置，下承重墙和门洞的布置。

(4) 楼层或屋顶结构构件的平面布置。

(5) 单层厂房则有柱、吊车梁、连系梁、柱间支撑结构布置图和屋架及支撑布置图；有关屋架、梁、板等与其他构件连接的构造图。

(6) 施工说明等。

案例导入

图 9.5 为别墅的柱平面布置图，图中反映出 Z1 ~ Z5 各柱的尺寸及轴线定位关系，并表示出钢筋的配置情况。

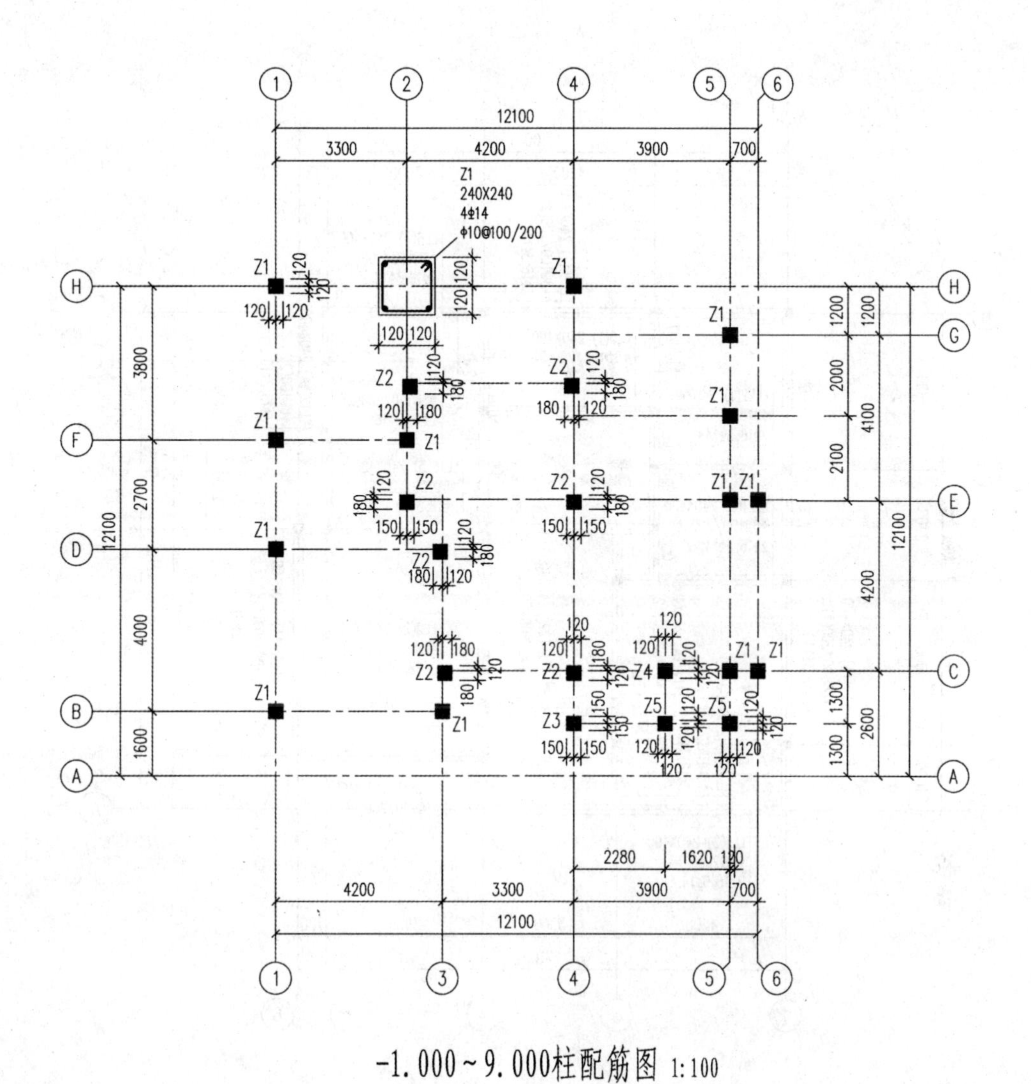

图 9.5 柱平面布置图

图 9.6 为别墅的阁楼层梁配筋图，图中采用平面注写方式表达梁的截面形状、尺寸、配筋等信息。

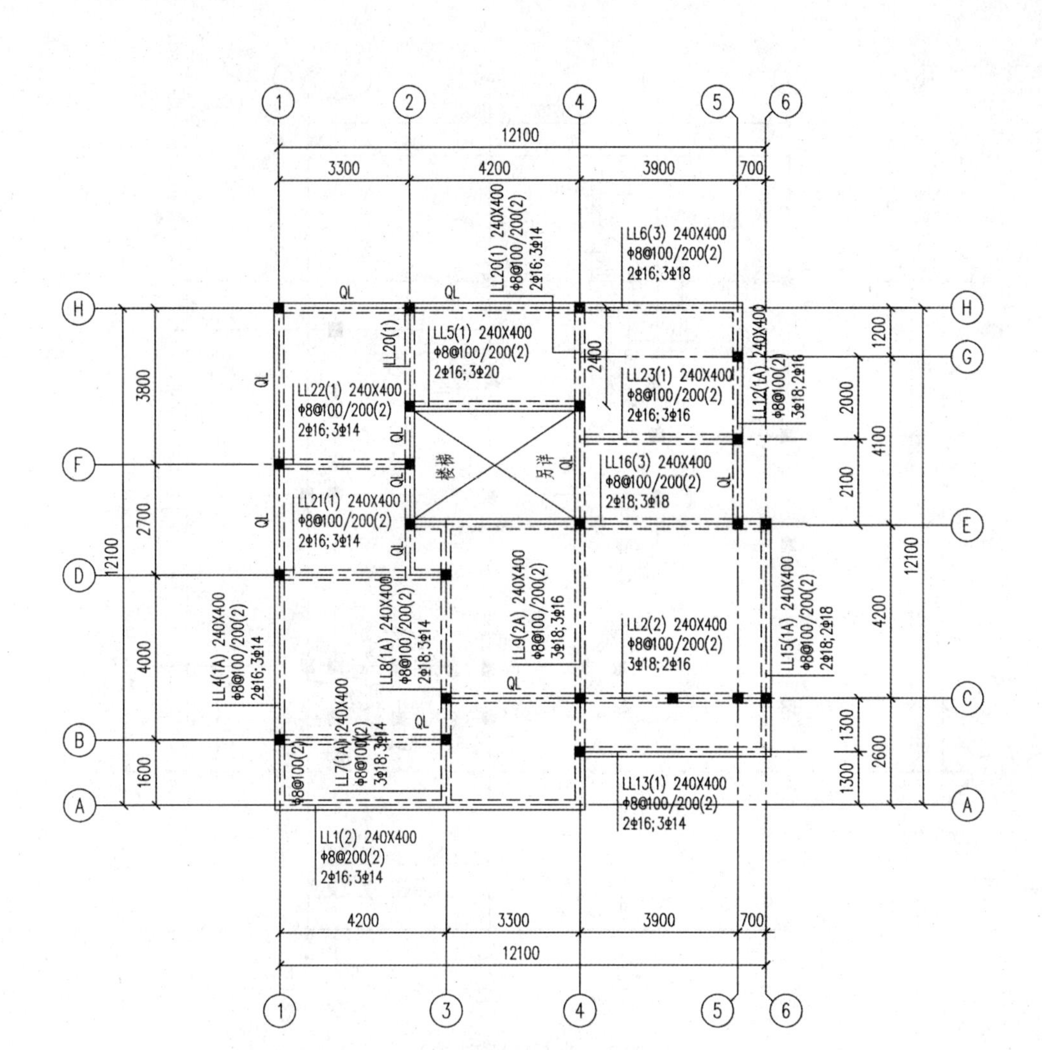

阁楼层梁配筋图 1:100

说明:

1、混凝土除注明者外均为C25

2、钢筋搭接及锚固长度除注明者外，均按11G101-1

3、梁顶基准标高为8.970m

4、图中未注明梁均为居中布置

5、圈梁QL1 B×H=240×400，内配钢筋 4Φ12,Φ6.5@200(2)，梁顶标高为8.970m

6、凡梁上有次梁搁置，主次梁上两边均加三道附加箍筋 3Φd@50（d同主梁箍筋直径）

图 9.6　阁楼层梁配筋图

图 9.7 为别墅的阁楼层板配筋图，图中在板结构平面图中直接画出配筋图来说明板底和板顶配筋情况。目前，板施工图也可以采用平法注写的方式，详见引例图 9.18。

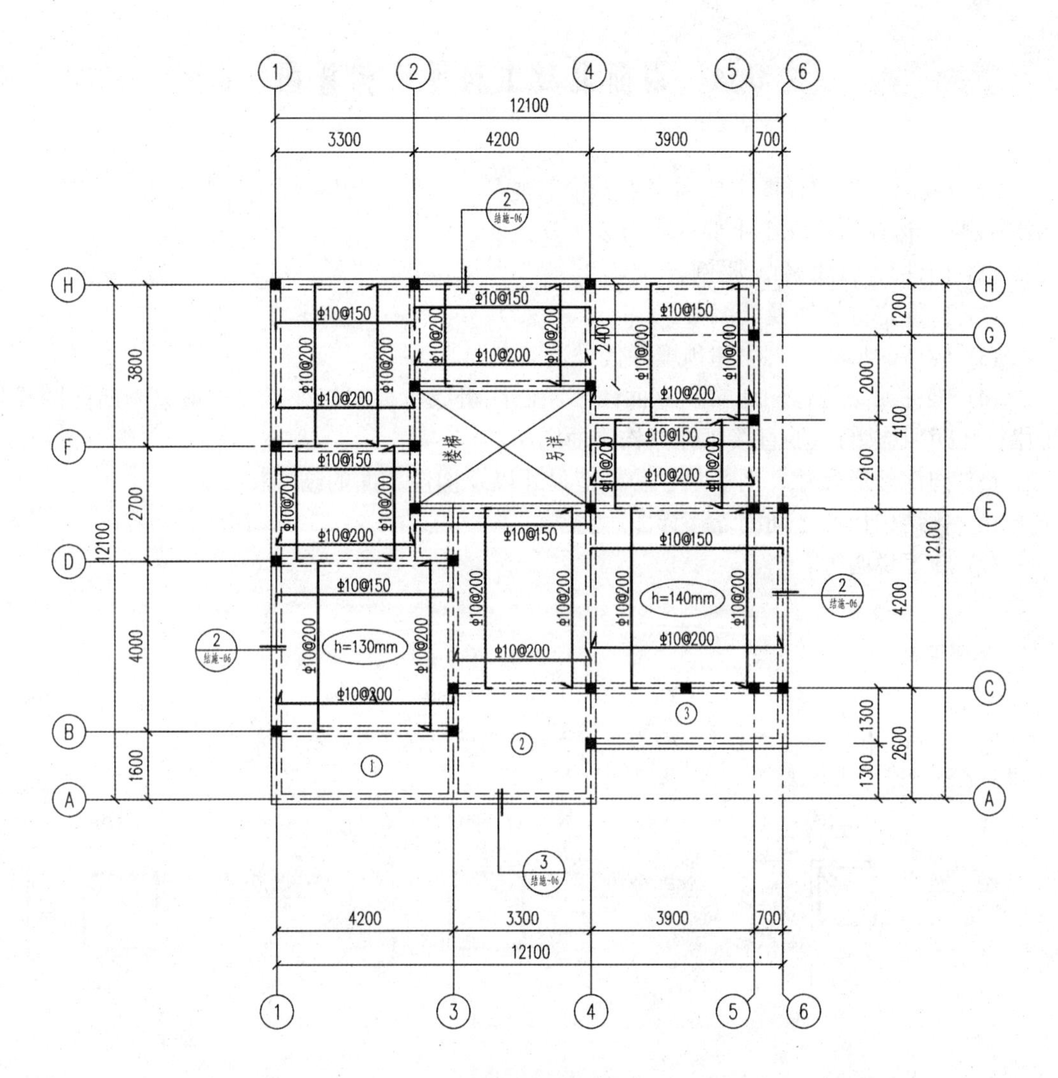

阁楼层板配筋图 1:100

说明：

1、未特别注明本层现浇板厚120mm
2、本层混凝土强度为C25
3、未特别注明本层现浇板板面标高为8.970m
4、①②③号板厚100mm，配筋双向双层Φ8@150，板面标高8.670m
5、③节点具体位置见建筑图

图 9.7　阁楼层板配筋图

9.4 钢筋混凝土构件结构详图

钢筋混凝土结构详图主要用来表示钢筋混凝土构件的形状、大小、构造和连接情况等。钢筋混凝土构件结构详图主要内容有以下几点。

(1) 构件代号(图名)、比例。

(2) 构件定位轴线及其编号。

(3) 构件的形状、大小和预埋件代号及其布置。

(4) 梁柱的结构详图通常由立面图和断面图组成，板的结构详图一般只画断面图或剖面图，也可把板的配筋直接画在结构平面图中。

(5) 构件外形尺寸、钢筋尺寸和构造尺寸以及构件底面的结构标高。

(6) 各结构构件之间的连接详图。

(7) 施工说明等。

案例导入

图 9.8 为别墅的柱配筋详图，详细表达了 Z1 ~ Z5 各柱的配筋情况。例如，Z1 柱纵向受力钢筋为 4ϕ14，箍筋为ϕ6@200，双肢箍。目前，对于较为复杂的钢筋混凝土框架结构，柱的表示方式一般采用列表法或平面注写法。

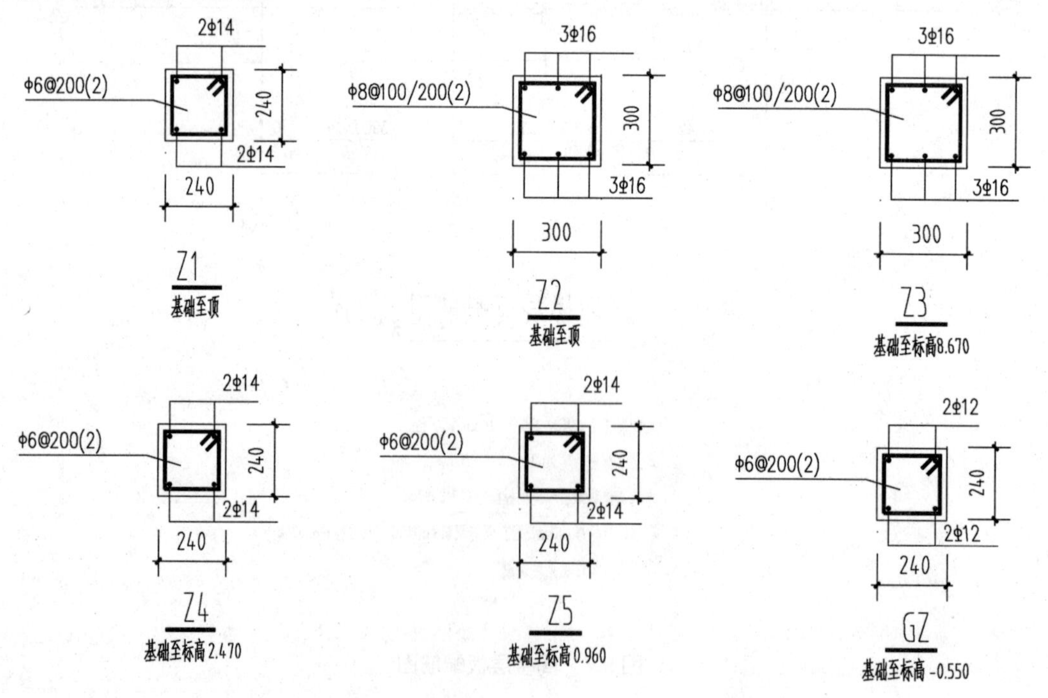

图 9.8 柱配筋详图

9.5 楼梯结构图

楼梯按照形状划分为直梯，L 形梯，U 形梯，弧形楼，组合梯，旋转梯，复式梯等。按梯段可分为单跑楼梯、双跑楼梯和多跑楼梯。双跑楼梯最为常见，有双跑直上、双跑曲折、双跑对折(平行)等，适用于一般民用建筑和工业建筑。楼梯由连续梯级的梯段(又称梯跑)、平台(休息平台)和围护构件等组成。

楼梯结构施工图由楼梯结构平面图、楼梯结构剖面图和构件详图组成。为了便于阅读，常将同一楼梯的各部分内容编排在一张图纸上。楼梯结构施工图的表达有传统方法和平面整体表示方法两种。

9.5.1 楼梯结构平面图

楼梯结构平面图和楼层结构平面图一样，主要反映梯段、楼梯横梁及平台板等构件的平面位置、长宽尺寸及代号。其图示要求也与楼层结构平面图基本相同，采用水平剖面图的形式表示，剖切位置通常位于层间休息平台的上方。

楼梯间结构平面图一般采用较大比例(1:50)绘制，有利于将楼梯构件的平面布置和详细尺寸表示清楚。楼梯结构平面图应分层画出。当中间几层的结构布置和构件类型完全相同时，可只画一个标准层结构平面图即可。

9.5.2 楼梯结构剖面图

楼梯结构剖面图表示楼梯间的梯梁、梯板、平台等各种构件的竖向布置和构造情况，如梯段的配筋、楼梯梁、楼梯基础、平台板、室内外地面、踏步等的布置情况，以及未剖切到的梯段的外形和位置。

楼梯结构剖面图应标出轴线尺寸、梯段外形尺寸和配筋、标高尺寸等。

楼梯结构剖面图中的标准层可利用折断线断开，并用标注不同标高的形式简化。

9.5.3 楼梯构件详图

楼梯构件详图主要表示各构件(如楼梯梁、楼梯段、平台板以及楼梯间门窗过梁等)钢筋的配置情况，表示方法与钢筋混凝土梁、板详图的表示方法基本相同。

案例导入

图 9.9 为别墅的 2#楼梯间平面布置图，图 9.10 为 2#楼梯间剖面图，图 9.11 为 2#楼梯部分楼梯板及楼梯梁配筋图。

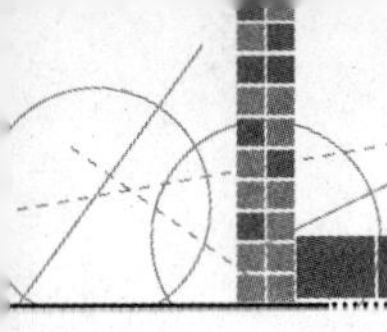

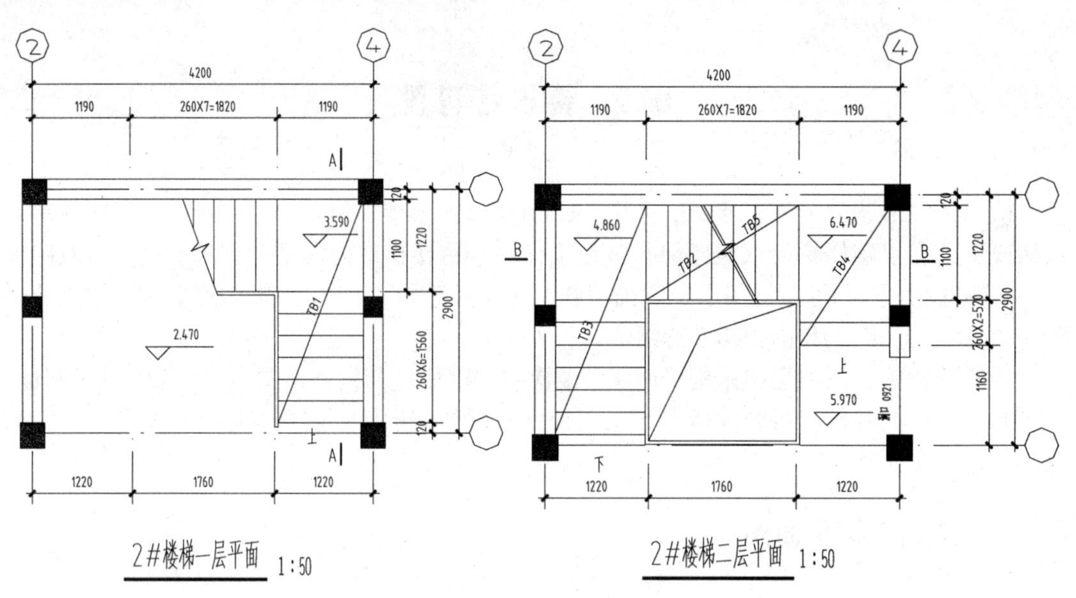

图 9.9 楼梯间平面布置图

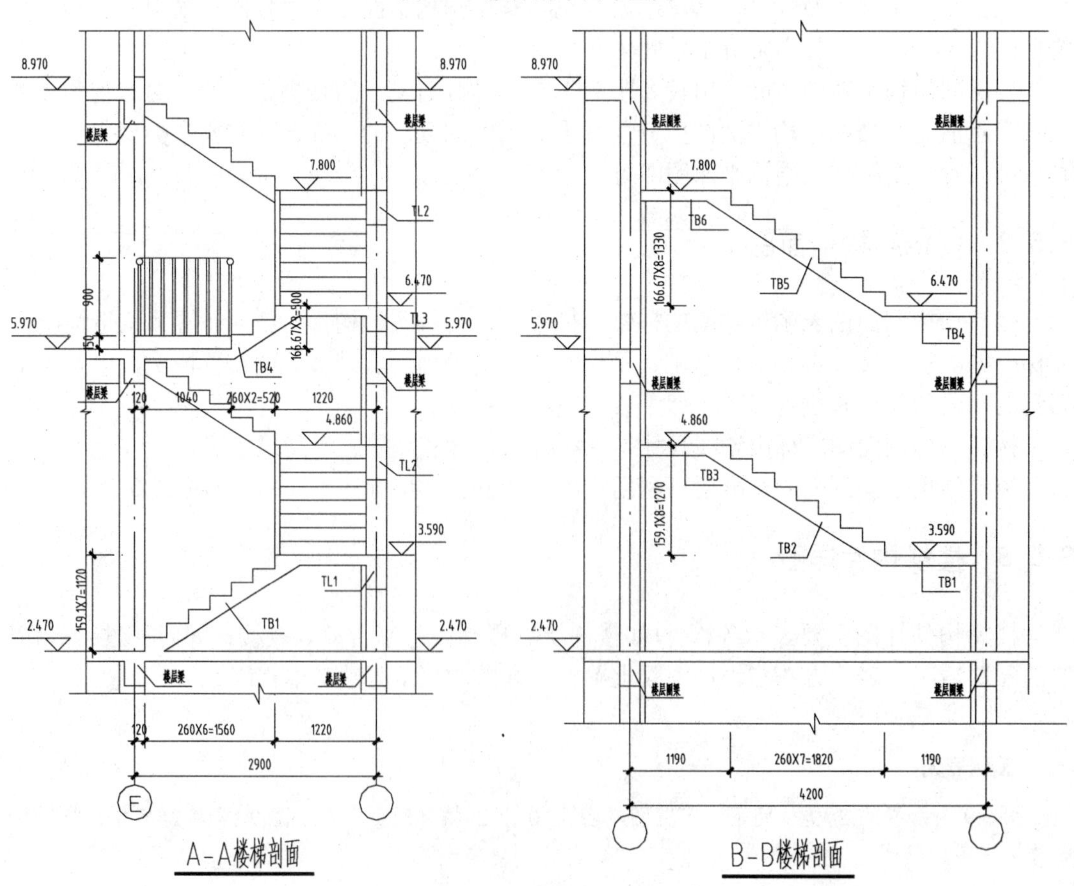

图 9.10 楼梯间剖面图

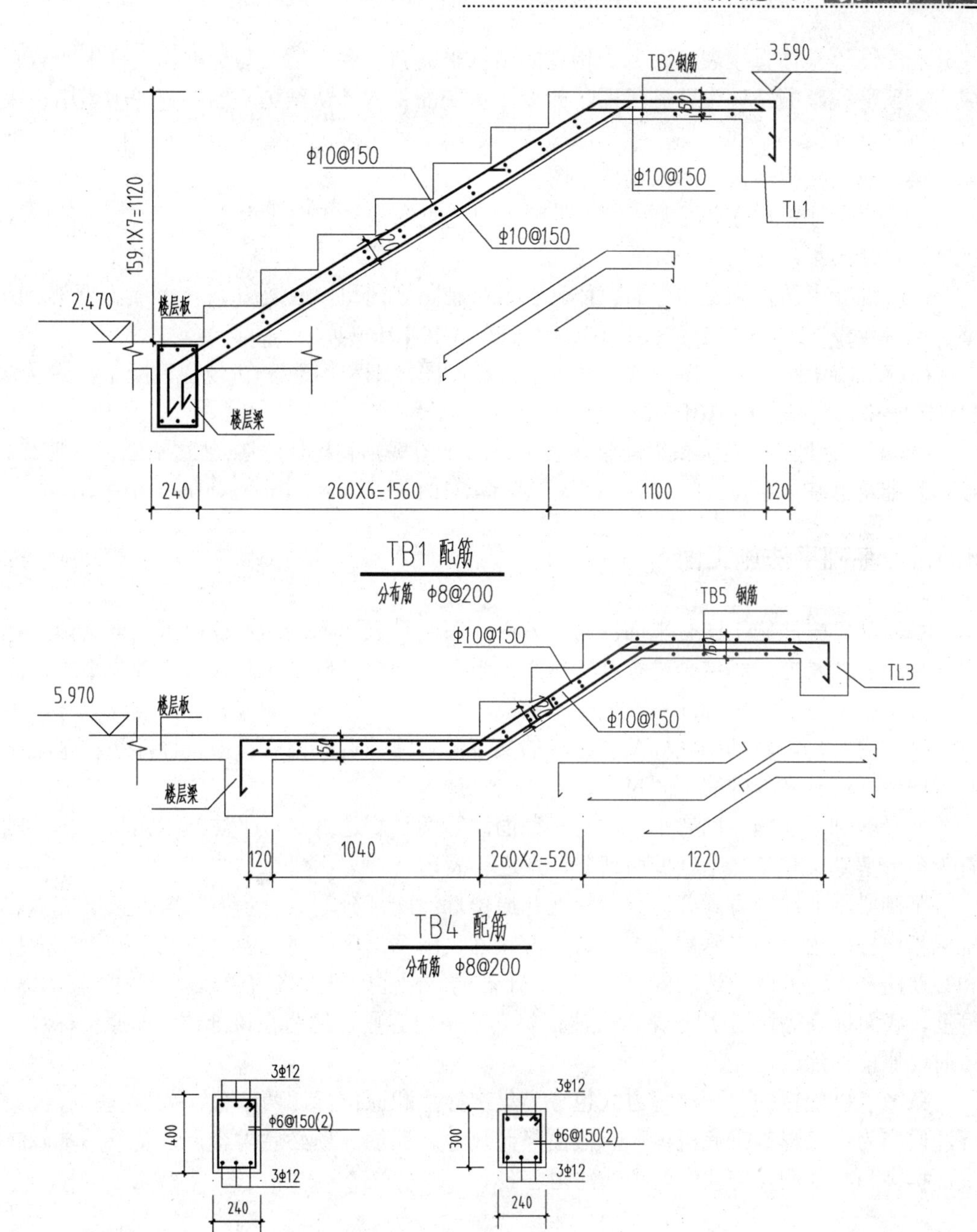

图 9.11 楼梯板及楼梯梁配筋图

9.6 混凝土结构施工图平面整体表示方法

建筑结构施工图平面整体表示方法，简称“平法”制图。其表达形式是把结构构件的尺寸和配筋等整体直接表达在各类构件的结构平面布置图上，再与标准构造详图配合，构成一套新型完整的结构设计施工图，改变了传统的将构件从结构平面布置图中索引出来，再绘制配筋详图的繁琐方法。“平法”制图适用于各种现浇混凝土结构的基础、柱、剪力墙、梁、板及楼梯等构件的结构施工图。

G101 系列图集是混凝土结构施工图采用建筑结构施工图平面整体表示方法的国家建筑标准设计图集，包括 3 个分册。

(1)《混凝土结构施工图平面整体表示方法制图规则和构造详图(现浇混凝土框架、剪力墙、梁、板)》11G101—1(替代原 03G101—1、04G101—4)。

(2)《混凝土结构施工图平面整体表示方法制图规则和构造详图(现浇混凝土板式楼梯)》11G101—2 (替代原 03G101—2)。

(3)《混凝土结构施工图平面整体表示方法制图规则和构造详图(独立基础、条形基础、筏形基础及桩基承台)》11G101—3 (替代原 04G101—3、08G101—5、06G101—6)。

9.6.1 基础平法施工图

独立基础平法施工图有平面注写和截面注写两种表达方式，设计值可根据具体工程情况选择或者两种方式相结合进行基础施工图设计。独立基础平面注写方式分为集中标注和原位标注两部分。集中标注系在基础平面图上集中引注：基础编号、截面竖向尺寸、配筋三项必注内容，以及基础底标高和必要的文字注解两项选注内容。原位标注系在基础平面布置图上标注独立基础的平面尺寸。

条形基础平法施工图有平面注写和截面注写两种表达方式，平法施工图将条形基础分解为条形基础梁和条形基础板两部分分别进行表述。

基础梁平面注写方式分为集中标注和原位标注两部分，其表示方法与框架梁类似。基础梁集中标注内容为：基础梁编号、截面尺寸、配筋三项必注内容，以及基础梁底面标高和必要的文字注解两项选注内容。而当基础梁集中标注的某项内容(如截面尺寸、底部纵筋、箍筋、底面标高等)不适用于某部位时，将其修正内容原位注写在该部位，即原位标注。施工时，原位标注取优先值。

条形基础底板的平面注写方式也分为集中标注和原位标注两部分。条形基础底板集中标注内容为：条形基础底板编号、截面竖向尺寸、配筋三项必注内容，以及条形基础底板底面标高和必要的文字注解两项选注内容。

案例导入

图 9.12 为图 9.3 独立基础按平法表示的基础施工图，结合 11G101—3 图集可以看出，DJ_P02 250/150 表示 2#坡形独立基础，基础板厚 h_1=250，h_2=150，基础板总厚为 400；B：*X*&*Y* ϕ10@120 表示基础底部配筋 *X*、*Y* 方向皆为ϕ10@120。

图 9.13 为图 9.2 条形基础按平法表示的基础施工图。结合 11G101—3 图集可以看出，JL01 300×500 表示 1#基础梁截面为 300×500；ϕ8@150(2) 表示基础梁箍筋为ϕ8@150，两肢箍；B：3ϕ18；T：3ϕ18 表示基础梁底部及顶部纵向受力钢筋皆为 3ϕ18。TJB_J01 250 表示 1#条形基础底板为阶形截面，底板厚度为 250；B：ϕ10@200/ϕ8@200 表示基础底板底部配置ϕ10@200 横向受力钢筋，分布筋为ϕ8@200。

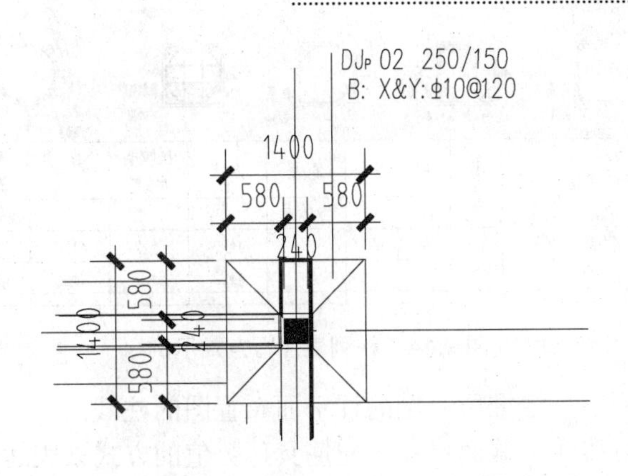

图 9.12　某别墅独立基础平面图(局部)

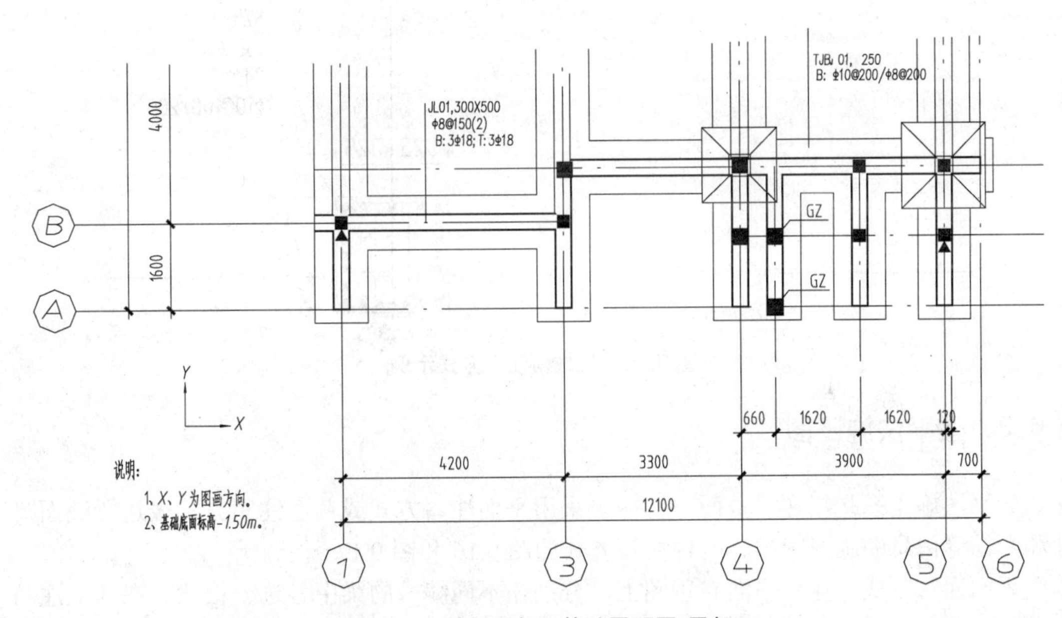

图 9.13　某别墅条形基础平面图(局部)

9.6.2　柱平法施工图

列表注写方式是指在柱平面布置图上(一般只需采用适当比例绘制一张柱平面布置图，包括框架柱、框支柱、梁上柱和剪力墙上柱)，分别在同一编号的柱中选择一个(有时需要选择几个)截面标注几何参数代号；在图中注写柱号、柱段起止标高、几何尺寸(含柱截面对轴线的偏心情况)与配筋的具体数值，并配以各种柱截面形状及其箍筋类型图的方式，来表达柱平法施工图。其中柱列表注写方式示例如图 9.14 所示。

箍筋类型1.(m×n)　箍筋类型2.　箍筋类型3.　箍筋类型4.　箍筋类型5.(m×n+Y) 圆形箍　箍筋类型6.　箍筋类型7.

柱号	标高	b×h(圆柱直径D)	b1	b2	h1	h2	角筋	角筋	b边一侧中部筋	h边一侧中部筋	箍筋类型号	箍筋	备注
KZ1	-0.030—19.470	750×700	375	375	150	550	24Φ25				1(5×4)	Φ10@100/200	
	19.470—37.470	650×600	325	325	150	450		4Φ22	5Φ22	4Φ20	1(5×4)	Φ10@100/200	
	37.470—59.070	550×500	275	275	150	350		4Φ22	5Φ22	4Φ20	1(5×4)	Φ8@100/200	

图 9.14　柱列表注写方式示例

截面注写方式，系在分标准层绘制的柱平面布置图的柱截面上，分别在同一编号的柱中选择一个截面，以直接注写截面尺寸和配筋具体数值的方式来表达柱平法施工图。其中柱截面注写方式示例如图 9.15 所示。

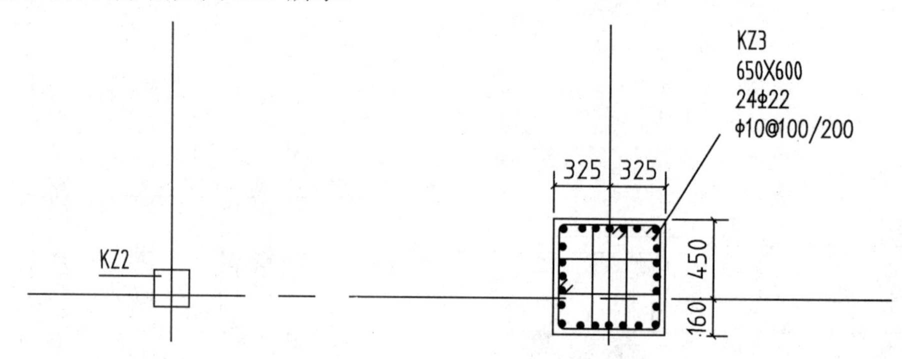

图 9.15　柱截面注写方式示例

9.6.3　梁平法施工图

梁平法施工图是指在梁平面布置图上采用平面注写方式或截面注写方式表达梁截面尺寸和配筋等信息的施工图样。两种注写方式如图 9.16 和图 9.17 所示。

平面注写方式是在梁平面布置图上，分别在不同编号的梁中各选一根梁，在其上注写截面尺寸和配筋具体数值的方式来表达梁平法施工图。平面注写包括集中标注与原位标注，集中标注表达梁的通用数值，原位标注表达梁的特殊数值。当集中标注中的某项数值不适用于梁的某部位时，则将该项数值用原位标注，施工时，原位标注取值优先。

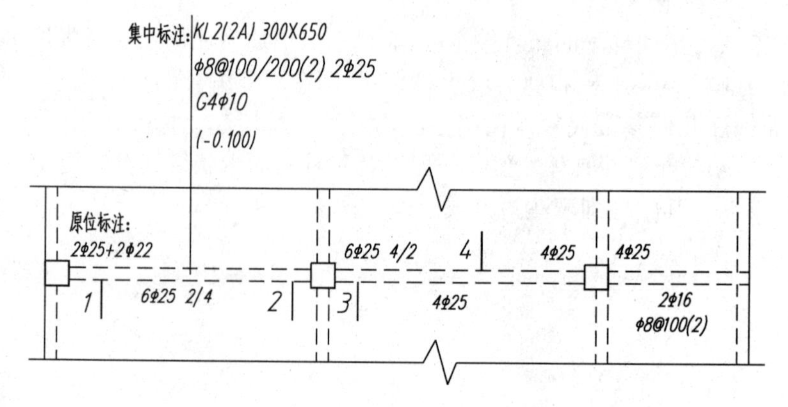

图 9.16　梁平面注写方式示例

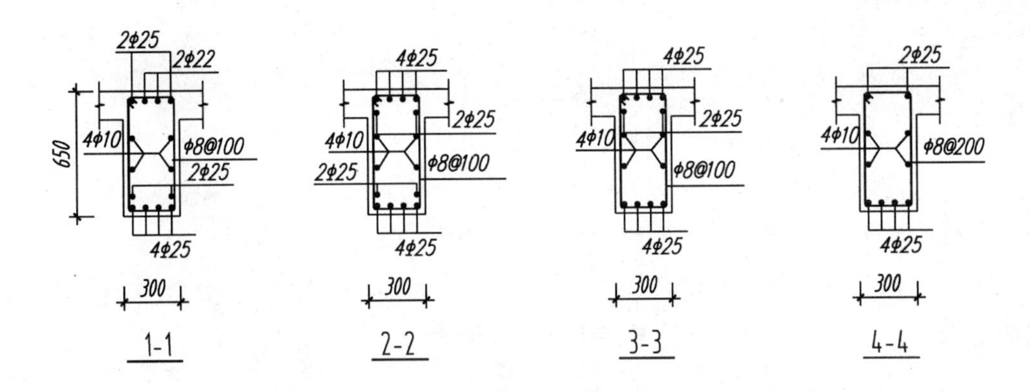

图 9.17 梁截面注写方式示例

9.6.4 有梁楼盖板平法施工图

有梁楼盖板平法施工图是指在楼面板和屋面板布置图上采用平面注写方式表达的施工图。板平面注写主要包括板块集中标注及板支座原位标注。板块集中标注的内容包括板块编号、板厚、贯通纵筋以及当板面标高不同时的标高高差。板支座原位标注的内容包括板支座上部非贯通纵筋和悬挑板上部受力钢筋。

案例导入

图 9.18 为图 9.8 所示楼板采用平法表示的板配筋图，结合 11G101—1 图集可知：图中 LB1 *h*=120 表示 1#楼板厚度 120； B: *X*&*Y* ϕ10@200 表示板底配筋 *X*、*Y* 方向皆为ϕ10@200，T : *X* ϕ10@150 表示楼板上部配筋 *X* 方向为ϕ10@150，*Y*： ϕ10@200 表示楼板上部配筋 *Y* 方向为ϕ10@200。

9.6.5 楼梯平法施工图

现浇混凝土板式楼梯平法施工图有平面注写、剖面注写和列表注写 3 种表达方式。

平面注写方式系在楼梯平面布置图上注写截面尺寸和配筋具体数值的方式来表达楼梯施工图，包括集中标注和外围标注。楼梯集中标注包括 5 项内容：梯板类型代号及梯板序号、梯板厚度、踏步段总高度和踏步级数、梯板支座上部纵筋和下部纵筋、梯板分布筋。楼梯外围标注内容包括：楼梯间的平面尺寸、楼层结构标高、楼梯的上下方向、梯板的平面几何尺寸、平台板配筋、梯梁及梯柱配筋等。

案例导入

图 9.19 为按照图集 11G101—2 表示的 2#楼梯间平面图，图中 CT1 *h*=120(P150)表示楼梯板类型为 CT，梯板编号为 1，梯段板厚度 120mm，平板厚度为 150；1120/7 表示踏步段总高度及踏步级数；ϕ10@150 表示上部纵筋及下部纵筋为ϕ10@150；*F* ϕ 8@200 表示梯板分布筋为ϕ 8@200。另外梯梁 1(TL1) 及平台板(PTB1) 的配筋可参照图集 11G101—1 标注。

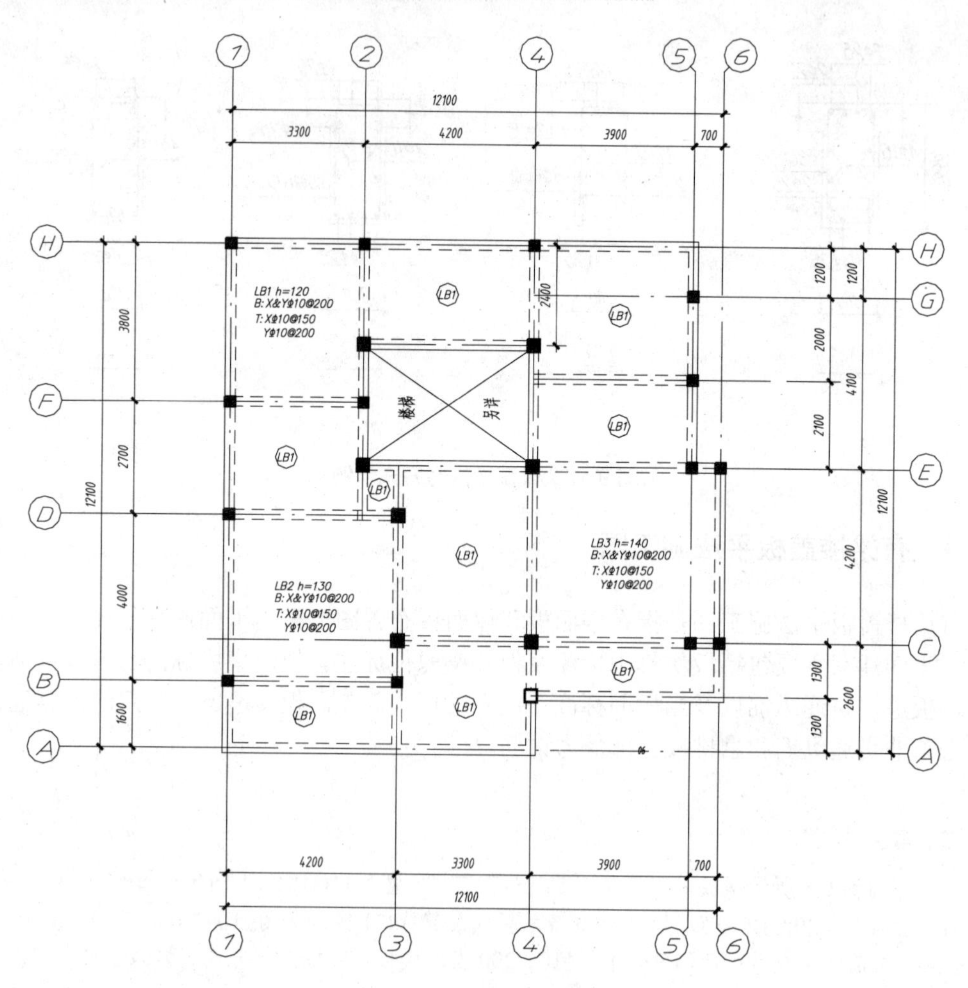

图 9.18　阁楼层板配筋图

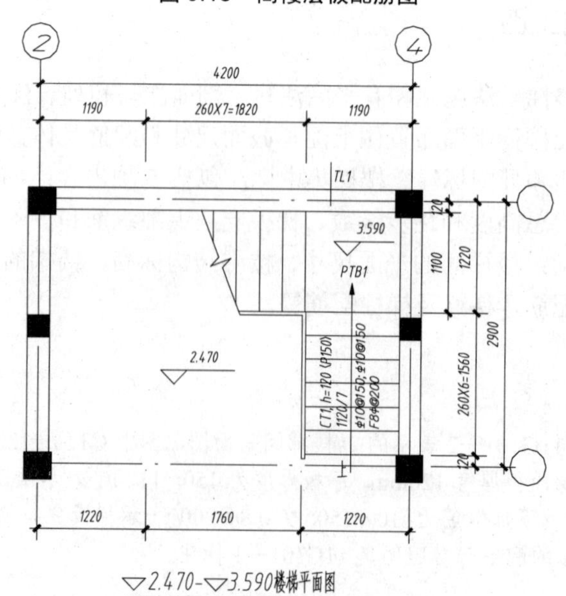

图 9.19　2#楼梯一层平面图

本章小结

本章按照常规结构施工图组成顺序，对基础施工图、结构平面布置图、结构构件详图等主要内容结合国家建设标准设计图集 11G101—1 等进行讲解，并通过实际工程图纸的学习，培养学生正确识读结构施工图，初步掌握绘制结构施工图的职业能力。

本章学习主要参考资料有以下几种。

(1) 《混凝土结构设计规范》(GB 50010—2010);

(2) 《建筑结构制图标准》(GB/T 50105—2010);

(3) 《混凝土结构施工图平面整体表示方法制图规则和构造详图（现浇混凝土框架、剪力墙、梁、板）》(11G101—1);

(4) 《混凝土结构施工图平面整体表示方法制图规则和构造详图（现浇混凝土板式楼梯）》(11G101—2);

(5) 《混凝土结构施工图平面整体表示方法制图规则和构造详图（独立基础、条形基础、筏形基础及桩基承台）》(11G101—3)。

第10章 建筑装饰制图

学习目标

通过本章的学习，了解建筑装饰制图概念、内容、要求；掌握建筑装饰制图的绘图方法、步骤；能够识读建筑装饰制图。

学习要求

能力目标	知识要点	权重
了解建筑装饰制图的概念、规定、要求	建筑装饰制图是以建筑施工图为基础进行建筑装饰施工图绘制	20%
(1) 掌握建筑装饰施工图的绘图方法、步骤 (2) 能够识读建筑装饰施工图 (3) 培养岗位能力	建筑装饰施工图有其自身的规律，如图样的组成、大样图表达侧重面等都与建筑工程图有所不同。装饰设计同样经过方案设计和施工图设计两个阶段。 运用案例绘制建筑装饰施工图的步骤与方法	50%
运用知识分析案例绘制建筑装饰施工图	根据岗位要求，培养建筑装饰施工图综合能力	30%

引例

改革开放30多年来，装饰行业成为朝阳产业，发展迅猛。据不完全统计，整个装饰行业产值已经超过了1万亿元，从业人员多达2000多万人，住宅装饰装修企业数十万家。装饰行业演变为4个阶段，第一阶段：港台企业引领国内装饰行业，改革开放初期，主要是建筑施工企业从事简单的外墙地面装修，主要的设计和装饰都由国外企业承担；第二阶段：专业化装修装饰设计施工起步阶段，当时建设部号召全国建筑企业大力发展装饰施工，一时间各大建筑单位的装饰公司相继成立；第三阶段：装饰装修的标准化、专业化、工厂化阶段，由主材代购型过渡到集成家居模式；第四阶段：产业链整合、完整家居的阶段，形成产业化的发展阶段。

绝大多数人在装修上都有不开心的经历，每个家庭的装修都是个性化的，业主在装修的时候很操心、很费劲，因此要用产业链的模式、标准化的模式、工业化的模式、品牌的模式等，由A、B、C、D不同套路的模式来形成完整的链接，满足和适应不同的需求。

10.1 概　　述

建筑装饰设计通常是在建筑设计的基础上进行的。在制图和识图上，建筑装饰施工图有其自身的规律，如图样的组成、施工工艺及细部做法的表达等都与建筑工程图有所不同。建筑装饰设计同样经过方案设计和施工图设计两个阶段。

(1) 方案设计阶段。

依据：业主要求及现场情况、设计标准、规范等。

图纸：透视效果图、平面布置图、室内立面图、楼地面平面图及文字说明。

(2) 施工图设计阶段。

图纸：装饰设计说明、平面布置图、楼地面平面图、顶棚平面图、室内立面图、(以上为基本图样)，此外还有墙(柱)面装饰图、装饰详图。必要时绘制透视图、轴测图等辅助识图。

10.1.1 建筑装饰施工图概念

1. 建筑装饰施工图定义

建筑装饰施工图是按照装饰设计方案确定的空间尺度、构造做法、材料选用、施工工艺等，并遵照建筑及装饰设计规范所规定的要求编制，用于指导装饰施工生产的技术文件。建筑装饰施工图同时也是进行装饰工程管理、装饰造价管理、装饰工程监理等工作的主要技术文件。

应用案例10-1

“家”是人们生活的重要场所，从生命开始一直到老去，绝大部分时间都在家中度过，其次家里有自己的重要社会关系，是亲情体现的场所；面对城市的各种压力，家也是最好的“避风港湾”。因此，家居装饰中人为因素决定了装饰规格、样式、风格的差异。下面是常用的几种不同风格的装饰效果图。

欧式风格：尊贵典雅气息处处流露，主要是指西洋古典风格。这种风格强调以华丽的装饰、浓烈的色彩、精美的造型达到雍容华贵的装饰效果，如图 10.1 所示。

图 10.1　欧式风格

新中式风格：在设计上继承了唐代、明清时期家居理念的精华，将其中的经典元素提炼并加以丰富，同时改变原有空间布局中等级、尊卑等封建思想，给传统家居文化注入了新的气息，如图 10.2 所示。

图 10.2　新中式风格

田园风格：体现人们对高品位生活的向往，同时又对复古思潮有所念。该设计使你感受舒适的自然，体现悠闲自在的感觉，并表现出一种充满浪漫的向往，如图 10.3 所示。

图 10.3　田园风格

现代简约风格：强调室内空间宽敞、内外通透，在空间平面设计中追求不受承重墙限制的自由，如图 10.4 所示。

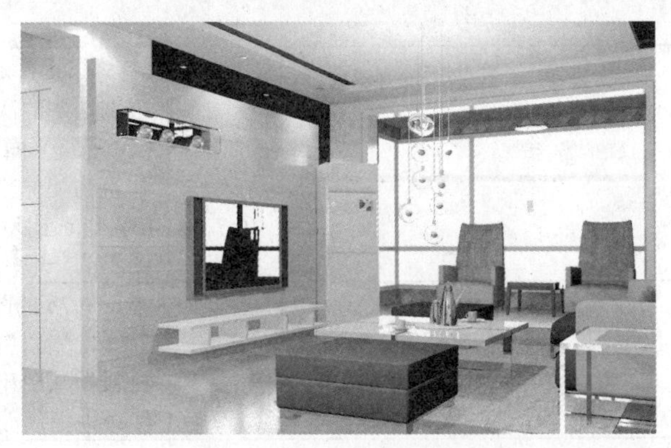

图 10.4　现代简约风格

日式风格：享受清酒般悠然，空间造型极为简洁、家具陈设以茶几为中心，墙面上使用木质构件作方格，几何形状与细方格木推拉门、窗相呼应，空间气氛朴素、文雅柔和，如图 10.5 所示。

图 10.5　日式风格

2．建筑装饰制图的有关规定

1) 图线

建筑装饰图样所用图线应符合国家标准《房屋建筑制图统一标准》(GB/T 50001—2010)和《建筑制图标准》(GB/T 50104—2010)的规定，同时符合表 10-1 的规定。

表 10-1　线型与线宽

序号	图线名称		线型	线宽	用途
1	实线	粗		*b*	(1) 平面图、顶棚装饰图、剖面图中被剖切的主要构件的轮廓线 (2) 室内立面图的外轮廓线 (3) 装饰构造图中被剖切到的主要轮廓线 (4) 建筑构配件详图中的外轮廓线 (5) 平、立、剖面图中的剖切符号

续表

序号	图线名称		线型	线宽	用途
2		中粗		0.7b	(1) 平面图、顶棚装饰图、剖面图中被剖切到的次要构件的轮廓线 (2) 建筑平面图、立面图、剖面图、建筑构配件轮廓线 (3) 建筑构造详图和建筑构配件详图中的一般轮廓线
3		中		0. 5b	小于 0.7b 的图形线、尺寸线、尺寸界线，索引符号、标高符号、详图材料做法引出线，粉刷线，保温层线，地面墙面的高差分界线
4		细		0.25b	(1) 图例填充线、家具线、纹样线 (2) 平面图、顶棚装饰图、立面图、详图中细部润细线和配景线
5	虚线	中粗		0.7b	(1) 建筑构造详图及建筑构配件不可见的轮廓线 (2) 平面图、顶棚装饰图、立面图中不可见灯带线
6	虚线	中		0.5b	投影线
7	虚线	细		0.25b	图例填充线、家具线
8	单点长划线	细		0.25b	中心线、定位线、对称线
9	折断线	细		0.25b	部分省略表示时的断开界线
10	波浪线	细		0.25b	(1) 部分省略表示时的断开界线，曲线形构件断开界线 (2) 构造层次的断开界线

说明：(1) 绘制较简单图样时，可用两种线宽的线宽组，其线宽比宜为 b:0.25b。

(2) 上述表中没有特别指出建筑装饰图线型规定的，绘制建筑装饰图样时，应参照上述表中对应建筑线型的规定。

(3) 地坪线宽可用 1.4b。

2) 图样的比例

建筑装饰图样所用比例宜符合表 10-2 的规定。

表 10-2 比例

图 名	比 例
建筑物和构筑物的平面图、立面图、剖面图	1:50、1:100、1:150、1:200、1:300
建筑物和构筑物的局部放样图	1:10、1:20、1:25、1:30、1:50
配件及构造详图	1:1、1:2、1:5、1:10、1:15、1:20、1:25、1:30、1:50

3) 建筑装饰图例

常用建筑装饰图例见表 10-3。

表 10-3 室内常用建筑装饰图例

名 称	图 例
书桌	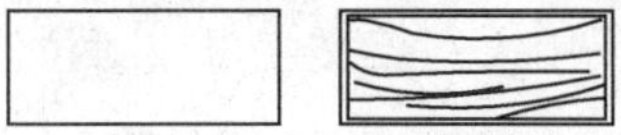
衣橱	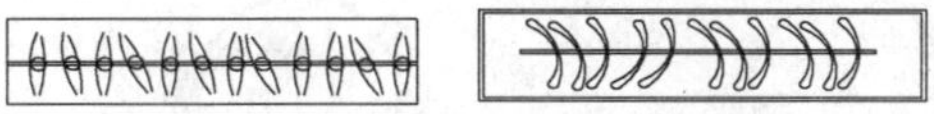
椅凳	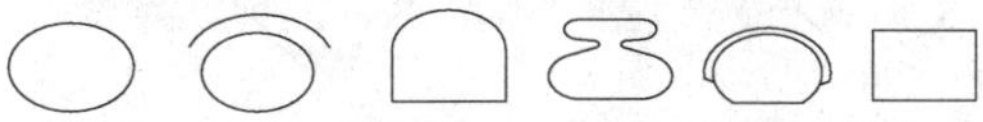
沙发	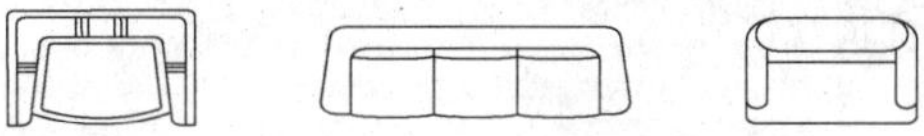
茶几	
灯具	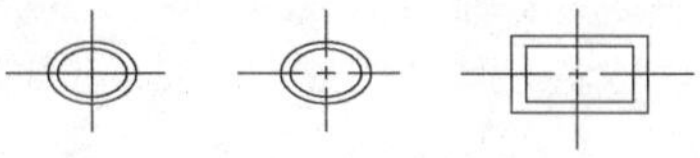
绿化	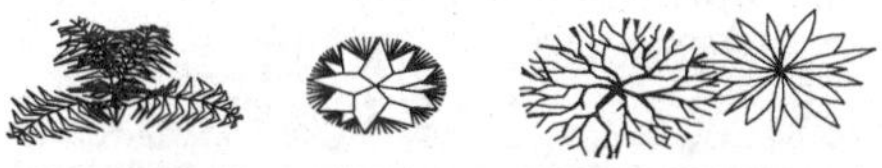
冰箱	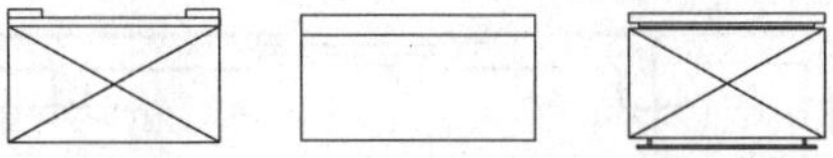
电视	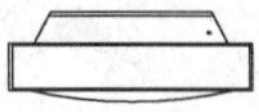
计算机	
床(双人)	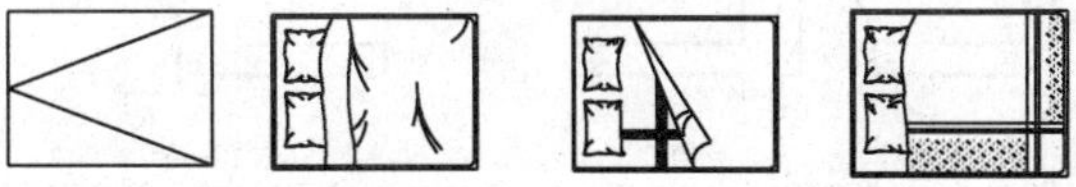
床(单人)	
洗手池	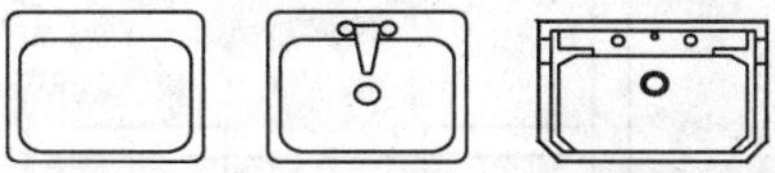
坐便器	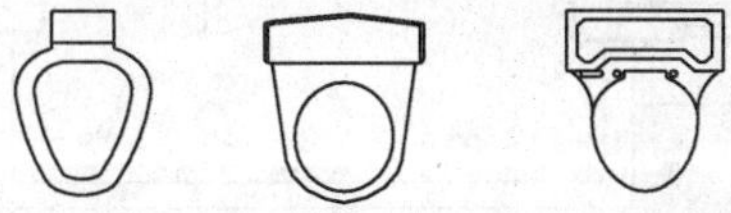
浴缸	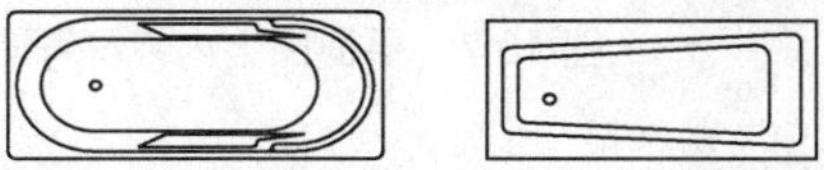

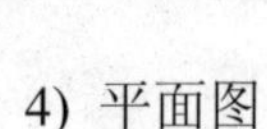

4) 平面图

顶棚平面图宜采用镜像投影法绘制。

5) 立面图

室内立面图的内视符号如图 10.6 所示，并应注明平面图的视点位置、方向及立面编号，如图 10.7、图 10.8 所示。符号中的圆圈应用细实线绘制，可根据图面比例圆圈直径选 8～12mm。立面编号宜采用大写英文字母或阿拉伯数字。

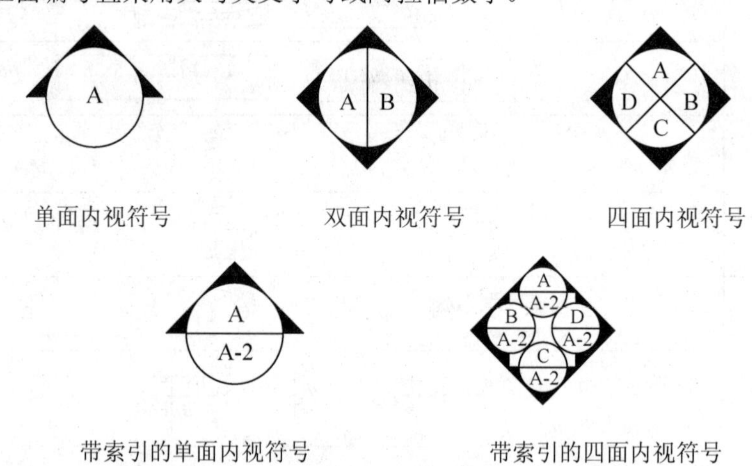

图 10.6　内视符号

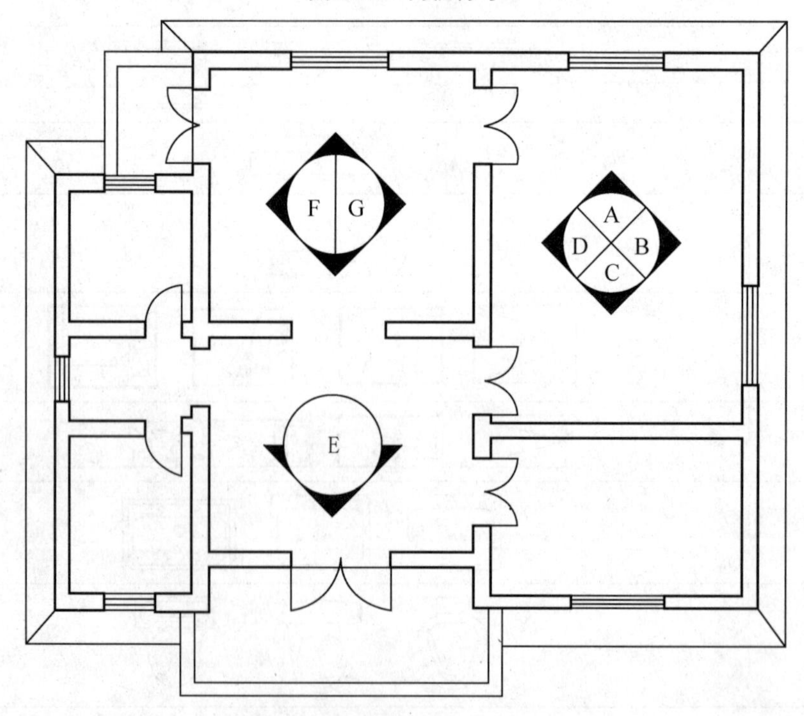

图 10.7　平面图上内视符号应用示例

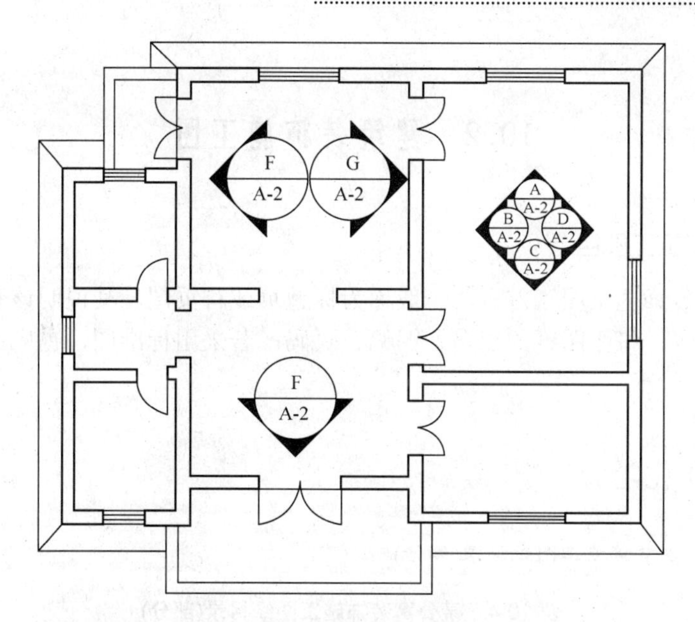

图 10.8 平面图上内视符号(带索引)应用示例

6) 立面图

(1) 室内立面图应包括可见的室内轮廓线和装饰构造、门窗、构配件、墙面做法、固定家具、灯具、必要的尺寸和标高及要表达的非固定家具、灯具、装饰物件等。

(2) 室内立面图的顶棚轮廓线可只表达吊平顶，或同时表达吊平顶及结构顶棚。

(3) 平面形状曲折的建筑物室内可以绘制展开室内立面图。圆形或多边形的建筑物，室内可分段展开绘制室内立面图，但应在图名后加注“展开”二字。

(4) 建筑物室内立面图的名称应根据平面图中内视符号的编号或字母确定。

7) 剖面图

(1) 剖视剖切符号规定如图 10.9 所示。

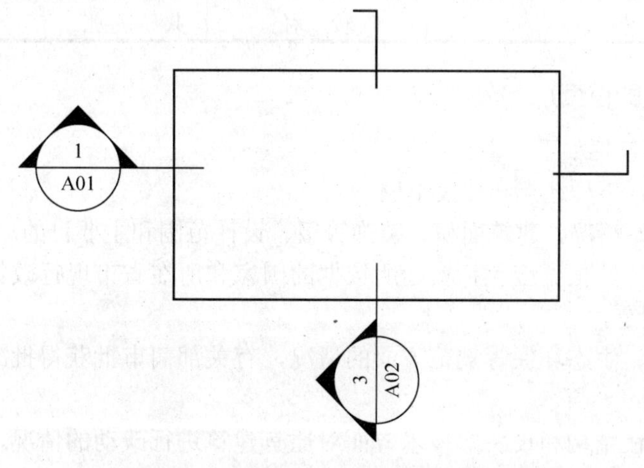

图 10.9 剖视剖切符号应用示例

(2) 画室内立面图时，相应部位的墙体、楼地面的剖切面宜绘出。必要时占空间较大的设备管线、灯具等的剖切面也应在图纸上绘出。

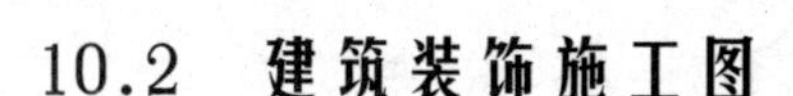

10.2 建筑装饰施工图

1. 建筑装饰施工图目录

目录在一套装饰施工图纸首页，一般称为标题页或首页图。其说明该套图纸有几类，各类图纸分为几张，每张图纸的图名、图幅、页码；若采用标准图，也应在目录中编序，列出页码。

应用案例 10-2

表 10-4 是某公寓装饰施工图纸目录(部分)。

表 10-4 某公寓装饰施工图纸目录(部分)

**建筑装饰设计有限公司		图纸目录		装饰-00 共 1 页 第 1 页
序 号	图 号	图 纸 名 称	张 数	备 注
1	装饰-00	图纸目录	1	结合变更施工
2	装饰-01	平面布置图	1	结合变更施工
3	装饰-01	A 立面图	1	结合变更施工
4	装饰-01	B 立面图	1	结合变更施工
5	装饰-01	C 立面图	1	结合变更施工
6	装饰-01	D 立面图	1	结合变更施工
…				
审 核		校 对	共 张	日 期

2. 设计说明(即首页)

设计说明主要包括如下内容。

(1) 工程名称、工程地点和建设单位。

(2) 工程的原始情况、建筑面积、装饰等级、设计范围和主要目的。

(3) 施工图设计的依据应包括实际所依据的国家和所在省市现行政策、法规、标准化设计及其他有关规定。

(4) 遵循防火、生态环保等规范方面的情况，有关部门审批获得批准文件的文号及其相关内容 。

(5) 装饰设计在结构和设备等技术方面对原有建筑进行改动的情况，应包括建筑装饰的类别、防火等级、防火分区、防火设备、防火门等设施的消防设计说明，以及对工程可能涉及的声、光、电、防潮、防尘、防腐蚀、防辐射等设施的消防设计说明。

(6) 对设计中所采用的新技术、新工艺、新设备和新材料的情况进行说明。

说明中还应对图纸中出现的符号、绘制方法、特殊图例等进行说明。甲方(或客户)的概况，以及他们对设计的要求也需写入。

根据工程规模、复杂程度，建筑装饰施工图的内容和数量都会有变化，一般能够选用标准图时则提倡选用标准图。由于我国南北地质和气候差异，北方侧重采暖保温，南方则侧重防雨隔热，所以标准图也分华北、华南、华东、西南等区域性标准图。同时，一般在能够清楚表达工程对象的前提下，一套图样的数量及内容越少越好。

应用案例 10-3

王先生购买了一套复式住宅，委托某建筑装饰有限公司对该住宅进行室内装饰施工图设计。下面是该套设计图的设计说明。

1. 设计范围

(1) 本装饰工程为安天*盛世名城复式楼装饰工程。

(2) 本装饰工程包括室内地面、墙面、吊顶及后期家具配饰。

2. 平面布置

(1) 一层布置主要由起居室、餐厅、卧室、书房、厨房、卫生间等部分构成。

(2) 二层布置主要由卧室、书房、储物间、露天花园等部分构成。

3. 防火要求

(1) 根据建设部颁发的《建筑设计防火规范》要求，在本装饰工程设计中主要采用阻燃性材料和难燃性材料。

(2) 所有隐蔽木结构部分表面(包括木龙骨、基层板双面)必须涂刷防火漆两遍。

4. 防潮防水

(1) 墙、顶面造型部分为防止潮气侵入引起木结构变形、腐蚀，所有隐蔽木结构部分表面(包括木龙骨、基层板双面)涂刷防腐油一遍。

(2) 厨房、卫生间墙地面采用 SBS 防水涂料，墙面防水距地高度为 500mm，淋浴间为 1800mm。

5. 防腐防锈

(1) 所有与墙体连接的隐蔽木结构部分表面(包括木龙骨、基层板双面)必须涂刷防腐油一遍。

(2) 为防止钢构件腐蚀，所有钢结构表面涂刷红丹防锈漆两遍。

6. 吊顶装饰工程

(1) 客、餐厅及其他采用木龙骨纸面石膏板吊顶，面罩 “立邦永得丽” 白色乳胶漆。

(2) 厨房采用木龙骨纸面石膏板吊顶，面贴银灰色铝塑板分缝。

(3) 卫生间采用木龙骨框架，耐变黄塑钢条形扣板吊顶(米、灰色相间)。

(4) 石膏板吊顶采用木龙骨框架，12mm 厚纸面吊顶，特殊造型需采用大芯板、5mm 夹板放样。

(5) 石膏板规格采用为 12mm × 1200mm × 3000mm 纸面石膏板，石膏板接缝处，切 45° 角，用配套穿孔纸带及腻子布缝。

(6) 吊顶板与墙壁面、窗帘盒、灯具等交接处应接缝严密，不得有漏缝现象。

7. 地面装饰工程

(1) 客、餐厅地面采用白色 600mm × 600mm 玻化砖满铺。

(2) 厨房、卫生间地面采用 300mm × 300mm 防滑砖满铺(颜色待定)。

(3) 卧室、书房及二层走道地面采用 900mm × 125mm × 18mm 紫檀实木地板满铺。

(4) 楼梯为钢结构木楼梯，采用拉丝不锈钢护栏，紫檀实木楼梯板、扶手。

(5) 露天花园地面采用 100mm × 200mm × 40mm 广场砖斜铺设，局部用绿色草皮点缀。

(6) 花园地台采用型钢龙骨防腐处理，后铺 1200mm×120mm×32mm 油木板@140MM 阵列。

8. 墙面装饰工程

(1) 电视背景墙采用木龙骨框架，大芯板基层，面封纸面石膏板，面贴深灰色网状亚麻布装饰。

(2) 沙发背景墙采用浅紫色网状亚麻布装饰。

(3) 主人房床背景采用木龙骨框架，大芯板基层，面封纸面石膏板，面罩驼色乳胶漆。

(4) 楼梯休息平台墙面采用艺术文化石装饰(整体色系为暗红色，图案待定)。

(5) 原墙面采用“立邦永得丽”浅灰色乳胶漆。

9. 灯具、五金配件

(1) 筒灯、定位射灯、艺术吊灯等灯具建议采用节能型。

(2) 门五金及其他五金配件尽量采用耐腐蚀的不锈钢件、铜件或镀洛产品。

10. 乳胶漆施工工艺要求

抹灰面、板材面做乳胶漆部分全部清油封底；全部满批腻子两遍；全部涂刷乳胶漆三遍。

11. 其他说明

未尽事宜，参照国家现行有关规范规定执行。

10.3 建筑装饰平面图

10.3.1 建筑装饰平面图的形成

(1) 假设一个水平剖切平面沿着略高于窗台的位置对建筑进行剖切，将上面部分挪走，作剩余部分的水平投影图。

(2) 用粗实线绘制被剖切的墙体、柱等建筑结构的轮廓。

(3) 用细实线绘制各房间内的家具、设备的平面形状。

(4) 用尺寸标注和文字说明的形式表达家具、设备的位置关系和各表面的饰面材料及工艺要求等内容。

10.3.2 建筑装饰平面图的主要内容

建筑装饰平面图包括总平面图、平面布置图、平面尺寸图、地面装饰图、索引图等。所有平面图应共同包括以下内容。

(1) 标明原有建筑平面图中柱网、承重墙、主要轴线和编号；标明装饰设计变更过后的所有室内外墙体、门窗、管井、电梯和各种扶梯、楼梯、平台和阳台等。房间的名称应注全，并标明楼梯的上下方向。

(2) 标明固定的装饰造型、隔断、构件、家具、卫生洁具、照明灯具、花台、水池、陈设及其他固定装饰配置和部品的位置。

(3) 标注装饰设计新发生的门窗编号及开启方向，对家具的橱柜门或其他构件的开启方向和方式也应予以表示。

(4) 标注各楼层地面、楼梯平台的标高；标注索引符和编号、图样名称和制图比例。

知识链接

部品：直接构成成品的最基本组成部分。可以是半成品或其他公司的成品，如：一幢房子其中配有空调，相对房子，空调就是一个部品；如果你是生产空调的，压缩机你不生产，那么相对空调来说，压缩机就是一个部品。

1. 总平面图

(1) 总平面图应能全面反映各楼层平面的总体情况，包括家具布置、陈设及绿化布置、装饰配置和部品布置、地面装饰、设备布置等内容。

(2) 在图样中可以对一些情况作出文字说明。

(3) 标注索引符号且一层要标注指北针。

2. 平面布置图

(1) 家具布置图：应标注所有可移动的家具和隔断的位置、布置方向、柜门或厨门开启方向，同时还应能确定家具上摆放物品的位置，如电话、计算机、台灯、各种电气等。标注定位尺寸和其他一些必要尺寸。

(2) 卫生洁具布置图：此图在规模较小的设计中可以与家具布置图合并。一般情况下应标明所有洁具、洗涤池、上下水立管、排污孔、地漏、地沟的位置，并注明排水方向、定位尺寸和其他必要尺寸。

(3) 绿化布置图：此图在规模较小的设计中可以与家居布置图合并。一般情况下应标明所有绿化、小品等的位置，定位尺寸和其他必要尺寸，并有必要文字说明。

(4) 电气设施布置图：一般情况下应标明所有灯具、电话、网络、开关的位置，定位尺寸，控制线路走向布置，并有必要文字说明。

(5) 防火布置图：按照防火规范，在平面图中标注防火门位置，并有必要文字说明。

(6) 如果楼层平面较大，可就一些房间和部位的平面布置单独绘制局部放大图，同样也应符合以上规定。

3. 平面尺寸图

(1) 标注装饰设计新发生的室内外墙体、室内外门窗洞口和管井等定位尺寸、墙体厚度洞口宽度与高度尺寸、门窗编号。

(2) 标注设计新发生的楼梯、自动梯、平台、台阶、坡道等的定位尺寸，设计标高。

(3) 标注固定隔断、固定家具、装饰造型、台面、栏杆的定位尺寸和其他必要尺寸。

4. 地面装饰图

(1) 标注地面装饰材料的种类、色彩、品名、拼接图案、不同材料的分界线。

(2) 标注地面装饰的定位尺寸、标准和异形材料的单位尺寸、节点构造索引。

(3) 标注地面装饰的嵌条、台阶和梯段防滑条的定位尺寸、材料做法或节点构造索引。

5. 索引图

注明索引符号编号，必要时增加文字说明帮助索引。

应用案例 10-4

某 $50m^2$ 单身公寓，业主委托建筑装饰设计有限公司进行室内装饰施工图设计与施工。工程造价 3.5 万元；如图 10.10～图 10.16 所示是室内设计效果图和施工图。

图 10.10 装修后室内效果图

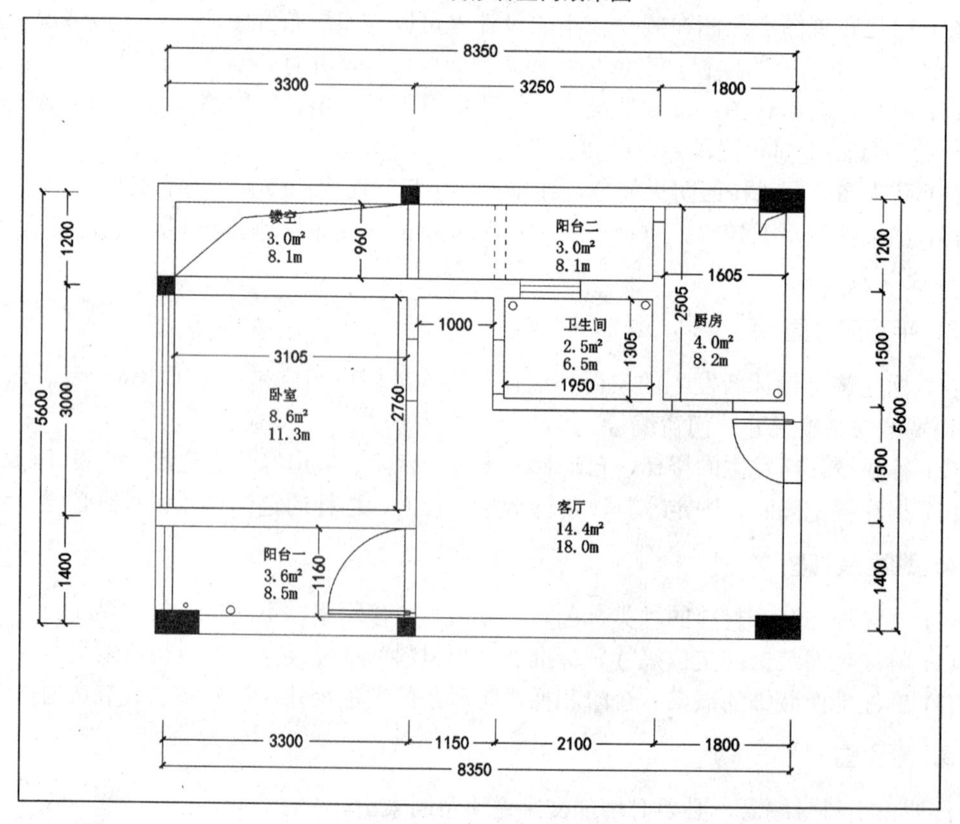

图 10.11 房屋原有尺寸图

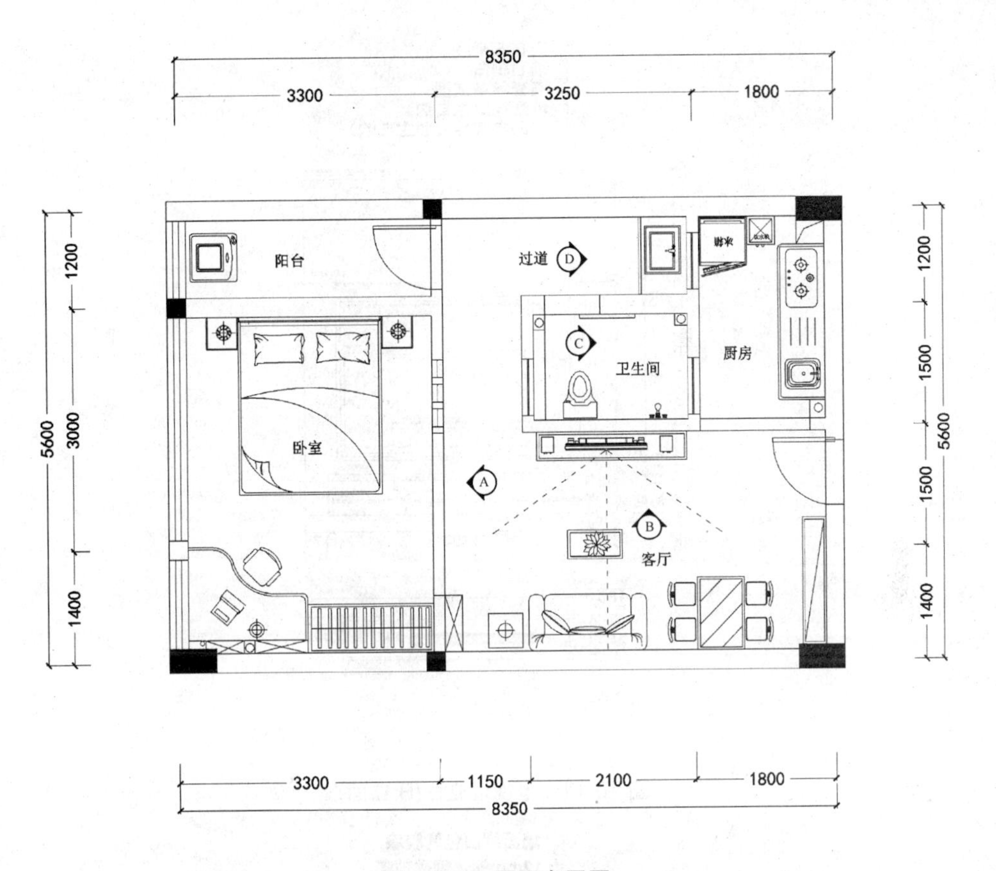

图 10.12　平面布置图

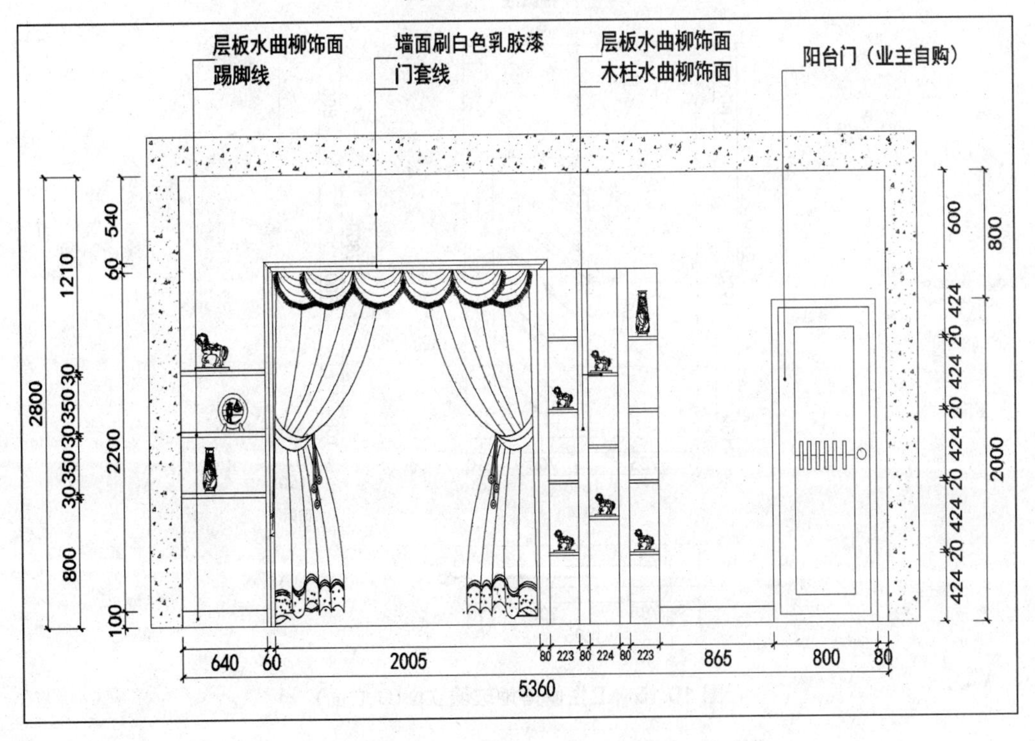

图 10.13　客厅隔断墙立面(A 立面)

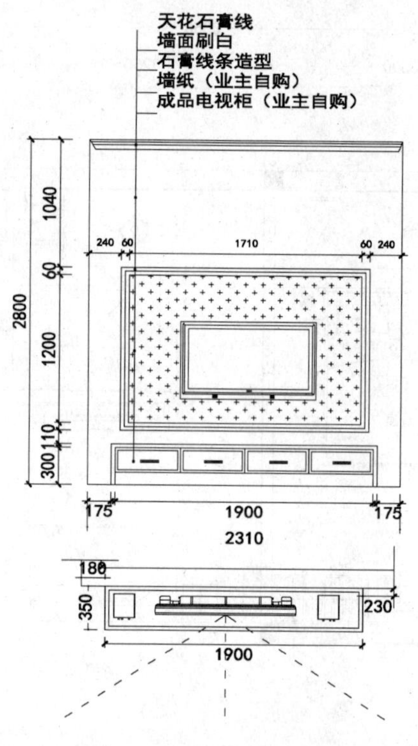

图 10.14 电视墙立面(B 立面)

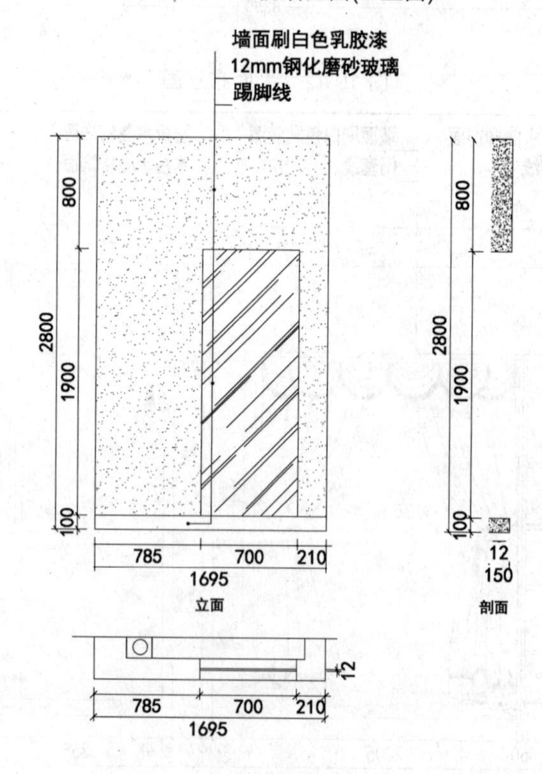

图 10.15 卫生间落地玻璃立面(C 立面)

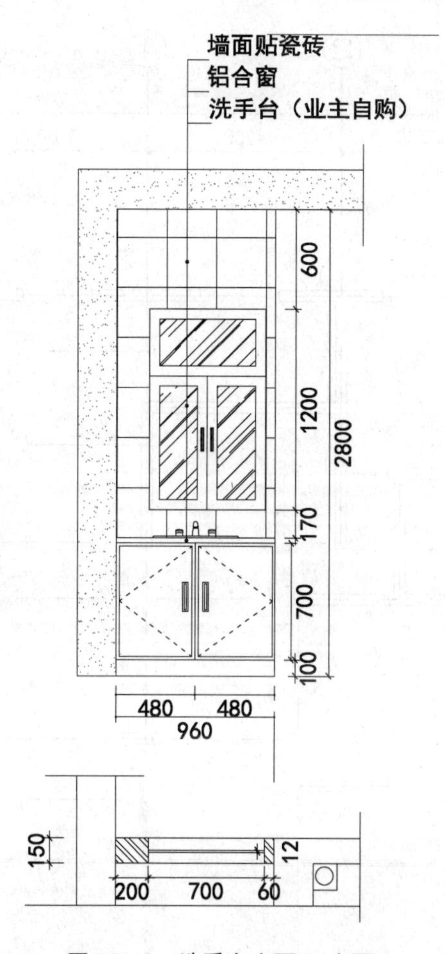

图 10.16 洗手台立面(D 立面)

10.3.3 建筑装饰平面图的绘制

1. 平面布置图

以附录中某别墅的建筑装饰施工图为例(墙厚 240mm)。

(1) 选比例。

(2) 细实线画出主体结构、标注开间、门洞尺寸、轴线(图 10.17) 。

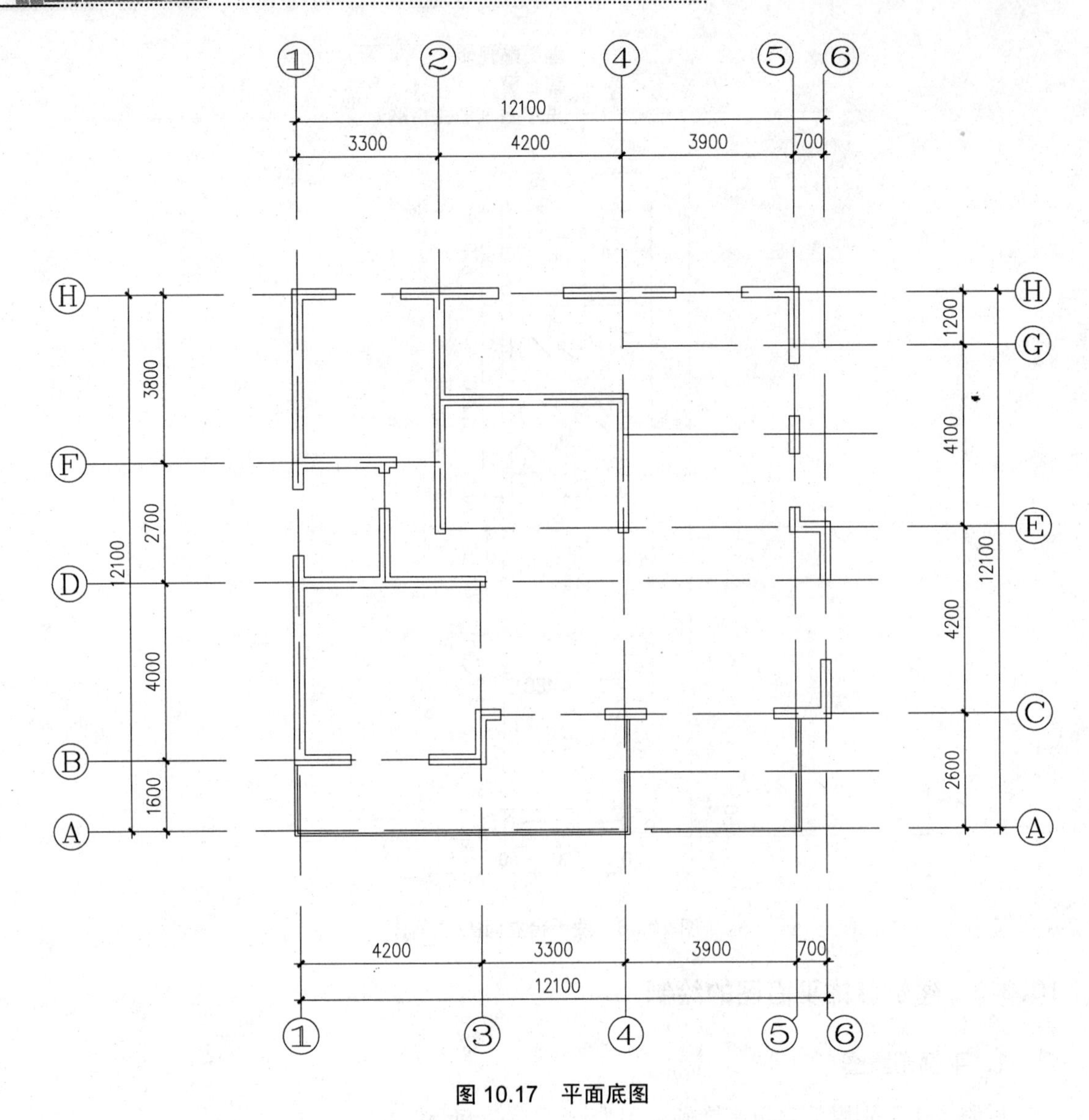
①
②
④
⑤
⑥
12100
3300
4200
3900
700
H
F
D
B
A
3800
2700
12100
4000
1600
H
G
E
C
A
1200
4100
4200
2600
12100
4200
3300
3900
700
12100
①
③
④
⑤
⑥

图 10.17　平面底图

(3) 将房间内实测尺寸逐一标出，尺寸线采用细实线(图 10.18)。

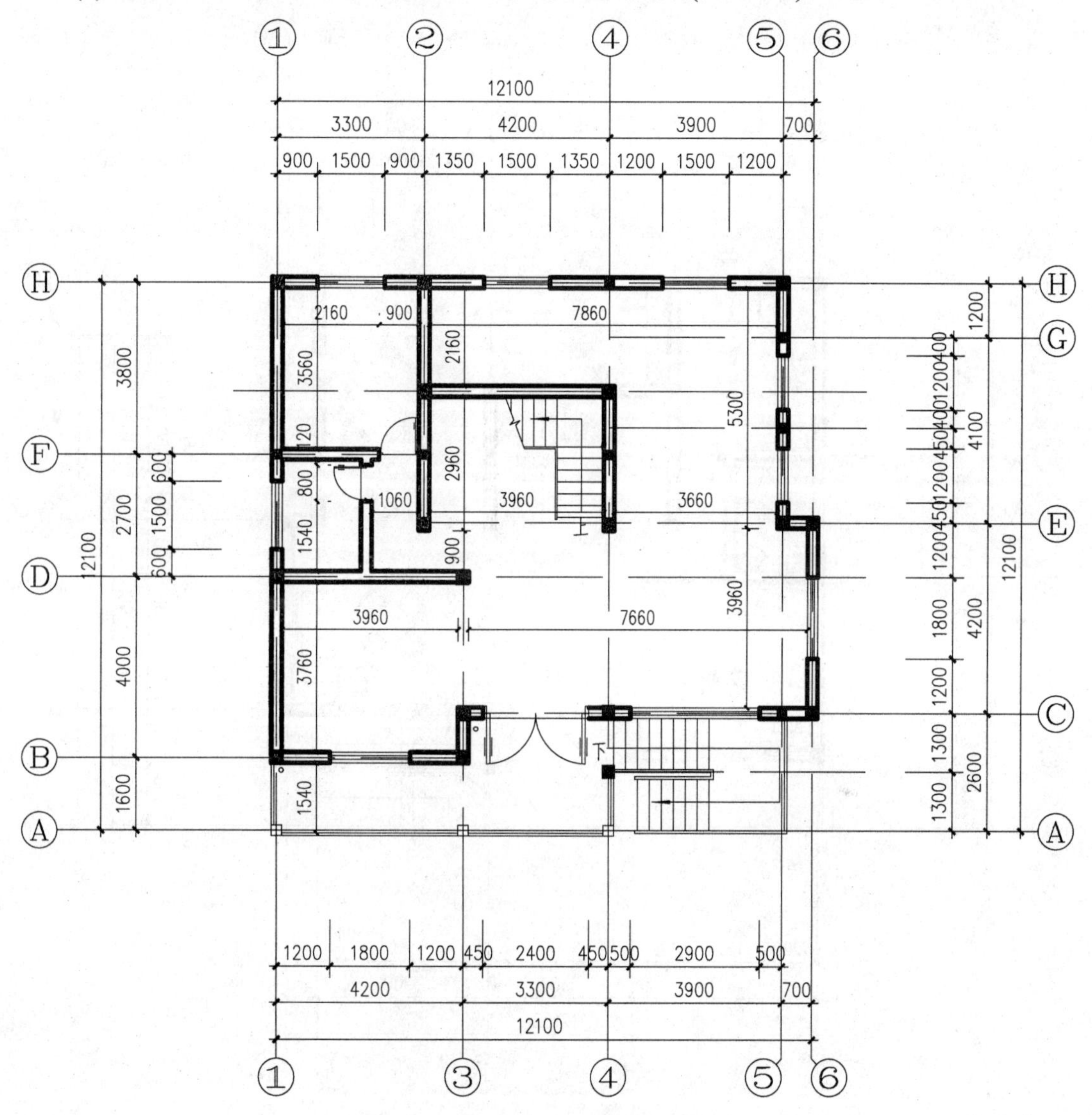

图 10.18 房间实测尺寸标注图

(4) 画出各功能房间家具、陈设、隔断、绿化的形状位置(图 10.19) 。

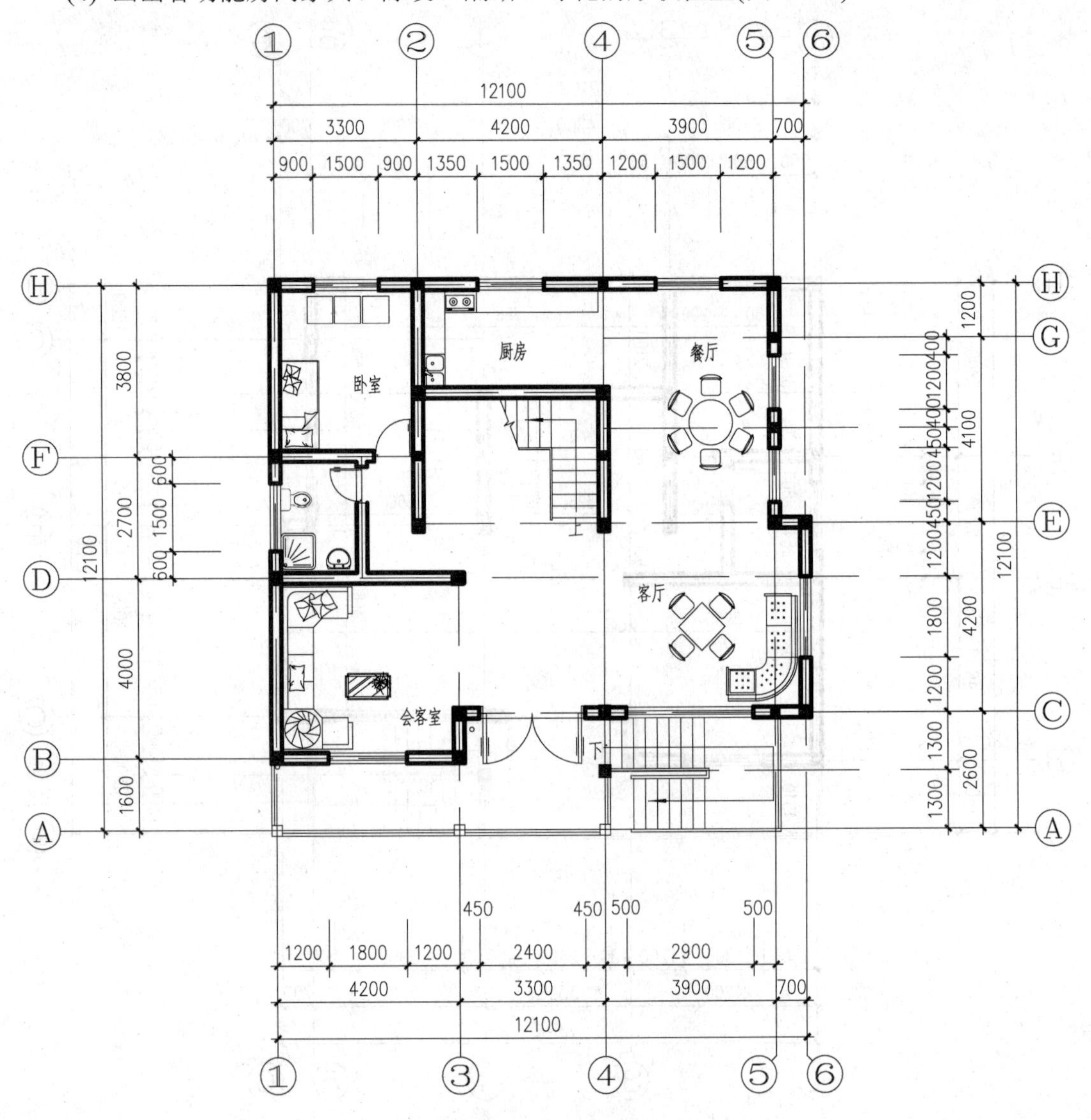

图 10.19 平面布置图

(5) 标注装饰尺寸，如隔断、固定家具、装饰造型等定形、定位尺寸，详图索引；并注明文字说明、图名、比例；检查并加深图，粗细实线按规定应用(图 10.20)。

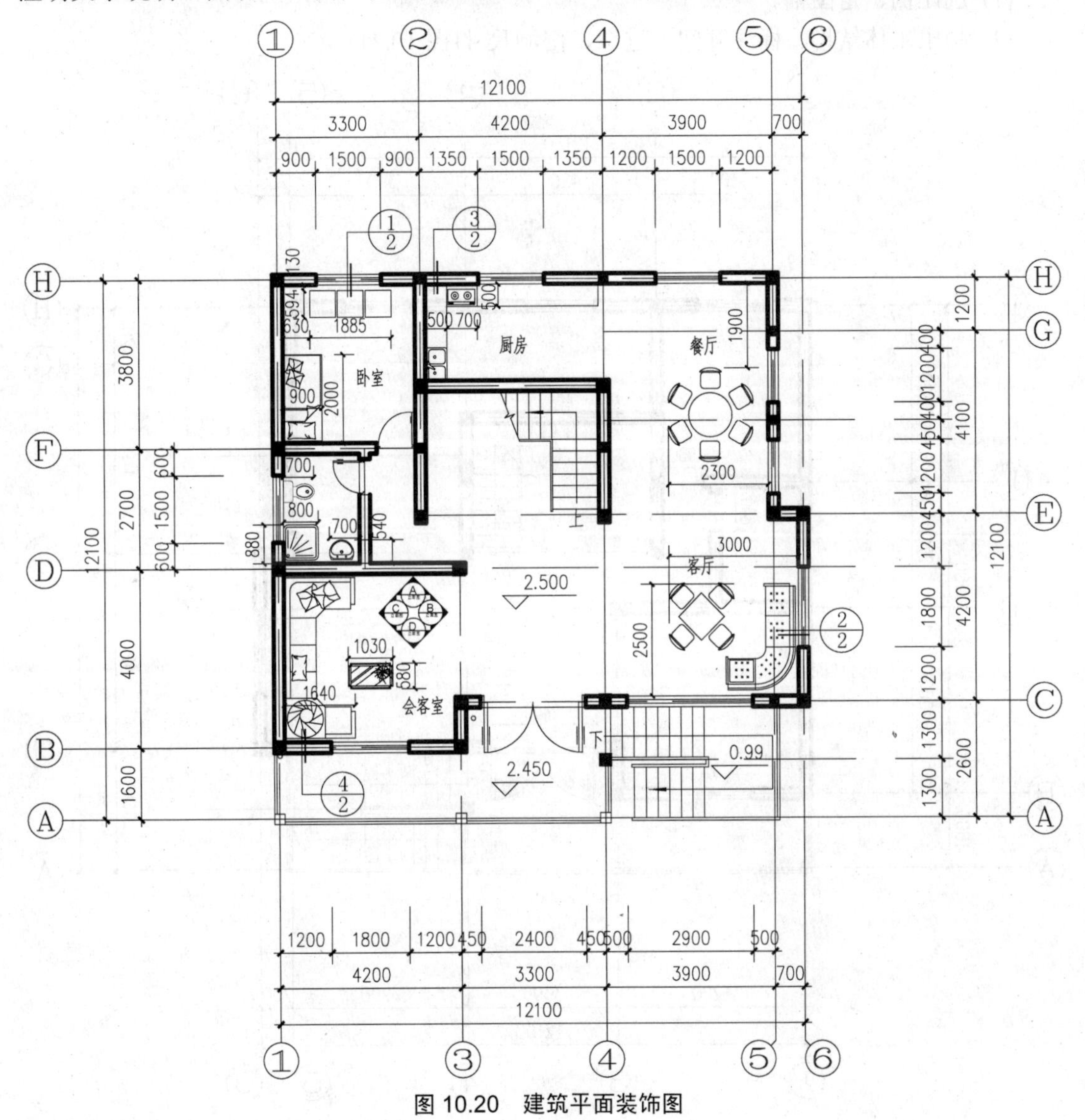

图 10.20 建筑平面装饰图

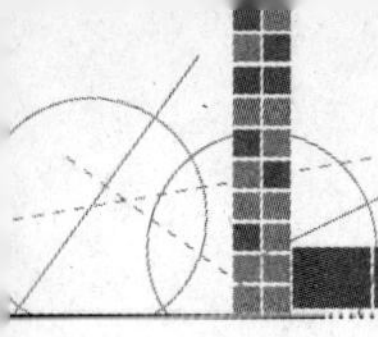

2．地面装饰图

(1) 选比例、定图幅。

(2) 画出主体结构、标注开间、进深、门洞尺寸(图 10.21) 。

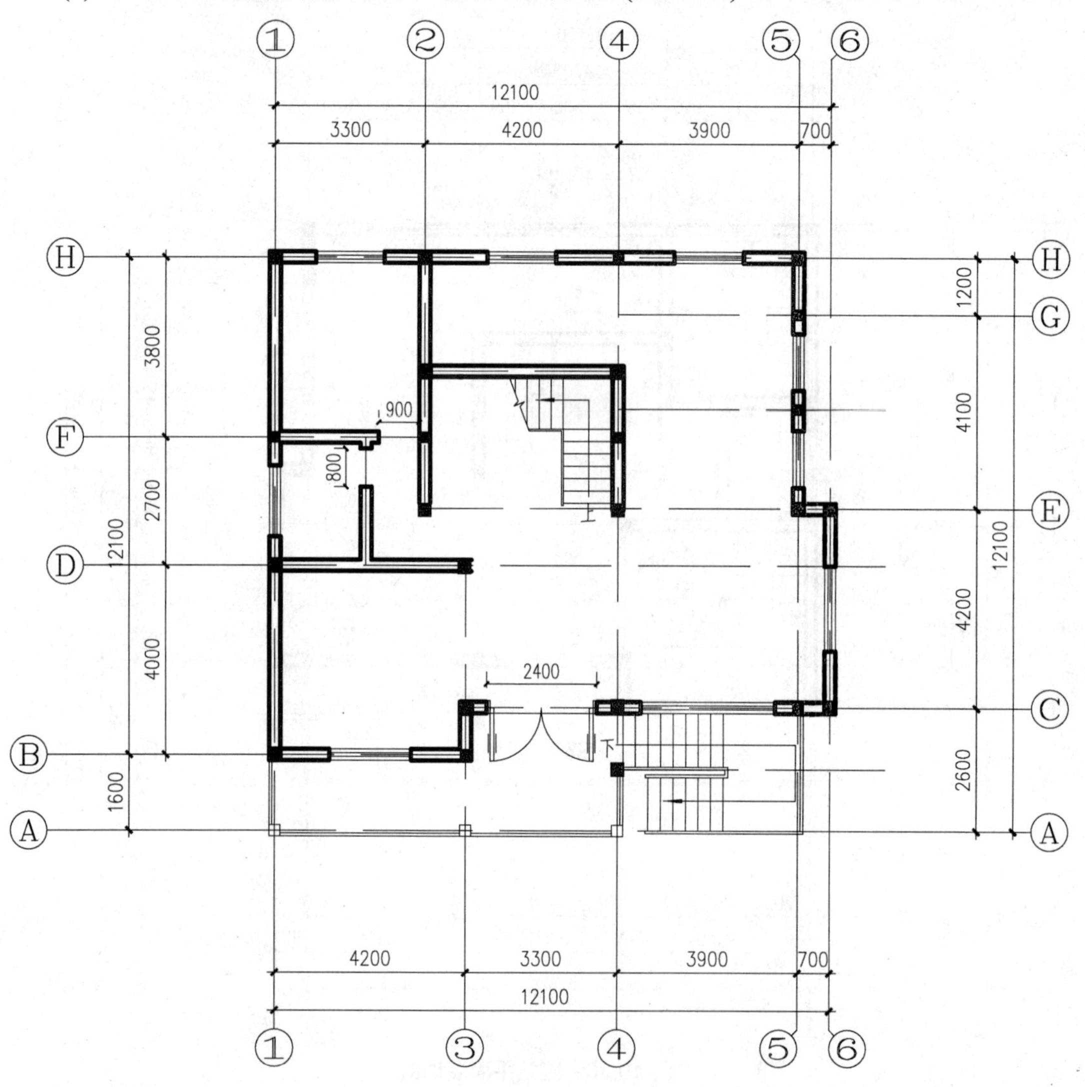

图 10.21　建筑平面底图

(3) 画出楼地面层分格线、拼花造型，装饰材料品种、规格、色彩，材料不同时用图例区分(图 10.22) 。

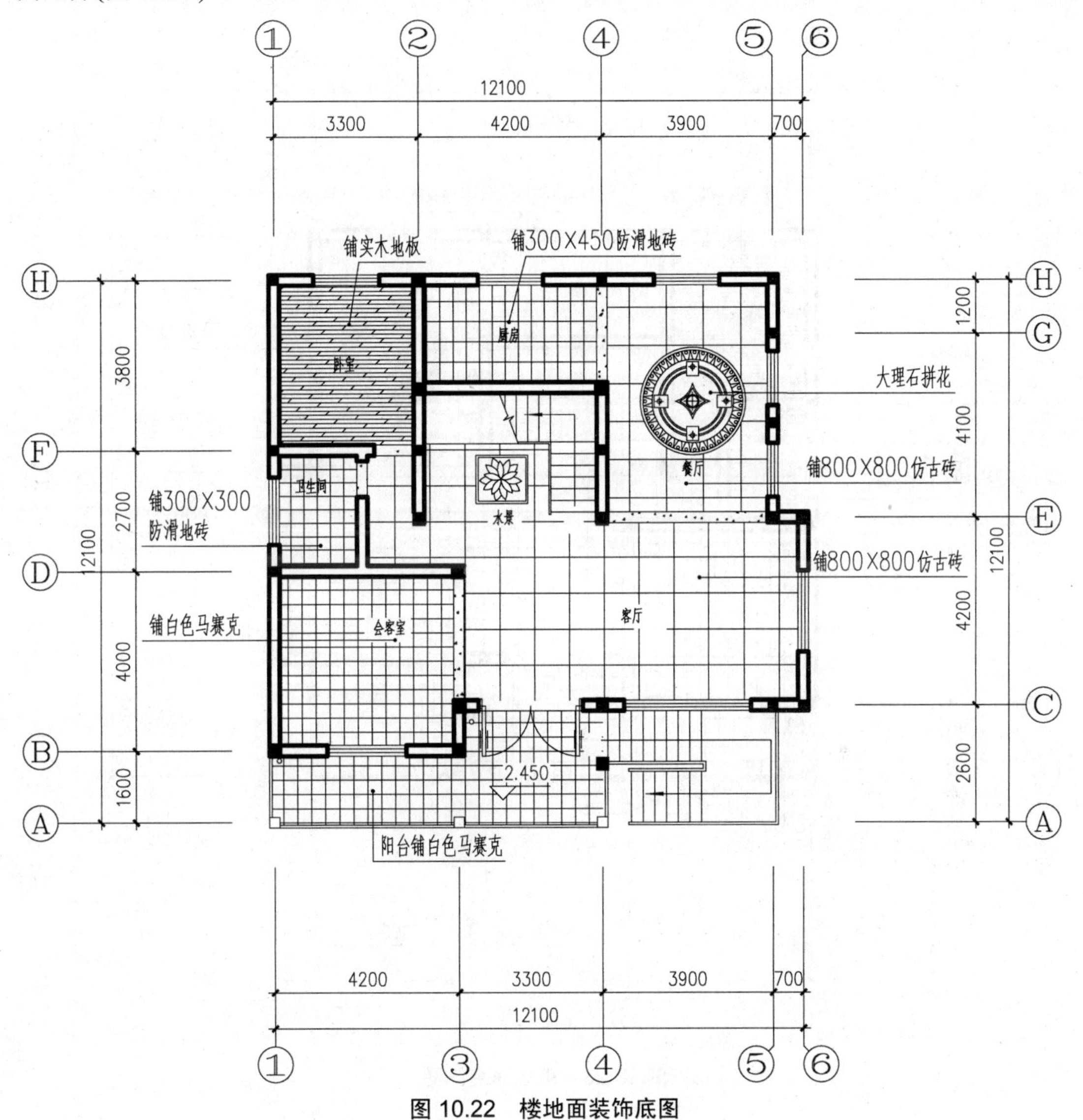

图 10.22 楼地面装饰底图

(4) 细部做法和索引符号、图名、比例； 检查并加深图线(图 10.23) 。

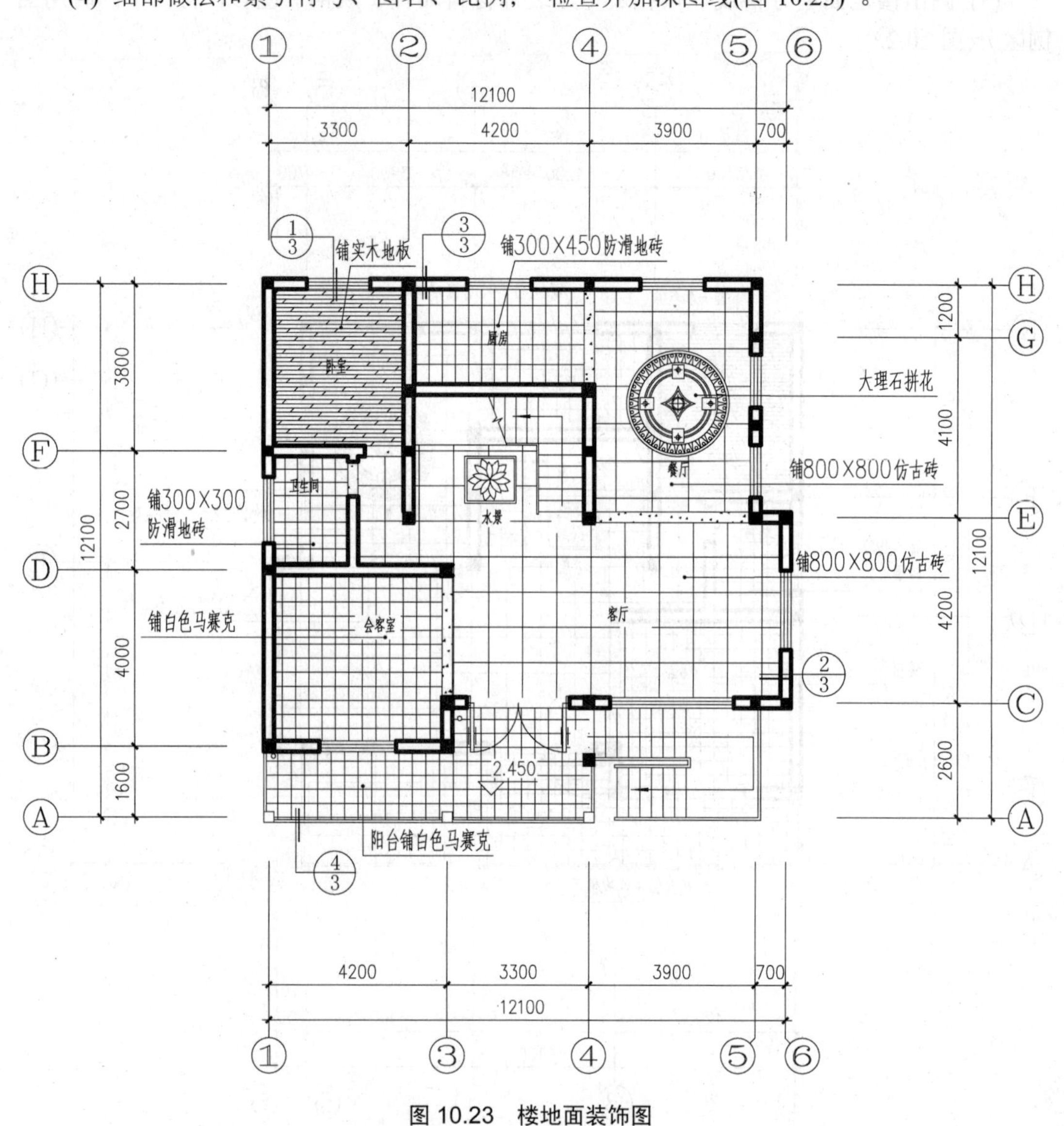

图 10.23 楼地面装饰图

10.4 建筑装饰顶棚图

顶棚的功能除装饰外，还有照明、音响、空调、防火等。

顶棚是室内设计的重要部位，其设计对精神感受影响非常大。

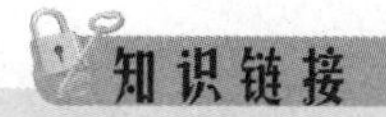

顶棚：是室内空间上部的结构层或装修层，为室内美观及保温隔热的需要，大多设顶棚(吊顶)把屋面的结构隐蔽起来，以满足室内使用要求。又称天花、天棚、平顶。

10.4.1　顶棚图的图示内容与要求

(1) 与平面图一致，标注柱网和承重墙，主要轴线和编号，轴线尺寸和总尺寸。
(2) 标注装饰设计调整后的其他构件的位置并注明。
(3) 标注顶棚设计标高。
(4) 索引符号、图样名称、详图和比例。

1. 顶棚总平面图

(1) 反应各层顶棚总体情况、造型、装饰灯布置、消防设施。
(2) 必要的文字说明。

2. 顶棚造型布置图

(1) 顶棚灯具及设施布置图。
(2) 若顶棚较大，可单独绘制局部放大图。

应用案例 10-5

某别墅装修工程首层顶棚平面布置图实例如图 10.24 所示，其中墙用粗实线表示，柱涂黑表示，天花的藻井、灯饰等主要造型轮廓线用中实线表示；天花的装饰线、面板的拼装分格等次要的轮廓线用细实线表示。

10.4.2　顶棚图的绘制

(1) 选比例、定图幅。
(2) 先用细实线画出建筑主体结构的平面图，可以不画门窗。
(3) 画出顶棚的造型轮廓线、灯饰及各种设施。
(4) 标注尺寸、剖面符号、详图索引符号和文字说明等。
(5) 检查并加深图线。其中墙、柱用粗实线表示，顶棚的藻井、灯饰等主要造型轮廓线用中实线表示，顶棚的装饰线、面板的拼装分格等次要的轮廓线用细实线表示(图 10.25)。

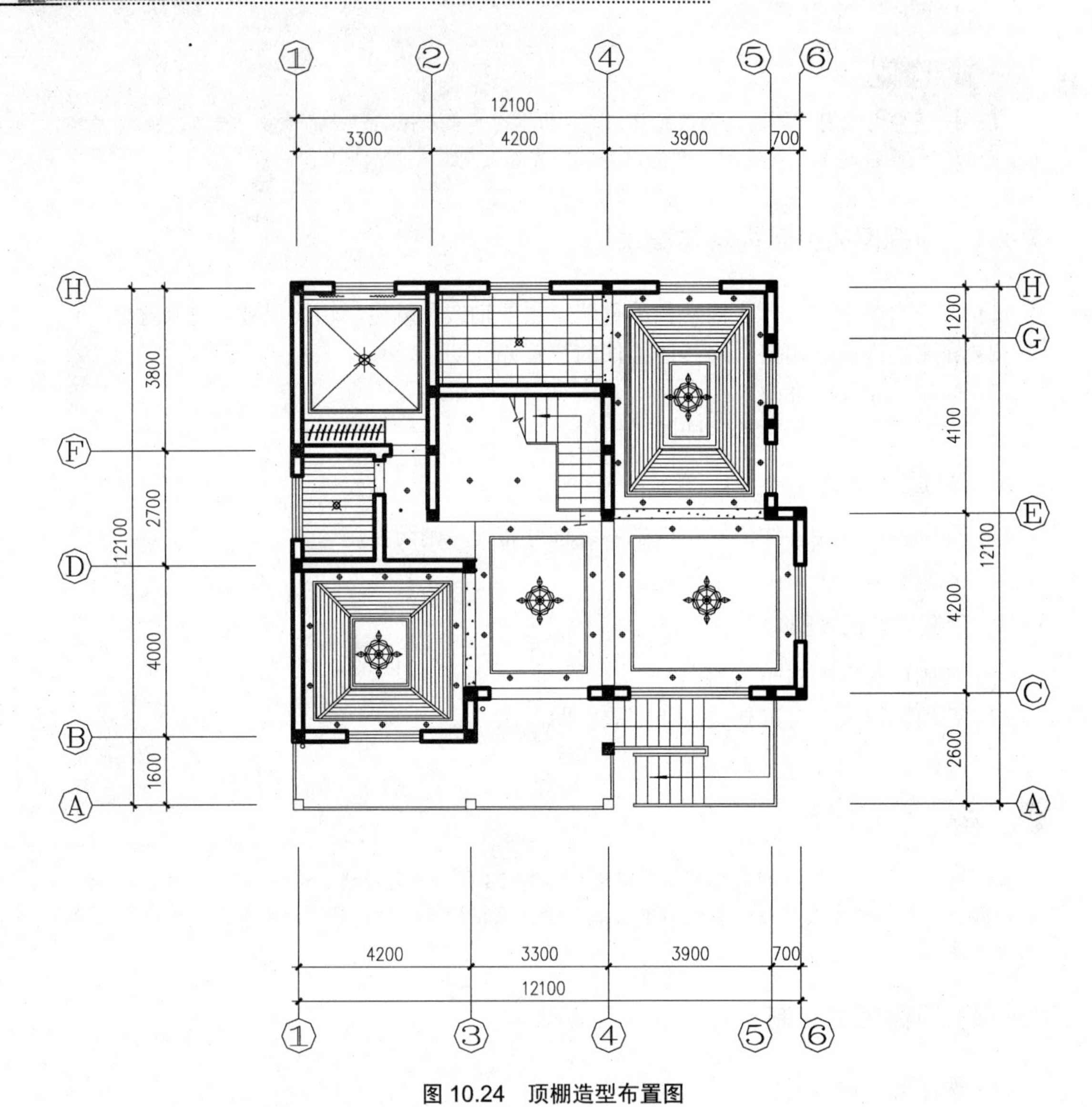

图 10.24　顶棚造型布置图

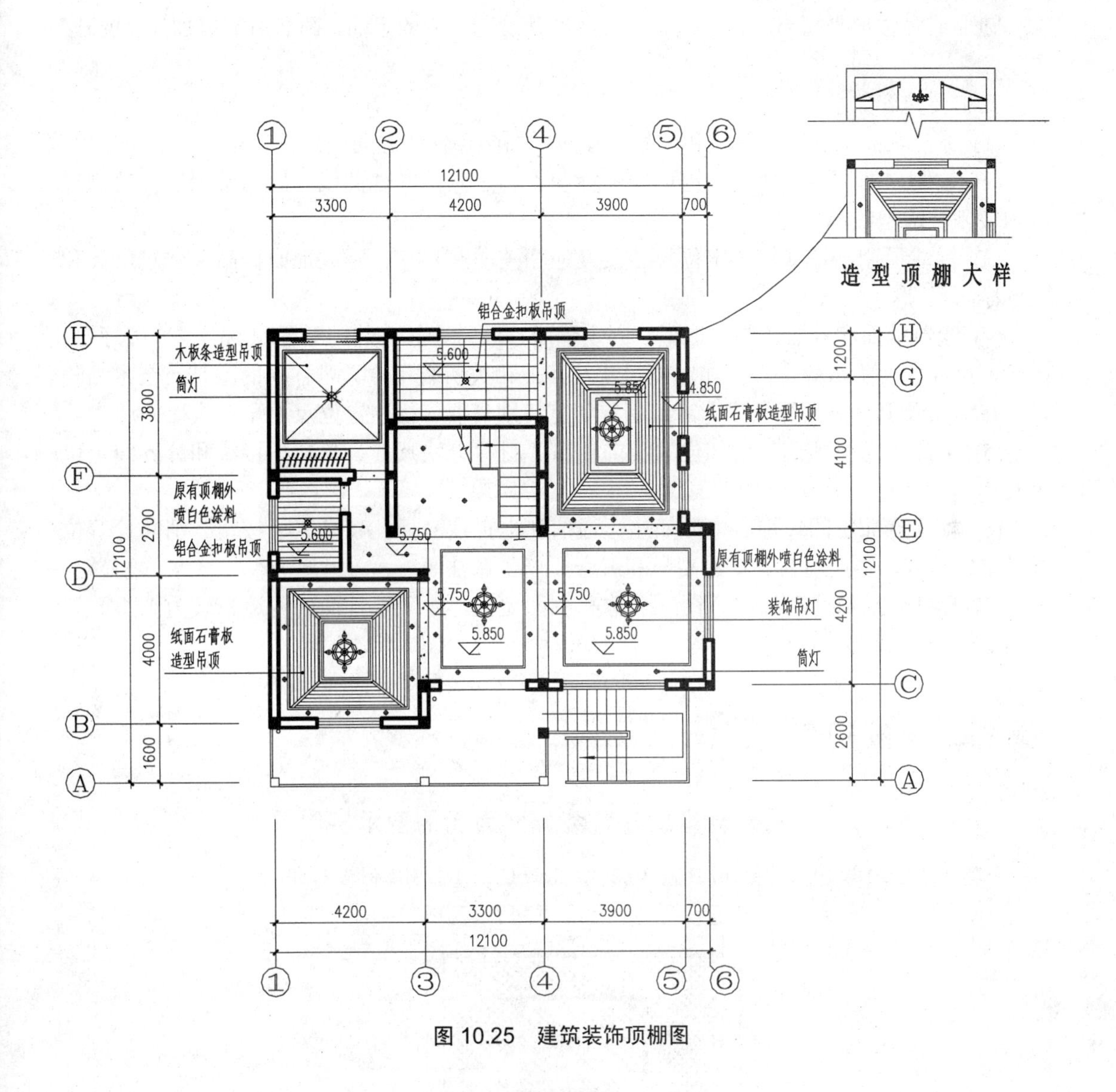

图 10.25 建筑装饰顶棚图

10.5 建筑装饰立面图

建筑装饰立面图一般为室内墙柱面装饰图，主要表示主体结构中铅垂立面的装修做法。其反映空间高度、墙面材料、造型、色彩、凹凸立体变化和家具尺寸。

10.5.1 建筑装饰立面图的内容和要求

建筑装饰立面图应按一定方向顺序绘制，顺序习惯采用顺时针以大写英文字母 A、B、C、D 等编号。

墙面有不同地方，必须绘制立面图。

圆形或多边形平面的室内空间，可分段展开绘制室内的里面，图名后需要加注“展开”二字。

其主要内容如下。

(1) 标注立面范围内的轴线和编号，标注立面两端轴线之间的外包尺寸。

(2) 绘制立面左、右两端的内墙线，标明上、下两端的地面线，原有楼板线，装饰设计的顶棚及造型线。

(3) 标注顶棚剖切部位的定位尺寸及其他相关所有尺寸，标注地面标高、建筑层高和顶棚净高尺寸。

(4) 绘制墙面和柱面、装饰造型、固定隔断、固定家具、装饰配置和部品、广告灯箱、门窗、栏杆、台阶等位置，标注定位尺寸及其他相关所有尺寸。可移动的家具、艺术品陈设、装饰品及卫生洁具等一般无需绘制，如有特别需要应标注定位尺寸和一些相关尺寸。

(5) 标注立面和顶棚剖切部位的装饰材料、材料分块尺寸、材料拼接线和分界线定位尺寸。

(6) 标注立面上的灯饰、电源插座、通信和电视信号插孔、开关、按钮、消防栓等位置及定位尺寸，标明材料、产品型号和编号、施工做法等。

(7) 标注索引符号和编号、图纸名称和制图比例，由于墙柱面的构造都较为细小，其作图比例一般不宜小于1:50。

某别墅会客厅建筑装饰立面图的图示实例

会客厅立面A(图10.26)、立面B(图10.27)、立面C(图10.28)比例为1:50。

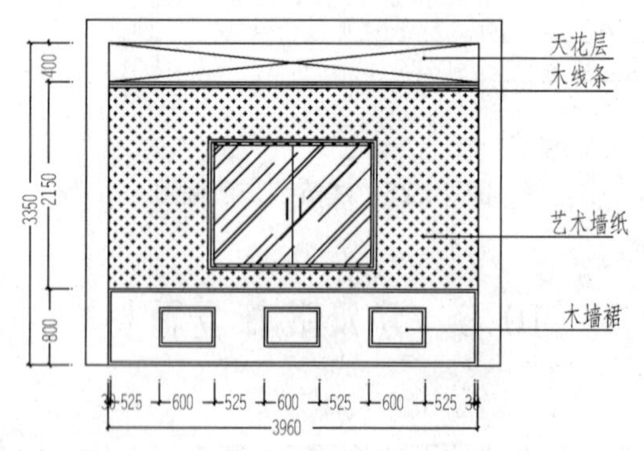

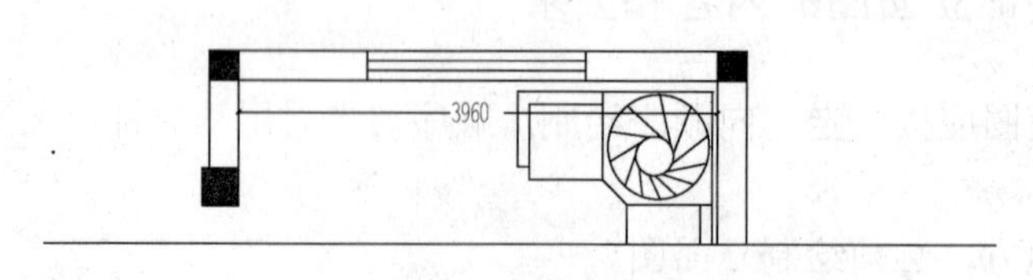

图10.26　会客厅A立面

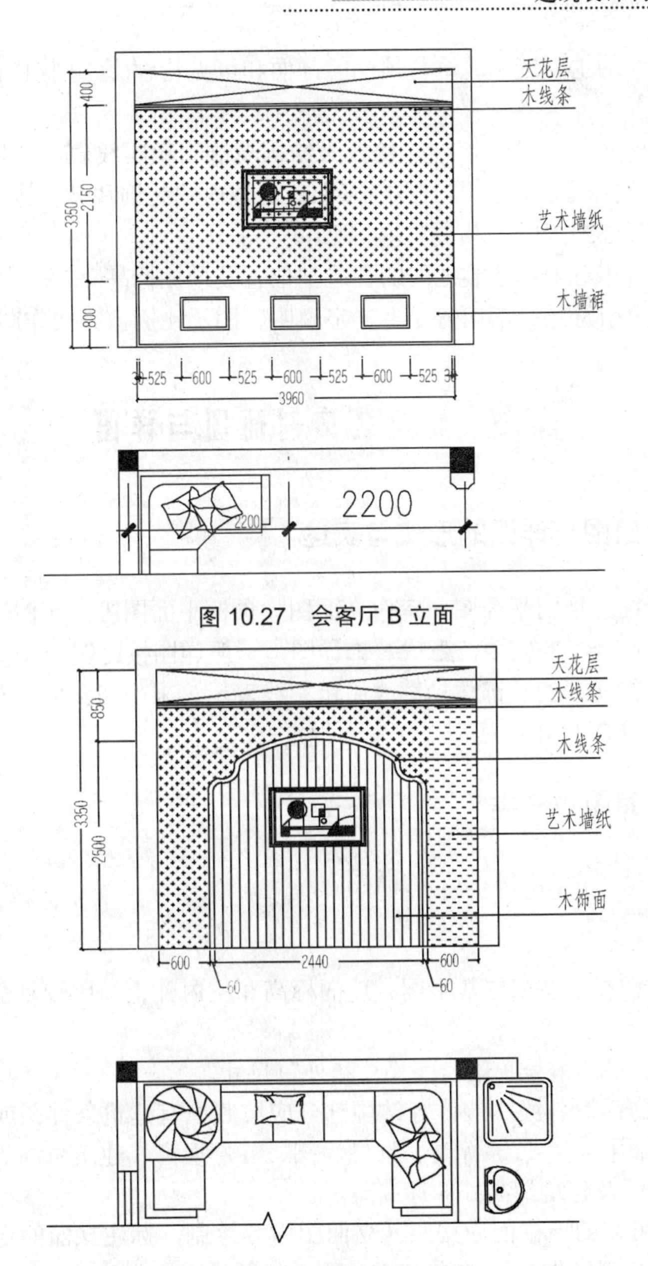

图 10.27 会客厅 B 立面

图 10.28 会客厅 C 立面

A 立面表示有墙面装饰、木墙裙，并标明地面线和原有楼板线、装饰顶棚底标高线。

B 立面表示有墙面装饰、装饰画位置、木墙裙，并标明地面线和原有楼板线、装饰顶棚底标高线。

C 立面表示有墙面装饰、装饰画位置，并标明地面线、原有楼板线、装饰设计的顶棚及造型底标高线。

10.5.2 装饰立面绘制步骤

(1) 选比例，制图幅。

(2) 先用细实线打底。

(3) 画出墙柱面的主要造型轮廓，顶棚的剖面和可见轮廓(比例小于1:50时，顶棚的轮廓可用单线表示)。

(4) 检查并加深图线。其中墙柱、楼板等结构轮廓用粗实线表示，顶棚的剖面线用粗实线表示，墙柱面的造型轮廓线用中实线表示，造型内的装饰和分格线及其他可见线用细实线表示。同时符合表10-1线型与线宽的规定。

(5) 标注尺寸，相对于本层楼地面的各造型位置及顶棚标高。

(6) 标注详图索引符号、剖切符号、文字说明、图示比例，完成作图。

10.6 建筑装饰剖面图与详图

10.6.1 装饰剖面图与详图的形成与表达

由于平面布置图、地面平面图、室内立面图、顶棚平面图等的比例较小，故需放大比例画出详图满足装饰施工的需要，形成装饰详图，一般详图按比例1:10、1:20绘制。

在装饰详图中剖切到的装饰体轮廓线用粗实线表示，未剖切到但能看到的投影内容用细实线表示。同时符合表10-1线型与线宽的规定。

10.6.2 装饰剖面图的分类

装饰剖面图包括大剖面图和局部剖面图。

1. 大剖面图

大剖面图应剖切在层高和层数不同、地面标高和室内外空间比较复杂的部位，应符合以下要求。

(1) 标注轴线、轴线编号、轴线间尺寸和外包尺寸。

(2) 剖面部位的楼板、梁、墙体等结构部分应按照原有建筑条件图或实际情况绘制清楚，标注各楼层地面标高、顶棚标高、顶棚净高、各层层高、建筑总高等尺寸，标注室外地面、室内首层地面及建筑最高处的标高。

(3) 剖面图中可视的墙柱面应按照其立面图内容绘制，标注立面的定位尺寸和其他相关尺寸，标注装饰材料和做法。

(4) 应绘制顶棚、天窗等剖切部分的位置和关系，标注定位尺寸和其他相关尺寸，注明装饰材料和做法。

(5) 应绘制出地面高差处的位置，标注定位尺寸和其他相关尺寸，标明标高。

(6) 标注索引符号和编号、图纸名称和制图比例。

2. 局部剖面图

局部剖面图应能绘制出平面图、顶棚平面图和立面图中未能表达的一些复杂和需要特殊说明的部位，应标明剖切部位装饰结构各组成部分以及这些组成部分与建筑结构之间的关系，标注详细尺寸、标高、材料、连接方式和做法。

(1) 墙(柱)面装饰剖面图主要用于表达室内立面的构造，着重反映墙(柱)面在分层做法、选材、色彩上的要求。

(2) 顶棚详图主要是用于反映吊顶构造、做法的剖面图和断面图。

10.6.3 建筑装饰详图的分类

1. 局部大样图

局部大样图是将平面图、顶棚平面图、立面图、剖面图中某些需要更加清楚说明的部位单独抽出进行大比例绘制的图纸，能反映更详细的内容。

2. 节点详图

节点详图应以大比例绘制，剖切在需要详细说明的部位，包括以下内容：表示节点处内部的结构形式，绘制原有建筑结构、面层装饰材料、隐蔽装饰材料、支撑和连接构件、配件及它们之间的相互关系，标注所有材料、构件、配件的详细尺寸、做法和施工要求；表示装饰面上的设备和设施安装方法、固定方法，确定收口方式，标注详细尺寸和做法；标注索引符号和编号、节点名称和制图比例。

常见的建筑装饰详图有以下几种。

(1) 装饰造型详图：独立或依附于墙柱的装饰造型，表现装饰艺术氛围和情趣的构造体，例如，影视墙、花台、屏风、壁龛、栏杆造型等的平、立、剖面图及线脚详图。

(2) 家具详图：主要指现场制作、加工、油漆等固定式家具，例如，衣柜、书柜、储藏柜等，有时也包括移动式家具。

(3) 装饰门窗及门窗套详图：门窗是装饰工程的主要施工内容之一。其形式多种多样，在室内起着分割空间、烘托装饰效果的作用。式样、选材和工艺做法在装饰图中有特殊地位。其图样有门窗套立面图、剖面图和节点详图。

(4) 楼地面详图：反映地面的艺术造型及细部做法等内容。

(5) 小品及饰物详图：包括雕塑、水景、指示牌、织物的制作图。

装饰地面详图实例如图 10.29 和图 10.30 所示。

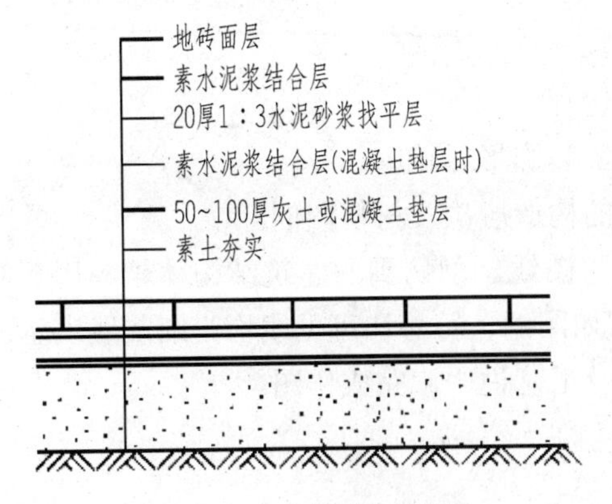

图 10.29 装饰地面详图一

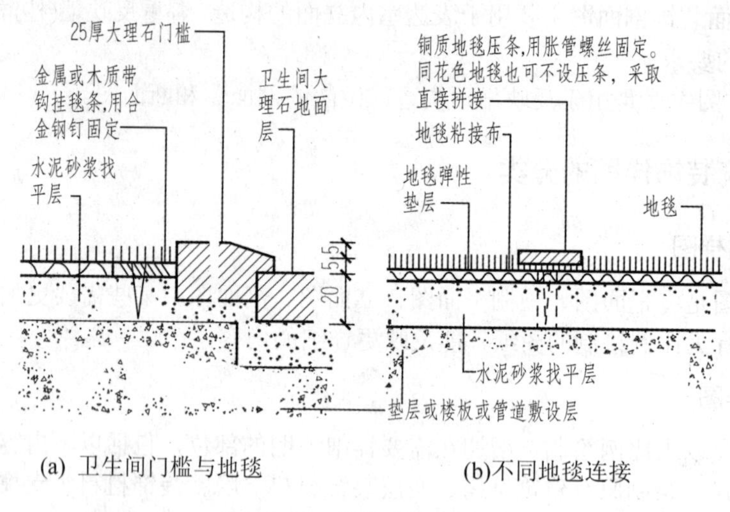

(a) 卫生间门槛与地毯　　　　(b)不同地毯连接

图 10.30　装饰地面详图二

10.6.4　装饰剖面图与详图的绘制

1．墙柱面装饰剖面图

墙柱面装饰剖面图是反映墙柱面装饰造型、做法的竖向剖面图，是表达墙面做法的重要图样。墙柱面装饰图除了绘制构造做法外，还需分层引出标注，以明确工艺做法、层次及与建筑构造的连接等。

(1) 选比例、定图幅。

(2) 画出楼地面、楼盖结构、墙柱面的轮廓线(有时还需画出墙柱的定位轴线)。

(3) 画出墙柱的装饰构造层次，如防潮层、龙骨架、基层板、饰面板、装饰线角等。

(4) 检查并加深、加粗图线。剖切到的建筑结构体轮廓用粗实线表示，装饰构造层次用中实线表示，材料图例线及分层引出线等用细实线表示。

(5) 标注尺寸、相对于本层楼地面的墙柱面各造型位置及顶棚底面标高。

(6) 标注详图索引符号、说明文字、图名、比例，完成作图。

2．门的装饰详图

(1) 选比例、定图幅。

(2) 画出墙柱的结构轮廓。

(3) 画出门套、门扇等装饰形体轮廓。

(4) 详细画出各部位的构造层次及材料图例。

(5) 检查并加深、加粗图线。剖切到的建筑结构体轮廓用粗实线表示，各装饰构造层用中实线表示，其他内容如图例、符号和可见线均为细实线表示。

(6) 标注尺寸、做法及工艺说明，完成作图。

10.7 建筑室内外绿化施工图

单体别墅、带屋顶花园、大型露台的住宅中，绿化施工图不可缺少。

1. 建筑绿化系统设计图的内容

其内容主要有各种室内外山石、绿化、水体等工程施工设计。

建筑绿化系统设计图包括绿化平面图、立面设计图、剖面图、透视图等工程施工图样。

2. 环境绿化图的特点

绿化施工图常表现的植物、山石、水体没有统一的形状和尺寸，不能用绘图工具绘制出标注的图形来。

图样上的植物、水体等的规格尺寸具有示意的性质，不要求绝对准确。可参照园林绿化图所规定的图例徒手绘制，图画的形态要自然美观，基本准确地反映图例的基本属性就可以了。

3. 常用的室内外园林绿化图样

其图样主要有绿化平面图、室内外立面绿化设计图、剖面图、绿化点局部详图和透视图等。

(1) 绿化平面图：除表达室内外(住宅露台及屋顶花园)的平面轮廓和室内布置格局外，还应在建筑的平面图中用各种图例表示各种绿化设施、设备、植物、水体、山石的位置和相互之间的种植、安装施工关系，并标注植物品种、规格、设备型号和安装尺寸。

在室内的装饰中，室内绿化平面图用于较大的室内客厅、起居室等住宅空间，一般都是与室内装饰图样融为一体的，很少单独绘制。

这种图主要表达在室内外有限的空间内，各种山石、水体和各种绿化植物的配置等施工要求。

(2) 室内外立面绿化设计图：是室内外装饰设计中广泛利用的绿化施工图样，主要表达各种植物、水体、山石、结构设施的种类、规格和高度等。

(3) 剖面图：在室内外装饰设计中广泛应用，主要表达室内外绿化设施的内部结构。如绿化设施实体的断面形态、内部管线的辐射、建筑室内外的防水处理，土壤、石材的品名、材质等材料与安装结构的表达。

(4) 绿化设计透视图：是表现建筑室内外的植物、山石、建筑小品、水体等绿化的立体图样，画法与建筑透视图相同。由于各种植物没有固定的尺寸和形状，因此必须以徒手配合绘图工具才能完成透视图的绘制，所以这种图有一定的随意性。绿化设计透视图以两点透视投影图为主，适于表现视域较大的绿化透视效果。

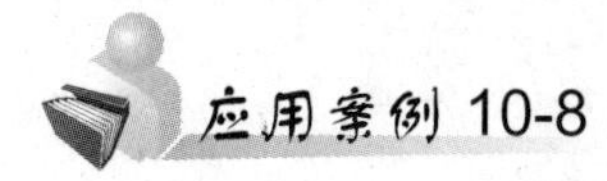

建筑装饰室外绿化图如图 10.31 和图 10.32 所示。

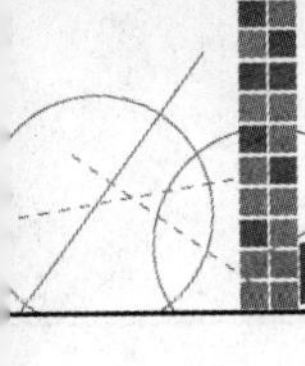

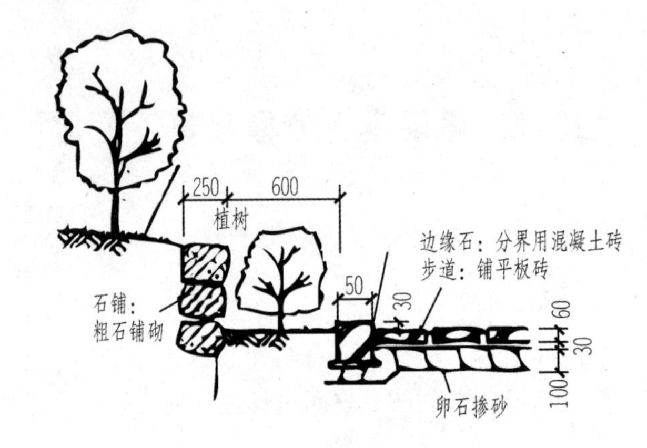

图 10.31　道路绿化构造详图

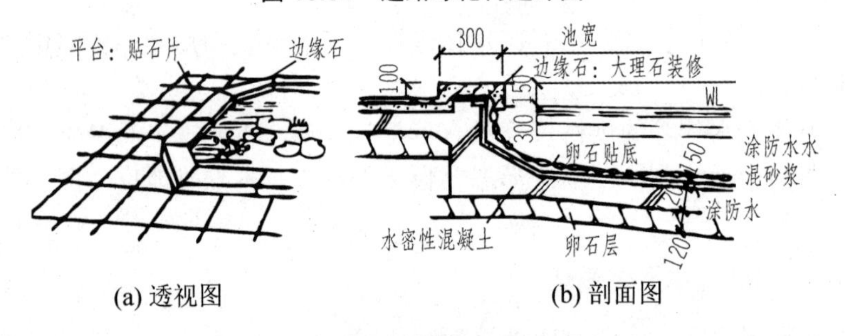

(a) 透视图　　(b) 剖面图

图 10.32　水池与地面的构造详图

本章小结

本章主要介绍了建筑装饰施工图概念，建筑装饰设计阶段划分，建筑装饰施工图的组成和内容，建筑装饰施工图的阅读和画图步骤。

通过本章的学习，读者可以了解建筑装饰施工图的表达方法，了解建筑装饰施工图设计阶段和图纸表达特点，并掌握建筑装饰施工图画法和读图能力。

附录 A

某小区三层框架私人别墅建筑、结构、装饰施工图

第一部分　建筑施工图

建筑施工图目录

表 A1　私人别墅建筑施工图纸目录

图号	图别	图名	张数	备注
1	建施 01	建筑设计总说明、总平面图	1	A2 图纸，比例 1: 500
2	建施 02	车库层平面图、一层平面图	1	A2 图纸 比例 1:100
3	建施 03	二层平面图、阁楼层平面图	1	
4	建施 04	屋顶平面图、甲—甲剖面图	1	
5	建施 05	南立面图、北立面图、西立面图、东立面图、1#楼梯详图	1	A2 图纸 立面图比例 1:100
6	建施 06	2#楼梯详图	1	A2 图纸，比例 1:100
7	建施 07	节点详图	1	A2 图纸
说明	本目录(大工程)由各工种(小工程)以单位工程在设计结束时填写； 如利用标准图，可在备注栏内注明			

建筑设计总说明

1. 设计要求

本设计为私人别墅层数为三层，建筑占地面积 123.79m^2，建筑面积 566.62m^2，建筑高度 12.000m，本图建筑安全等级为二级，耐火等级为二级，屋面防水等级为二级，结构合理使用 50 年，抗震设防烈度 6 度。

2. 设计依据

(1) 余杭区规划管理处划批的建筑红线图平面图。

(2) 民用建筑设计通则(GB 50352—2005)。

(3) 建筑设计防火规范(GB 50016—2006)。

(4) 其他有关的国家现行建筑设计标准。

3. 建筑设计说明

(1) 本工程底层地坪标高±0.000 相当于 1985，国家高程系：4.750，标高系统参基础说明。

(2) 本工程图纸中所标注尺寸除标高以米计外，其余均以毫米计。

(3) 水、电管道穿墙体，楼板ϕ100 以上者，均需预留孔洞或预埋套管，不得现场开凿，不允许砸断钢筋，施工时应密切注意各设备工种图纸上的留洞情况。

(4) 凡遇屋面、卫生间等浸水部位的钢筋混凝土楼板，应一律沿墙体翻起 150mm，有特别说明处除外。

(5) 凡内墙墙体阳角均先做 50mm 宽 15mm 厚 1∶3 水泥砂浆隐护角，然后再做面层，卫生间四面应粉 1∶2 防水砂浆。

(6) 平面图中未注明砖墙厚度其墙厚为 240mm。

(7) 凡遇注明安装金属栏杆处，应在相应楼(地、墙)面按常规设置预埋件，楼梯处详见楼梯详图。

(8) 图中所用外墙涂料先送样品，经甲方及设计认可后，再成批使用。

(9) 外墙装饰详见各立面图。

(10) 土建施工应配合水电施工进行。

(11) 图中未说明者均应按现行各有关施工规范、规程进行施工。

4．建筑设计说明

1) 砌筑工程

砌筑部分砖强度标号及砂浆强度标号详见结构说明。±0.000 以下砖基础双面用 1∶3 水泥砂浆双面粉刷，−0.06 处设 20mm 厚 1∶2 水泥砂浆防潮层，内掺 5%防水剂，砌体均应满足现行施工规范。

2) 屋、楼、地面工程(见剖面图)

3) 钢筋混凝土工程(详见结构说明)

4) 粉刷工程

(1) 外墙。

① 见立面图。

② 8 厚 1∶2.5 水泥砂浆罩面。

③ 12 厚 1∶3 水泥砂浆打底扫毛。

④ 砖墙或钢筋混凝土梁柱：混凝土面应刷内掺水重 4%的 107 胶素水泥浆结合层一道。

(2) 内墙。

① 白色内墙乳胶漆两遍，胶水腻子两遍砂平面。

② 2mm 厚纸筋灰罩面。

③ 12mm 厚 1∶1∶6 水泥白灰砂浆打底扫毛。

④ 砖墙或钢筋混凝土梁柱：混凝土面应刷内掺水重 4%的 107 胶素水泥浆结合层一道。

(3) 顶棚。

① 白色内墙乳胶漆两遍，胶水腻子两遍砂平面。

② 2mm 厚纸筋灰罩面。

③ 12mm 厚 1∶1∶6 水泥纸筋灰底。

④ 钢筋混凝土板。

注：粉刷前内墙填充墙与柱、梁连接处粘贴 300mm 宽玻璃丝网：外墙与柱、梁连接处钉 300mm 宽钢丝网。

5．其他

(1) 落水管为ϕ110PVC 管，上设疏水器。

(2) 所有混凝土柱顶均至女儿墙顶，女儿墙部分柱为 6ϕ12，ϕ6@200。

(3) 施工前必须图纸会审。

6. 门窗表

表 A2　私人别墅门窗表

类型	序号	型号	规格		樘数	备注
			宽度	高度		
门	1	JLM1	2960	2100	1	铝合金卷帘门
	2	M2	1800	2100	1	推拉门
	3	16M0821	800	2100	3	套用浙 J2—93 标准图集
	4	16M0921	900	2100	7	套用浙 J2—93 标准图集
	5	16M2121	2100	2100	1	套用浙 J2—93 标准图集
	6	16M2124	2100	2400	1	套用浙 J2—93 标准图集
窗	1	LTC1512B	1500	1200	5	铝合金推拉窗
	2	LTC1515B	1500	1500	10	铝合金推拉窗
	3	LTC1212B	1200	1200	1	铝合金推拉窗
	4	LTC1215B	1200	1500	4	铝合金推拉窗
	5	LTC1815B	1800	1500	2	铝合金推拉窗
	6	C-1			1	老虎窗
	7	C-2			2	百叶窗
说明	铝合金门窗参照套用 99—浙 J7 标准图集					

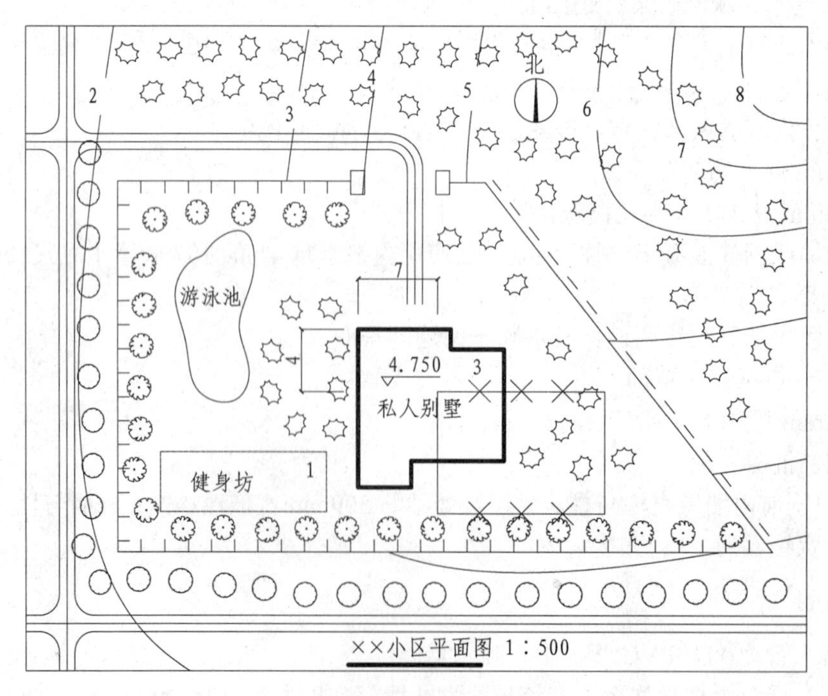

图 A1　建筑总平面图

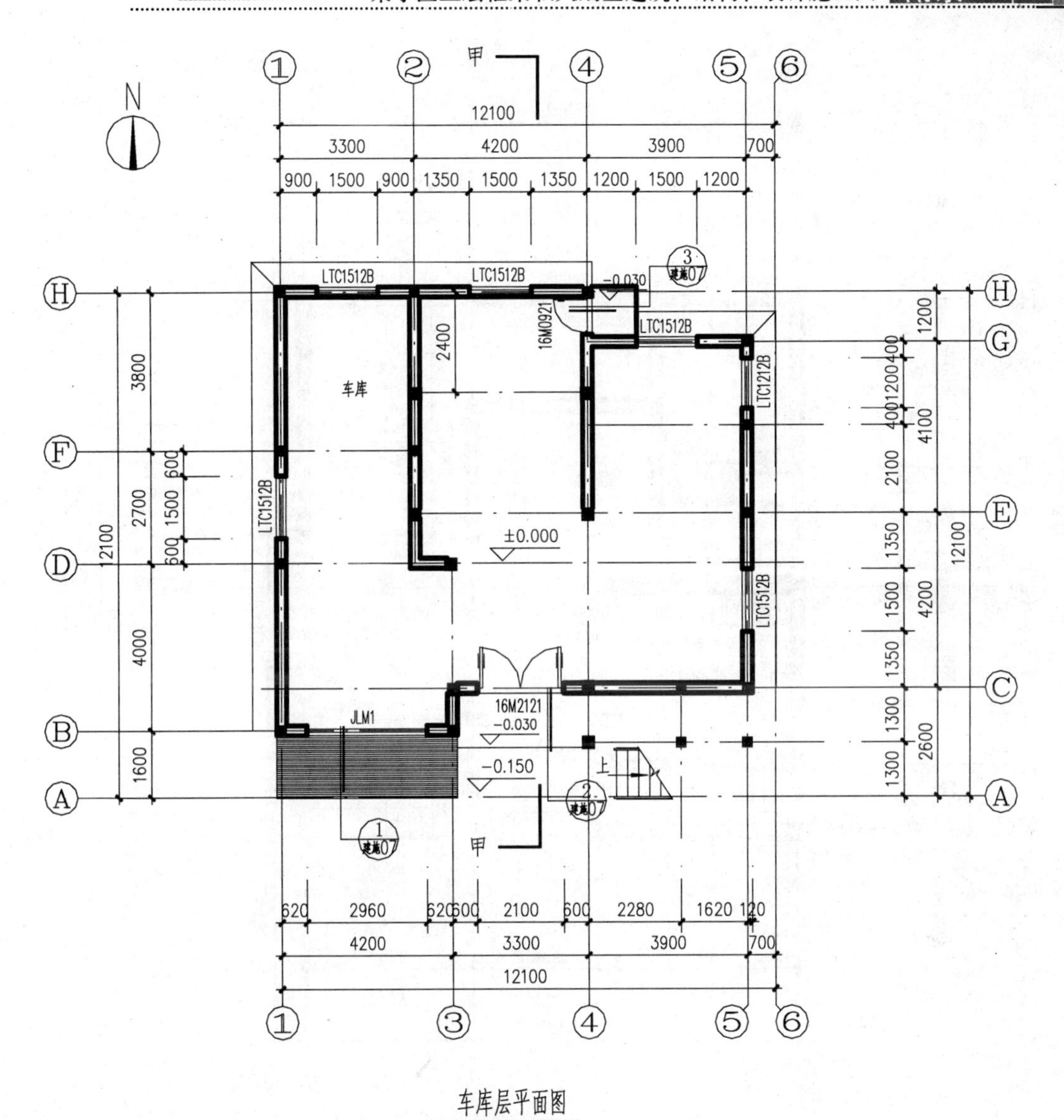

图A2 建筑平面图——车库层平面图

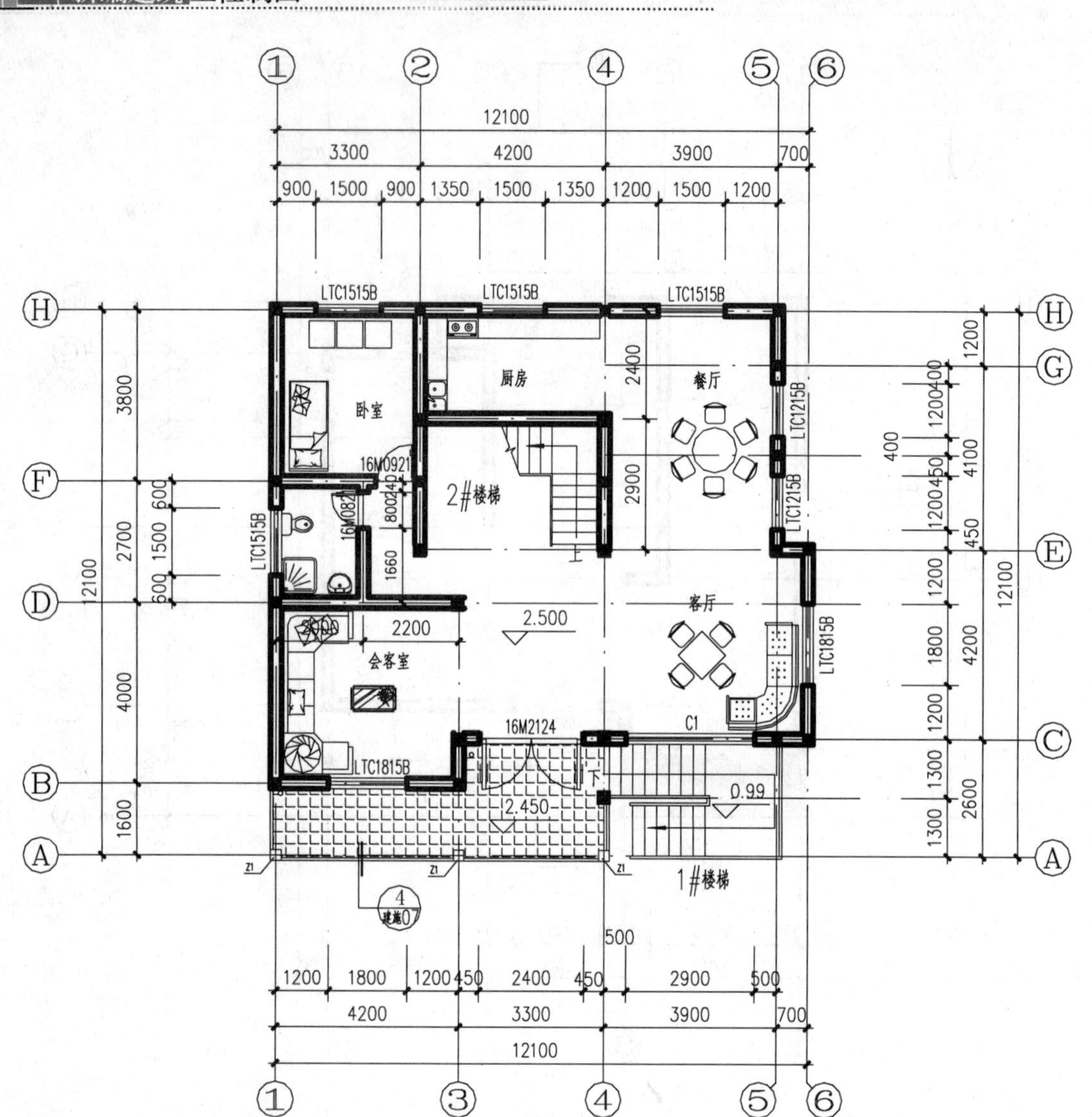

图 A3 建筑平面图——一层平面图

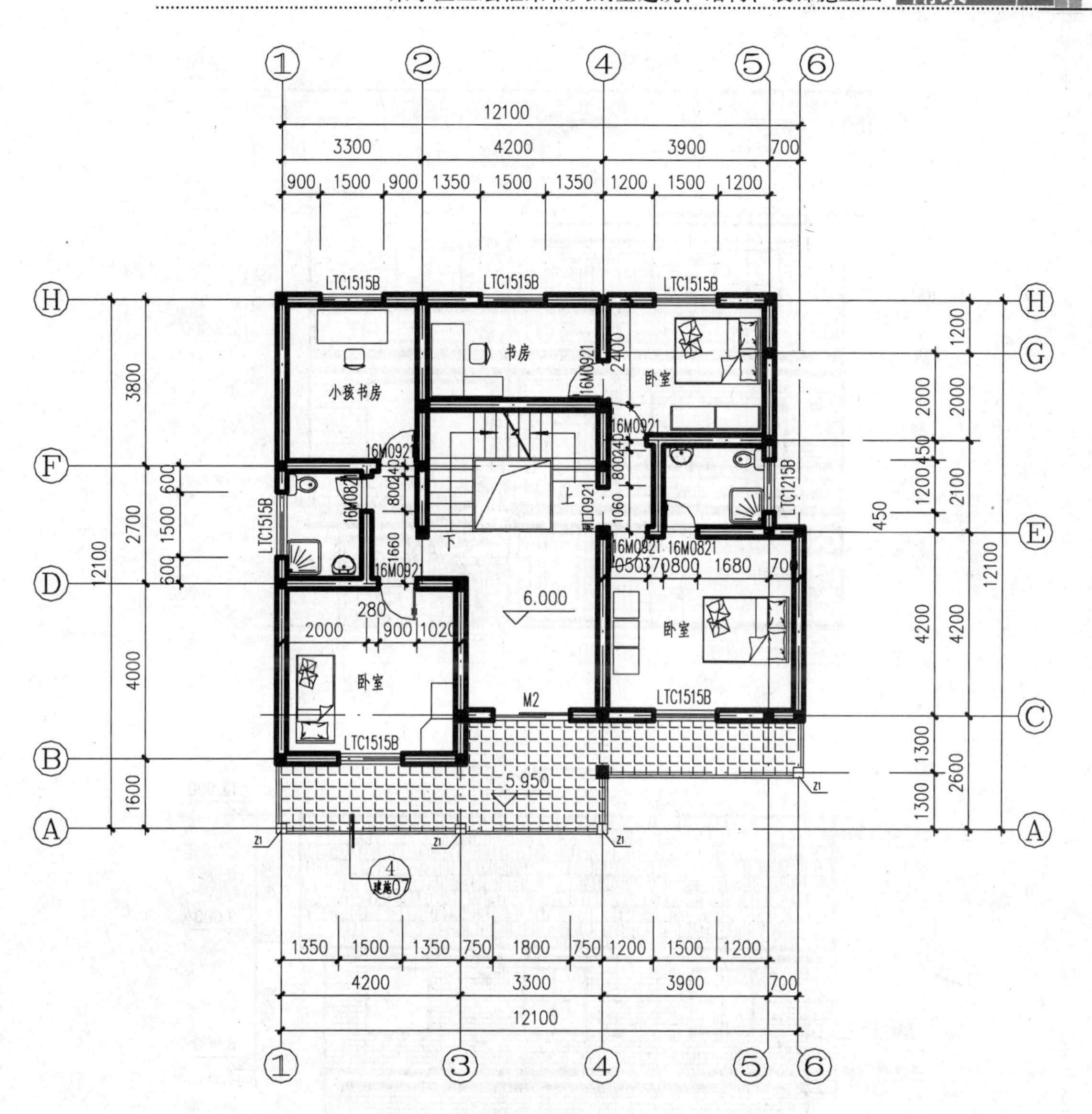

二层平面图

注：卫生间、阳台比相应楼层低50mm
“Z1”为构造短柱 240X240，4ϕ12，ϕ6.5@200

图 A4 建筑平面图——二层平面图

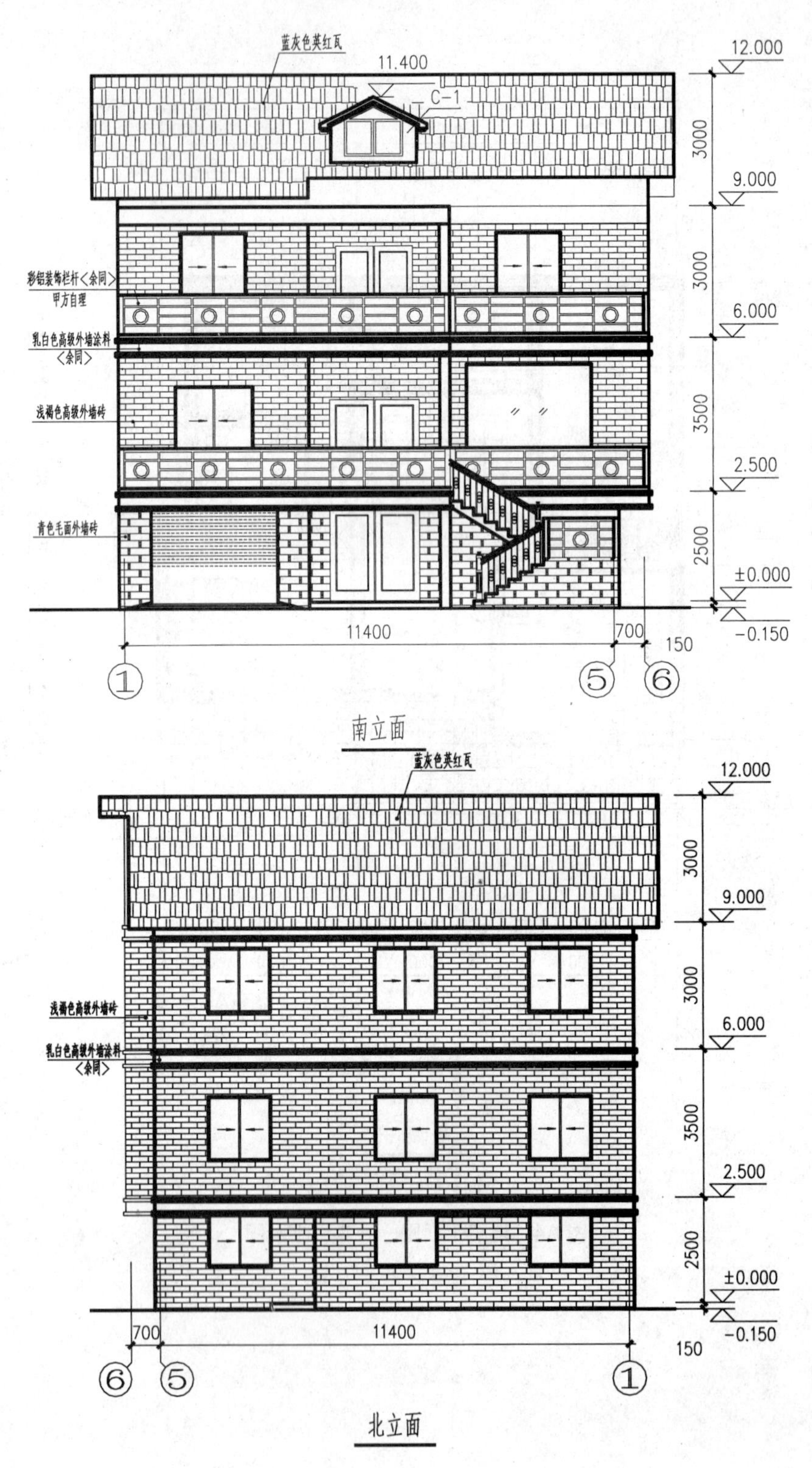
蓝灰色英红瓦
11.400
C-1
12.000
3000
9.000
彩铝装饰栏杆<余同>
甲方自理
3000
6.000
乳白色高级外墙涂料
<余同>
浅褐色高级外墙砖
3500
2.500
青色毛面外墙砖
2500
±0.000
-0.150
11400
700
150
南立面
蓝灰色英红瓦
12.000
3000
9.000
浅褐色高级外墙砖
3000
6.000
乳白色高级外墙涂料
<余同>
3500
2.500
2500
±0.000
-0.150
700
11400
150
北立面

图 A5 建筑立面图

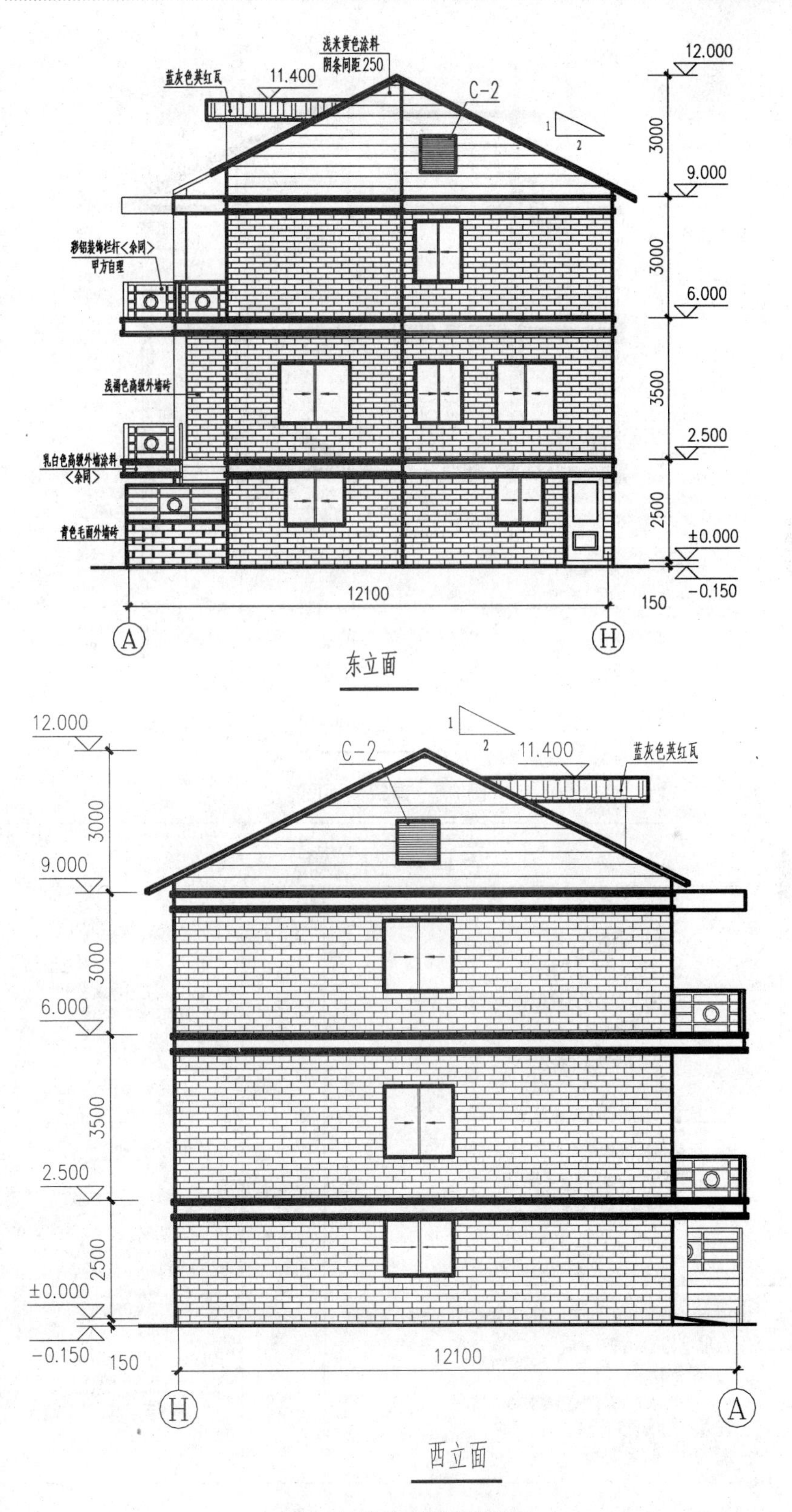

浅米黄色涂料
阴条间距250
蓝灰色英红瓦
11.400
C-2
1
2
12.000
3000
9.000
3000
6.000
3500
2.500
2500
±0.000
-0.150
彩铝装饰栏杆<余同>
甲方自理
浅褐色高级外墙砖
乳白色高级外墙涂料
<余同>
青色毛面外墙砖
12100
150
A
H
东立面
12.000
3000
9.000
3000
6.000
3500
2.500
2500
±0.000
-0.150
150
C-2
1
2
11.400
蓝灰色英红瓦
12100
H
A
西立面

图 A5 建筑立面图(续)

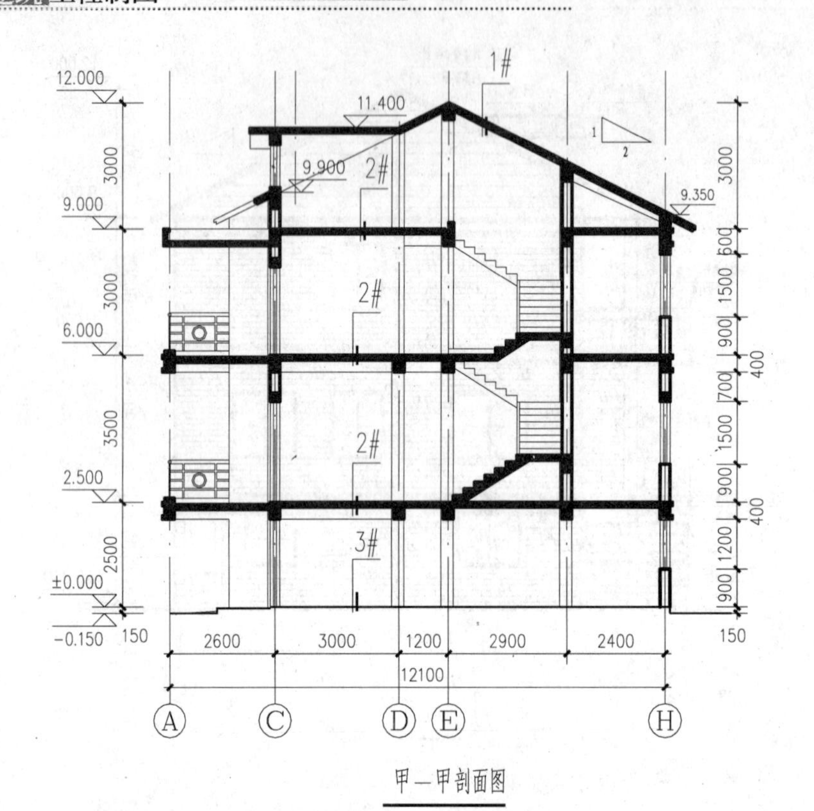

图 A6 建筑剖面图

<table>
<tr><th colspan="4">楼面、地面做法</th></tr>
<tr><td>①
斜屋面做法</td><td>a:英红瓦贴面;
b:SBS改型防水卷材一道;
c:20厚1:3水泥砂浆找平层;
d:35厚挤塑板;
e:现浇钢筋混凝土楼板</td><td>③
地坪做法</td><td>a:抛光砖(装修时定);
b:20厚1:3水泥砂浆找平层;
c:100厚C20素混凝土找平层;
d:150厚块石夯实垫层;
e:素土夯实</td></tr>
<tr><td>②
楼面做法</td><td>a:抛光砖(装修时定);
b:30厚C20细石混凝土找平层;
c:现浇钢筋混凝土楼板</td><td></td><td></td></tr>
<tr><td>卫生间做法</td><td>a:10厚200x200防滑地砖面层,干水泥擦缝(颜色及规格另定),
四周贴2.10m高白瓷砖墙裙;
b:15厚聚合物水泥砂浆;
c:1:2聚合物防水涂膜,四周沿墙翻起150高;
d:20厚1:3水泥砂浆找平层
e:基层做法参照相应楼地面</td><td></td><td>附注:内墙踢脚线均做150高黑色面砖踢脚线
楼梯面层为20厚大理石板</td></tr>
</table>

图 A7 楼面、地面做法

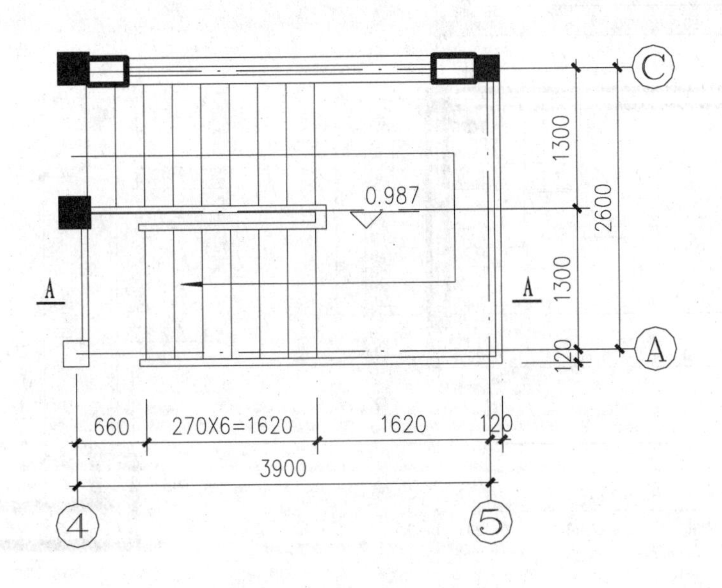
C
1300
2600
0.987
A
A
1300
120
A
660
270X6=1620
1620
120
3900
4
5
1#楼梯平面

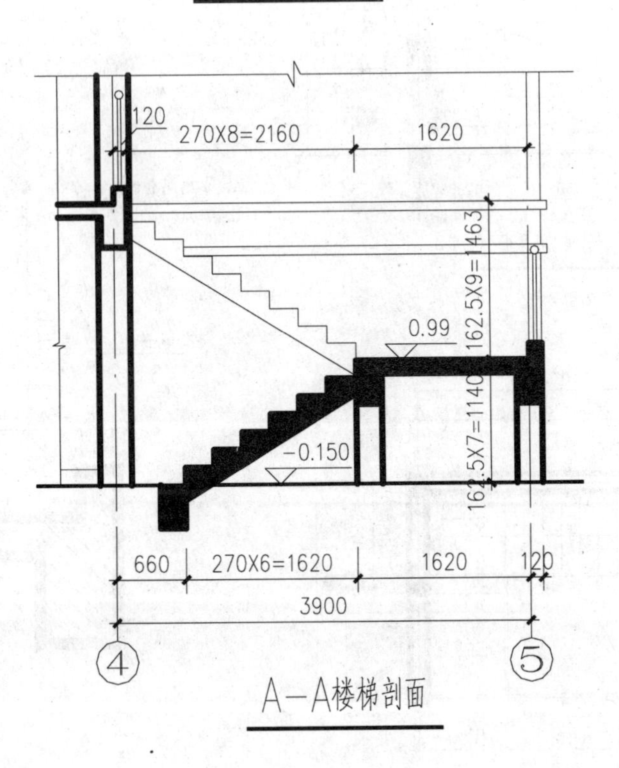
120
270X8=2160
1620
162.5X9=1463
0.99
162.5X7=1140
-0.150
660
270X6=1620
1620
120
3900
4
5
A—A楼梯剖面

图 A8 1#楼梯详图

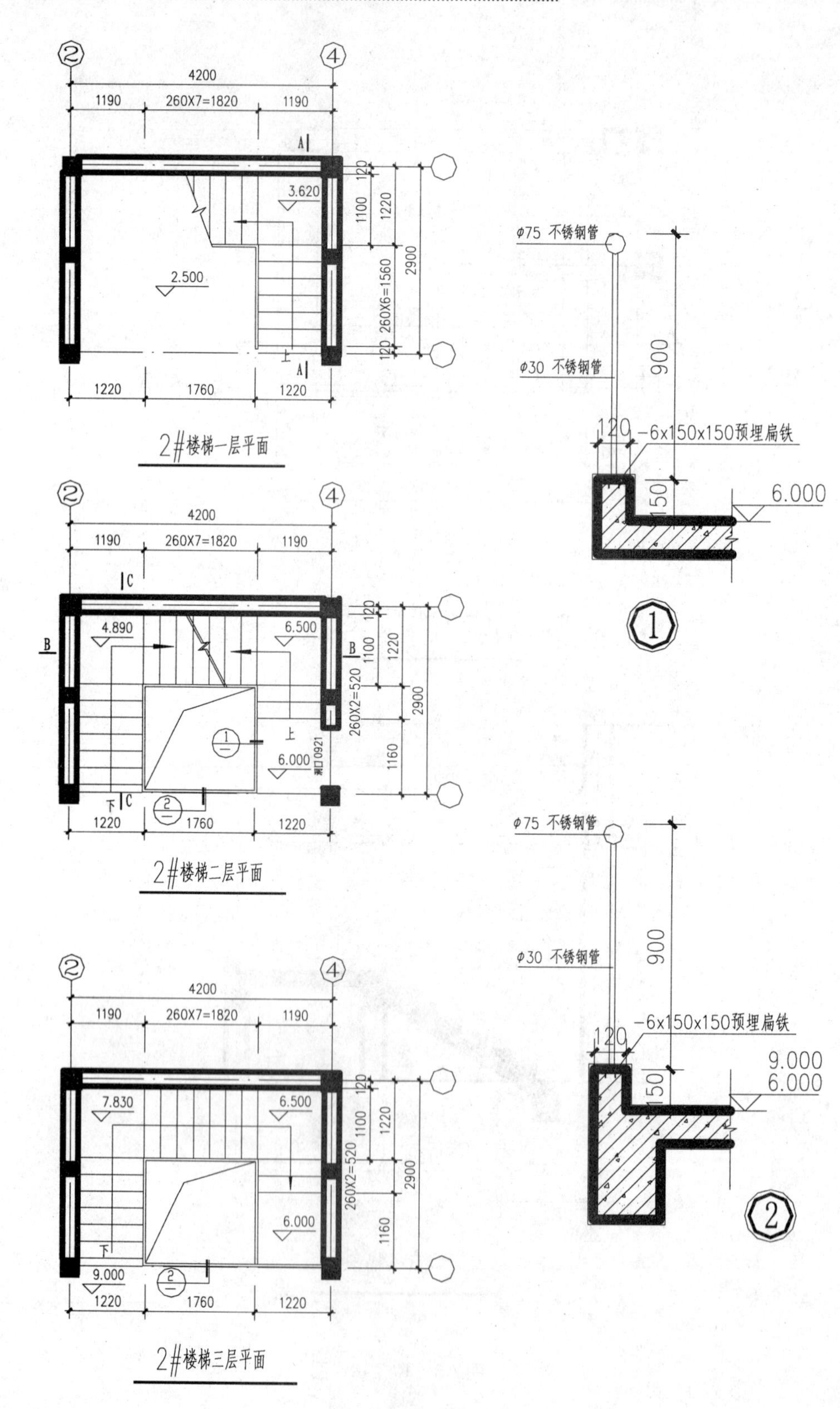
2#楼梯一层平面
2#楼梯二层平面
2#楼梯三层平面
φ75 不锈钢管
φ30 不锈钢管
-6x150x150预埋扁铁
900
120
150
6.000
9.000
4200
1190
260X7=1820
1220
1760
2900
1100
260X6=1560
260X2=520
1160
3.620
2.500
4.890
6.500
7.830
洞口0921

图 A9　2#楼梯平面图

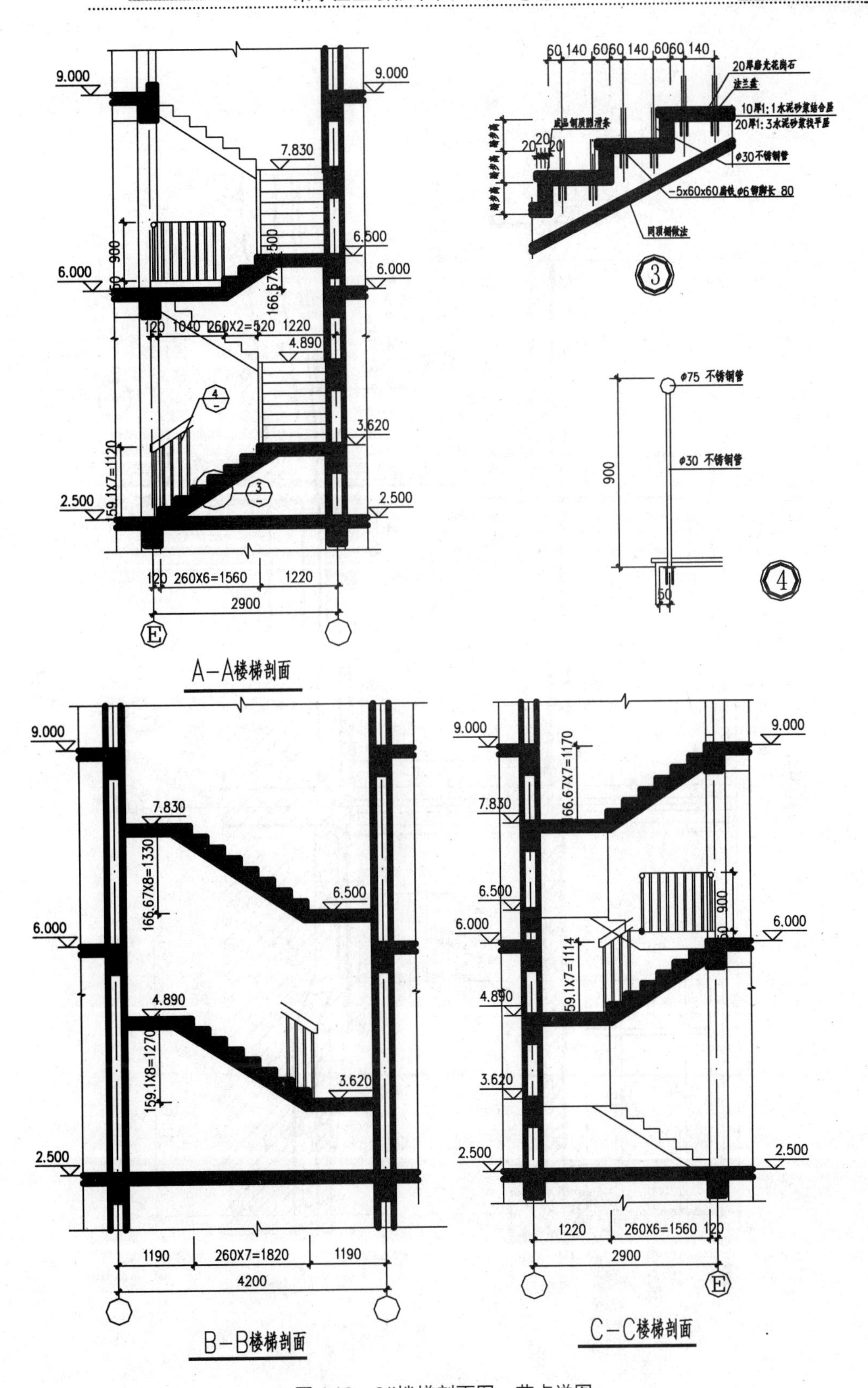

图 A10 2#楼梯剖面图、节点详图

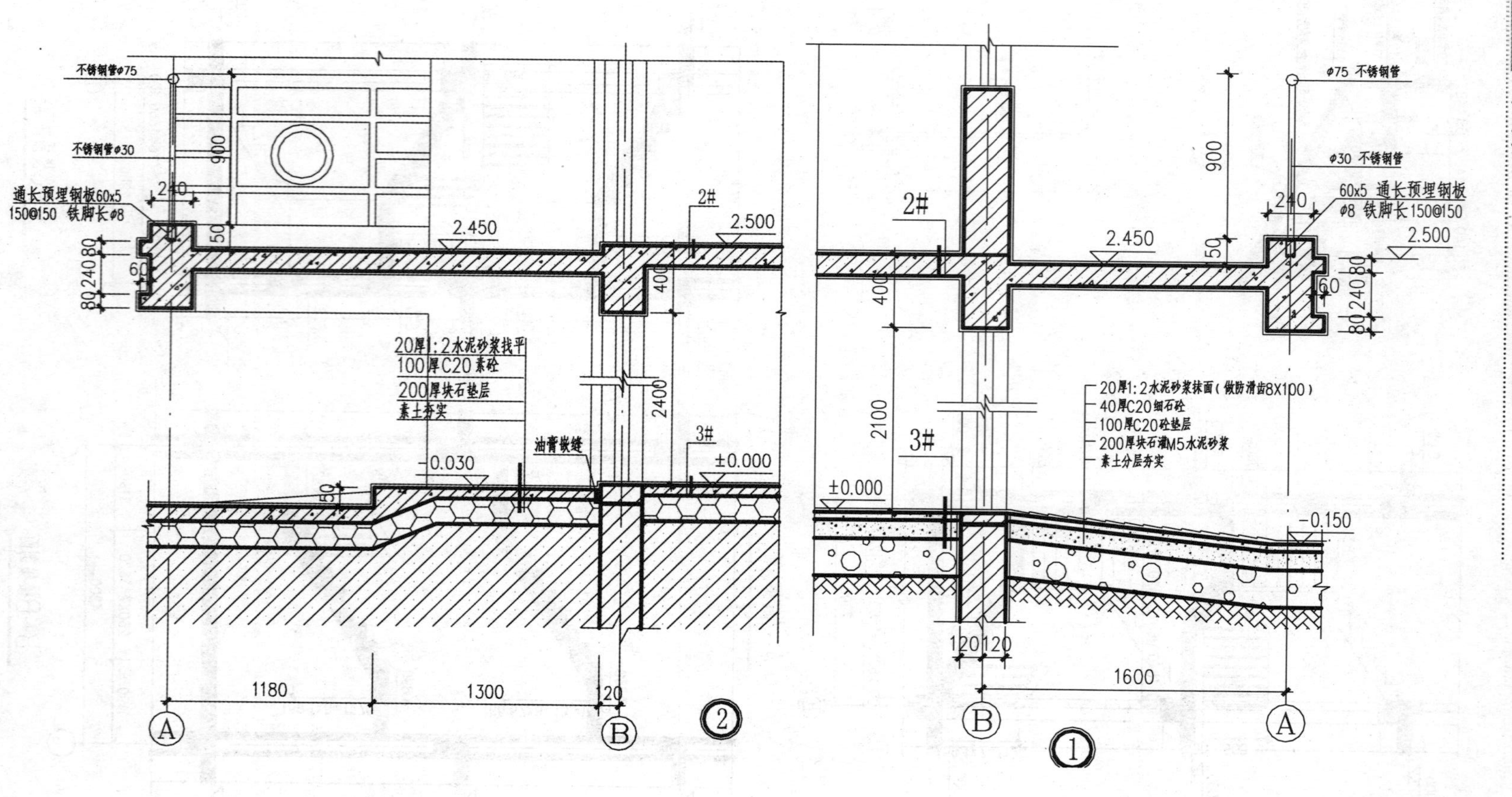

不锈钢管φ75
不锈钢管φ30
通长预埋钢板60x5
150@150 铁脚长φ8
900
240
50
60
80
2.450
2.500
2#
400
2400
20厚1:2水泥砂浆找平
100厚C20素砼
200厚块石垫层
素土夯实
油膏嵌缝
3#
-0.030
±0.000
1180
1300
120
φ75 不锈钢管
φ30 不锈钢管
60x5 通长预埋钢板
φ8 铁脚长150@150
2100
20厚1:2水泥砂浆抹面（做防滑齿8X100）
40厚C20细石砼
100厚C20砼垫层
200厚块石灌M5水泥砂浆
素土分层夯实
-0.150
120120
1600

图 A11 建筑节点详图

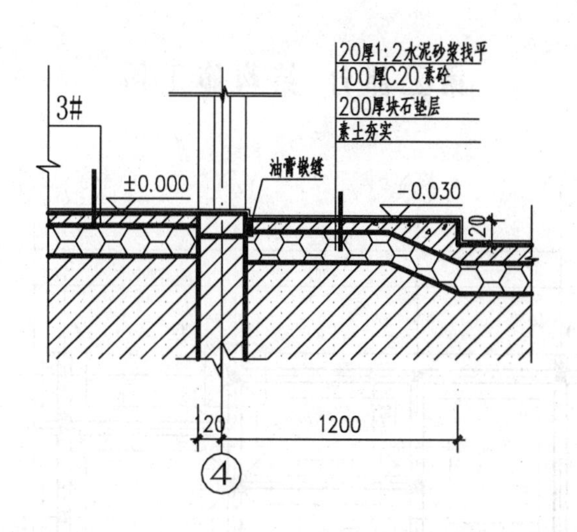

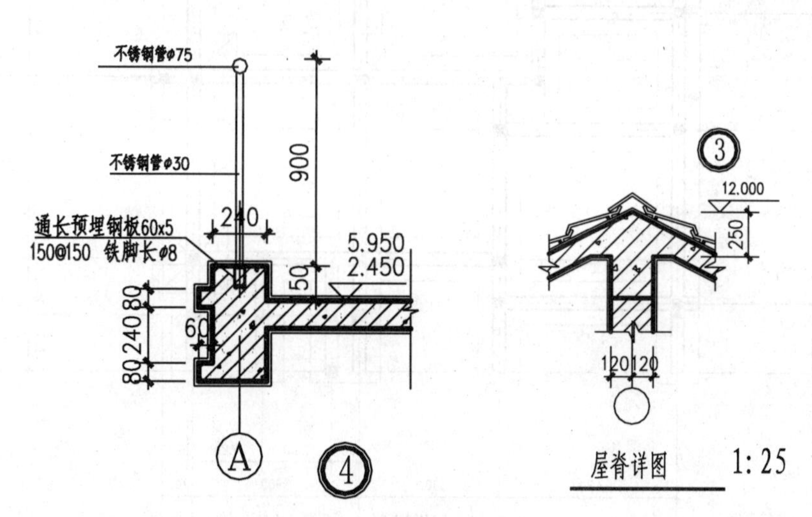

图 A11 建筑节点详图(续)

第二部分 结构施工图

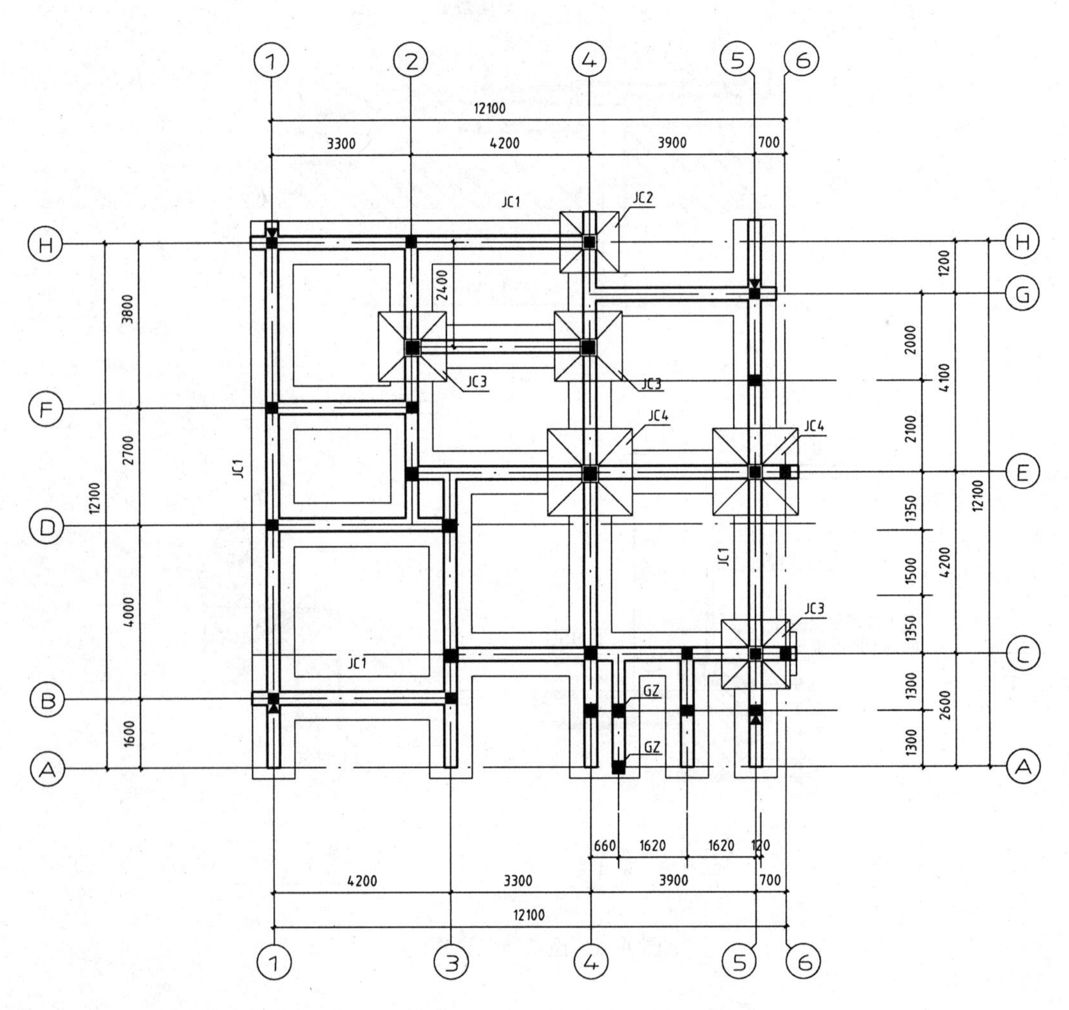

说明：

1、本设计无地质资料，假定地基承载力标准值为120kPa.
待基础开挖后，需经设计人员现场验槽后方可进行下一道工序.

2、本工程基础埋深1.500，基础开挖至地基好土，如遇有暗塘处须挖至下层好土后用塘渣回填，每200厚分层。

3、本基础混凝土采用C25垫层用C15素混凝土，垫层下设200厚块石.

4、本说明未及之处均应按照有关规范规定进行。

基础平面布置图 1:100

图 A12 基础平面布置图

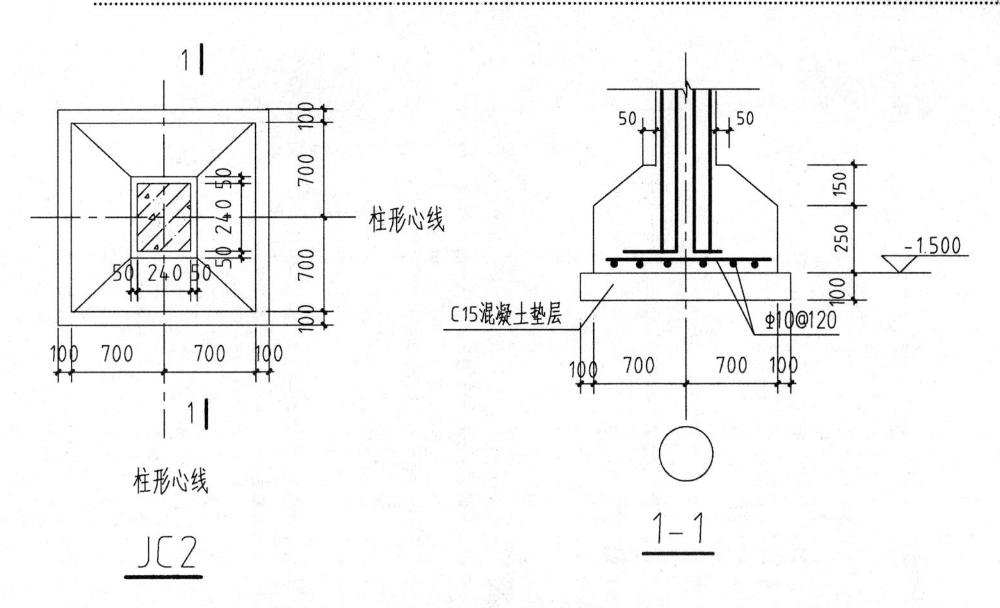

图 A13 独立基础详图

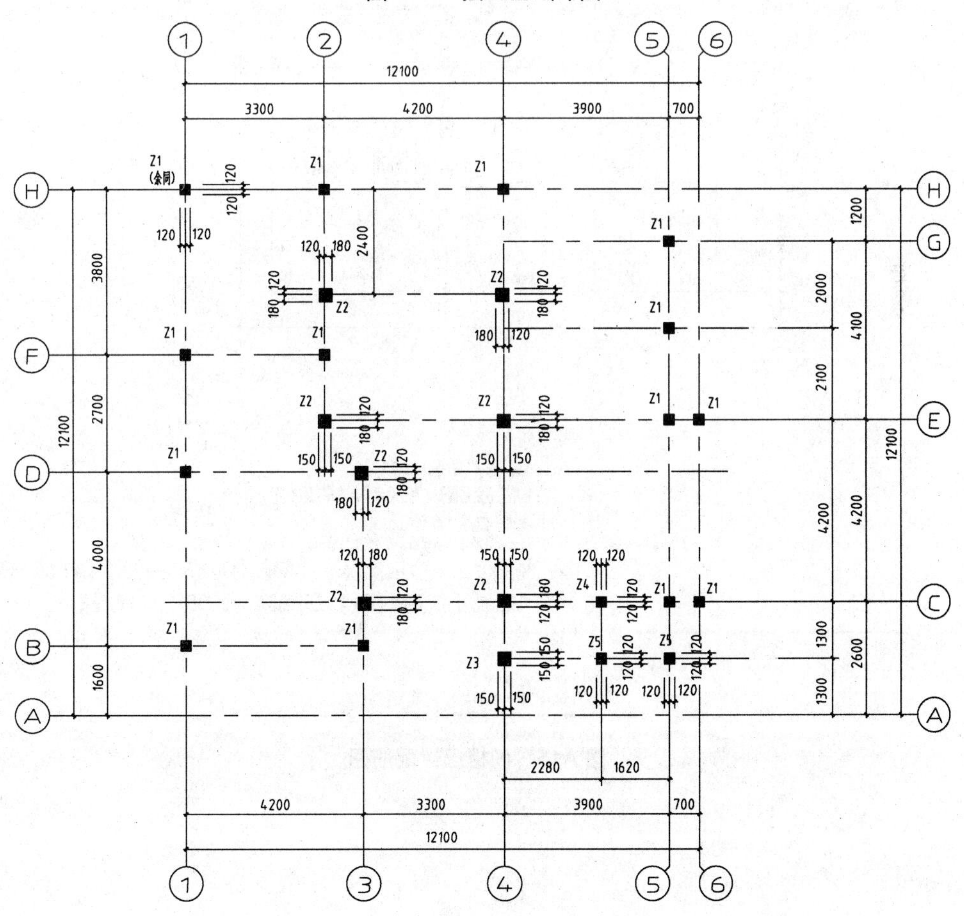

图 A14 柱平面布置图

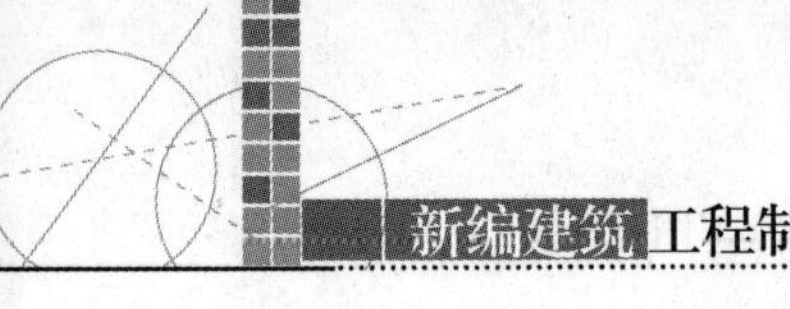

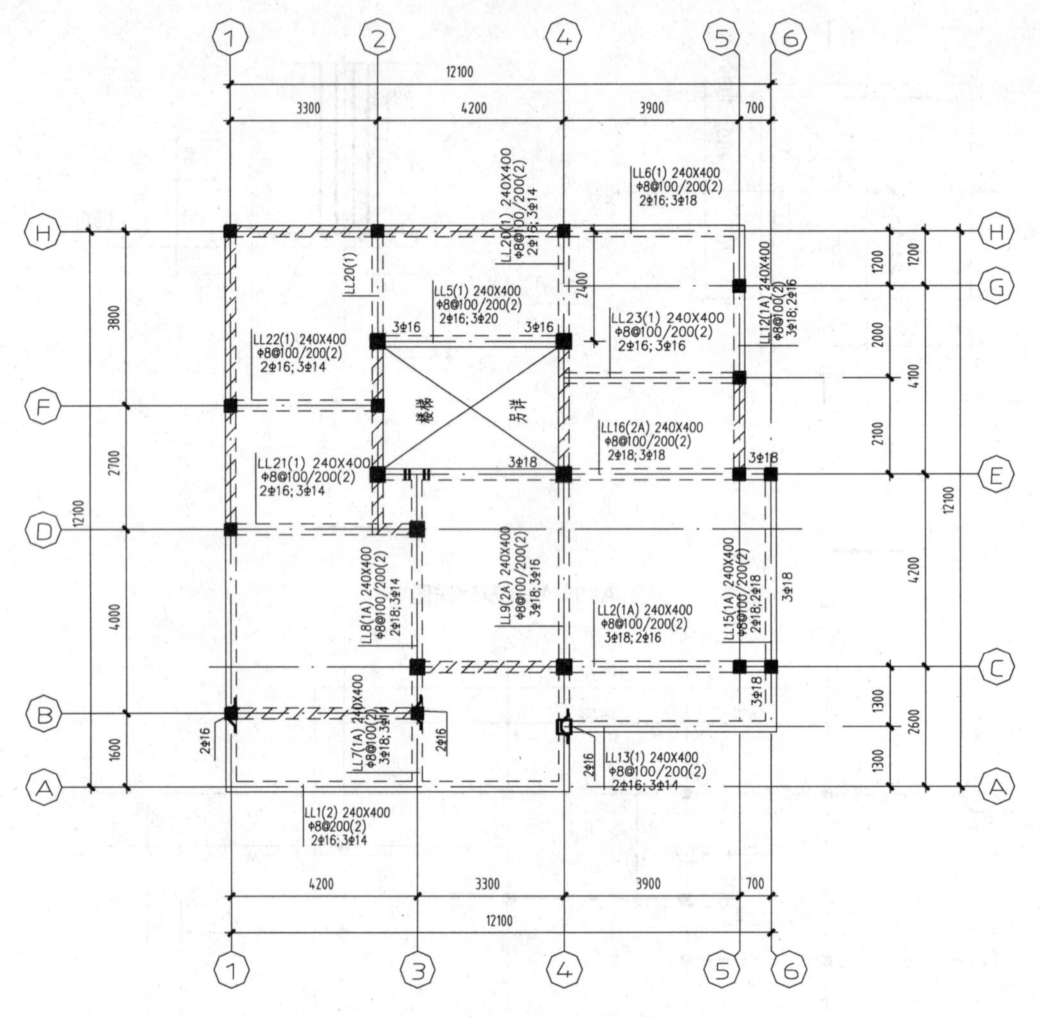

说明：

1、混凝土除注明者外均为C25

2、钢筋搭接及锚固长度除注明者外，均按11G101-1

3、梁顶基准标高为8.970m

4、图中未注明梁均为居中布置

5、▭为圈梁 QL1 BXH=240X400，内配钢筋 4Φ12，Φ6.5@200(2)，梁顶标高为8.970m

6、凡梁上有次梁搁置，主次梁上两边均加三道附加箍筋3Φd@50 <d同主梁箍筋直径>

阁楼层梁配筋图 1:100

图 A15 阁楼层梁配筋图

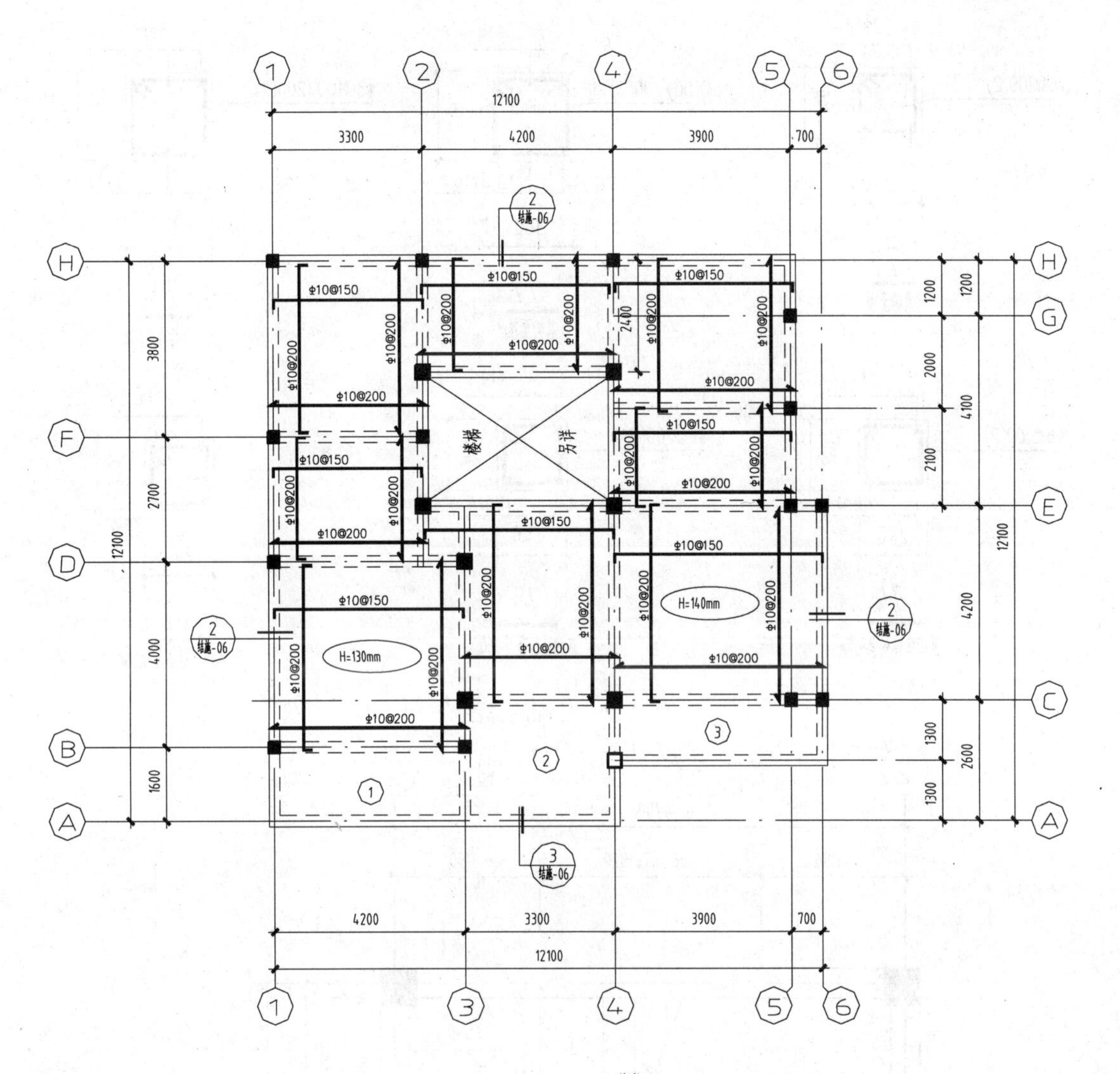

说明：

1、未特别注明本层现浇板厚120mm

2、本层混凝土强度为C25

3、未特别注明本层现浇板板面标高为8.970m

4、①②③号板厚100mm，配筋双向双层 φ8@150，板面标高8.670m

5、③ 节点具体位置见建筑图。

阁楼层板配筋图 1∶100

图 A16 阁楼层板配筋图

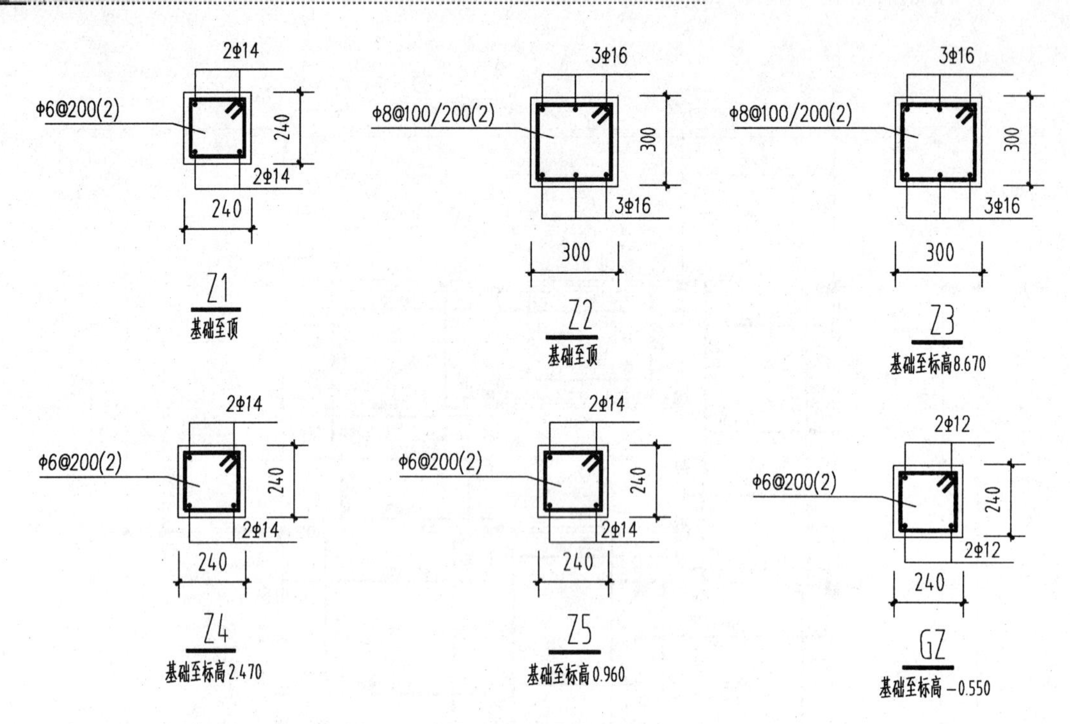

图 A17　柱配筋详图

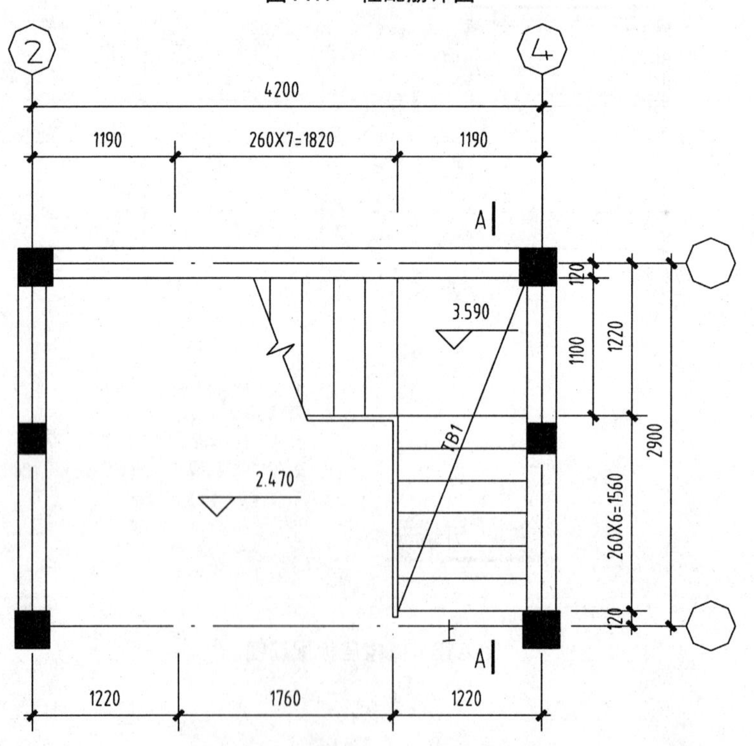

图 A18　2#楼梯一层平面图

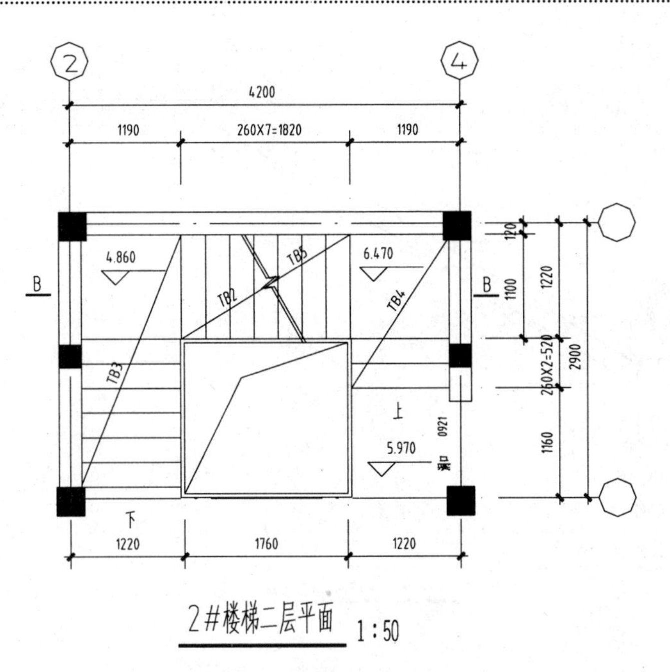

图 A19 2#楼梯二层平面图

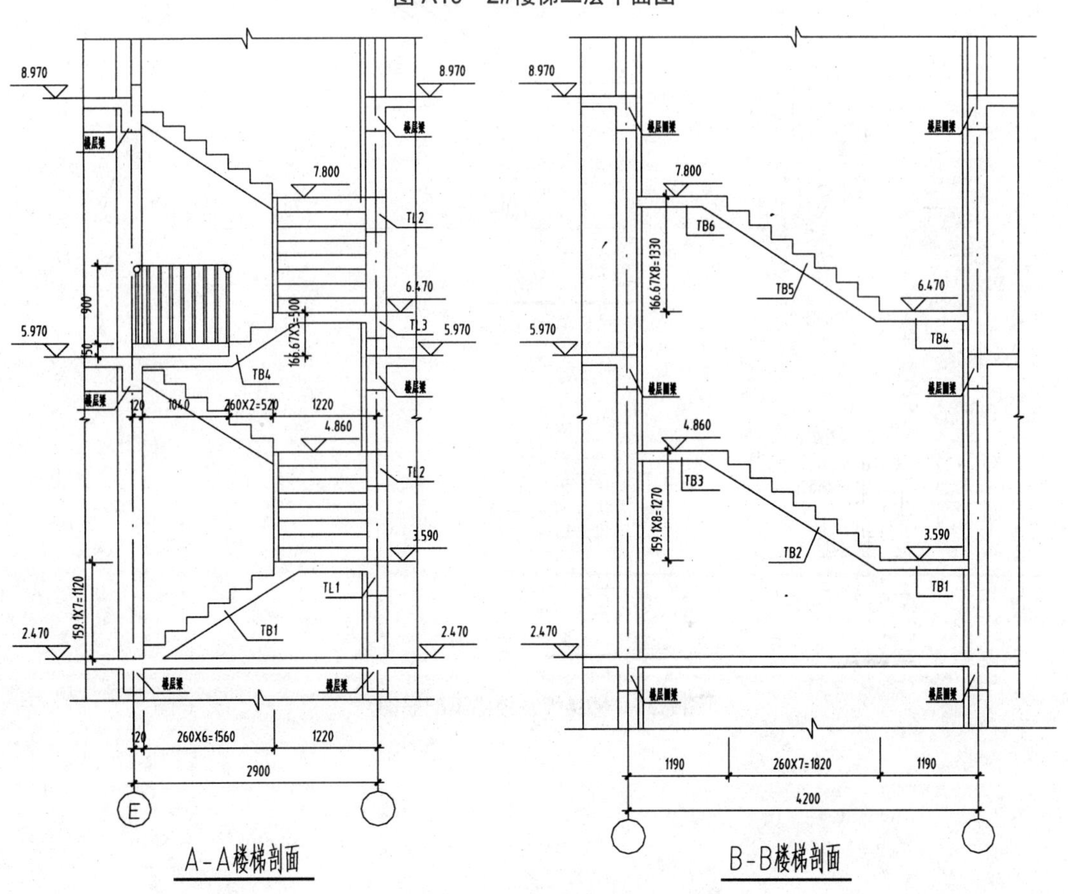

图 A20 楼梯剖面图

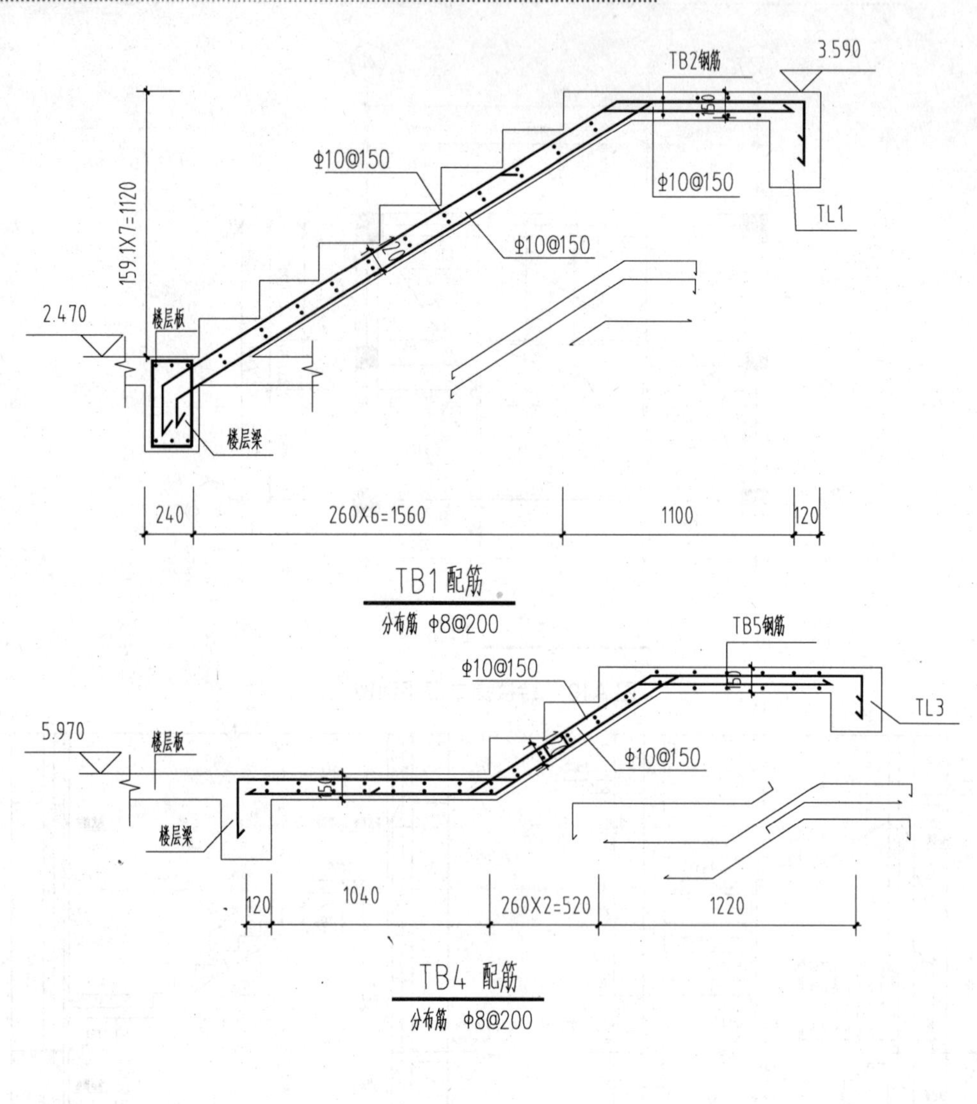

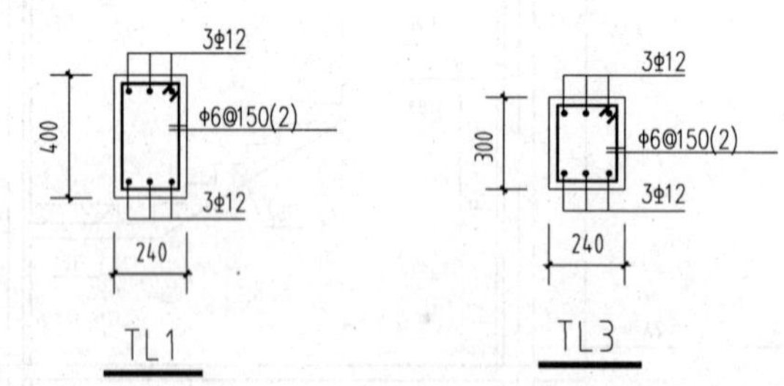

图 A21 楼梯板及楼梯梁配筋图

第三部分 建筑装饰施工图

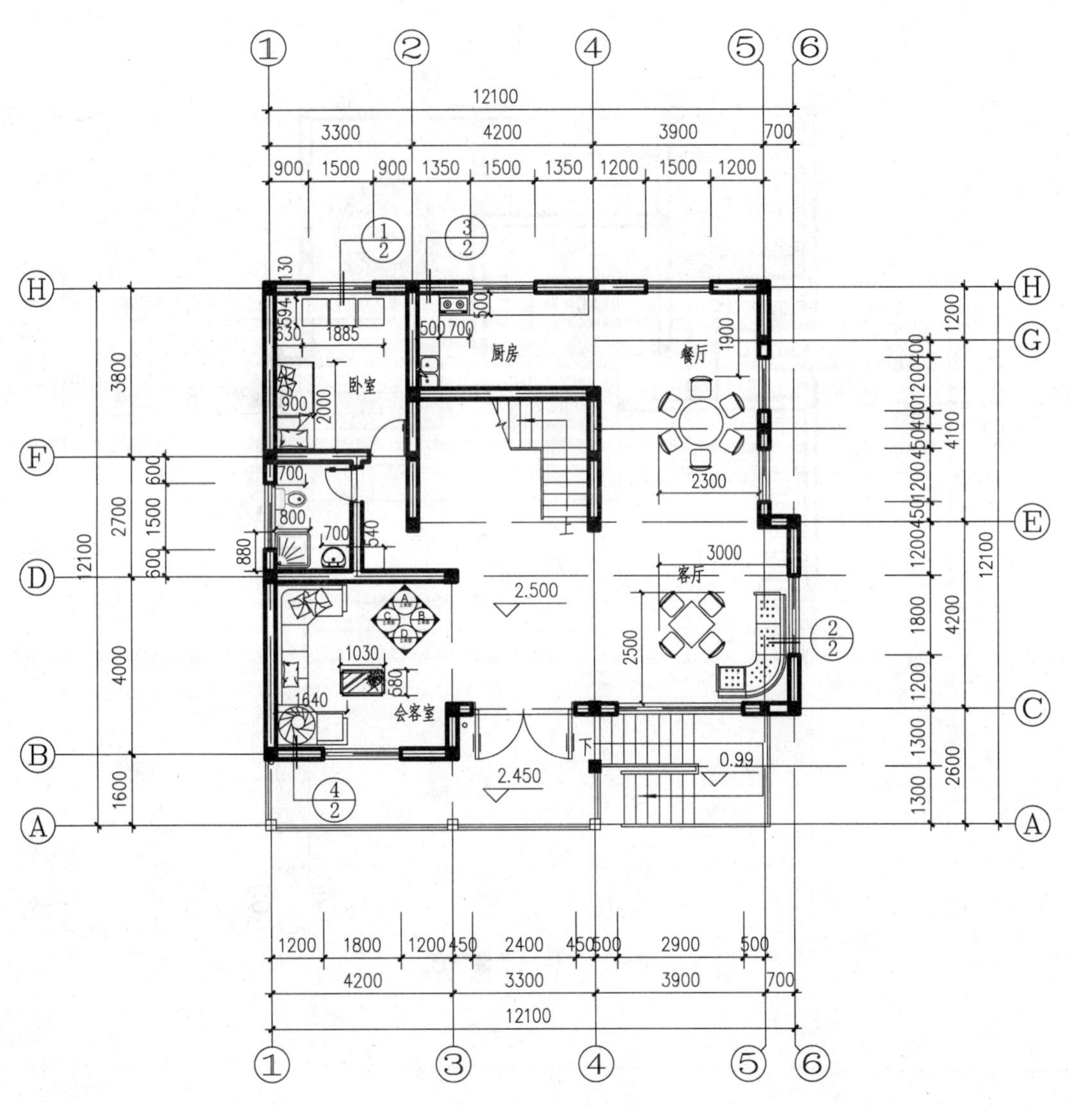

图 A22 建筑平面装饰图

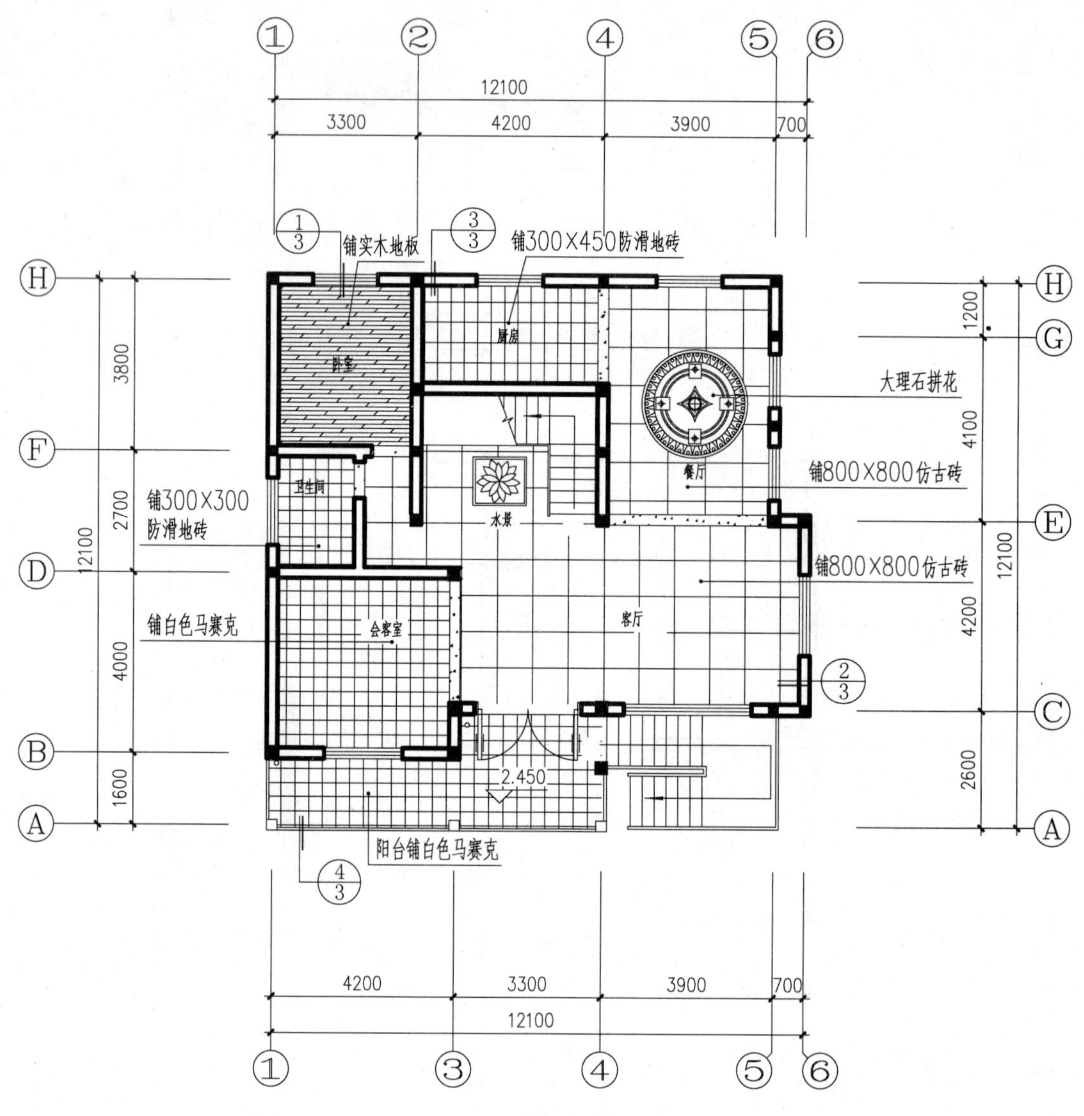
铺实木地板
铺300X450防滑地砖
厨房
卧室
大理石拼花
餐厅
铺800X800仿古砖
卫生间
铺300X300
防滑地砖
水景
铺800X800仿古砖
铺白色马赛克
会客室
客厅
2.450
阳台铺白色马赛克
12100
3300
4200
3900
700
3800
2700
4000
1600
1200
4100
4200
2600

图 A23　楼地面装饰图

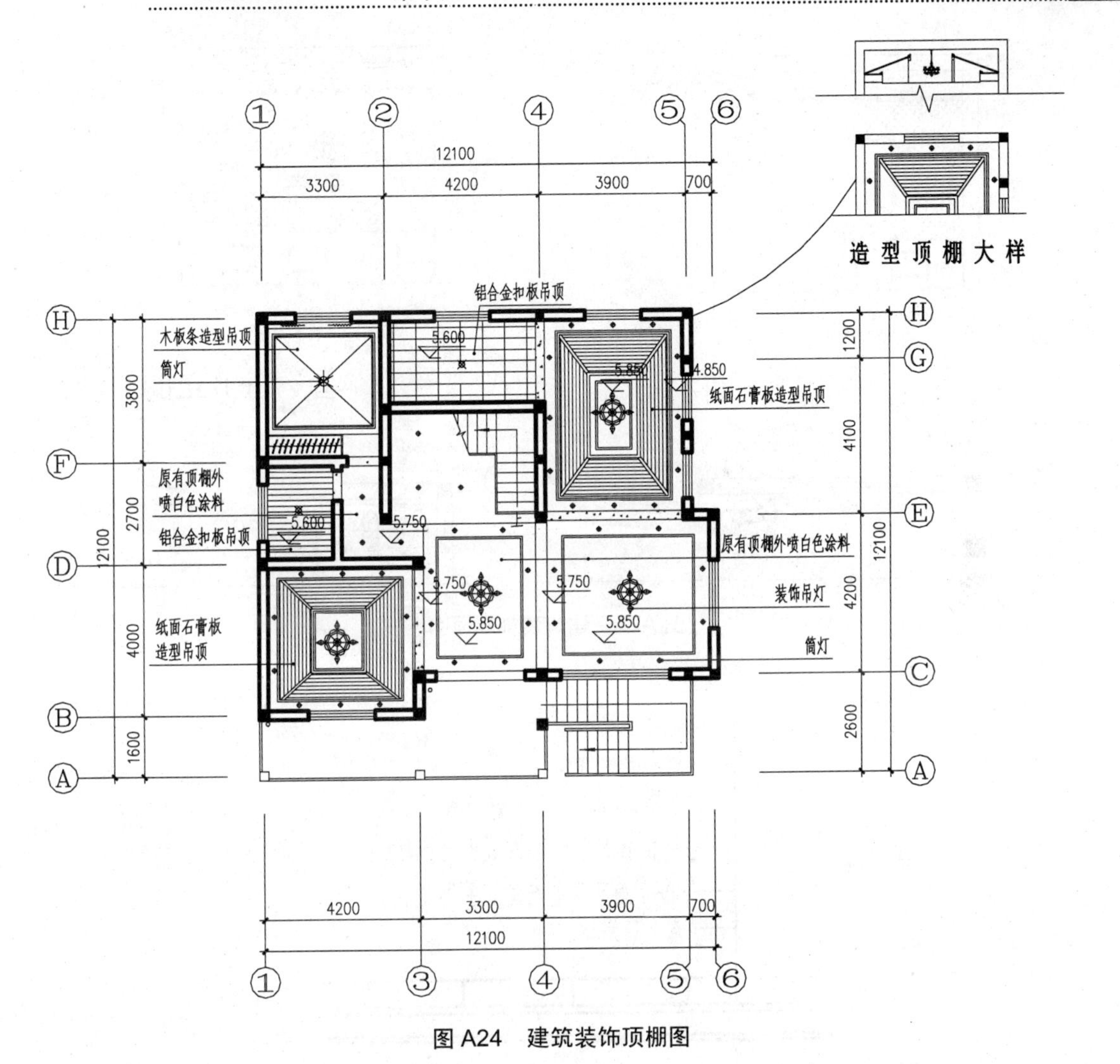

图A24 建筑装饰顶棚图

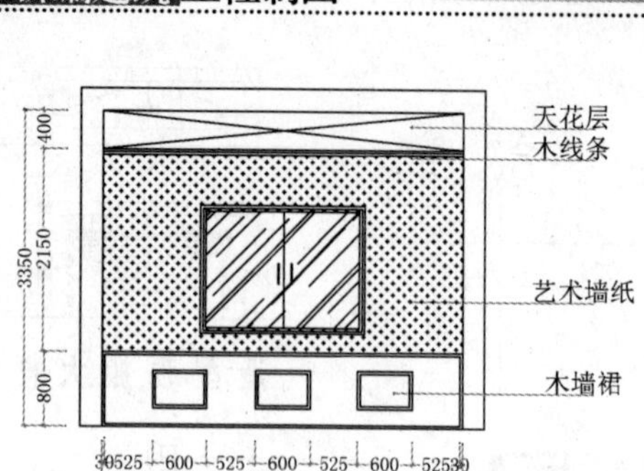

会客室A立面

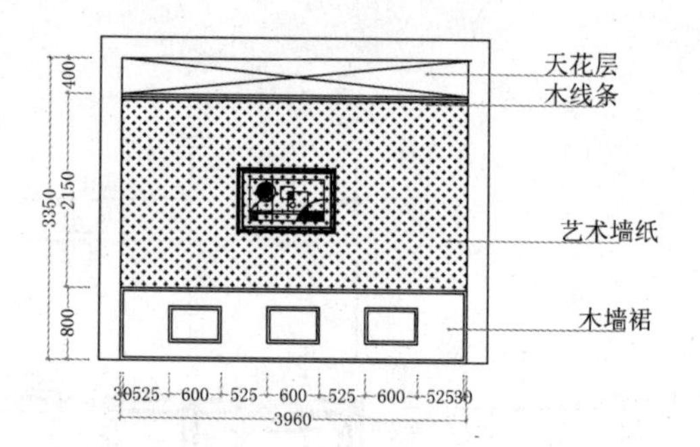

会客室B立面

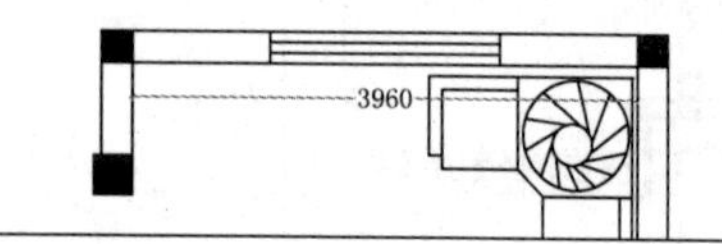

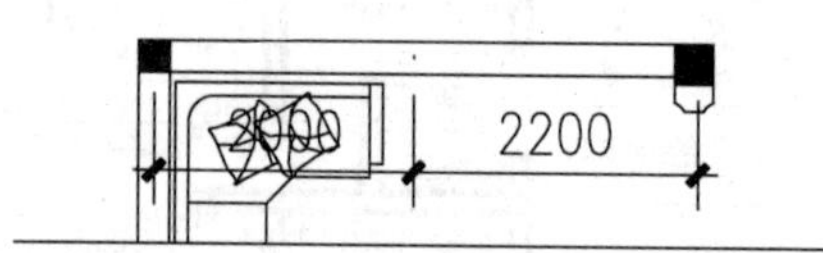

图 A25　建筑装饰立面图

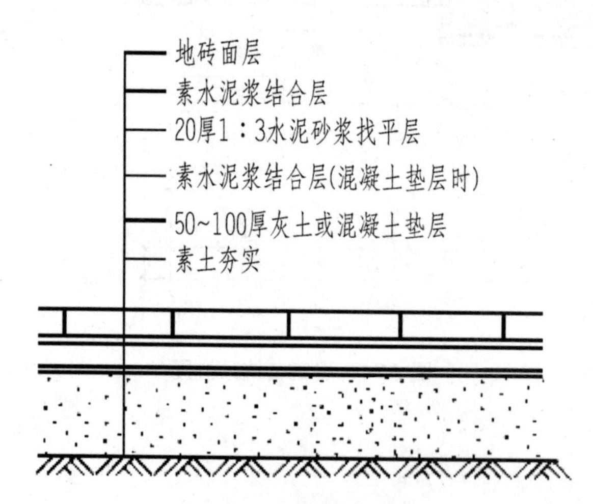

图 A26　装饰地面详图

附录 B

建筑图例

表 B1　总平面图常用建筑图例(摘自 GB/T 50103—2010)

序号	名称	图例	说明
1	新建建筑物	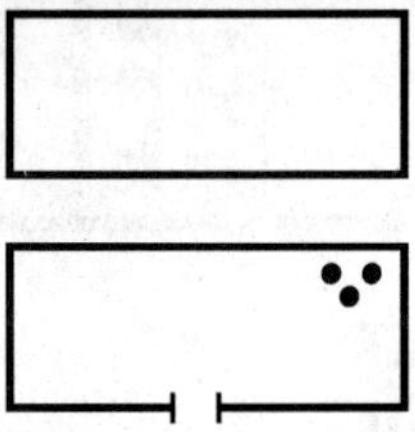	粗实线表示，需要时，可在右上角用数字或者黑点表示层数以及出入口
2	原有建筑物	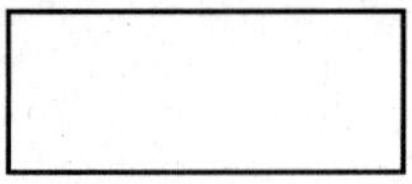	用细实线表示
3	计划扩建的预留地或建筑物		中虚线
4	拆除的建筑物	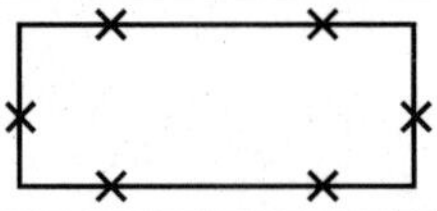	细实线
5	建筑物下的通道	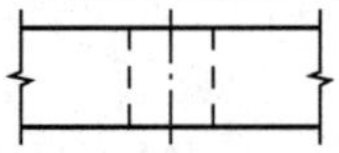	虚线表示通道位置
6	铺砌场地	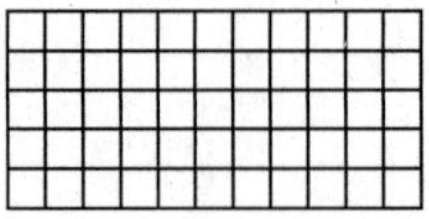	细实线
7	围墙及大门	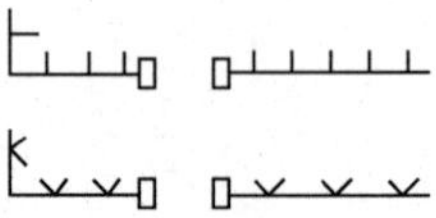	上图用于砖、混凝土 下图用于铁丝、篱笆
8	挡土墙		被挡的土在突出一侧
9	测量坐标	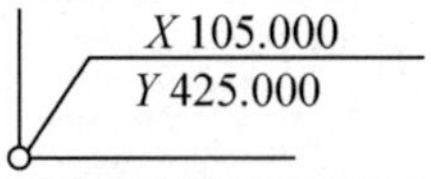 *X* 105.000 *Y* 425.000	*X* 为南北方向，*Y* 为东西方向
10	建筑坐标	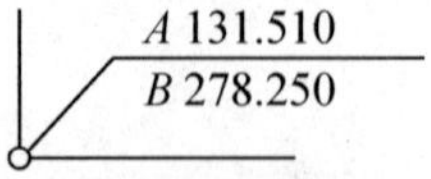 *A* 131.510 *B* 278.250	*A* 为南北方向，*B* 为东西方向
11	填挖边坡	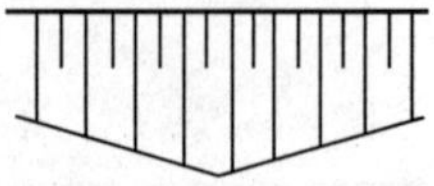	较长时可以只画局部
12	护坡	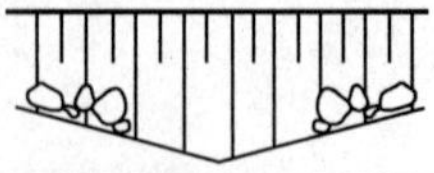	
13	台阶	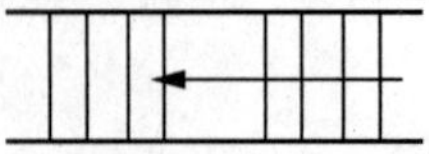	箭头指向上的方向
14	原有道路	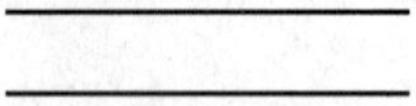	细实线
15	计划扩建的道路		中虚线

续表

序号	名称	图例	说明
16	拆除的道路	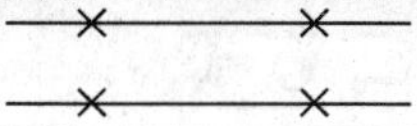	细实线加交叉符号
17	针叶乔木		
18	阔叶乔木		
19	阔叶灌木		
20	阔叶灌木		
21	修剪的树篱	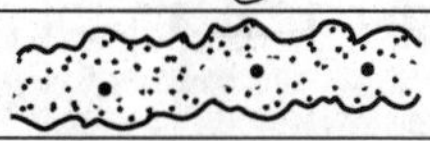	
22	草地		
23	花坛	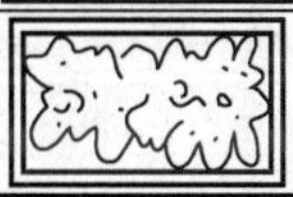	

表 B2 常用建筑构造及·构配件图例(摘自 GB/T 50104—2010)

序号	名称	图例	备注
1	楼梯	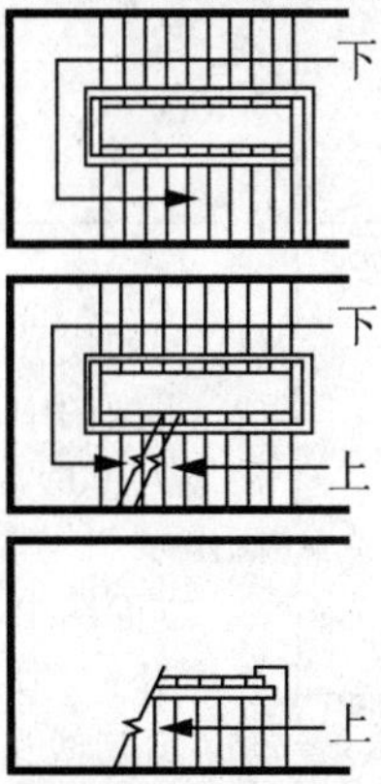 下 下 上 上	(1) 上图为顶层楼梯，中图为中间层楼梯，下图为底层楼梯； (2) 楼梯靠墙处或者楼梯中间设扶手时，应在图中表示
2	电梯	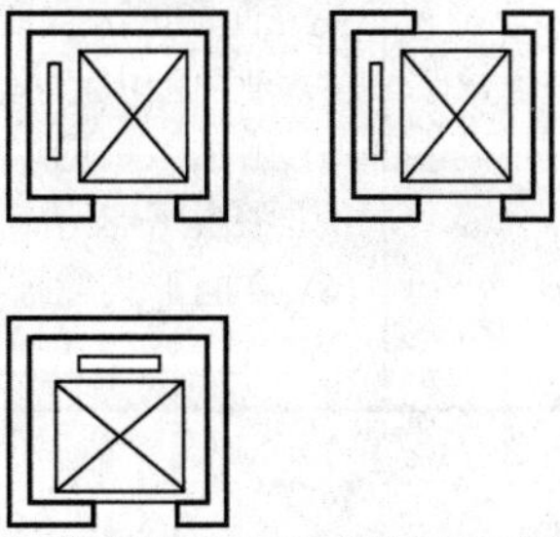	

续表

序号	名称	图例	备注
3	烟道	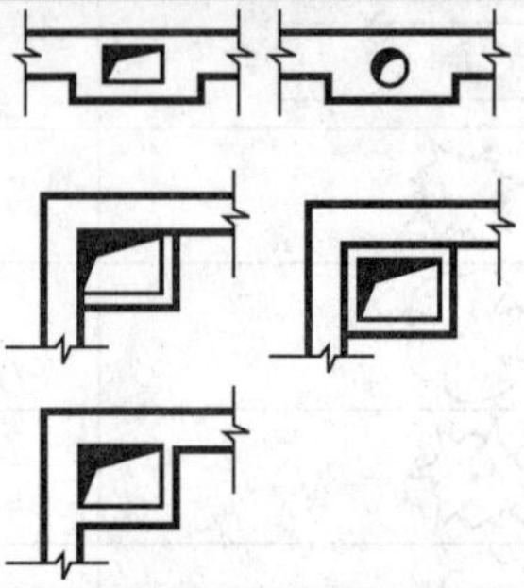	(1) 阴影部分亦可填充灰度或者涂色来代替； (2) 烟道、风道与墙体为相同材料，其相接处墙身线应连通； (3) 烟道、风道根据需要增加不同材料的内衬
4	风道	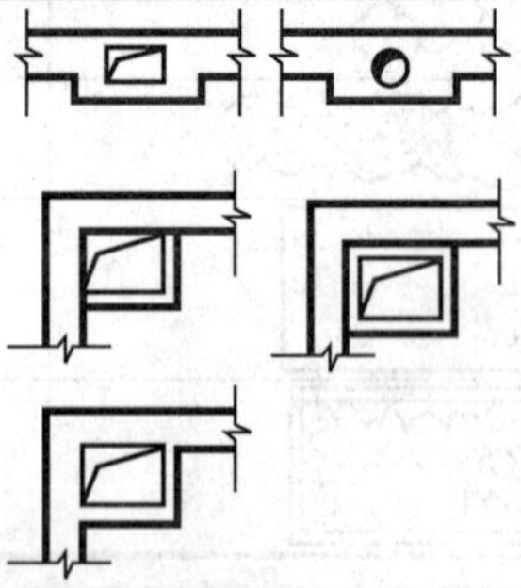	
5	空门洞	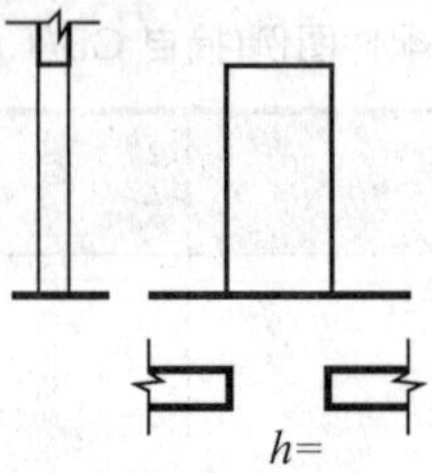 h=	*h* 为门洞的高度
6	单面开启单扇门	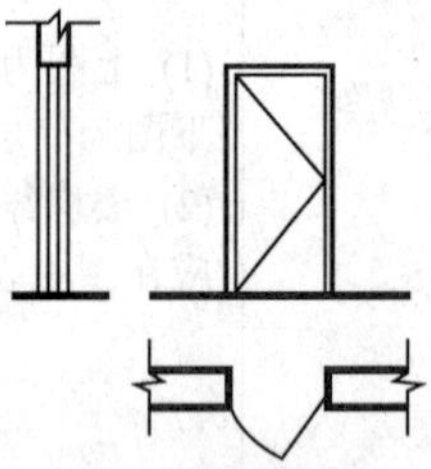	(1) 门的代号用 M 表示； (2) 平面图中，下为外，上为内。门的开启线为 90°、60° 或 45°，开启弧线宜画出； (3) 立面图中，开启线实线为外开，虚线为内开。开启线交角一侧为安装合页一侧。开启线在建筑立面图中可以不表示，在立面图的大样图中可根据需要绘出； (4) 剖面图中，左为外，右为内； (5) 附加纱扇应以文字说明，在平、立、剖面图中不表示； (6) 立面形式应按实际情况绘制
7	双面开启单扇门	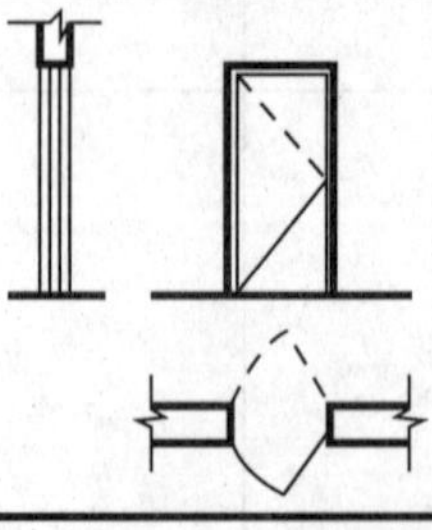	

续表

<table>
<tr><th>序号</th><th>名称</th><th>图例</th><th>备注</th></tr>
<tr><td>8</td><td>双层单扇平开门</td><td> 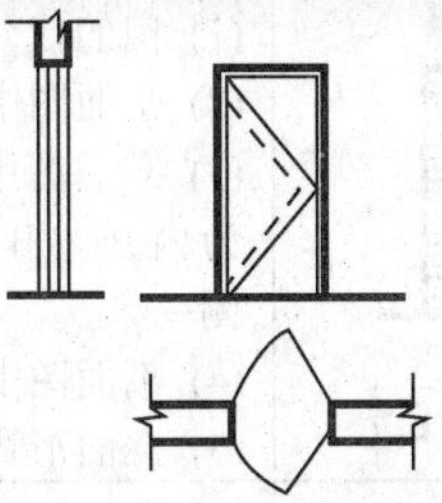</td><td rowspan="4">(1) 门的代号用M表示；
(2) 平面图中，下为外，上为内。门的开启线为 90°、60° 或 45°，开启弧线宜画出；
(3) 立面图中，开启线实线为外开，虚线为内开。开启线交角一侧为安装合页一侧。开启线在建筑立面图中可以不表示，在立面图的大样图中可根据需要绘出；
(4) 剖面图中，左为外，右为内；
(5) 附加纱扇应以文字说明，在平、立、剖面图中不表示；
(6) 立面形式应按实际情况绘制</td></tr>
<tr><td>9</td><td>单面开启双扇门</td><td> 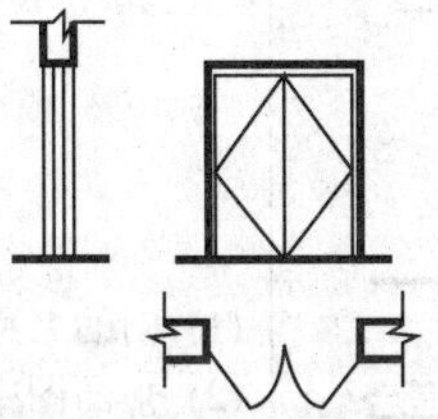</td></tr>
<tr><td>10</td><td>双面开启双扇门</td><td> 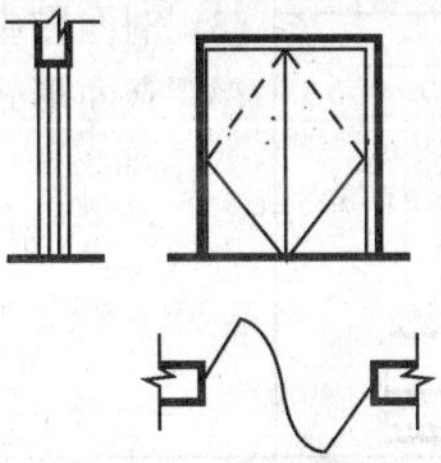</td></tr>
<tr><td>11</td><td>双层双扇平开门</td><td> 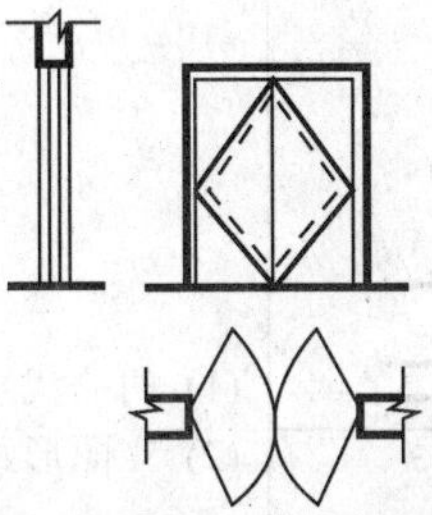</td></tr>
<tr><td>12</td><td>折叠门</td><td> 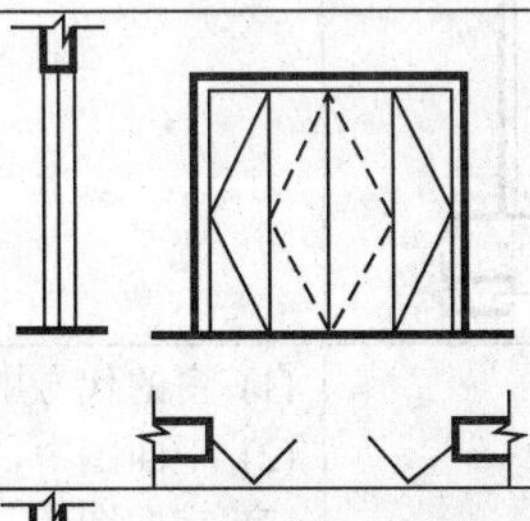</td><td rowspan="2">(1) 门的代号用M表示；
(2) 平面图中，下为外，上为内；
(3) 立面图中，开启线实线为外开，虚线为内开。开启线交角一侧为安装合页一侧；
(4) 剖面图中，左为外，右为内；
(5) 立面形式应按实际情况绘制</td></tr>
<tr><td>13</td><td>推拉折叠门</td><td> 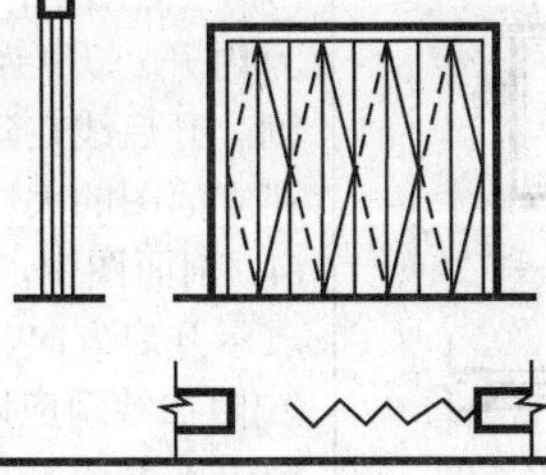</td></tr>
</table>

续表

序号	名称	图例	备注
14	竖向卷帘门	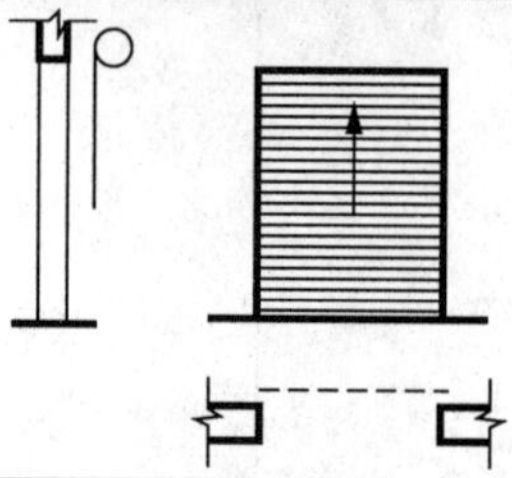	(1) 门的代号用 M 表示； (2) 平面图中，下为外，上为内； (3) 立面图中，开启线实线为外开，虚线为内开。开启线交角一侧为安装合页一侧； (4) 剖面图中，左为外，右为内； (5) 立面形式应按实际情况绘制
15	墙洞外单扇推拉门	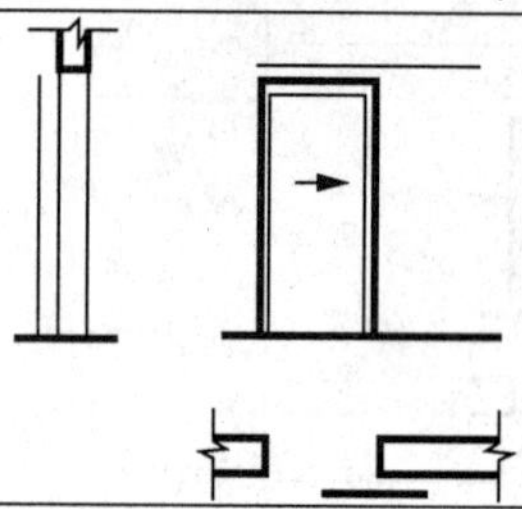	(1) 门的名称代号用 M 表示； (2) 平面图中，下为外，上为内； (3) 剖面图中，左为外，右为内； (4) 立面形式应按实际情况绘制
16	墙洞外双扇推拉门	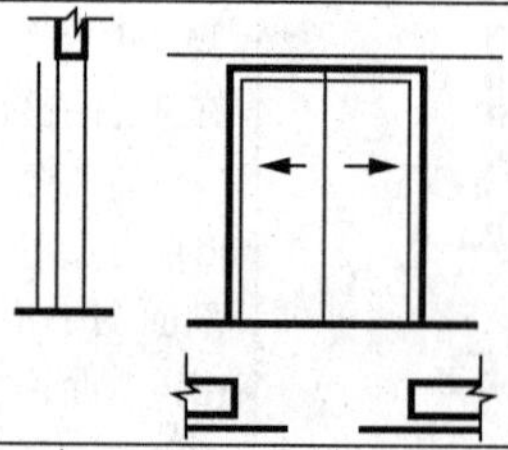	
17	墙中单扇推拉门	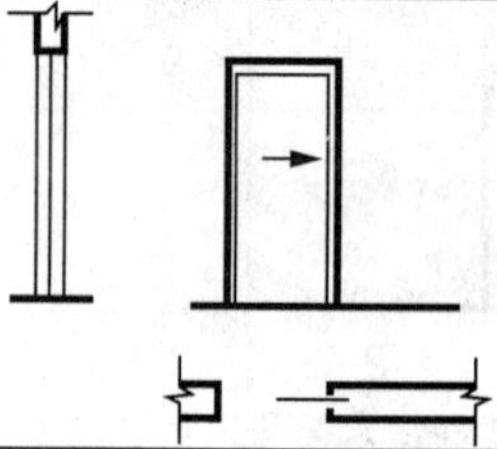	(1) 门的代号用 M 表示； (2) 立面形式应按实际情况绘制
18	墙中双扇推拉门	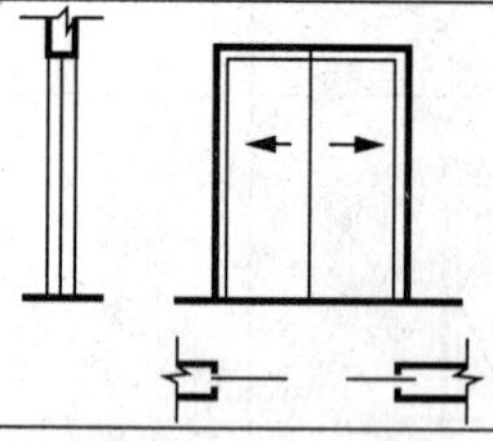	
19	固定窗	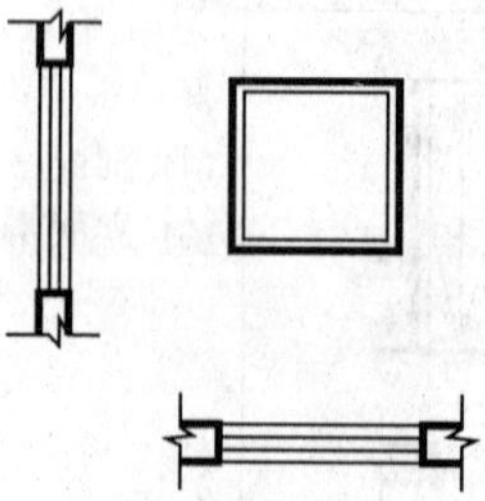	(1) 窗的代号用 C 表示； (2) 平面图中，下为外，上为内； (3) 立面图中，开启线实线为外开，虚线为内开。开启线交角一侧为安装合页一侧。开启线在建筑立面图中可以不表示，在立面图的大样图中需绘出； (4) 剖面图中，左为外，右为内。虚线仅表示开启方向，项目设计不表示； (5)附加纱扇应以文字说明，在平立、剖面图中不表示； (6)立面形式应按实际情况绘制

续表

<table>
<tr><th>序号</th><th>名称</th><th>图例</th><th>备注</th></tr>
<tr><td>20</td><td>上悬窗</td><td> 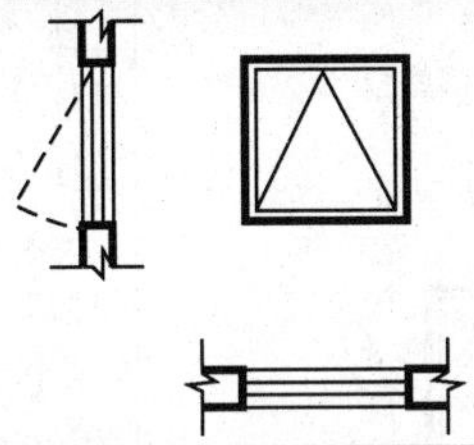</td><td rowspan="6">(1) 窗的代号用C表示；
(2) 平面图中，下为外，上为内；
(3) 立面图中，开启线实线为外开，虚线为内开。开启线交角一侧为安装合页一侧。开启线在建筑立面图中可以不表示，在立面图的大样图中需绘出；
(4) 剖面图中，左为外，右为内。虚线仅表示开启方向，项目设计不表示；
(5)附加纱扇应以文字说明，在平立、剖面图中不表示；
(6)立面形式应按实际情况绘制</td></tr>
<tr><td>21</td><td>中悬窗</td><td></td></tr>
<tr><td>22</td><td>下悬窗</td><td></td></tr>
<tr><td>23</td><td>立转窗</td><td></td></tr>
<tr><td>24</td><td>单层外开平开窗</td><td></td></tr>
<tr><td>25</td><td>单层内开平开窗</td><td></td></tr>
</table>

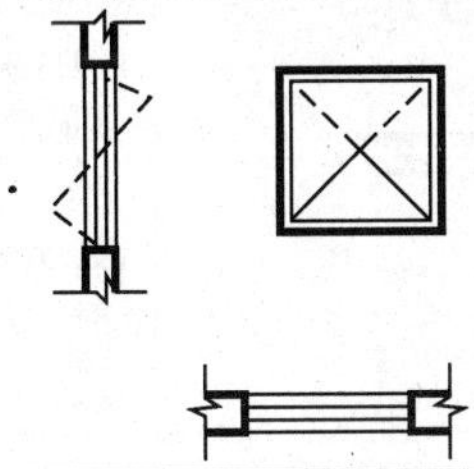

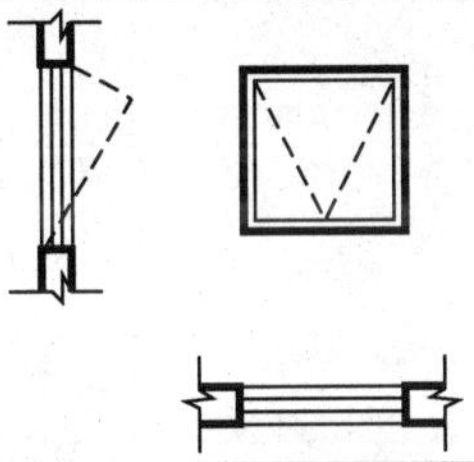

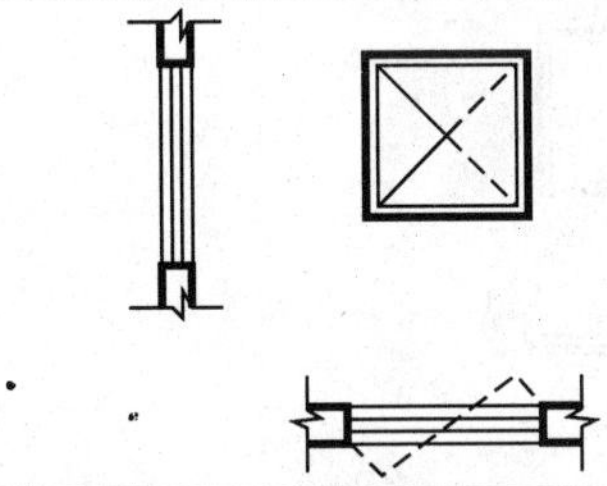

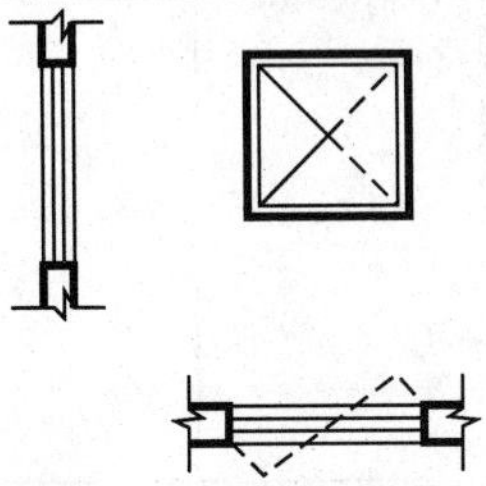

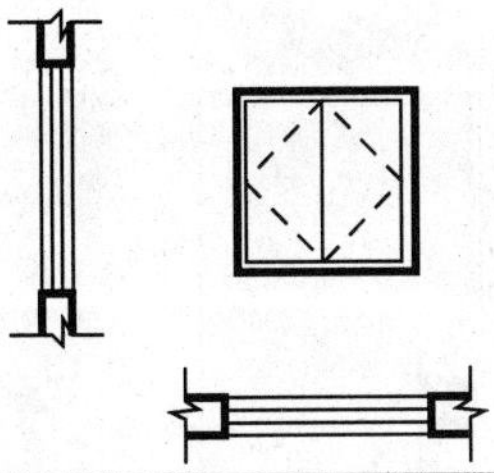

续表

序号	名称	图例	备注
26	双层内外开平开窗	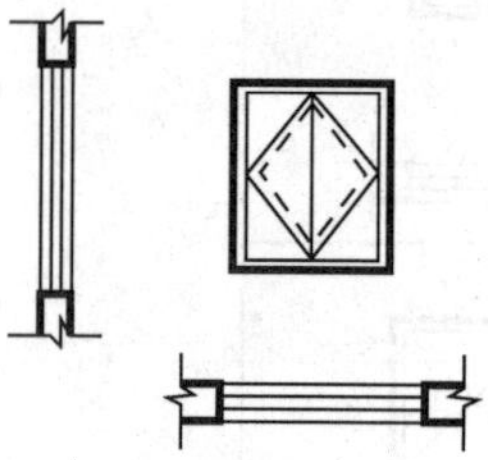	(1) 窗的代号用 C 表示； (2) 平面图中，下为外，上为内； (3) 立面图中，开启线实线为外开，虚线为内开。开启线交角一侧为安装合页一侧。开启线在建筑立面图中可以不表示，在立面图的大样图中需绘出； (4) 剖面图中，左为外，右为内。虚线仅表示开启方向，项目设计不表示； (5) 附加纱扇应以文字说明，在平、立、剖面图中不表示； (6) 立面形式应按实际情况绘制
27	单层推拉窗	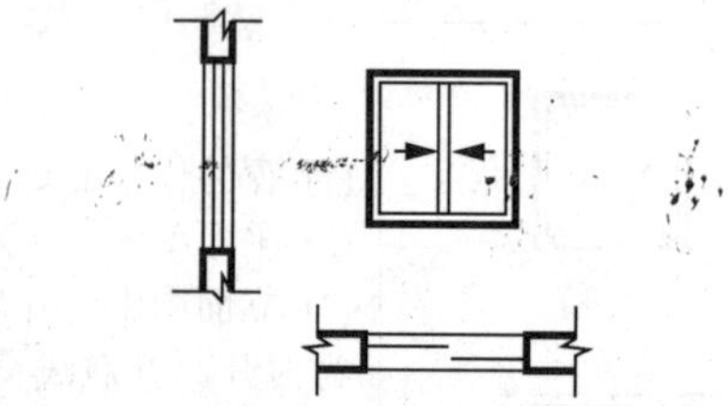	(1)窗的名称代号用 C 表示； (2)立面形式应按实际情况绘制
28	双层推拉窗	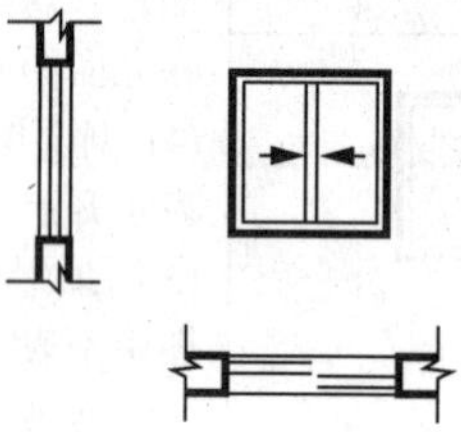	
29	高窗	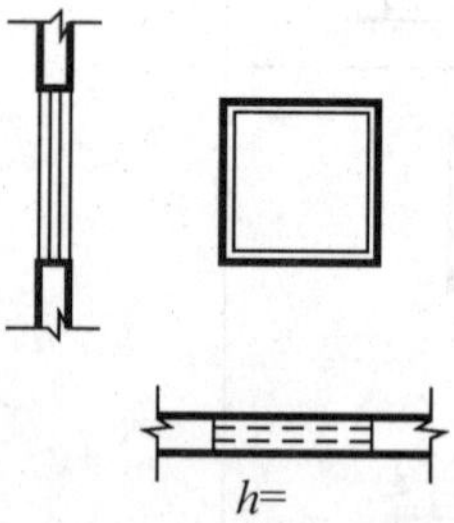 h=	h 为窗底距本层地面高度
30	门连窗	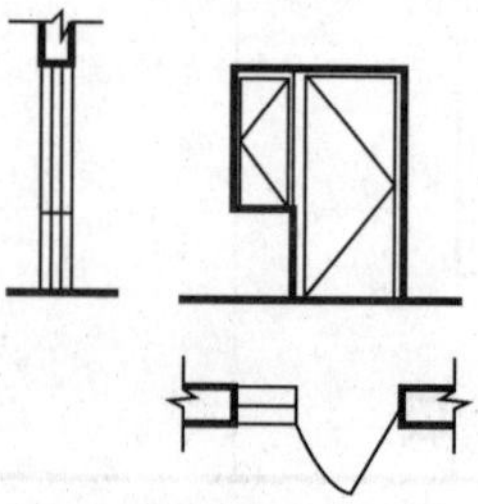	

附录 C

材料图例

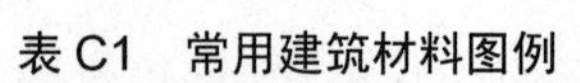

表 C1　常用建筑材料图例

序号	材料	图例	备注
1	自然土壤		包括各种自然土壤
2	夯实土壤	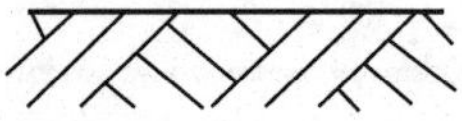	
3	砂、灰土	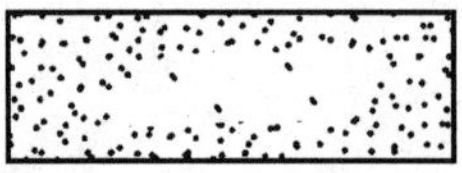	靠近轮廓线绘较密的点
4	砂砾石、碎砖三合土	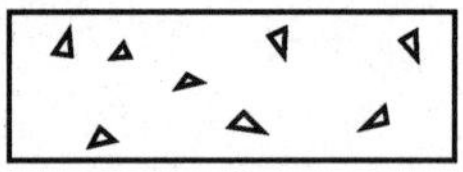	
5	石材	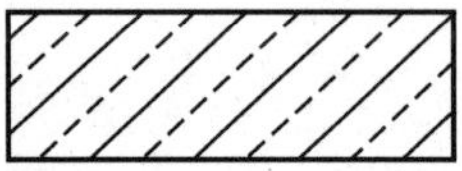	
6	毛石	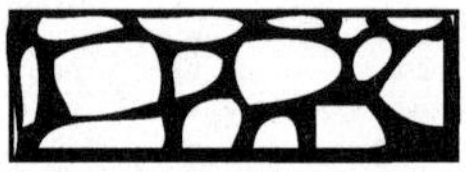	
7	普通砖	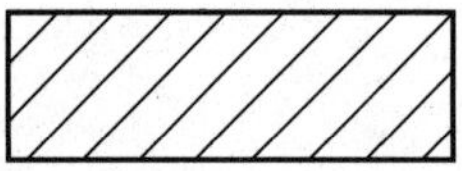	包括实心砖、多孔砖、砌块等砌体。断面较窄不易绘出图例线时，可涂红
8	饰面砖	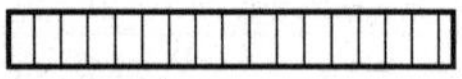	包括铺地砖、马赛克、陶瓷锦砖、人造大理石等
9	耐火砖	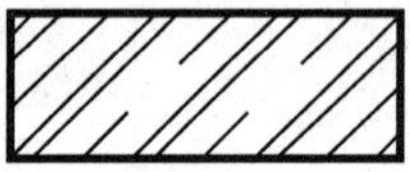	包括耐酸砖等砌体
10	空心砖		指非承重砖砌体
11	混凝土	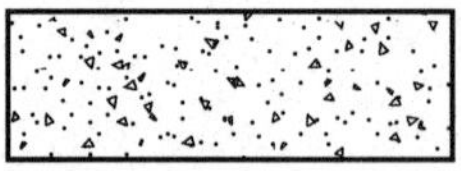	(1) 本图例指能承重的混凝土及钢筋混凝土 (2) 包括各种强度等级、骨料、添加剂的混凝土 (3) 在剖面图上画出钢筋时，不画图例线 (4) 断面图形小，不易画出图例线时，可涂黑
12	钢筋混凝土		
13	多孔材料		包括水泥珍珠岩、沥青珍珠岩、泡沫混凝土、非承重加气混凝土、软木、蛭石制品等
14	木材	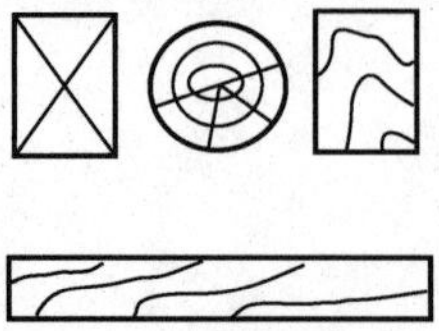	(1) 上图为横断面，上左图为垫木、木砖或木龙骨 (2) 下图为纵断面

续表

序号	材料	图例	备注
15	金属	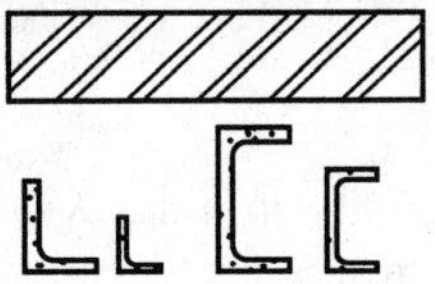	(1) 包括各种金属 (2) 图形小时，可涂黑
16	玻璃		包括平板玻璃、磨砂玻璃、夹丝玻璃、钢化玻璃、中空玻璃、夹层玻璃、镀膜玻璃等
17	防水材料		构造层次多或者比例大时，采用上图例

参 考 文 献

[1] 黄水生，李国生. 画法几何及土木建筑制图[M]. 广州：华南理工大学出版社，2008.
[2] 高丽荣. 建筑制图[M]. 北京：北京大学出版社，2009.
[3] 何铭新. 画法几何及土木工程制图[M]. 武汉：武汉理工大学出版社，2009.
[4] 何斌，陈锦昌，陈炽坤. 建筑制图[M]. 北京：高等教育出版社，2005.
[5] 陈文斌、张金良 建筑工程制图[M]. 上海：同济大学出版社，2010.
[6] 沈百禄.建筑装饰装饰工程制图与识图[M]. 北京：机械工业出版社，2010.
[7] 国家标准化管理委员会. 技术制图[S]. 北京：中国标准出版社，1999.
[8] 国家标准化管理委员会. 机械制图[S]. 北京：中国标准出版社，2001.
[9] 中华人民共和国住房和城乡建设部. GB/T 50001—2010 房屋建筑制图统一标准[S]. 北京：中国计划出版社，2011.
[10] 中华人民共和国住房和城乡建设部. GB/T 50103—2010 总图制图标准[S]. 北京：中国计划出版社，2011.
[11] 中华人民共和国住房和城乡建设部. GB/T 50104—2010 建筑制图标准[S]. 北京：中国计划出版社，2011.
[12] 中华人民共和国住房和城乡建设部. GB/T 50105—2010 建筑结构制图标准[S]. 北京：中国计划出版社，2011.
[13] 中国建筑标准设计研究院. 11G101—1 混凝土结构施工图平面整体表示方法制图规则和构造详图(现浇混凝土框架、剪力墙、梁、板)[S]. 北京：中国建筑标准设计研究院， 2011.
[14] 中国建筑标准设计研究院. 11G101—2 混凝土结构施工图平面整体表示方法制图规则和构造详图(现浇混凝土板式楼梯)[S]. 北京：中国计划出版社， 2011.
[15] 中国建筑标准设计研究院. 11G101—3 混凝土结构施工图平面整体表示方法制图规则和构造详图(独立基础、条形基础、筏形基础及桩基承台)[S]. 北京：中国计划出版社，2011.

北京大学出版社高职高专土建系列规划教材

序号	书名	书号	编著者	定价	出版时间	印次	配套情况	
		基础课程						
1	工程建设法律与制度	978-7-301-14158-8	唐茂华	26.00	2012.7	6	ppt/pdf	
2	建设工程法规	978-7-301-16731-1	高玉兰	30.00	2012.8	10	ppt/pdf/答案	★
3	建筑工程法规实务	978-7-301-19321-1	杨陈慧等	43.00	2012.1	2	ppt/pdf	★
4	建筑法规	978-7-301-19371-6	董伟等	39.00	2012.4	2	ppt/pdf	★
5	AutoCAD 建筑制图教程(第2版)	978-7-301-21095-6	郭　慧	35.00	2013.1	1	ppt/pdf/素材	★
6	AutoCAD 建筑绘图教程	978-7-301-19234-4	唐英敏等	41.00	2011.7	2	ppt/pdf	★
7	建筑 CAD 项目教程(2010 版)	978-7-301-20979-0	郭　慧	37.00	2012.8	1	pdf/素材	
8	建筑工程专业英语	978-7-301-15376-5	吴承霞	20.00	2012.4	6	ppt/pdf	★
9	建筑工程制图与识图	978-7-301-15443-4	白丽红	25.00	2012.8	8	ppt/pdf/答案	★
10	建筑制图习题集	978-7-301-15404-5	白丽红	25.00	2012.4	6	pdf	
11	建筑制图(第2版)	978-7-301-21146-5	高丽荣	29.00	2012.9	1	ppt/pdf	★
12	建筑制图习题集	978-7-301-15586-8	高丽荣	21.00	2012.4	5	pdf	
13	建筑工程制图(第2版)(含习题集)	978-7-301-21120-5	肖明和	48.00	2012.8	1	ppt/pdf	
14	建筑制图与识图	978-7-301-18806-4	曹雪梅等	24.00	2012.2	3	ppt/pdf	★
15	建筑制图与识图习题册	978-7-301-18652-7	曹雪梅等	30.00	2012.4	3	pdf	★
16	建筑构造与识图	978-7-301-14465-7	郑贵超等	45.00	2012.9	11	ppt/pdf	★
17	建筑制图与识图	978-7-301-20070-4	李元玲	28.00	2012.8	2	ppt/pdf	★
18	建筑制图与识图习题集	978-7-301-20425-2	李元玲	24.00	2012.3	2	ppt/pdf	★
19	建筑工程应用文写作	978-7-301-18962-7	赵立等	40.00	2012.6	2	ppt/pdf	★
20	建筑工程专业英语	978-7-301-20003-2	韩薇等	24.00	2012.1	1	ppt/ pdf	★
21	建设工程法规	978-7-301-20912-7	王先恕	32.00	2012.7	1	ppt/ pdf	
22	建筑工程制图	978-7-301-21140-3	方筱松	30.00	2012.8	1	ppt/ pdf	★
		施工类						
23	建筑工程测量	978-7-301-16727-4	赵景利	30.00	2012.8	7	ppt/pdf /答案	★
24	建筑工程测量	978-7-301-15542-4	张敬伟	30.00	2012.4	8	ppt/pdf /答案	★
25	建筑工程测量	978-7-301-19992-3	潘益民	38.00	2012.2	1	ppt/ pdf	★
26	建筑工程测量实验与实习指导	978-7-301-15548-6	张敬伟	20.00	2012.4	7	pdf/答案	
27	建筑工程测量	978-7-301-13578-5	王金玲等	26.00	2011.8	3	pdf	
28	建筑工程测量实训	978-7-301-19329-7	杨凤华	27.00	2012.4	2	pdf	★
29	建筑工程测量(含实验指导手册)	978-7-301-19364-8	石　东等	43.00	2012.6	2	ppt/pdf	★
30	建筑施工技术	978-7-301-12336-2	朱永祥等	38.00	2012.4	7	ppt/pdf	
31	建筑施工技术	978-7-301-16726-7	叶　雯等	44.00	2012.7	4	ppt/pdf /素材	★
32	建筑施工技术	978-7-301-19499-7	董伟等	42.00	2011.9	2	ppt/pdf	★
33	建筑施工技术	978-7-301-19997-8	苏小梅	38.00	2012.1	1	ppt/pdf	★
34	建筑工程施工技术(第2版)	978-7-301-21093-2	钟汉华等	48.00	2013.1	7	ppt/pdf	★
35	基础工程施工	978-7-301-20917-2	董伟等	35.00	2012.7	1	ppt/pdf	★
36	建筑施工技术实训	978-7-301-14477-0	周晓龙	21.00	2012.4	5	pdf	★
37	房屋建筑构造	978-7-301-19883-4	李少红	26.00	2012.1	1	ppt/pdf	★
38	建筑力学	978-7-301-13584-6	石立安	35.00	2012.2	6	ppt/pdf	★
39	土木工程实用力学	978-7-301-15598-1	马景善	30.00	2012.1	3	pdf/ppt	★
40	土木工程力学	978-7-301-16864-6	吴明军	38.00	2011.11	2	ppt/pdf	★
41	PKPM 软件的应用	978-7-301-15215-7	王　娜	27.00	2012.4	4	pdf	★
42	工程地质与土力学	978-7-301-20723-9	杨仲元	40.00	2012.6	1	ppt/pdf	★
43	建筑结构	978-7-301-17086-1	徐锡权	62.00	2011.8	2	ppt/pdf /答案	★
44	建筑结构	978-7-301-19171-2	唐春平等	41.00	2012.6	2	ppt/pdf	
45	建筑力学与结构	978-7-301-15658-2	吴承霞	40.00	2012.4	9	ppt/pdf	★
46	建筑力学与结构	978-7-301-20988-2	陈水广	32.00	2012.8	1	pdf/ppt	
47	建筑材料	978-7-301-13576-1	林祖宏	35.00	2012.6	9	ppt/pdf	★
48	建筑结构基础	978-7-301-21125-0	王中发	36.00	2012.8	1	ppt/pdf	★
49	建筑结构原理及应用	978-7-301-12732-6	史美东	45.00	2012.8	1	ppt/pdf	★
50	建筑材料与检测	978-7-301-16728-1	梅　杨等	26.00	2012.4	7	ppt/pdf	★
51	建筑材料检测试验指导	978-7-301-16729-8	王美芬等	18.00	2012.4	4	pdf	
52	建筑材料与检测	978-7-301-19261-0	王　辉	35.00	2012.6	2	ppt/pdf	★
53	建筑材料与检测试验指导	978-7-301-20045-8	王　辉	20.00	2012.1	1	ppt/pdf	★
54	建设工程监理概论(第2版)	978-7-301-20854-0	徐锡权等	43.00	2012.7	1	ppt/pdf /答案	
55	建设工程监理	978-7-301-15017-7	斯　庆	26.00	2012.7	5	ppt/pdf /答案	★

序号	书名	书号	编著者	定价	出版时间	印次	配套情况	
56	建设工程监理概论	978-7-301-15518-9	曾庆军等	24.00	2012.1	4	ppt/pdf	
57	工程建设监理案例分析教程	978-7-301-18984-9	刘志麟等	38.00	2011.7	1	ppt/pdf	★
58	地基与基础	978-7-301-14471-8	肖明和	39.00	2012.4	7	ppt/pdf	★
59	地基与基础	978-7-301-16130-2	孙平平等	26.00	2012.1	2	ppt/pdf	
60	建筑工程质量事故分析	978-7-301-16905-6	郑文新	25.00	2012.1	3	ppt/pdf	★
61	建筑工程施工组织设计	978-7-301-18512-4	李源清	26.00	2012.4	3	ppt/pdf	★
62	建筑工程施工组织实训	978-7-301-18961-0	李源清	40.00	2012.1	2	pdf	★
63	建筑施工组织项目式教程	978-7-301-19901-5	杨红玉	44.00	2012.1	1	ppt/pdf	
64	生态建筑材料	978-7-301-19588-2	陈剑峰等	38.00	2011.10	1	ppt/pdf	
65	钢筋混凝土工程施工与组织	978-7-301-19587-1	高　雁	32.00	2012.5	1	ppt/pdf	
66	数字测图技术应用教程	978-7-301-20334-7	刘宗波	36.00	2012.8	1	ppt	
工 程 管 理 类								
67	建筑工程经济	978-7-301-15449-6	杨庆丰等	24.00	2012.7	10	ppt/pdf	★
68	建筑工程经济	978-7-301-20855-7	赵小娥等	32.00	2012.8	1	ppt/pdf	
69	施工企业会计	978-7-301-15614-8	辛艳红等	26.00	2012.2	4	ppt/pdf	★
70	建筑工程项目管理	978-7-301-12335-5	范红岩等	30.00	2012. 4	9	ppt/pdf	★
71	建设工程项目管理	978-7-301-16730-4	王　辉	32.00	2012.4	3	ppt/pdf	★
72	建设工程项目管理	978-7-301-19335-8	冯松山等	38.00	2012.8	2	pdf/ppt	
73	建设工程招投标与合同管理(第 2 版)	978-7-301-21002-4	宋春岩	38.00	2012.8	1	ppt/pdf/答案/试题/教案	★
74	工程项目招投标与合同管理	978-7-301-15549-3	李洪军等	30.00	2012.2	5	ppt	★
75	工程项目招投标与合同管理	978-7-301-16732-8	杨庆丰	28.00	2012.4	5	ppt	★
76	建筑工程商务标编制实训	978-7-301-20804-5	钟振宇	35.00	2012.7	1	ppt	★
77	工程招投标与合同管理实务	978-7-301-19035-7	杨甲奇等	48.00	2011.8	2	pdf	★
78	工程招投标与合同管理实务	978-7-301-19290-0	郑文新等	43.00	2012.4	2	pdf	★
79	建设工程招投标与合同管理实务	978-7-301-20404-7	杨云会等	42.00	2012.4	1	ppt/pdf	
80	建筑施工组织与管理	978-7-301-15359-8	翟丽旻等	32.00	2012.7	8	ppt/pdf	★
81	建筑工程安全管理	978-7-301-19455-3	宋　健等	36.00	2011.9	1	ppt/pdf	
82	建筑工程质量与安全管理	978-7-301-16070-1	周连起	35.00	2012.1	3	pdf	
82	工程造价控制	978-7-301-14466-4	斯　庆	26.00	2012.4	7	ppt/pdf	★
84	工程造价管理	978-7-301-20655-3	徐锡权等	33.00	2012.7	1	ppt/pdf	
85	工程造价控制与管理	978-7-301-19366-2	胡新萍等	30.00	2012.1	1	ppt/pdf	★
86	建筑工程造价管理	978-7-301-20360-6	柴　琦等	27.00	2012.3	1	ppt/pdf	
87	建筑工程造价管理	978-7-301-15517-2	李茂英等	24.00	2012.1	4	pdf	
88	建筑工程计量与计价	978-7-301-15406-9	肖明和等	39.00	2012.8	10	ppt/pdf	★
89	建筑工程计量与计价实训	978-7-301-15516-5	肖明和等	20.00	2012.2	5	pdf	
90	建筑工程计量与计价——透过案例学造价	978-7-301-16071-8	张　强	50.00	2012.7	4	ppt/pdf	★
91	安装工程计量与计价	978-7-301-15652-0	冯　钢等	38.00	2012.2	6	ppt/pdf	★
92	安装工程计量与计价实训	978-7-301-19336-5	景巧玲等	36.00	2012.7	2	pdf/素材	★
93	建筑与装饰装修工程工程量清单	978-7-301-17331-2	翟丽旻等	25.00	2012.8	3	pdf/ppt	
94	建筑工程清单编制	978-7-301-19387-7	叶晓容	24.00	2011.8	1	ppt/pdf	★
95	建设项目评估	978-7-301-20068-1	高志云等	32.00	2012.1	1	ppt/pdf	★
96	钢筋工程清单编制	978-7-301-20114-5	贾莲英	36.00	2012.2	1	ppt / pdf	
97	混凝土工程清单编制	978-7-301-20384-2	顾　娟	28.00	2012.5	1	ppt / pdf	
98	建筑装饰工程预算	978-7-301-20567-9	范菊雨	38.00	2012.5	1	pdf/ppt	★
99	建设工程安全监理	978-7-301-20802-1	沈万岳	28.00	2012.7	1	pdf/ppt	
建 筑 装 饰 类								
100	中外建筑史	978-7-301-15606-3	袁新华	30.00	2012.2	6	ppt/pdf	★
101	建筑室内空间历程	978-7-301-19338-9	张伟孝	53.00	2011.8	1	pdf	★
102	室内设计基础	978-7-301-15613-1	李书青	32.00	2011.1	2	pdf	
103	建筑装饰构造	978-7-301-15687-2	赵志文等	27.00	2012.4	4	ppt/pdf	★

序号	书名	书号	编著者	定价	出版时间	印次	配套情况	
104	建筑装饰材料	978-7-301-15136-5	高军林	25.00	2012.4	3	ppt/pdf	
105	建筑装饰施工技术	978-7-301-15439-7	王 军等	30.00	2012.1	4	ppt/pdf	★
106	装饰材料与施工	978-7-301-15677-3	宋志春等	30.00	2010.8	2	ppt/pdf	★
107	设计构成	978-7-301-15504-2	戴碧锋	30.00	2009.7	1	pdf	
108	基础色彩	978-7-301-16072-5	张 军	42.00	2011.9	2	pdf	★
109	建筑素描表现与创意	978-7-301-15541-7	于修国	25.00	2011.1	2	pdf	★
110	3ds Max 室内设计表现方法	978-7-301-17762-4	徐海军	32.00	2010.9	1	pdf	
111	3ds Max2011 室内设计案例教程(第 2 版)	978-7-301-15693-3	伍福军等	39.00	2011.9	1	ppt/pdf	
112	Photoshop 效果图后期制作	978-7-301-16073-2	脱忠伟等	52.00	2011.1	1	素材/pdf	★
113	建筑表现技法	978-7-301-19216-0	张 峰	32.00	2011.7	1	ppt/pdf	
114	建筑速写	978-7-301-20441-2	张 峰	30.00	2012.4	1	pdf	★
115	建筑装饰设计	978-7-301-20022-3	杨丽君	36.00	2012.2	1	ppt	
116	装饰施工读图与识图	978-7-301-19991-6	杨丽君	33.00	2012.5	1	ppt	
117	建筑装饰 CAD 项目教程	978-7-301-20950-9	郭 慧	32.00	2012.8	1	ppt/素材	
118	居住区景观设计	978-7-301-20587-7	张群成	47.00	2012.5	1	ppt	★
119	居住区规划设计	978-7-301-21013-4	张 燕	48.00	2012.8	1	ppt	★
	房地产与物业类							
120	房地产开发与经营	978-7-301-14467-1	张建中等	30.00	2012.7	5	ppt/pdf	★
121	房地产估价	978-7-301-15817-3	黄 晔等	30.00	2011.8	3	ppt/pdf	★
122	房地产估价理论与实务	978-7-301-19327-3	褚菁晶	35.00	2011.8	1	ppt/pdf	★
123	物业管理理论与实务	978-7-301-19354-9	裴艳慧	52.00	2011.9	1	pdf	★
124	房地产营销与策划	978-7-301-18731-9	应佐萍	42.00	2012.8	1	ppt/pdf	★
	市政路桥类							
125	市政工程计量与计价(第 2 版)	978-7-301-20564-8	郭良娟等	42.00	2012.7	1	Pdf/ppt	
126	市政桥梁工程	978-7-301-16688-8	刘 江等	42.00	2010.7	1	ppt/pdf	
127	路基路面工程	978-7-301-19299-3	偶昌宝等	34.00	2011.8	1	ppt/pdf/素材	
128	道路工程技术	978-7-301-19363-1	刘 雨等	33.00	2011.12	1	ppt/pdf	
129	建筑给水排水工程	978-7-301-20047-6	叶巧云	38.00	2012.2	1	ppt/pdf	
130	市政工程测量(含技能训练手册)	978-7-301-20474-0	刘宗波等	41.00	2012.5	1	ppt/pdf	
131	公路工程任务承揽与合同管理	978-7-301-21133-5	邱 兰等	30.00	2012.8	1	ppt/pdf	
	建筑设备类							
132	建筑设备基础知识与识图	978-7-301-16716-8	靳慧征	34.00	2012.4	7	ppt/pdf	★
133	建筑设备识图与施工工艺	978-7-301-19377-8	周业梅	38.00	2011.8	1	ppt/pdf	★
134	建筑施工机械	978-7-301-19365-5	吴志强	30.00	2011.10	1	pdf/ppt	★
135	智能建筑环境设备自动化	978-7-301-21090-1	余志强	40.00	2012.8	1	pdf/ppt	★